First Edition

피부미용학

ESTHETICS

김광옥 · 김희진 · 양현옥 · 정은영 · 차영애
최은영 · 김경미 · 김선희 · 김정숙 · 이혜숙

- 부록 CD 첨부 -

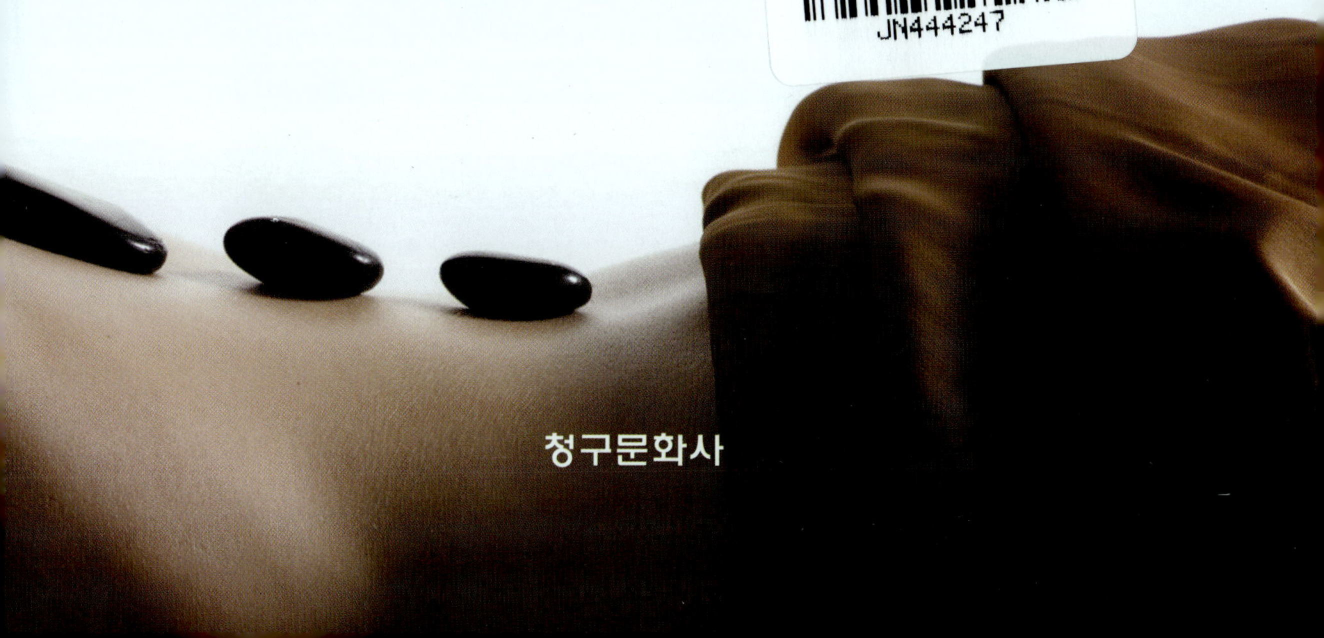

청구문화사

머리말

경제와 의학의 발달은 수명연장과 문화수준의 향상 등을 가져와 건강하고 아름답게 살고 싶은 인간의 욕구를 증대시키고 있습니다. 인류의 역사와 함께 시작된 아름다움에 대한 욕구는 현대에 이르러 서비스 산업이 극대화 되면서 미용이라는 전문직종이 인간 생활에 불가결한 요소로서 중요한 가치를 가지게 되었습니다.

이러한 시대적 추세에 따라 미용분야가 단순한 기능만이 아닌 과학적이고 학문적인 기초아래 교육이 이루어져야 하는 분야임을 인식하게 되어 1991년 처음으로 전문대학에 미용관련학과가 개설되었으며 그 후 1999년에는 4년제 대학에도 미용과가 신설되어 오늘에 이르고 있습니다. 또한 2008년 10월부터는 피부미용사 국가자격시험이 실시되어 그동안 모든 피부미용인의 바램이었던 국가기술자격증도 취득할 수 있게 되었습니다.

이와같은 미용교육의 발전에 따라 구체적이고 실질적인 자료의 필요성을 느껴 앞서 출간한 '피부미용학'을 새롭게 출간하게 되었습니다.

책의 구성은 이론과 실기편으로 나누었으며 이론 편에는 피부미용의 정의, 역사 등의 개요와 피부에 대한 이해, 얼굴관리, 전신관리와 관련된 화장품, 마사지, 기본원리에 대한 내용과 피부유형 분석 및 특징, 피부유형별 화장품 적용에 관한 내용 등 총4장으로 구성하였으며, 실기 편은 피부관리사와 피부관리실 환경, 얼굴관리, 전신관리를 위한 근·골격, 혈점에 대한 내용과 카드작성 방법, 클렌징, 마사지, 제모 등 실제 관리에 관한 실기동작을 그림설명과 함께 총 4장으로 구성하였습니다. 특히 실기 편은 그림설명을 보완하는 CD를 첨부하여 피부미용 실기동작을 숙지하는데 많은 도움을 주고자 하였습니다.

필요한 내용을 짜임새 있게 구성하기 위하여 나름대로 보충하며 노력하였으나 출판에 앞서 부족함과 아쉬움이 남습니다. 아직도 미흡한 점이 많지만 앞으로 더 많은 연구와 자료수집을 통하여 피부미용에 관한 좋은 전문서적이 될 수 있도록 최선의 노력을 다하겠습니다.

모쪼록 본 교재가 피부미용 전공자들에게 많은 도움이 되기를 기원하며 많은 애정과 성원을 기대해 봅니다.

끝으로 이 책이 출판되기까지 도움을 주신 여러 분들께 감사를 드리며, 특히 청구문화사 이상태 사장님과 직원들의 도움과 노고에 감사드립니다.

저자일동

차례

피부미용 이론

피부미용 기초 실기

피부미용 이론..

제1장
피부미용학 개론

Ⅰ. 피부미용의 개요

1. 피부미용의 정의
2. 피부미용의 용어
3. 피부미용의 필요성
4. 피부미용의 역사
5. 피부미용사의 직무영역
6. 피부미용에 활용되는 다양한 요법
7. 외국의 피부미용사 제도

Ⅱ. 피부에 대한 이해

1. 개요
2. 기능
3. 유기체의 구성 및 피부와의 관계
4. 피부의 구조
5. 피부 부속기관

제1장 피부미용학 개론

Ⅰ. 피부미용의 개요

1. 피부미용의 정의

피부미용을 의미하는 에스테틱(esthetic)은 '미학의, 심미적인, 미감(美感)의'란 사전적 의미를 가진 말로 화장품과 피부미용를 구분하기 위하여 사용되고 있다.

에스테틱(esthetic)이란 말은 약 200년 전 독일의 미학자 바움가르텐(Baumgarten)이 '미는 인간에게 만족과 쾌감을 주는 대상이며 보는 사람의 마음에 달려있다'라는 감성의 미학 차원에서 처음 사용하였다.

피부미용학은 연령, 환경 등 내·외적 요인에 따라 끊임없이 변화하는 얼굴과 전신의 피부를 비롯한 전신의 상태를 유지·개선하여 생리작용을 정상화시키고 건강한 아름다움을 가꾸어주는 예술인 동시에 과학적 학문이다.

피부미용이란 질환적 피부를 제외한 얼굴 및 전신의 피부를 분석하고 화장품, 미용기기 및 수기법을 이용하여 분석결과에 적합한 관리를 하여 피부상태를 개선시키고 건강하고 아름다운 피부를 보호, 유지하는 것을 말한다.

현대의 피부미용은 피부 및 인체의 기능과 생리작용에 대한 과학적 지식을 바탕으로 관리사의 손을 이용한 물리적 방법과 화장품, 기기 등을 다양하게 이용하여 관리하므로 하나의 과학이라고 말할 수 있다. 또한 미용분야 중에서도 가장 과학적인 지식을 바탕으로 하면서도 미의 본질과 형태를 다룬다는 의미에서 예술이라 할 수 있다. 그러므로 피부미용은 피부과학에 대한 기초적 지식 외에 해부학, 생리학, 화학, 피부미용학, 향장학, 심리학, 영양학, 소독학, 전염병학, 세균학, 공중보건학, 기기 관리학, 경영학 등에 대한 과학적이고 폭넓은 지식을 바탕으로 한다.

따라서 피부미용사는 필요한 전문적 관리기술을 습득하고 이를 실제 피부미용과정에 적극 이용하여 다양한 임상경험을 축적함으로써 이론과 실기를 겸비한 전문 피부미용사로 성장할 수 있다.

2. 피부미용의 용어

에스테틱(esthetic) 또는 코스메틱(cosmetic)은 피부미용을 의미하며 피부에 대한 관리(care) 혹은 처리, 처치(treatment)의 의미를 가진다.

코스메틱(cosmetic)은 화장품, 피부미용, 미용의 포괄적 의미로 사용되고 있으며 '관리하다', '장식하다' 및 '치장하다'란 의미인 그리스어 'kosmein'이 어원이다.

피부미용을 의미하는 말은 각 나라마다 조금씩 다른 언어를 사용하고 있다.

영국 - Cosmetic
독일 - Kosmetik
프랑스 - Esthetique
일본 - Esty(エステティク)
미국 - Skin Care
한국 - 피부미용

3. 피부미용의 필요성

과학문명의 급속한 발전과 생활수준의 향상은 일반대중의 생활태도와 생활환경을 근본적으로 변화시켰을 뿐만 아니라 의학기술의 발달로 평균수명이 증가하고 이에 따라 건강유지 및 증진에 대한 수요가 급속하게 증가하게 되었다. 그리하여 건강관리의 개념도 질병에 대한 치료중심에서 벗어나 건강유지 및 질병예방을 중심으로 새롭게 발달되어 가고 있다. 특히 신체건강에서 눈에 직접 보이는 피부의 건강은 대단히 중요하며, 미에 대한 욕구가 높아짐에 따라 미용의 필요성도 새롭게 인식되어 중요한 몫을 담당하고 있다.

피부의 건강상태는 개인의 생활조건에 의해 크게 영향을 받기 때문에 건강한 피부를 유지하기 위해서는 적당한 운동과 영양섭취, 적절한 휴식 등으로 신체의 건강을 유지하도록 힘써야 할 뿐 아니라 자신의 생활습관에서 피부에 영향을 미칠 수 있는 문제점들을 개선시켜야 한다.

이와 같이 피부의 건강상태를 유지하는 피부미용행위는 결국 최적의 건강상태를 향한 움직임으로 생활방식 또는 삶의 양식의 변화라는 속성을 가진 건강증진행위의 범주에 속한다고 할 수 있다. 따라서 생활수준의 향상에 따라 아름다움에 대한 기대 욕구가 강해지고 있으며 피부미용에 대한 관심도 증가하고 있다.

4. 피부미용의 역사

1) 서양의 피부미용

(1) 이집트

이집트인들의 화장은 종교의식과 관련하여 발달하였는데 종교의식때나 살아있는 사람에게 향유를 바르는 일을 중요시하였다.

벌레나 햇빛으로부터 피부를 보호하기 위해 기름과 향수의 혼합물인 향유를 즐겨 발랐고 권위와 청결을 중시하여 머리를 자르고 목욕과 세수를 자주 하였다. 피부미용의 매개물로 올리브 오일, 아몬드 기름, 양모 왁스, 꿀, 오일 등을 사용하였다.

아름다움과 세련미로 유명한 이집트의 여왕 클레오파트라는 진흙, 우유, 꿀, 계란노른자 등을 이용한 진흙 미용법을 즐겨 사용했는데 이와같은 미용법은 오늘날에도 일반적으로 사용되는 피부미용 방법이다.

(2) 그리스

그리스인들은 건강한 신체에 건강한 정신이 깃든다고 믿었기 때문에 건강한 신체를 추구했다. 그들은 식이요법, 운동을 통한 규칙적인 신체관리를 하였으며, 목욕, 마사지, 운동 등은 그리스인들의 일상사였다.

목욕 후 마사지와 향수의 사용이 매우 중시되었는데 남성들은 마사지와 향으로 정력적이며 부유하고 윤택하게 보이도록 하는 것이 유행이였던 반면, 일반 여성들은 기초적인 피부손질만을 강조한 청순한 얼굴을 즐겨하였다.

4세기경 히포크라테스는 건강한 아름다움을 위하여 미용식, 일광욕, 특수목욕, 마사지 등을 권장하였다.

(3) 로마 시대

로마인들은 오일과 향수 및 화장이 생활의 필수품으로 등장하였다. 로마의 의사 갈렌(Garen, A.D 130~200)은 최초로 콜드크림의 원형인 시원해지는 연고를 만들었다.

로마인들은 매일 목욕으로 몸을 청결히 하였고 스팀미용법과 한증목욕을 생활화하였다. 피부를 희고 부드럽게 유지하기 위해 염소젖으로 얼굴을 씻고 레몬과 오렌지 즙으로 거친 피부를 마사지하였고 옥수수, 우유, 신선한 버터를 밀가루와 혼합하여 얼굴을 마사지하였다. 피부미용을 위해 우유, 효모, 레몬 등의 과일산을 이용했으며 건강한 피부, 머리, 손톱의 아름다움을 보존하기 위해 다양하게 관리하고 치장을 하였다.

(4) 중세

중세에는 여러 가지 약초를 물에 넣고 수증기를 얼굴에 쏘이는 스팀미용법을 사용하였다. 약초 스팀에는 보리수꽃, 사루비아, 로즈마리, 회향 등을 사용하였다.

중세 기독교의 엄격한 규율의 영향으로 금욕사상이 강조되었고 치장이 금지되었다. 여성이 신체나 얼굴의 미를 표현하고 가꾸는 행위는 엄격하게 금하여 화장을 금지하였고 순결과 정숙만을 강조하였다.

(5) 르네상스 시대

이탈리아에서 시작된 르네상스 시대에는 고전적인 아름다움을 다시 추구하기 시작하였다. 정제된 화장수를 이용하여 희고 맑은 피부를 관리하였고, 화장수에는 알코올, 채소농축액, 우유와 꿀을 넣어 사용하였다.

그러나 남녀 모두 외모에 대해 관심은 많았으나 위생관념이 없어 세수나 목욕하는 습관이 없었고, 신체에서 나는 악취를 제거하기 위해 과도한 향수를 사용하였다. 여자들은 대개 진한 화장을 하고 파우더 크림, 로션 등을 사용하였으며 피부나 머리를 손질하기 위해 많은 화장품을 사용하였다.

16세기 프랑스 학자 몽테뉴는 저서에 크림이나 팩에 대한 처방을 많이 언급하였다.

(6) 바로크 시대

17세기 후반에는 여드름이나 천연두의 흔적을 감추기 위해 검은 비단조각(beauty patch)을 사용하는 것이 유행하였고, 당시에는 몸을 자주 씻는 것이 건강에 좋지 않다고 생각하여 목욕을 기피하였다.

독일의 의사 훗페란트(1762~1836)는 젊음과 숙면을 위해서 마사지를 권장했으며 클렌징 크림을 제조하여 피부에 사용하였고, 체조 등의 붐을 일으켜 운동의 필요성을 강조하였다.

(7) 로코코 시대

18세기 초와 중기에는 머리장식에 대한 관심이 많아 머리에 분을 발라 연령을 구별할 수 없을 정도의 노인 같은 백발을 즐겨 하였다.

피부를 촉촉이 하기 위해 같은 양의 레몬즙과 신선한 계란 흰자를 도기 그릇에 놓고 흔들면서 약한 불에 가열하여 부드러운 버터 정도의 상태로 만든 다음, 사용할 때마다 향료를 몇 방울 첨가하였다.

(8) 19세기

19세기에 들어오면서 화장은 여성들만의 전유물이 되었다. 위생과 청결이 중요시 되어 비누의 사용이 보편화되었고 크림이나 로션 등의 사용이 일반화되었다. 또한 1866년에는 산화아연의 개발로 여성들에게 해독을 주던 백납분이 사라지게 되었다.

(9) 20세기

1901년 마사지 크림이 처음 만들어졌고, 1912년 폴란드 화학자 풍크에 의해 비타민이 발견되고 내분비 호르몬과 그 외 자연현상이 발견되어 피부 생리학이 발전하는 계기가 되었다.

1947년 프랑스의 바렛트 교수는 전기적 또는 기계적 수단으로 화장품을 피부 깊숙이 침투시켜 세포에 영향을 주면 신진대사에 영향을 미친다는 사실을 증명하였다.

2) 동양의 피부미용

(1) 상고 시대

단군신화에 의하면 쑥과 마늘을 복용했다는 기록이 있는데 그 당시 쑥과 마늘은 피부를 희게하는 재료로 사용되어졌다. 이는 흰 피부를 선호했던 사실을 보여주고 있다. 실제로 고조선 사회의 한국인은 향유와 향료를 사용하여 피부를 희고 아름답게 가꾸었다. 한반도의 동북방에 거주했던 읍루 사람들은 겨울에 가공한 돈고(돼지기름)를 발라 피부를 부드럽게 하고 동상을 예방하였다. 또한 말갈사람은 오줌을 받아 세안 시 이용하였는데 이는 오줌을 피부 미백의 수단으로 이용했다는 의미이다.

(2) 삼국 시대

신라는 아름다운 육체에 아름다운 정신이 깃든다는 영육일치사상을 중시하여 깨끗한 몸과 단정한 옷차림을 추구하였고 아름답게 치장하였다. 불교의 전래로 향을 신성시하고 종교의식에 반드시 향을 사용하였으며 목욕재계를 중시하여 목욕이 대중화되었다. 이에 따라 목욕용품이 발달하였으며 세제로 팥, 녹두, 쌀겨 등으로 만든 세제를 이용하였다.

(3) 고려 시대

청결에 대한 개념이 더욱 강조되어 하루에 서너 차례 목욕을 할 만큼 깨끗한 신체를 간직하고자 하였고 흰 피부를 가꾸고자 노력하였다.

전신목욕이 성행하였으며 부유층에서는 갓난아이를 복숭아꽃물에 세수를 시키거나 목욕을 하게 하여 희고 부드러운 피부를 간직하게 하였다. 부유층의 여인들은 난초를 넣어 삶은 난탕에 목욕을 하여 늘 몸에서 향내가 나게 하였다.

또한 면약은 남녀 모두 사용하는 액상타입의 얼굴용 화장품으로 손과 얼굴을 부드럽게 하는 피부보호제 겸 미백제로 사용되었다.

(4) 조선 시대

조선시대에는 내면의 아름다움이 강조되어 짙은 화장보다는 화장기 없는 깨끗한 피부를 강조하였는데 선조 때에는 화장수가 제조 판매되었고 숙종 때에는 판매용 화장품이 있었다.

(5) 개항 이후

중국·일본을 비롯하여 유럽(주로 프랑스)에서 크림, 백분, 비누, 향수 등이 수입되었다. 박가분의 판매 이후 배달기름(머릿기름), 연부액(미백로션), 유액(밀크로션), 연향유, 밀기름 등이 시판되었다.

가정에서는 수세미와 오이를 걸러두거나 증류수를 받아 화장수를 만들어 사용하였고 깨, 살구씨, 미곡 등을 미백제로 사용하였다.

(6) 현대의 피부미용

1981년 YWCA에서 '피부미용사'라는 명칭을 처음 사용하고 전문교육을 실시하여 많은 관리사를 배출함에 따라 전문직종으로 자리잡기 시작하였다.

피부미용인의 인구가 증가함에 따라 1986년에는 CIDESCO(국제피부관리협회)에 정식회원국으로 가입하였고 1989년에 피부미용분과위원회를 발족하였다.

최근 전반적인 사회현상 중의 하나로 건강한 육체와 정신을 통해 행복을 추구하는 웰빙(well-being)이 새로운 문화코드로 해석되면서 국내에도 빠른 속도로 접목되고 있는 추세이다. 이에 맞물려 피부미용 분야 역시 이제까지 단순히 외적인 미를 추구하던 것에서 한 걸음 더 나아가 내면적인 아름다움(inner beauty)에 관심을 가지게 되고 건강의 개념 아래 아름다움을 추구하는 경향으로 바뀌면서 전인적인 아름다움(holistic beauty)에 대한 수요가 급증하고 있다.

현재는 고등학교, 전문대학과 4년제 대학, 대학원에 석·박사 과정이 개설되어 전문피부미용인을 배출하고 있으며 이들 졸업생들은 피부미용이 전문적인 분야로 자리매김하는데 주도적인 역할을 하고 있다. 2008년부터는 피부미용이 국가자격으로 제도화되어 피부미용 업무영역의 전문성을 확립하게 되었다.

5. 피부미용사의 직무영역

피부미용사는 고객과의 상담과 피부분석을 통하여 안정감있고 위생적인 환경에서 질병상태가 아닌 얼굴이나 전신의 피부를 대상으로 관리서비스를 제공하고 전반적인 관리업무를 기획, 관리하기 때문에 넓은 범위의 직무영역을 포함한다.

1) 얼굴관리(Facial treatment)

(1) 일반 얼굴관리

피부상태를 분석하고 피부타입에 따라 적절한 화장품, 기기 및 수기법을 이용하여 건강하고 아름다운 피부상태를 유지하고 개선시키는 것을 목적으로 한다. 건성, 지성, 중성 피부 등 피부유형에 맞추어 프로그램에 따라 관리하는 방법이다.

(2) 특수 얼굴관리

노화관리, 색소관리, 여드름관리, 목과 눈의 특수관리 등 문제가 있는 피부 또는 일반피부에 특수 화장품이나 기기를 이용하여 특수한 프로그램으로 집중관리를 하여 문제점을 개선하고 정상상태의 아름답고 건강한 피부로 가꾸는 것이다. 비용은 일반관리에 비해 고가이나 관리 후 많은 개선 효과를 볼 수 있다.

2) 전신관리(Body treatment)

(1) 일반 전신관리

얼굴피부를 제외한 신체의 모든 부위를 대상으로 화장품, 전신마사지, 기기 등을 이용하여 인체의 기능을 정상화시켜 건강한 아름다움을 가꾼다.

(2) 특수 체형관리

운동처방과 식이요법 및 아로마테라피, 림프드레니지 등의 특수요법을 통한 순환촉진법, 프레소테라피, 스파테라피, 칼라테라피, 초음파요법 등을 포함한 관리방법과 안티셀룰라이트, 튼살, 탄력관리를 통해 손님의 몸매를 건강하고 아름답게 가꾼다.

3) 제모(Depilation & Epilation)

미관상 저해 요소로 작용하는 얼굴, 팔, 다리 등의 불필요한 털을 제거하여 미용적으로 건강하고 자신감 있는 모습을 지니게 한다.

제모의 방법에는 전기를 이용한 영구적 제모와 왁스, 화학적 방법, 면도기 등을 이용한 일시적 제모가 있다.

4) 손 · 발톱의 미용관리(Manicure & Pedicure)

손·발톱 관리 및 손과 발의 마사지를 포함하고 매니큐어, 페디큐어와 파라핀을 이용한 특수관리, 네일아트 등을 의미한다.

5) 눈썹정리 및 염색(Coloring)

관리과정에서 손님이 원하거나 눈썹이 보기 흉한 경우 눈썹전용 면도기, 족집게, 눈썹전용 가위 등을 이용하여 손님의 얼굴형에 맞게 눈썹을 정리한다.

또한 눈썹과 속눈썹의 색상이 다양한 서양에서 일반화된 방법으로 털의 색깔에 따라 눈썹전용 염색약으로 눈썹과 속눈썹을 다양한 색상으로 연출하고 눈매를 더욱 매혹적으로 가꾸어 준다.

6) 두피 관리(Scalp treatment)

건성, 지성, 중성 두피 등 손님의 두피상태를 상담과 진단기를 통해 테스트하여 두피와 털구멍(모낭)을 깨끗이 세정하고 두피마사지 및 고농축 영양제품을 이용하여 두피의 생리기능을 정상화시킨다. 두피의 혈액순환을 촉진하고 적절한 유·수분을 공급하여 탈모를 방지하고 정상적인 각화과정을 이루어 탈모, 비듬 등 각종 트러블을 예방하고 건강한 모발로 회복시킨다.

7) 메이크업(Make-up)

외형적인 미적 효과와 타인과의 의사전달, 예의표현 등 여러 가지 면에서 중요한 이미를 지니며 특히 자신의 장점을 최대한 살리고 단점을 보완하여 개성을 연출하는 아름다움의 표현방법으로 중요하다.

8) 발관리(Foot reflexology)

신체의 오장육부와 연결된 발반사구를 자극하여 신체의 건강을 증진하는 발반사요법과 발의 변형, 티눈, 발톱의 이상 등 문제성 발의 관리를 주로 한다. 발관리는 현재 우리나라에서 각광받고 있는 분야로 독립된 발관리 전문점이 증가하고 발 전용화장품의 판매가 증가하는 추세이다.

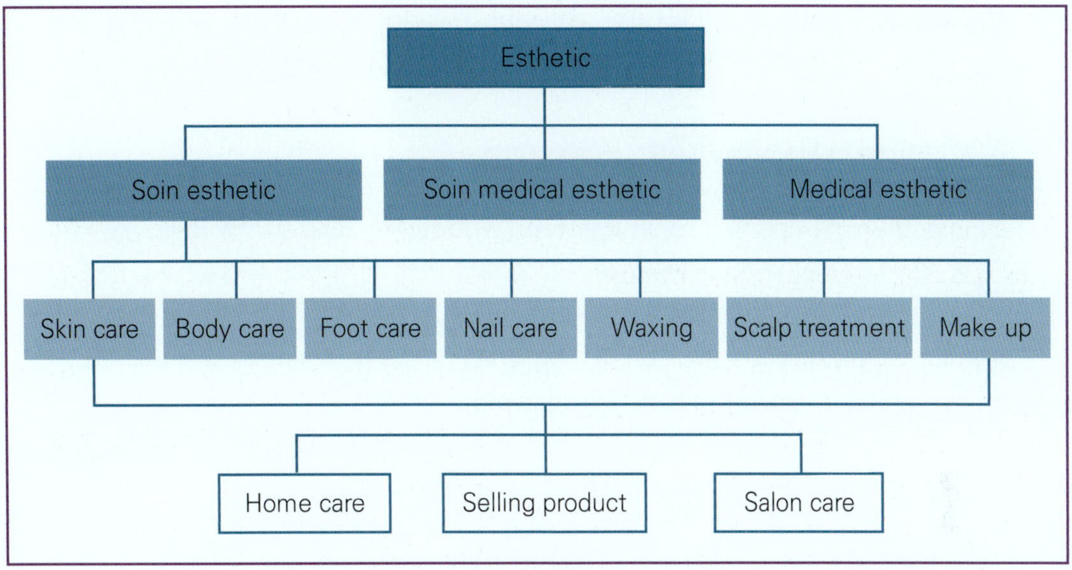

그림 1-1 피부미용사의 직무영역

9) 피부유형에 적합한 화장품의 조언 및 판매

피부상태는 내·외적인 요인에 의해 항상 변화하므로 고객의 피부타입에 맞는 화장품을 선택하도록 조언하고 판매한다.

10) 홈 케어(Home care)에 대한 조언

피부타입에 맞는 화장품의 선택과 사용법에 관하여 주지시켜 잘못된 홈 케어를 개선하고 관리실에서 받는 전문적 관리와 적절한 연계성을 지녀 관리효과를 증대시키도록 조언한다.

6. 피부미용에 활용되는 다양한 요법(Therapy)

1) 아로마테라피(Aromatherapy)

'향기'를 의미하는 '아로마(aroma)'와 '요법'을 의미하는 "테라피(therapy)"의 합성어로서 "방향요법" 또는 "향기요법"이라고도 한다. 향을 지닌 식물, 즉 허브(herb)에서 추출한 에센셜오일(essential oil) 성분을 이용하여 건강의 유지·증진을 도모하는 대체요법의 한 종류이다.

피부미용 분야에서는 주로 마사지와 결합되어 이용되며 1990년대에 들어 크게 성장하고 있으며, 에센셜오일의 성분을 포함한 화장품들도 인기를 얻고 있다.

2) 림프드레니지(Lymphatic drainage)

1933년 덴마크의 생물학자 에밀 보더(Emil Vodder)와 그의 부인에 의해 창안되어 1957년 비엔나 CIDESCO대회에서 최초로 소개된 이래 현재까지 유럽을 중심으로 많이 이용되고 있다.

피부미용 분야에서는 자극된 피부, 여드름, 알레르기, 습진, 모세혈관 확장피부, 부종, 흉터, 셀룰라이트 등 문제성 피부에 주로 적용된다.

3) 스파테라피(Spatherapy, 하이드로테라피 ; hydrotherapy)

스파란 물의 열, 부력 및 마사지를 이용하여 인체의 혈을 자극, 몸의 평온과 스트레스를 해소시키고 질병예방 및 신체 컨디션을 조절하는 것으로 온천욕 개념이 기본이다. 소금, 해초, 진흙, 에센셜 오일(essential oil)에 이르기까지 다양한 첨가제와 결합하여 사용하는데 이들 첨가제는 인간의 생리적, 심리적 기능을 강화시켜 주는 목적을 가지고 있다.

하이드로테라피는 수압을 이용한 관리방법으로 비만 및 전신관리에 널리 활용된다.

4) 해양요법(Thalassotherapy)

바다를 의미하는 그리스어 'thalassa'에서 유래한 것으로 이 요법은 인체의 자가치유 능력을 높이기 위하여, 바닷물의 특성과 알게(algae)를 이용하는 것으로 하이드로테라피(hydrotherapy)와 유사하다.

5) 스톤테라피(Stonetherapy)

고대의 아메리칸 인디안들이 육체적, 정신적 균형을 위해 사용해 온 스톤을 사용하는 요법으로 1990년대 초반 미국에서 에스테틱 분야의 하나인 트리트먼트 방법으로 개발되어 이후 세계적인 웰빙 추세와 함께 신개념 아이템으로 주목받고 있다. 스톤테라피는 정철, 마그네슘 등을 함유한 현무암을 데웠을 때 방출되는 열에너지가 인체에 깊숙이 전도되어 심신의 조화, 정화, 진정의 효과를 부여하는데 있다.

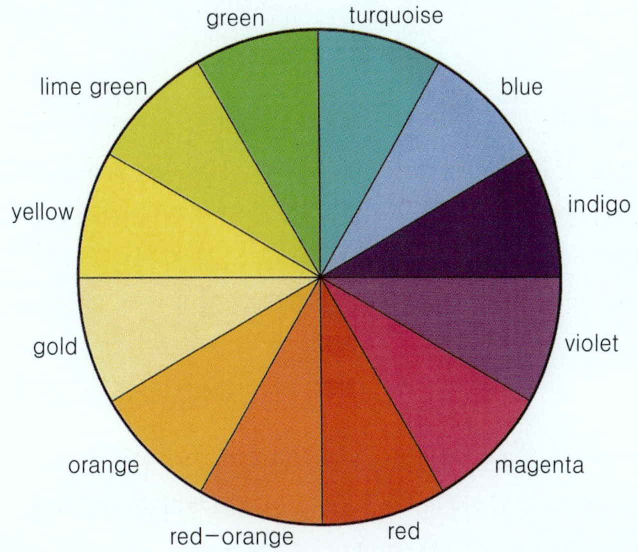

그림 1-2 컬러테라피(color therpy)

6) 컬러테라피(Colortherapy)

색에 관한 심리학을 바탕으로 색이 가지는 고유 파장을 이용하여 테라피적인 효과를 얻는 것으로 색을 이용하여 인체의 균형을 이루어 건강하고 활력있는 상태로 회복시키는 것을 의미한다.

7) 사운드테라피(Soundtherapy)

소리와 음악은 인간의 건강에 매우 강한 영향을 미치는 것으로 스트레스를 감소시키기 위한 효과적인 요법으로 정신과학적 치료과정, 저혈압이나 지속적 통증의 치료, 학습 능력 저하의 치료과정에 사용되며, 운동감각과 균형감각 그리고 인내력 등을 향상시키는 데 사용된다. 현재 피부미용 분야에서도 관리의 목적에 맞춰 소리요법을 병행하여 사용하고 있다.

7. 외국의 피부미용사 제도

1) 독 일

피부미용학교는 대체로 2년 과정이며 1년은 이론을 중점적으로 가르치고 나머지 1년은 실습을 중심으로 교육하며 평균 1,500시간 이상의 실습교육을 받는다. 1년에 8회 이상 실시하는 필기시험에 합격한 후 구두시험에 합격해야 자격증을 취득할 수 있다. 시험에 합격한 후에는 1년 동안 현장실습을 한 후 다시 자격증 취득시험을 통과해야 피부미용실을 오픈하거나 취업 또는 학원을 운영할 수 있다.

2) 프랑스

6개월의 단기과정에서 3년 과정까지 다양한 교육과정이 있으며 대개 2년 과정을 마쳐야 디플로마가 수여되며 국가기술자격 CAP(직업교육자격증)시험에 응시할 수 있다. 시험과목은 실기와 필기로 나누어 실시된다.

3) 미 국

미국은 각 주마다 독립적으로 이론과 실기 시험을 통과할 경우 면허증을 부여받는다. 10개월 동안 1,600시간의 기본과정을 이수하여 미용사자격증을 얻으면 헤어와 피부관리까지 할 수 있는데 피부관리만 원하는 경우에는 별도로 300~600시간의 교육을 받으면 된다.

각 주에서 부여받은 면허증은 그 주에서만 인정된다.

4) 영 국

1,600시간을 이수한 후 헤어 이론·실기, 바디테라피 이론·실기, 영구제모 이론·실기 등 6과목을 치른다. 각 과목당 65점 이상을 받아야 하며 한 과목이라도 낙제 시 재응시해야 한다. 3회 탈락 시 응시자격이 영구 박탈된다.

5) 일 본

에스테틱 협회에서 인정하는 피부미용학원에서 600~1,200시간을 이수한 뒤 수료증을 취득할 수 있다.

6) 한 국

피부미용업무는 공중위생분야로서 국민의 건강과 직결되어 있는 중요한 분야이다. 헤어, 피부미용, 메이크업 등 분야별로 세분화 및 전문화 되고 있는 미용의 세계적인 추세에 맞추어 피부미용사 자격을 제도화 함으로써 이론과 실무를 갖춘 전문인력을 양성하여 국민의 보건과 건강을 보호하기 위하여 2008년부터 피부미용 국가 자격증을 신설하고 시험제도를 시행하고 있다.

피부미용사 자격증은 국가에서 실시하는 피부미용사 자격증 취득을 위한 이론시험에 응시하여 합격한 후 실기시험 응시자격을 얻은 다음 시험에 응시하여 합격하여야 하며 미용관련 고등학교 및 대학 졸업생의 경우 졸업과 동시에 무시험으로 미용사면허증을 취득할 수 있다.

▷ 피부미용사 국가자격 시험

미용사(피부) : 의료기기나 의약품을 사용하지 아니하는 피부상태분석, 피부관리, 제모, 눈썹손질을 포함한다.

(1) 시행처 - 한국산업인력공단

(2) 훈련기관 - 대학 및 전문대학 미용관련학과, 노동부 관할 직업훈련학교, 시·군·구 관할, 여성발전(훈련)센터, 기타 학원 등

(3) 시험과목

① 필기시험

- 피부미용학
- 피부학 및 해부생리학
- 피부미용기기학
- 화장품학
- 공중위생관리학

② 실기시험

- 얼굴관리 & 피부분석표 작성
- 전신관리 & 제모
- 특수관리(한국형 마사지 혹은 림프드레니지 중 택)

이론시험출제기준

직무분야	위 생	자격종목	미용사(피부)	적용기간	2008. 1. 1.~ 2010. 12. 31
■ 직무내용 : 얼굴 및 전신의 피부를 아름답게 유지·보호·개선·관리하기 위하여 각부위와 유형에 적정한 관리법과 기기 및 제품을 사용하여 피부비용을 수행하는 직무					

필기검정방법	객관식	문제수	60	시험기간	1시간

필기 과목명	출제 문제수	주요항목	세부항목	세세항목
피부미용학, 피부학 및 해부생리학, 피부미용기기학, 화장품학, 공중위생관리학에 관한 내용	60	1. 피부미용학	1. 피부미용개론	1. 피부미용의 개념 2. 피부미용의 역사
			2. 피부분석 및 상담	1. 피부분석의 목적 및 효과 2. 피부상담 3. 피부유형분석 4. 피부분석표
			3. 클렌징	1. 클렌징의 목적 및 효과 2. 클렌징 제품 3. 클렌징 시술
			4. 딥클렌징	1. 딥클렌징의 목적 및 효과 2. 딥클렌징 제품 3. 딥클렌징 시술
			5. 피부유형별 화장품 도포	1. 화장품도포의 목적 및 효과 2. 피부유형병 화장품 종류 및 선택 3. 피부유형병 화장품 도포
			6. 매뉴얼 테크닉	1. 매뉴얼 테크닉의 목적 및 효과 2. 매뉴얼 테크닉의 종류 3. 매뉴얼 테크닉의 효과
			7. 팩	1. 팩의 목적 및 효과 2. 팩의 종류 및 사용효과
			8. 제모	1. 제모의 목적 및 효과 2. 제모의 종류 및 방법
			9. 전신관리	1. 전신관리의 목적 및 효과 2. 전신관리의 종로 및 방법
			10. 마무리	1. 마무리 목적 및 효과 2. 마무리의 방법

필기 과목명	출제 문제수	주 요 항 목	세 부 항 목	세 세 항 목
		2, 피부학	1. 피부와 피부부속 기관의 구조 및 기능	1. 피부구조 및 생리기능 2. 피부 부속기관의 구조 및 생리기능
			2. 피부 유형 관리	1. 정상 피부의 성상 및 특징 2. 건성 피부의 성상 및 특징 3. 지성 피부의 성상 및 특징 4. 민감성 피부의 성상 및 특징 5. 복합성 피부의 성상 및 특징 6. 노화피부의 성상 및 특징
			3. 피부와 영양	1. 3개 영양소, 비타민, 무기질 2. 피부, 체형과 영양
			4. 피부장애와 질환	1. 원발진과 속발 2. 피부질환
			5. 피부와 광선	1. 자외선 2. 적외선
			6. 피부면역	1. 면역의 종류와 작용
			7. 피부노화	1. 피부노화의 원인 2. 피부노화현상
		3. 해부생리학	1. 세포의 구성 및 작용	1. 세포의 구조 및 작용
			2. 골격계	1. 골의 형태 및 발생 2. 골격계의 종류
			3. 근육계	1. 근육의 형태 및 기능 2. 골격근과 평활근
			4. 신경계	1. 신경세포와 신경섬유 2. 뇌와 척수 3. 뇌신경과 자율신경
			5. 순환계	1. 혈액 2. 심장과 혈관
			6. 소화기계	1. 소화기 계통의 종류 2. 소화 생리
			7. 내분비계	1. 내분비선 2. 호르몬
			8. 배설계	1. 신장의 구조 및 작용 2. 요로와 배뇨
			9. 생식기계	1. 남성생식기 2. 여성생식기

필기 과목명	출제 문제수	주 요 항 목	세 부 항 목	세 세 항 목
		4. 피부미용 기기학	1. 피부미용기기	1. 기본용어와 개념 2. 전기와 전류 3. 피부미용기기의 종류 및 기능
			2. 피부미용기기 사용법	1. 기기사용법 2. 유형별 시술방법
		5. 화장품학	1. 화장품학개론	1. 화장품의 정의 2. 화장품의 종류
			2. 화장품 성분	1. 화장품의 원료 및 작용 2. 화장품의 제조
			3. 화장품의 종류와 작용	1. 기초 화장품 2. 메이크업 화장품 3. 모발 화장품 4. 전신관리 화장품 5. 네일 화장품 6. 향수 7. 에센셜(아로마) 오일 및 캐리어 오일 8. 기능성화장품
		6. 공중위생관리학	1. 공중보건학	1. 공중보건학 총론 2. 질병관리 3. 가족 및 노인보건 4. 환경보건 5. 산업보건 6. 식품위생과 영양 7. 보건행정
			2. 소독학	1. 소독의 정의 및 분류 2. 미생물 총론 3. 병원성 미생물 4. 소독방법 5. 분야별 위생·소독
			3. 공중위생관리법규 (법, 시행령, 시행 규칙)	1. 목적 및 정의 2. 영업의 신고 및 폐업 3. 영업자준수사항 4. 면허 5. 업무 6. 행정지도감독 7. 업소 위생등급 8. 보수교육 9. 벌칙 10. 기타법규사항

실 기 시 험 출 제 기 준

<table>
<tr><td>직무
분야</td><td>위 생</td><td>자격
종목</td><td>미용사(피부)</td><td>적용
기간</td><td>2008. 1. 1.~
2010. 12. 31</td></tr>
<tr><td colspan="6">■ 직무내용 : 얼굴 및 전신의 피부를 아름답게 유지·보호·개선·관리하기 위하여 각 부위와 유형에 적절한 관리법과 기기 및 제품을 사용하여 피부미용을 수행하는 직무
■ 수행준거 : 피부미용실무를 위한 준비 및 위생사항 점검을 수행할 수 있을 것
피부의 타입에 따른 클렌징 및 딥클렌징을 할 수 있을 것
피부의 타입별 분석표를 작성할 수 있을 것
눈썹정리 및 왁싱 작업을 수행할 수 있을 것
손을 이용한 얼굴 및 전신 관리를 수행할 수 있을 것</td></tr>
</table>

실기검정방법	작업형	시험시간	2~3시간 정도

실기 과목명	주요항목	세부항목	세세항목
피부미용실무	1. 얼굴관리	1. 준비 및 위생관련 작업하기	1. 위생적인 준비물 관리를 할 있어야 한다. 2. 피부미용사로서의 위생과 준비상태를 바르게 할 수 있어야 한다.
		2. 클렌징하기	1. 클렌징 제품선택을 할 수 있어야 한다. 2. 클렌징 시술을 할 수 있어야 한다. 3. 해면, 코튼, 스팀타올 시술을 할 수 있어야 한다. 4. 토너 정돈을 할 수 있어야 한다.
		3. 분석표작성하기	1. 피부분석능력 평가를 할 수 있어야 한다. 2. 피부분석용어 및 적용을 할 수 있어야 한다.
		4. 눈썹정리하기	1. 얼굴형에 따른 눈썹정리를 할 수 있어야 한다.
		5. 딥클렌징하기	1. 딥클렌징 제품 선택을 할 수 있어야 한다. 2. 딥클렌징 시술을 할 수 있어야 한다.
		6. 손을 이용한 얼굴 관리하기	1. 기본 관리를 할 수 있어야 한다.
		7. 팩하기	1. 팩제 선택을 할 수 있어야 한다. 2. 팩 시술을 할 수 있어야 한다.

실기 과목명	주요항목	세부항목	세세항목
	2. 전신관리	1. 준비 및 위생관련 작업하기	1. 위생적인 준비물 관리를 할 수 있어야 한다. 2. 피부미용사로서의 위생과 준비상태를 바르게 할 수 있어야 한다.
		2. 클렌징하기	1. 클렌징 제품 선택을 할 수 있어야 한다. 2. 클렌징 시술을 할 수 있어야 한다. 3. 스팀타올 시술을 할 수 있어야 한다.
		3. 분석표 작성하기	1. 피부 분석능력 평가를 할 수 있어야 한다. 2. 분석용어 및 적용을 할 수 있어야 한다.
		4. 손을 이용한 전신 관리하기	1. 팔 관리를 할 수 있어야 한다. 2. 다리 관리를 할 수 있어야 한다. 3. 등 관리를 할 수 있어야 한다. 4. 목 및 어깨 관리를 할 수 있어야 한다 5. 복부 관리를 할 수 있어야 한다.
		5. 제모하기	1. 겨드랑이 제모를 할 수 있어야 한다. 2. 다리 제모를 할 수 있어야 한다.
		6. 특수관리하기	1. 림프드레니지를 할 수 있어야 한다. 2. 한국형 피부관리를 할 수 있어야 한다.

Ⅱ. 피부에 대한 이해

1. 개요

피부는 표피, 진피, 피하지방과 피부부속기관을 모두 포함하는 것으로 우리 인체의 가장 외면에 존재하여, 신체 표면을 둘러싸고 내부를 여러 가지 환경으로부터 보호한다. 피부는 외계에 직접 노출되어 있으므로 끊임없이 자극을 받고, 그로 인하여 쉴 새 없이 손상 받고 있다. 다시 말하면 피부가 건강하지 못하면 내부로 위험요소가 투입되기 쉬우며, 내부 장기의 기능에 문제가 있을 때에는 피부에 여러 가지 표시가 나타나기도 한다. 표피는 중층편평상피세포로 이루어진 상피조직이기 때문에 탈락 후 재생이 가능하여 상처를 입어도 원래 모양으로 되돌아가며, 작은 반응에도 민감하게 반응하는 성질 때문에 큰 사고로 부터 방지하는 저항력이 있다.

피부의 무게는 체중의 약 16% 정도인 3kg, 표면적 약 1.8m2로 신체에서 가장 큰 기관이며, 피부에서 가장 두꺼운 부분은 발바닥과 손바닥(약 6mm)이며, 가장 얇은 부분은 눈꺼풀과 고막(약 0.5mm)이다.

피하지방층을 제외한 표피와 진피의 평균 두께는 1.4mm 정도이며 진피가 표피에 비하여 20~40배 정도로 두껍다. 또한 건강한 피부는 pH 4.5~6 정도의 약산성이며 건강한 털 또한 pH 4.5~6을 나타내는데, 피부와 털의 산도는 기름샘(피지선) 및 땀샘(한선)에서 분비되는 지방산, 젖산염, 아미노산 등에 의해서 결정된다.

2. 기능

(1) 신체보호 작용

물리적 충격, 즉 압력, 충격, 마찰로부터 내부기관을 보호한다. 외부로부터 수분 침투를 막기 위하여 지방막을 형성하여 피부를 보호하며 세균이나 미생물의 침입을 방지한

상피조직(epithelial tissue)

상피조직은 세포들이 밀집되어 층을 이루고 있기 때문에 세포사이물질이 거의 없으며 혈액이나 림프관이 상피조직에는 분포되어 있지 않아 영양공급은 그 아래의 결합조직으로부터 확산에 의해 공급받는다. 그리고 상피조직은 모양에 따라 편평, 입방, 원주, 이행상피 등이 있으며 표피는 중층편평상피로 이루어져 있다.

다. 멜라닌 색소와 표피의 투명층은 피부에 해가 되는 광선과 열의 침투로부터 보호한다.

(2) 분비배설 작용

땀과 피지의 분비작용을 통하여 피부의 윤택함과 pH를 조절하며 인체 유해성분을 땀으로 배설한다.

(3) 체온조절 작용

외부온도의 상승과 하강에도 불구하고 우리 인체는 일정한 온도, 즉 체온의 항상성 유지를 위하여 순환하는 혈액량과 땀의 양을 조절한다. 즉 체온이 상승하면 사이뇌(간뇌) 시상하부의 체온조절중추가 자극되어 땀이 나게 되고, 땀이 발산될 때 몸에서 열을 취하여 조절하게 된다.

(4) 감각작용

피부에는 신경의 말단인 감각소체가 존재하며 이들이 자극을 뇌로 전달하여 온각, 냉각, 촉각, 통각 등의 감각을 느끼게 되고 해로운 자극이 가해지면 뇌는 몸의 각 기관에 명령을 해서 위험으로부터 멀어지도록 한다.

(5) 호흡작용

피부도 폐호흡에 비하여 아주 적은 양이지만 O_2를 흡수하고, 신진대사 결과 생성된 CO_2를 피부 밖으로 내보내는 호흡을 한다. 그러므로 유분이 많은 화장품은 피부호흡을 어렵게 한다.

(6) 영양소 저장 및 형성

중요한 에너지 급원인 지방을 피하조직에 보관하여 필요할 때 사용하며, 프로비타민 D(비타민 D_3)가 자외선을 받아 비타민 D로 합성되게 한다.

(7) 흡수작용

흡수란 침입된 물질을 체내 또는 세포가 수용하는 것을 의미하는데 피부를 통한 흡수에는 경피흡수와 강제흡수가 있다. 피부는 수분증발 저지막(rein membrane)이 있어 무분별하게 이물질이 침투하는 것을 막고 선택적으로 투과하게 되어 있으며, 피부를 통한 흡수가 용이한 물질은 지용성 비타민, 스테로이드 호르몬, 페놀, 살리실 산, 수은, 비소, 납, 유황 등이 속한다.

항상성(Homeostasis)

정상적인 생명현상을 유지하기 위해서는 내부환경, 즉 세포외액의 양, 전해질의 농도, 체온, 혈량, 삼투압, pH와 같은 물리·화학적 상태가 일정하게 유지되어야 한다.
이와 같은 현상은 생체 내에서 스스로 이루어지고 있는데 이러한 기능을 항상성이라 한다. 체내 이상이나 질병은 항상성 균형이 깨질때 일어나는 현상이다.

흡 수

피부표면에 접촉된 물질이 모공, 세포와 세포사이, 땀구멍, 각질층을 통하여 흡수되는 것을 말하는데 주로 여성호르몬 에스트로겐(estrogen), 스테로이드 호르몬(steroid hormone), 황체호르몬(progesterone), 지용성 비타민 A, D, E, F 등이 흡수 가능하며 잘 흡수되지 않는 수용성 비타민 등의 경우에는 흡수하기 원하는 물질을 인체 지방과 비슷한 성분(라놀린, 스쿠알렌)과 함께 사용하여 침투시키거나 피부 세포막 성분인 인지질과 유사하게 만든 리포좀 속에 넣어 침투시킴. 또는 피부의 온도와 습도를 높여 각질층을 불려 방어벽(barrier zone)이 파손되어 흡수시키는 방법으로 목욕 후 또는 스팀 타월 사용 후의 제품 도포를 통하여 흡수시킴.

- 이온토포레시스(iontophoresis) : 전기의 힘을 이용하여 일시적으로 방어기능을 저하시켜 여러 가지 성분을 밀어 넣는 방법.

피부는 여러 가지 기능을 하지만 본래의 성질을 볼 때, 흡수기관이 아니라 피지나 땀 등을 배설하는 기관이다. 따라서 피부의 영양은 무리하게 화장품을 이용하기보다는 음식물을 통한 영양분 섭취가 효과적이며 바람직하다. 피부에 방어벽이 존재한다는 것은 인체의 보호 차원에서 꼭 필요하기 때문에 질병의 치료 차원이 아닌 다른 목적으로 과도한 용량을 무리하게 흡수 시켜 부작용을 초래하는 것은 결코 바람직한 일이 아니다.

3. 유기체의 구성 및 피부와의 관계

각 부분의 계통은 하나의 독립적인 기능만을 수행하는 것이 아니라, 서로 연계되어 인체를 구성하게 됨으로 서로 영향을 끼치게 된다. 즉 소화기계, 내분비계 등에 어떤 문제가 있을 때는 그로 인하여 피부에 좋지 않은 영향을 미치게 되는 것처럼, 각 계통의 기능 장애는 다른 계통의 기능 장애도 유발하게 되므로 건강이란 총체적인 건강이 이루어질 때를 말한다.

세포	조직(tissue)	기관(organ)	계통(system)	인체
실	천	소매, 앞, 뒤	상의, 하의	옷
상피세포 근육세포 신경세포 결합세포	상피조직 근육조직 신경조직 결합조직	입, 위, 소장 코, 기관지, 폐 난소, 고환 피부, 손/발톱 뇌하수체, 갑상선 심장, 동맥, 정맥 신장, 방광, 요도 뼈, 인대, 관절 심장근, 골격근 눈, 코, 귀 뇌, 척수, 자율신경	소화기계 호흡기계 생식기계 피부계 내분비계 순환기계 비뇨기계 골격계 근육계 감각계 신경계	유기체

위의 비유는 인체의 가장 기본 단위인 세포가 하나의 유기체를 형성하기까지의 과정을 설명한 것으로서, 실이 모여 천 조각을 이루며 이것으로 소매와 앞, 뒤를 만들어 상의와 하의를 만들며 상, 하의가 원피스, 투피스 등의 전체적인 옷이 됨을 비유한 것이다.
가장 기본 단위인 세포가 모여 조직을 이루며, 신경조직, 근육조직, 결합조직, 상피조직이 모여 위와 같은 하나의 기관을 형성한다. 또한 같은 기능을 하는 기관들이 모여 하나의 계통을 형성하며, 인체는 이 11가지 계통이 모두 합해진 것이다.

4. 피부의 구조

피부는 표피, 진피, 피하지방으로 이루어져 있으며, 표피는 탈락층으로 가장 외층에 위치하여 인체를 보호하며, 진피는 표피와 피하지방 사이에 있는 층으로 탄력성과 신축성 등 피부의 상태를 결정한다. 그리고 진피층 밑에 있는 피하지방층은 보호, 영양소 저장, 체온조절 등의 역할을 하며 피하지방층의 두께는 성별, 나이, 영양 상태에 따라 다르다.

1) 표 피

(1) 특 징

피부는 인체의 가장 외면에 위치함으로써 내부를 보호한다. 피부의 색깔은 표피층에 존재하는 멜라닌 색소의 양, 피부 밑을 흐르는 혈액의 많고 적음(혈색소), 카로틴의 유무 등에 의해 결정된다. 피부의 두께는 눈꺼풀이 가장 얇고 손바닥과 발바닥이 가장 두

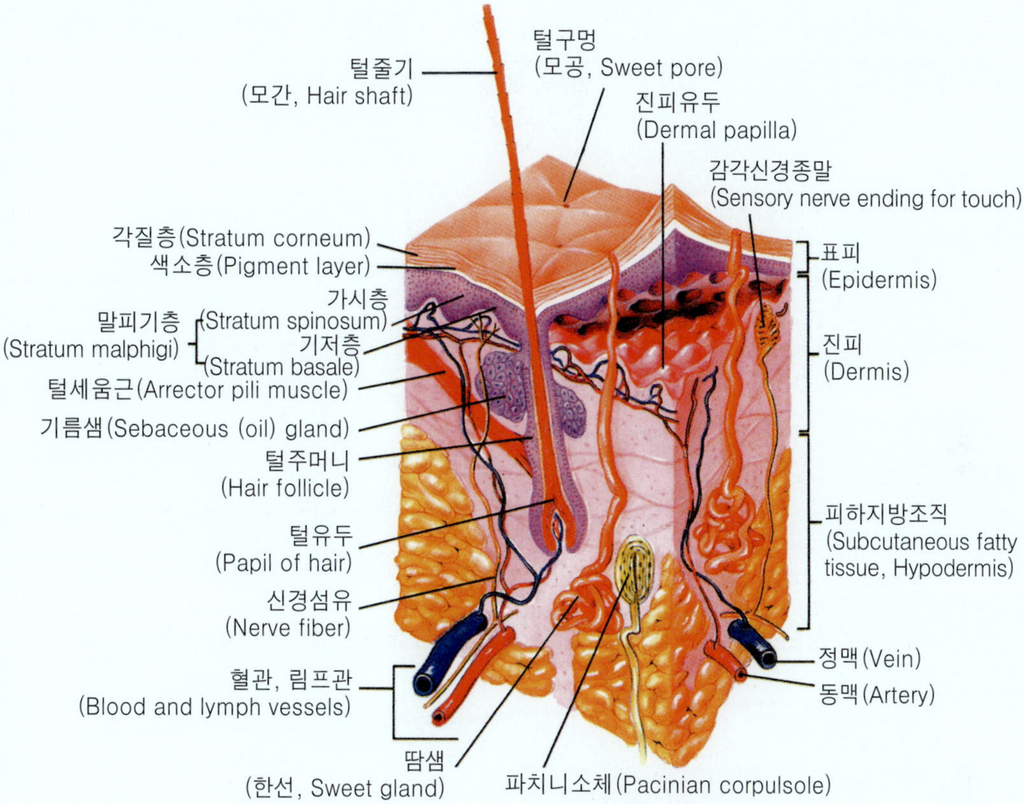

그림 1-3 피부 구조도

꺼우며 압력을 많이 받는 곳일수록 두꺼워서 완충 역할을 한다. 표피의 평균 두께는 0.1mm이며 신경과 혈관이 분포하지 않는다. 표피 가장 밑층에는 매일 수백만 개의 새로운 표피세포가 형성되어 위로 밀고 나오는데 밖으로 올라오는 동안 부드러운 세포질이 점점 딱딱하고 생명이 없는 각질로 바뀐다. 28일마다 새로운 표피가 형성된다.

① 교체기간이 늦을 때 : 여드름과 노화현상 발생
② 교체기간이 빠를 때 : 민감화 현상 발생
③ 교체기간이 정상일 때 : 건강하고 아름다운 피부유지

손·발톱은 죽은 피부세포가 굳어져서 밖으로 밀려나온 것으로 주성분은 케라틴이다. 표피는 각질형성세포, 멜라닌 세포, 랑거한스 세포, 머켈 세포로 이루어져 있다. 세포의 모양은 외부로 올라 갈수록 편평한 모양을 지니게 된다.

각화과정(Keratinization)

표피세포는 매일 수백만 개씩 떨어져 나가고 수백만 개의 새로운 세포가 형성되고 있는데 이들은 한 장소에 머무르지 않고 바깥쪽으로 밀려나와 점차 딱딱한 각질로 바뀌어 탈락하게 된다. 즉 각화과정은 기저층 → 유극층 → 과립층 → 투명층 → 각질층으로 모양이 변하게 되며 이 과정에 포함된 세포들을 모두 각질 형성세포(keratinocyte)라 한다. 다시 말하면 유핵의 세포가 무핵세포로 되는 과정을 말하며 세포의 정상 교체 주기는 약 4주이다.

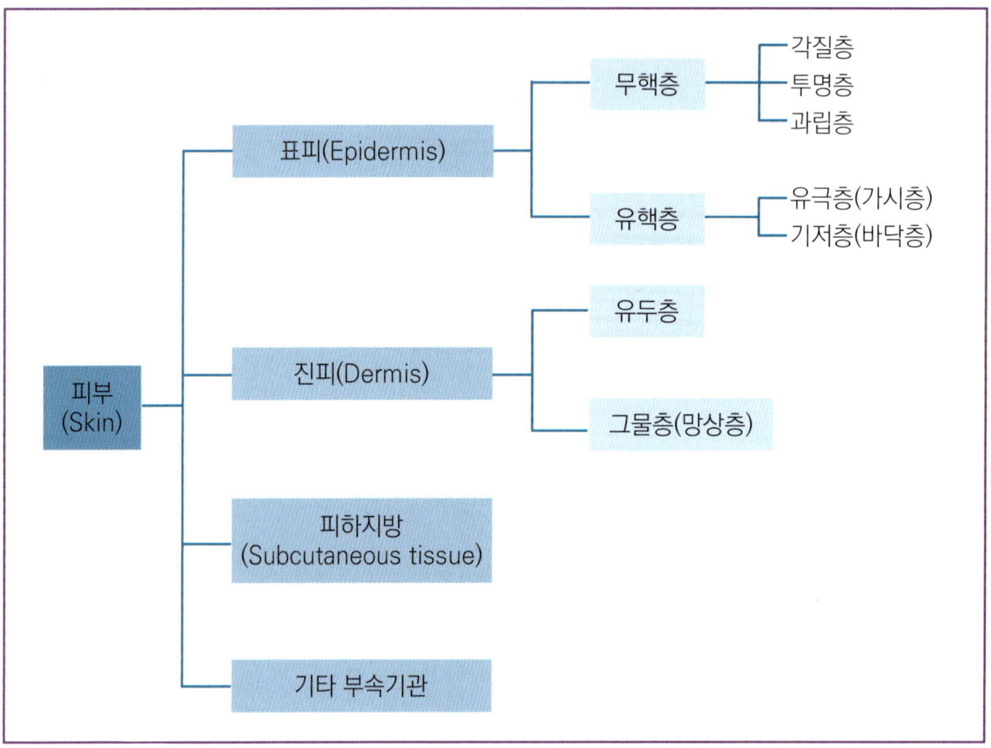

그림 1-4 피부도표

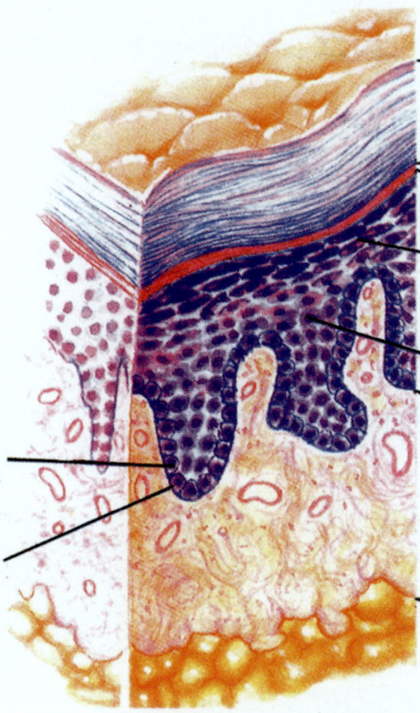

그림 1-5 표피의 층상구조

(2) 구조

① 각질층

가장 바깥층으로 주성분이 케라틴 단백질, 지방, 천연 보습인자(NMF), 수분 등으로 구성되어 있으며, 두께는 0.02~0.03mm이다. 각질층의 세포는 무핵의 죽은 각질로 되어 있으며 시일이 경과하면서 세포사이에 틈이 생겨 피부표면에서 구름모양의 얇은 조각이 되어 떨어져 나간다. 각질층은 20~25개의 층으로 되어 있으며, 피부 표면에 가까울수록 납작하고 길쭉한 모양을 하게 된다. 적당한 수분함량은 15~20%이며, 수분함량이 10% 이하이면 피부가 거칠고 건조하게 된다.

· 기능

- 외부 손상으로부터 피부를 보호한다.
- 내부 물질이 피부 밖으로 투과하지 못하게 방어하여 내부 환경의 항상성을 유지한다.
- 수분의 투과성이 낮아 탈수를 지연시킨다.
- 유해물질의 침투를 방지하는 역할을 한다.

② 투명층

피부의 두꺼운 층인 손·발바닥에서만 관찰이 가능한 2~3층의 무핵 세포층이다. 빛을 차단하는 역할을 하며 세포질 속에 엘라이딘(eleidin)이라는 반 유동물질이 차 있어 투명하게 보이며 물을 싫어하는 성질이 있다.

③ 과립층

2~5층의 무핵세포로 이루어져 있고 각질화과정이 시작되는 곳이며 케라틴 단백질이 뭉쳐진 것, 즉 케라토히알린(keratohyalin) 과립이 있다. 과립층의 방벽대(barrier zone)는 외부로부터 이물질 침입 방어 및 외부로 수분이 증발되는 것을 막아 피부건조를 방지한다.

④ 유극층(가시층)

기저층과 더불어 말피기층이라고 부르며 5~10층의 유핵 세포층이다. 가시모양의 돌기로 인접세포와 연결되어 있으며, 피부의 면역을 담당하는 랑거한스 세포가 존재하며 림프액이 흐르고 있어 혈액순환과 물질교환이 이루어지므로 피부미용에 매우 중요한 역할을 한다.

⑤ 기저층

원주 모양의 단층으로 재생층이라고 하기도 한다. 유극층과 함께 살아 있는 세포층이며, 진피층과 물결모양을 이루며 접하고 있어, 진피의 림프관과 혈관에서 O_2와 영양분을 받아들이고 CO_2와 노폐물을 배설하는데 도움을 주고 있다. 계속적으로 새 세포를 만들어 유극층으로 이동시키며 표피세포의 재생산율은 티눈처럼 압박이나 마찰을 받게 되면 증가하는 경향이 있다. 기저세포와 멜라닌세포가 4:1 또는 10:1의 비율로 존재한다.

수분증발 저지막(Rein Membrane, Barrier Membrane)

투명층 아래에 위치하며 외부로부터 물리적 압력이나 화학적 물질 등 이물질의 침입을 막아서 피부염 유발을 억제해 주는 역할을 하며, 또한 체내에서 체외로 필요한 물질이 나가는 것을 억제하여 수분의 증발을 막고 건조해지는 것을 방지한다. 수분증발 저지막의 윗부분은 약산성을 띄며 10~20% 정도의 수분을 함유하고 있고, 아래 부분은 약알칼리성을 띠며 70~80% 정도의 수분량을 함유하고 있다.

(3) 표피의 구성세포

① 각질형성세포(Keratinocyte)

각질층, 투명층, 과립층, 유극층, 기저층 세포들로서 각화과정에 포함된 세포들을 말한다.

② 멜라닌 세포(Melanocyte)

멜라닌 세포는 태양광선 중 자외선을 흡수하거나 산란시켜 체내에 자외선이 들어오지 못하도록 하여 보호하는 것인데, 세포의 수는 개인이나 인종에 따라 큰 차이는 없으나 그 세포의 활동성에 따라 황인종, 백인종, 흑인종으로 나뉜다. 즉 멜라닌 색소세포가 얼마만큼의 색소를 만드는 가에 따라 피부색이 결정된다. 일반 각질형성세포와 멜라닌 세포는 10:1의 비율로 기저세포층에 분포되어 있는데, 멜라닌 색소 형성세포(멜라닌 세포)에 의해 생성된 멜라닌 색소는 신진대사를 거치는 과정 중 수상돌기를 뻗어 표피의 기저층 윗부분으로 확산되어 기저층을 보호한 후 점차 각질층으로 이동하여 각질과 함께 탈락된다.

자연발생의 활성 산소를 소거하여 자외선의 투과를 막는 역할을 하는 멜라닌 색소는 피부뿐만 아니라 모구(hair bulb), 눈의 망막, 뇌막 등에서 만들어지며 멜라닌 합성에 영향을 주는 인자는 자외선은 물론 그 외에 유전적 소인, 환경적 요인, 호르몬, 식품, 의약품 등이 관여한다.

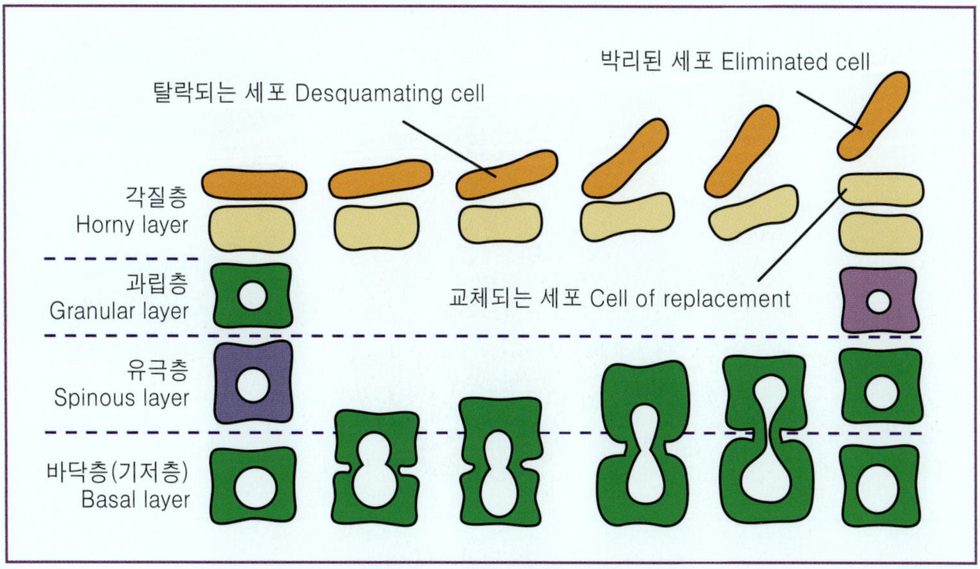

그림 1-6 각질화의 과정

멜라닌은 황갈색의 과립으로 피부표면에서는 황갈색을 나타내지만 피부 깊숙한 곳에서는 청색에서 흑색을 띠게 된다. 그러므로 청색 또는 흑색의 기미는 치료에 어려움이 많다.

· 멜라닌 세포의 자극 인자
(MSH, Melanocyte Stimulating Hormone, 멜라닌 색소 자극 호르몬)

- 자외선
- 정신적 스트레스
- 내장장애(간 질환, 위장 질환 등)
- 성호르몬(estrogen, progesterone, androgen) : 임신, 경구피임약 복용 시

· 멜라닌 색소의 배출 경로

- 각질층으로 이동하여 각질과 함께 탈락한다.
- 진피의 유두층 아래로 내려가 혈관 또는 림프관을 통하여 체외로 배설된다.

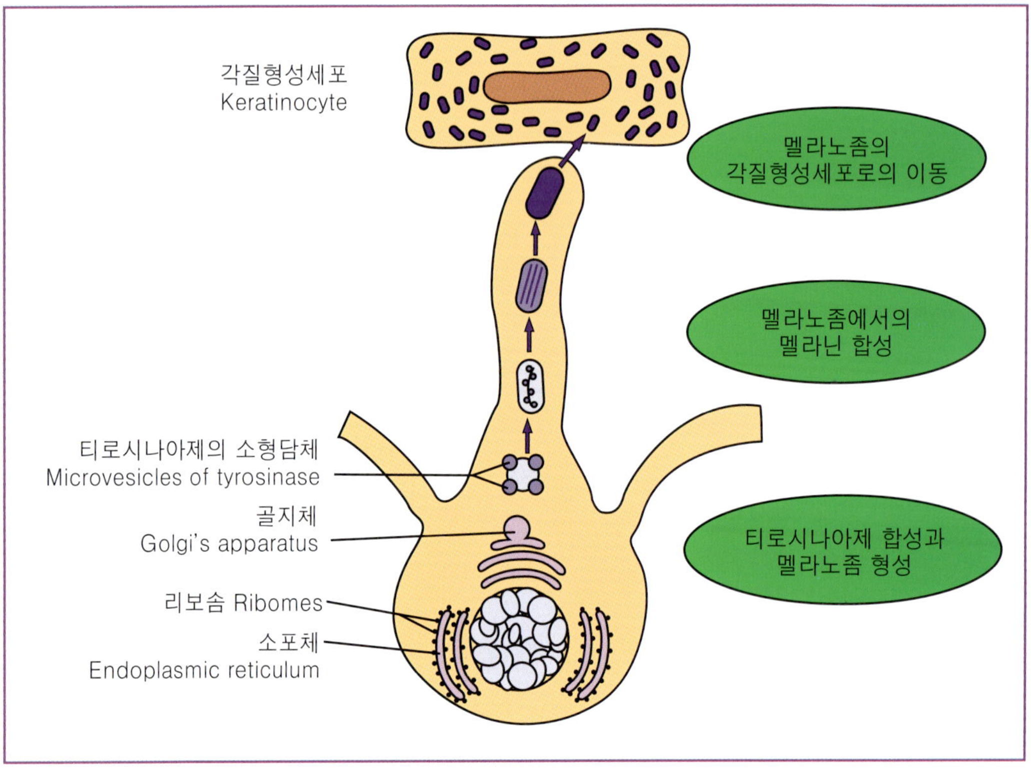

그림 1-7. 멜라닌의 이동

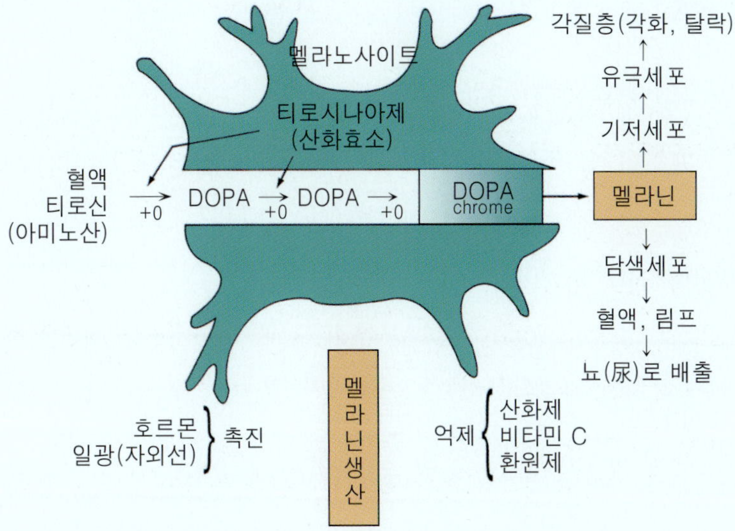

그림 1-8 멜라노사이트의 기능

· 멜라닌 색소 형성 과정

멜라닌 색소는 자외선 등 외부적 요인과 질병 등 내부적 요인에 의하여 생성된 피부를 검게 만드는 역할을 한다. 색소 형성 과정을 보면 티로신 단백질이 효소 티로시나아제(tyrosinase)의 작용을 통하여 산화되어 도파(DOPA)가 되며, 다음 단계에서 도파퀴논(dopaquinone)으로 전환된다. 도파퀴논은 이후 자동반응이 일어나 5, 6-dihydroxyindole을 거쳐 indole-5, 6-quinone이 형성되어 최종적으로 멜라닌 색소가 생성되게 된다.

· 멜라닌 세포의 특징

멜라닌 세포의 숫자는 인종과 민족에 관계없이 비슷하다. 그런 색소 세포가 만들어 내는 색소의 양에 따라 피부색이 결정된다. 흑인은 멜라닌 세포가 색소를 많이 만들어내며, 백인은 적게 만들어 낸다.

기저층의 멜라닌 세포는 여러 가지 요인에 의하여 자극이 되어 색소를 만들어 내는데, 한 예로 자외선을 받으면 멜라닌 세포를 자극하여 멜라닌 색소를 만들어내게 되는데, 이는 인체에 유해한 자외선을 내부로 침투하지 못하게 하는 보호 기전

멜라닌(Melanin) 세포

색소를 만들어 냄으로써 피부에 유해한 인자가 침투하지 못하게 한다.
인종에 따른 다양한 피부색은 색소 세포의 숫자의 차이 때문이 아니라 세포가 색소를 만들어내는 양에 의해 결정된다. 즉 흑인종은 황인종에 비해서, 황인종은 백인종에 비해 색소를 많이 만들어냄을 알 수 있다. 이는 선조 때부터 그들이 살아왔던 여러 가지 환경 등에 의해 결정된다.

멜라닌(Melanin)의 기능

- 피부색 결정
- 가시광선 및 자외선 흡수 또는 산란(보통 SPF 4 정도의 차단효과)
- active oxygen(활성산소)나 Free radical(유리기) 중화
- 때로는 멜라닌 자체가 활성산소를 발생

이라 할 수 있다. 즉 외부적으로 보면 자외선에 의한 색소 침착이지만 실질적으로는 보호 기전의 작동에 의함을 알 수 있다.

피부의 특징으로 볼 때 28일 이후가 되면 자연적으로 탈락되므로 정상적으로는 서서히 탈락되어 정상피부로 되돌아가지만 과도한 자외선 조사, 질병, 유전 등에 의한 원인일 때는 기미, 주근깨 등과 같은 과색소 침착을 일으키게 된다.

③ 랑거한스 세포(Langerhans cell)

표피, 진피의 유극층과 림프절, 흉선 등에서 발견되는데 주로 피부 면역에 관계한다. 즉 랑거한스 세포는 외부에서 들어온 이물질을 면역 담당 세포인 림프구로 전달해주는 역할을 함으로써 방어를 하게 되는데, 자신의 피부에 맞지 않는 화장품 등과 같은 물질에 접촉되었을 때 알레르기 반응을 일으키게 되는 것도 한 예이다.

④ 머켈 세포(Merkel cell)

머켈 세포는 기저층에 위치하고 있으며 피부에서 촉감을 감지하는 역할을 하는 것으로 알려져 있다. 주로 손바닥, 발바닥, 입술 등 털이 없는 피부에서 발견되며 신경섬유의 말단과 연결되어 있다. 신경세포와 연결되어 촉각을 감지하는 세포로 작용하기 때문에 촉각세포라고도 한다.

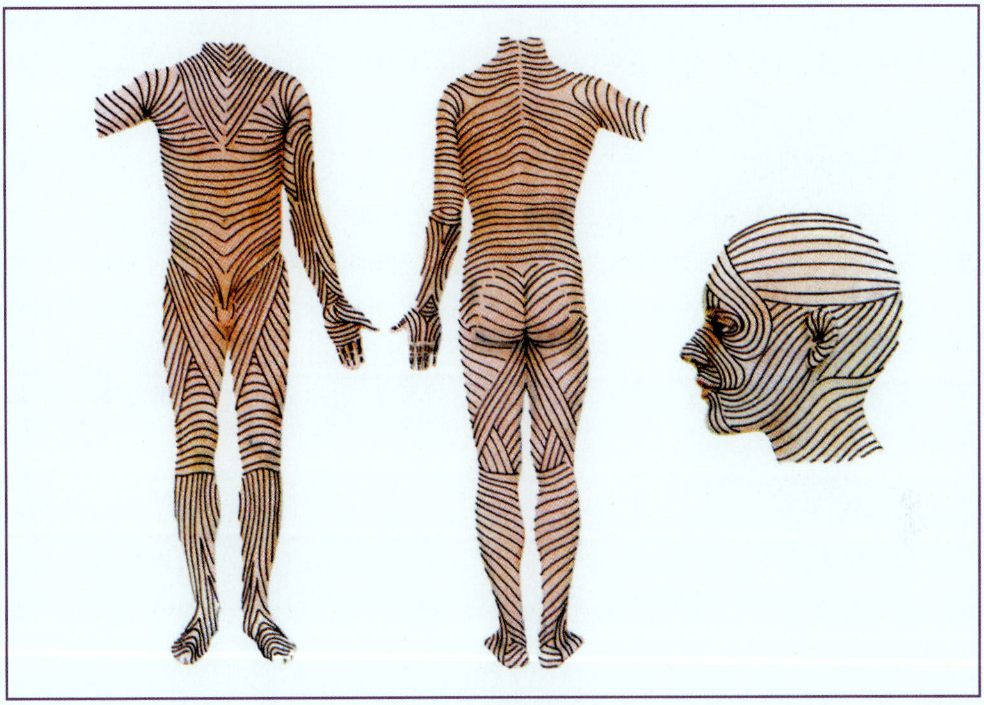

그림 1-9 피부의 랑거선

2) 진 피

(1) 특 징

치밀 결합조직이며 피부의 90% 이상을 차지하며 진정한 의미의 피부라 할 수 있다. 두께는 0.5~4mm로 표피의 15~40배의 두께이며 여성이 남성보다 얇다. 진피에는 신경, 혈관, 기름샘, 땀샘 등이 분포하며 탄력섬유와 아교섬유, 그리고 그 사이를 채우는 기질 등의 단백질로 구성되어 있다.

진피는 피부의 영양분 공급, 감각, 분비 등 중요한 역할을 하며 유두층과 망상층의 두 층으로 구별할 수 있으나 두 층의 경계가 명확하지는 않다.

(2) 구 조

① 유두층

진피가 표피쪽으로 둥글게 돌출되어 있는 이 돌출물을 유두라고 하며, 특히 손·발바닥에서는 유두가 일정한 배열을 이루고 있어 이를 따라 피부표면에 능선이 나타나게 되는데 이를 피문이라 한다.

유두 진피층은 표피의 기저층과 함께 피부층 가운데 가장 활발한 활동을 하며, 또한 모세혈관과 신경종말이 풍부하게 분포되어 있는데 표피와 진피의 경계는 파도 형태를 이루고 있다. 파도 형태는 노화가 일어남에 따라 점점 더 편평해 진다.

② 망상층(세망층)

진피 전체의 80%를 차지하고 있으며 탄력섬유인 엘라스틴과 아교섬유인 콜라겐 단백으로 되어 있다. 굵은 아교섬유와 탄력섬유가 일정한 방향성을 가지고 피부표면에 평행하게 배열되어 있으므로 이에 따른 주름이 생기는데 이를 처음 발견한 오스트리아 해부학자 칼 랑거(Carl Langer)의 이름을 따서 이를 랑거선(Langer's line)이라 부른다. 또한 망상 진피에는 혈관, 신경관, 림프관, 땀샘, 기름샘, 털세움근, 털 등이 복잡하게 분포되어 있다.

(3) 구 성

진피는 피부의 85%를 차지하며, 아교섬유(collagenous fiber), 탄력섬유(elastic fiber), 그리고 뮤코다당류로 구성되어 신체의 균형과 피부 긴장도 유지에 중요한 역할을 한다.

진피 건조 중량 중 70%는 교원섬유, 5%가 탄력섬유, 10%가 불용성 탄력소로 구성되어 있다. 2~3mm의 두께를 지닌 진피는 표피보다 20~40배 두꺼우며 혈관, 림프관, 땀샘, 기름샘, 털, 털세움근(입모근)을 포함하고 있다.

① 아교섬유(백섬유, Collagen fiber)

- 진피를 이루는 가장 중요한 물질(수분을 제외한 전체 무게의 70%)이다.
- 현미경으로 볼 때 67mm의 간격으로 줄무늬가 있다.
- 여러 방향으로 3차원 망상구조를 이루고 있으며 이 망상구조가 피부에 탄력성과 신축성을 갖게 한다.
- 피부에 가해지는 압력이나 잡아당기는 힘에 저항하는 기능을 한다.
- 끓이면 아교처럼 끈적끈적해진다.

파형(물결모양)

피부가 옆으로 당겨질 때 신축성을 보여 일정한 피부모양을 유지하며, 또한 혈관분포가 없는 표피로 많은 영양소와 산소들을 이동시키거나 신경을 전달하는데 효과적이다.

그림 1-10 진피내의 섬유조직

- 물에 담그고 가열하면 세 가닥의 나선구조가 파괴되고 실뭉치 형태(젤라틴)가 된다.
- 피부의 장력을 제공하여 물리적, 생화학적 자극에 강한 저항력을 가진다.

② 탄력섬유(황섬유, Elastic fiber)

- 피부탄력을 결정짓는 중요한 요소이다.
- 탄력소(elastin)와 미세섬유 단백(microfibrillar protein)으로 구성되어 있다.
- 변형된 모습이 원래의 모습으로 되돌아오게 하는 성질을 가지고 있다.
- 물에 끓여도 젤라틴으로 되지 않는다.

③ 기질(Ground substance)

- 뮤코다당체(mucopolysaccaride)라고 부르기도 한다.
- 히아루론산, 콘드로이친 황산 등의 당단백으로 구성되어 있다.

셀룰라이트(Cellulite)

피하지방이 너무 많아 뭉치게 되면 혈액순환이 원활하지 못하고, 교원섬유의 탄력성이 떨어져서 지방이 피부표면으로 밀려 올라와 피부표면이 귤껍질처럼 울퉁불퉁하게 된다. 이러한 현상을 셀룰라이트라고 하며 운동부족, 영양 불균형 등에 의해서도 발생된다.

- 진피내의 세포 사이를 메우고 있는 친수성 당단백(glycosaminoglycans)이다.
- 진피 건조 중량의 0.1~0.2%에 불과하지만, 자기 무게의 수백 배에 해당하는 수분을 보유하는 성질이 있다.
- 보유성분은 생체 내에서 강하게 결합된 결합수로서 쉽게 마르거나 얼지 않는다.
- 염분과 수분균형, 결체 조직 대사에 관여한다.
- 주위의 다른 조직을 지지한다.

3) 피하지방조직

- 지방세포가 뭉쳐져서 만들어진 주머니로서 피하지방층을 생산한다.
- 진피의 교원섬유가 피하조직으로 내려가 엉성하게 결합되어 형성된 망상조직이다.
- 추위로부터 몸을 보호하는 단열재 역할을 한다.
- 충격을 흡수하며, 영양을 저장하고 몸의 탄력과 부드러움, 곡선의 아름다움을 나타낸다.
- 신체부위, 성별, 연령, 영양 상태에 따라 피하조직의 두께가 다르다.
- 수분조절 기능, 보온 기능, 충격으로부터 보호 기능, 탄력 기능 등을 한다.
- 눈꺼풀, 귀 등에는 덜 발달되어 있다.

5. 피부 부속 기관

1) 땀샘(한선, Sweat gland)

땀을 만들어 피부표면에 분비기능을 하는 외 분비샘이다.

우리 신체에는 약 100만 개 이상의 땀샘이 있어 1시간에 2,000~3,000cc 정도의 땀을 만들어내며, 외부온도 상승, 발열현상, 흥분, 공포로 인한 긴장, 자극적인 음식물 섭취, 운동 등을 할 때 땀의 분비가 증가한다.

일반적으로 성인의 경우 한 시간에 약 30cc, 1일 약 700~900cc 정도의 땀이 분비되는데 이들은 대부분 체온조절을 위해 증발되고 일부분은 피지막을 만드는 역할을 한다. 땀은 99% 이상의 물과 NaCl(0.6~1.0%), K, Fe, P 등의 전해질, 요소(urea), 요산(uric acid), 젖산(lactic acid), 암모니아(ammonia), 크레아티닌(creatinine) 등으로 구성되어 있다.

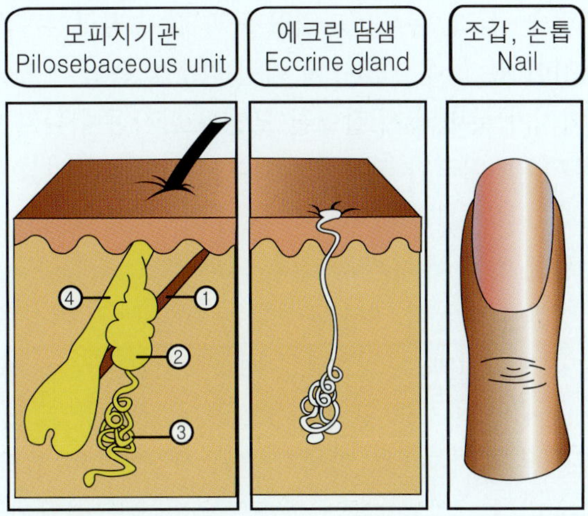

그림 1-11 피부의 부속기관

땀샘은 그 크기와 기능에 따라 에크린 한선(작은 땀샘, 소한선, eccrine sweat gland)과 아포크린 한선(큰 땀샘, 대한선, apocrine sweat gland)로 나눌 수 있다.

(1) 피부의 땀 분비

땀은 분비될 때는 약산성이지만 발한 후 여러 가지 인자에 의하여 약알칼리성으로 기울게 되고 따라서 피부표면은 세균의 발육증식을 억제하는 기능이 약해져서 염증을 일으키게 된다. 발한 시 각질층이 불어 털구멍(모공)과 한선의 출구가 좁아져서 땀띠가 생기기도 하며 여드름은 더욱 악화된다.

땀 자체는 냄새가 없지만 분비 후 세균의 증식으로 불유쾌한 냄새를 유발시키며, 표피나 진피에 생긴 땀띠의 수종이 파괴됨으로 따끔거림과 가려움이 있다.

2) 기름샘(피지선, Sebaceous gland)

피지는 피부표면에서 나오는 지방, 즉 피지(sebum)를 만드는 곳으로, 진피층에 위치하며 털구멍으로 연결되어 모공을 통하여 배출되는데, 얼굴, 가슴, 배 순서로 많으며 주변보다는 중앙이, 펴진 부분 보다는 굽히는 쪽에 많이 분포되어 있다.

손·발바닥을 제외한 전체 신체에 분포되어 있으나 얼굴의 T zone, 목, 등, 가슴 등에 특히 발달되어 있고 입술, 성기, 유두, 눈 점막 등과 같이 털구멍과 연결되어 있지 않아 피부표면으로 직접 분비하는 경우도 있는데 이런 경우를 독립 기름샘이라고 한다.

1일 평균 1~2g의 피지가 분비되며, 장미꽃 모양의 피지 주머니가 털을 중심으로 3~5개의 무리를 지어 분포하며 이러한 피지선은 피부에 300만개 이상 분포하여 피부에 피지를 공급한다.

피지 분비는 나이, 성별, 민족에 따라 다르며, 외부 온도, 건강상태, 호르몬, 정신적 영향, 계절 등에 의해 영향을 받는다. 황인종보다는 백인종이, 여성보다는 남성이, 또한 사춘기 시절에 더 많이 분비되며, 남성호르몬 테스토스테론(testosterone)과 여성호르몬 에스트로겐(estrogen)이 피지의 활성을 조절한다. 즉 테스토스테론은 피지분비를 촉진시키고 에스트로겐은 피지분비를 억제시킨다. 청소년 남학생의 여드름 발생 비율이 높은 이유와 여성에 비해 남성의 피부노화가 늦은 이유도 여기에 있다.

기름샘은 임신 4개월부터 털구멍과 함께 만들어지고 출생 시에는 거의 완전하게 발달된 상태이며 출생 직후 크게 발달하여 있다가 점점 줄어들게 된다. 사춘기에 접어들면서 다시 커져 집중적으로 분비되고 40세 이후에 점차 감소된다.

(1) 역 할

피지는 피부의 표면에 흘러나와 기름막을 만들어 피부표면을 부드럽고 윤기 나게 하며 수분의 손실을 막아준다. 또한 피부에 약산성의 산도를 유지하고 피부와 털에 윤기를 주며 보호 및 살균작용을 한다. 물이나 미생물 등 이물질의 피부 침투를 막는 역할을 하며 체온의 저하를 막는다.

사춘기가 되어 남성호르몬 테스토스테론의 분비가 왕성하게 되며, 호르몬의 특성상 피지분비가 왕성해진다. 피지의 구성성분 중 트리글리세라이드는 여드름균(propionibacterium acne)이 분비한 효소 리파아제(lipase)에 의해 유리지방산과 모노글리세라이드(monoglyceride) 및 디글리세라이드(diglyceride)로 분해된다.

이때 트리글리세라이드가 분해되어 생성된 유리지방산의 자극으로 각질을 두껍게 하여 모공이 막히게 된다. 모공의 입구는 피지의 배출구이므로 항상 열려 있어야 하는데 피지가 털구멍을 통하여 배출되지 못하므로 여드름이 생기게 되며, 여드름균(propionibacterium acne)과 염증세포의 작용으로 곪게 되면 화농성 여드름이 발생하게 된다.

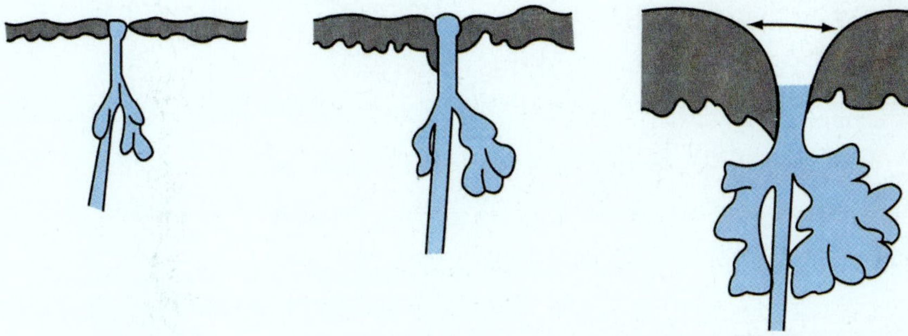

[A] 건성피부의 모공 [B] 정상피부의 모공 [C] 지성 · 여드름 피부의 모공

그림 1-12 기름샘의 크기와 모공의 크기

피부보습

피부가 수분을 보습, 유지하는 것은 수분의 발산을 막는 표면의 얇은 지방막과 각질층에 함유된 NMF(천연 보습인자), 진피층 기질(ground substance)에 존재하는 친수성 다당체인 뮤코다당체 등이 관여한다.

천연보습인자(NMF, Natural Moisturizing Factor)

피부의 친수 성분으로 수분보유량을 조절하는 수용성 흡습물질이다. 피부의 유분과 함께 피지막을 형성하여 수분증발 억제작용을 일으켜 피부의 보습력 증가와 아울러 탄력성을 부여한다. 천연적으로 수분을 공급받아 피부의 보습력을 정상화시키는 역할을 하는 천연보습인자는 피부를 유연하게 하며 높은 수분 결합력을 지니므로 각질층으로부터 특성성분을 빼면 각질층도 흡습성을 잃게 된다.

3) 털

인간의 털은 손·발톱과 마찬가지로 케라틴 단백질로 구성되어 있으며 손바닥, 발바닥, 입술, 음부 등을 제외한 부분의 피부에 130만~140만 개 정도 분포하며 이중 약 10만 개 정도가 머리카락을 이룬다. 털은 성장기, 퇴행기, 휴지기의 주기적인 과정을 거치며 성장과 소멸을 반복하게 되며, 성장에 필요한 영양은 털유두(모유두)를 통하여 공급

받으며 털유두 위 옆으로 피지선이 분포하여 털에 윤기를 주게 되어 있다. 털의 종류는 세기와 길이에 따라 억센 털(경모, 성모)과 부드러운 털(연모, 생모), 긴 털(장모), 짧은 털(단모) 등이 있으며 일반적으로 여성이 남성보다 길다.

털의 모양, 굵기 등은 민족, 성별, 연령, 개인에 따라 다른데 백인종은 파상모(파도형), 황인종은 직모(곧은 머리), 흑인종은 구상모(곱슬머리)로 차이가 있으며 또한 발생부위에 따라 털의 형태는 다르다. 두발 내에도 후두부의 머리털이 가장 두껍고, 두정부가 가장 가늘다.

털의 굵기는 여성의 털이 남성보다 두껍고, 최소 0.005mm에서 0.2mm까지 있다. 두발은 평균 0.1mm의 두께이다. 털은 남성호르몬의 영향을 많이 받는데 특히 겨드랑이와 음부의 털이 예민해서 사춘기 때 가장 먼저 나타나고 자라며 반면에 머리카락은 남성호르몬의 유도체인 DHT(dihydrotesterone)의 영향을 받는다.

(1) 털의 구조

털은 털구멍에서 자라며 털구멍은 표피가 피하조직까지 움푹 들어가 묻혀 있는 관 모양으로 되어 있다. 털이 외부로 나온 부분을 털줄기(모간부, hair shaft)라 하며 피부 내부에 있는 부분을 털뿌리(모근부, hair root)로 부른다. 또한 털은 3층으로 나눌 수 있는데 외층으로부터 털껍질(모소피), 털겉질(모피질), 털속질(모수질)의 순서로 되어 있다. 털구멍의 윗부분에는 피지선(sebaceous gland)이 연결되어 있으며, 피지선으로부터 분비된 피지는 모공을 통하여 배출되어 털줄기 끝까지 이르러 털을 윤기 있게 하며 보호하는 역할을 한다. 그리고 털구멍의 위 2/3 지점에는 털 세움근(입모근)이 있어 추위나 공포를 느끼면 자율적으로 수축시키는 기능을 한다.

① 털껍질(모소피, Cuticle)

가장 바깥층에 있고 얇고 딱딱한 비늘 모양의 친유성 보호층으로 색채를 띠지 않는다. 경질의 케라틴으로 만들어져 견고하지만 마찰에 약하므로 무리한 빗질이나 손질은 좋지 않다. 건강 털에서는 5~9층이 겹쳐져 있으며 털의 10~15%를 차지한다.

② 털겉질(모피질, Cortex)

털의 85~90%를 차지하며 3층중에서 가장 두껍고 털을 지탱하는 층으로 털의 탄력과 강도, 감촉, 질감, 모양(직모, 곱슬머리 등) 등 털의 성질을 나타내는 가장 중요한 부분이다. 또한 멜라닌 색소를 함유하고 있어 색채를 결정하는 층이며, 물과 친화하는 친수성으로 약제의 작용을 쉽게 받으므로 펌(perm), 염색 등과 가장 관련성이 있는 부분이다.

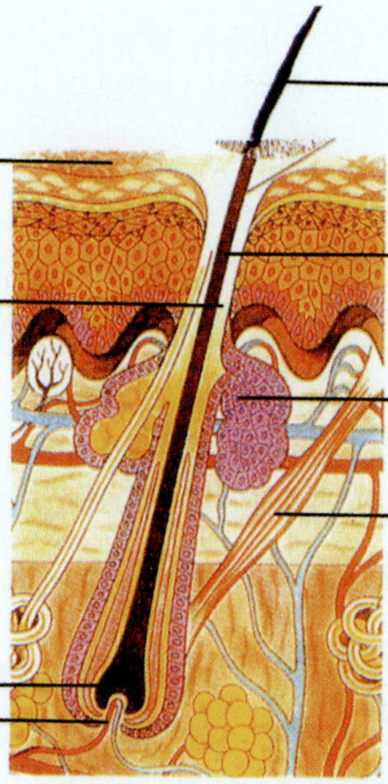

그림 1-13 털의 구조

③ 털속질(모수질, Medulla)

털의 중심부에 있는 털속질은 공동(cavity)으로 가득 찬 벌집 모양의 다각형의 세포가 길이 방향으로 나열되어 있으며 멜라닌 색소를 포함하며 살아 있는 세포들이 구성하는 층으로 털 성장에 영양을 공급하는 층이다. 두꺼운 털에는 수질이 있으며, 부드러운 털(연모)에는 수질이 존재하지 않는다.

④ 털유두(모유두, Papilla)

진피의 유두층에 해당되며, 혈관이 많고 모구에 영양공급을 함으로써 털의 성장을 담당하며, 털유두에 접하고 있는 세포로는 모 기질 세포(모모세포)와 멜라닌 세포가 분포되어 있어 털의 성장과 색상을 담당한다.

⑤ 털 세움근(Arrector pili muscle)

기모근 또는 입모근이라고도 하며 자율신경의 지배를 받으며 불수의근(자기 의지로 움직일 수 없는 근육)이다. 무서움, 긴장 등 감정이 긴박한 상태일 때 근육을 수축함으로써 털을 세우는 기능을 한다.

⑥ 털줄기(모간, Hair shaft)

털 중에서 피부 밖으로 나타나 있는 부분을 말한다.

⑦ 털뿌리(모근, Hair root)

털 중에서 피부 내부에 있는 부분을 말한다.

⑧ 모구(모반, Hair bulb)

털뿌리의 아래쪽에 있는 전구 모양의 털뿌리이 들어 있는 부분으로 여기서 털이 자란다. 모구의 아래쪽 중심은 둥글고 우묵한 곳이 있어 이곳을 통하여 털에 영양을 공급하는 털유두가 위치하고 있다.

⑨ 기름샘(피지선, Sebaceous gland)

털구멍벽에 붙어 있으며 피지(sebum)를 분비하여 털을 매끄럽게 한다.

(2) 성 질

털은 단백질(80~90%), 멜라닌 색소(3% 이하), 지질(1~8%), 미량원소(0.6~1.0%), 수분(10~15%) 등으로 이루어져 있으며, 아미노산의 종류와 여러 가지 함유량과 배열순서에 따라 형상과 성질이 다른 단백질이 형성되는데, 털은 단백질 중 아미노산 시스틴(cystine)을 가장 많이(14~18%) 함유하고 있는 케라틴(keratin)이라는 단백질로 18종류의 아미노산으로 구성되어 있다.

털은 전체적으로 친수성 성질이 있어 수분을 흡수하는 성질이 크다. 그러므로 털을 물에 적시면 수분을 약 30% 정도 함유하여 길이는 1.2%, 굵기는 15~17%, 무게는 30~50% 정도 증가한다.

털에 열을 가하면 120℃까지 팽창하며 130~150℃에서 변색이 되기 시작한다. 270~300℃가 되면 타서 분해되기 시작하는데, 털의 기계적 강도는 80~100℃에서 약화된다.

(3) 털의 pH

털의 pH는 털 중에 함유되어 있는 수분의 pH를 말하는 것으로 털의 pH는 함유된 수분 중에 녹아 있는 물질에 의하여 달라진다. 케라틴 단백질은 구조상 가장 안정되고 강한 상태는 pH 4.5~6으로 약산성의 상태이다.

수분의 알칼리성이 강하여지면 케라틴은 연화되며, 더욱 더 강하게 되면 녹아버리게 된다. 또한 산성으로 되면 대부분의 단백질은 응고하여 딱딱하게 수축되는데 산성이 더욱 강해지면 케라틴은 분해되어 녹아버리게 된다. 그러므로 건강한 털은 약산성의 pH로 유지될 때이다.

(4) 기 능

한랭과 마찰을 막아주는 신체 보호의 역할과 촉각을 전달하는 기능, 장식 등의 역할을 한다. 태양광선으로부터 피부를 보호해주고 체온을 조절하며 먼지와 땀으로부터 신체를 보호한다.

(5) 종 류

① 억센 털(경모, 성모) : 머리카락, 눈썹, 속눈썹, 콧속의 털
② 부드러운 털(연모, 생모) : 피부에 분포하는 털
③ 부드러운 털(어릴 때)이 억센 털(사춘기)로 바뀌는 털 : 수염, 가슴의 털, 겨드랑이 털, 음모, 남성의 손·발의 털
④ 긴 털(장모) : 머리카락, 수염, 겨드랑이 털, 음모, 가슴의 털 등
⑤ 짧은 털(단모) : 눈썹, 속눈썹, 콧속의 털, 귓속의 털
⑥ 취모 : 태아시기에 처음 나타나는 털로서 자궁 내에서 약 8개월경에 떨어져 나간다.

(6) 발생과 교체

털의 성장은 15~30세 사이에서 가장 활발하고 40, 50세에 가서 점진적으로 퇴보하는데 50세 이상이 되면 노화에 의한 점진적인 쇠퇴가 일어나며 70세 이후부터 탈모가 빨라진다. 털은 나이, 계절, 인종, 생리적인 요소, 스트레스, 질환 등의 영향을 받으며 정상적인 '퇴행기 탈모'는 하루에 100개 정도가 이루어지는데 두피를 구성하고 있는 털 중 85% 이상이 성장기 털이며 13%가 휴지기, 1% 정도가 퇴행기 털임을 알 수 있다. 인간의 털의 생장은 주기적이나 각 털구멍은 독립적으로 활동하기 때문에 동물처럼 일시에 탈모하지는 않는다.

① 성장기(Anagen)

털의 성장기는 보통 2~6년 까지이며 성장 속도는 보통 한 달에 4~6㎜(하루 0.2~0.3㎜) 정도로서 추울 때는 늦고 더울 때는 빠르며, 밤보다는 낮에 빠르다. 1년 중에는 봄, 여름에 성장이 빠르며, 탈모는 봄, 여름보다 가을, 겨울에 많이 일어난다.

② 퇴행기(Catagen)

털의 성장이 느려지는 퇴행기는 약 1%를 차지하며 2~3주간 지속되며 이 시기에는 세포분열이 감소 및 정지된다.

③ 휴지기(Telogen)

휴지기는 약 3~4개월 지속되는데 이 시기에 머리를 감거나 빗질을 할 때 빠지게 되며, 휴지기의 털은 새로운 털이 생겨 밀어냄으로써 빠지게 된다.

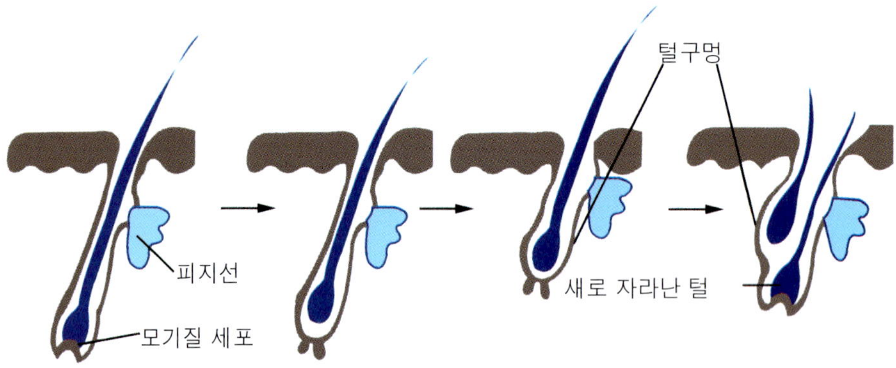

그림 1-14 털의 성장주기

(7) 올바른 털 관리

털과 두피를 항상 청결하게 유지하는 것이 중요하다. 머리를 빗을 때는 두피에서 털 끝으로 빗어 유분기가 골고루 코팅되게 하며 주 2~3회의 세정이 적당하다. 말릴 때는 자연 바람을 이용하는 것이 바람직하며 린스 사용 시는 곧바로 깨끗이 헹구어 내어야 한다. 잦은 퍼머, 염색 등은 털뿌리를 상하게 하고 헤어스프레이, 젤 등은 털을 상하게 하므로 너무 자주 하지 말며 두피에 닿지 않도록 한다. 샴푸 시는 손끝으로 부드럽게 작은 원을 그리듯이 마사지한다.

유분의 제거가 잘 안될 때는 약용 샴푸를 사용하거나 심하면 의사와 상담을 하기도 한다. 신진대사를 촉진시키는 미역, 다시마, 김 등 해조류와 혈행을 촉진시키는 콩, 시금치 등 푸른 생선 등의 섭취를 한다.

4) 손톱(조갑, Nails)

손톱은 표피의 각질층이 변화한 케라틴이라는 경단백질로 이루어진 0.5~0.75㎜의 두께를 지닌 피부 부속기관이다. 손톱은 털과 달리 생장주기라는 것이 없어 계속 성장을 하는데 하루에 약 0.1㎜ 자라며 손톱이 발톱보다 성장이 빠르며 건강한 손톱은 부드럽고 광택이 나며 투명한 핑크빛을 낸다. 그리고 손과 손톱 등의 질병이 없을 경우에는 성장 속도는 더 빨라진다.

손톱이 완전히 자라서 대체되는 기간은 5~6개월 정도 걸리며, 손톱에 함유된 수분의 양은 7~12%, 유분은 0.1~1% 정도로써 습기와 광택을 유지하게 된다.

손톱의 상태는 계절, 연령, 건강 상태에 따라 다르며 손톱은 자라는 방향으로 세로 선이 나타나며 노인의 경우에 특히 현저하게 나타난다.

기능으로는 산, 알칼리 등으로부터 피부를 보호하며 장식의 도구이며 물건을 집을 때와 같이 도구로서의 역할을 한다. 또한 손끝과 발끝을 보호하며 공격과 방어 기능을 담당하기도 한다.

(1) 손 · 발톱의 구조

① 손톱기질(조모, 조기질, Nail matrix)

손톱을 만드는 조모세포가 세포분열을 하는 부분으로서 예민하여 손상을 입으면 비정상적인 손톱이 형성된다.

② 손톱뿌리(조근, Nail root)

손톱의 근원으로 성장이 시작되는 곳이다.

③ 손톱소피(조상피, 조소피, Cuticle)

손톱의 기저부위를 덮고 있는 피부이며 병균의 침입을 막아주는 역할을 하고 유연하며 탄력이 있다.

④ 손톱반월(Lunula)

손톱 기저부에 위치한 흰색을 띠는 부분으로 반달모양이며 아직 케라틴화가 덜 되어 다른 부분에 비하여 약하다.

⑤ 손톱바닥(조상, Nail bed)

손톱을 지지하는 손톱 밑의 피부이며 혈관이 분포되어 있어 손톱의 성장에 필요한 영양분을 공급한다.

⑥ 손톱 몸체(Nail body, Nail plate)

손톱 몸체로 손톱내의 신경과 혈관, 손톱바닥을 보호하며 소도구 등 여러 가지 기능을 담당한다.

⑦ 자유연(Free edge)

손톱의 끝 부분으로 손가락 바깥으로 나와 있는 부분이다.

⑧ 손톱 벽(조벽, Nail wall)

조갑 홈 옆에 있는 손톱 양면의 피부로 손톱을 보호하는 기능을 한다.

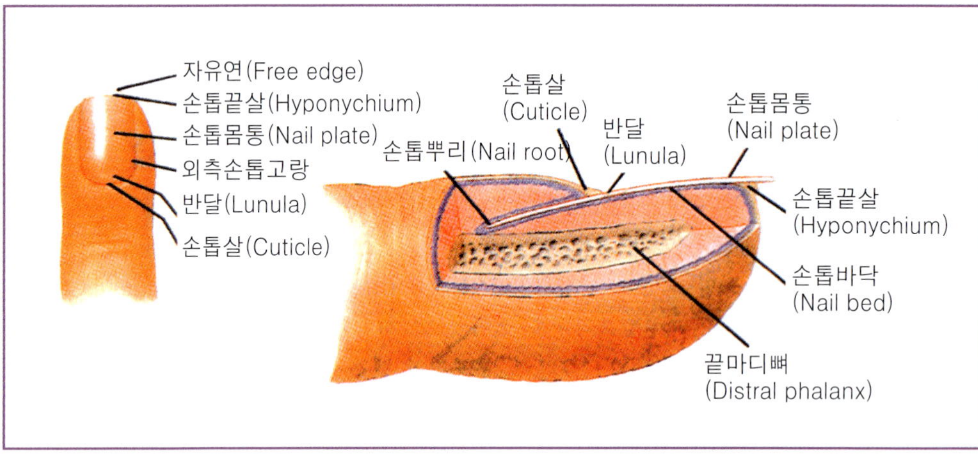

그림 1-15 손톱의 구조

⑨ 손톱 홈(조갑 홈, Nail groove)

손톱 측면의 가는 홈이며 외부의 물리적인 환경으로부터 보호하는 기능을 한다.

⑩ 손톱끝살(조하막, Hyponychium)

손톱 아래 살과 연결된 막으로 병원균의 침입으로부터 보호하는 기능을 한다.

⑪ 상조피(조상막, Eponychium)

손톱 벽으로부터 손톱 위까지 확장되어 덮여 있는 얇은 피부이다.

(2) 건강한 손톱의 요건

바닥에 강하게 부착되어 있어야 하며 단단하고 탄력이 있어야 한다. 매끄럽고 윤기가 나며 일반적으로 분홍빛이며 둥근 아치 모양의 반월이 형성되어 있다. 손톱의 함유 수분량이 12% 이상이 되고 유연하며 병원균의 침입을 받지 않은 상태여야 한다.

제2장
얼굴관리

Ⅰ. 클렌징

1. 클렌징의 의의
2. 클렌징의 목적
3. 클렌징시 유의사항
4. 클렌징의 단계
5. 클렌저의 종류

Ⅱ. 딥 클렌징

1. 분류
2. 딥 클렌징 후 피부관리법

Ⅲ. 필링

1. 필링의 정의
2. 필링의 목적
3. 필링의 효과
4. 필링의 종류

Ⅳ. 마사지

1. 마사지의 역사
2. 마사지의 정의
3. 마사지의 구성요소
4. 마사지의 기본동작
5. 마사지의 효과
6. 마사지 시 주의사항

Ⅴ. 팩과 마스크

1. 팩과 마스크의 개념
2. 팩과 마스크의 기원
3. 목적과 효과
4. 바르는 순서
5. 팩과 마스크의 분류
6. 팩을 하는 시기와 시간
7. 주의사항

Ⅵ. 피부관리 후 마무리

1. 화장품 도포하기
2. 마무리

제2장 얼굴관리 Facial Treatment

Ⅰ. 클렌징(Cleansing)

1. 클렌징의 의의

스킨케어(skin care)의 기본은 닦아내는 것, 즉 피부의 청결로부터 시작된다. 세안의 역할은 생리적으로 인체에서 분비되는 피지와 땀 등의 노폐물과 메이크업 잔여물, 먼지, 묵은 각질 등을 제거하는 것이다.

이러한 노폐물들을 적절하게 제거하지 못하여 피부에 남게 된다면 피부의 정상적인 분비작용과 신진대사 등 생리적 기능을 제대로 할 수 없고 모공을 막아 여드름이나 피부트러블의 원인이 된다. 피부의 피지와 유성성분인 메이크업 잔여물은 공기 중에 산화하여 과산화지질이 되어 피부의 노화를 촉진하는 원인이 되기도 한다.
또한 피부에 노폐물이 남아 있는 상태에서는 피부에 바르는 유효성분이 효율적으로 흡수될 수가 없다.

대다수의 사람들은 이러한 세안의 중요성을 잘 인식하고 있으면서도 부적절한 세안제의 선택과 올바르지 못한 세안 방법으로 민감한 피부를 만들거나 노화를 촉진하는 결과를 가져온다.

클렌징은 피부미용의 첫 단계이며 가장 중요한 과정이다. 특히 피부미용실에서는 손님의 피부유형에 맞는 적절한 세안제로 효과적으로 세정하지 못하면 정확한 피부미용의 결과를 볼 수가 없으므로 세심한 주의가 필요하다.

2. 클렌징의 목적

1) 청결과 위생

피부의 피지와 땀, 대기중의 먼지와 공해물질, 메이크업 잔여물, 묵은 각질 등을 제거하고 피부를 청결히 한다.

2) 혈액순환 촉진

세안이나 클렌징 시 피부자극으로 인한 혈액순환을 원활히 하여 피부의 생리적 기능을 돕는다.

3) 트리트먼트의 준비 단계

다음 피부미용 과정에서 바르는 화장품의 유효성분들의 흡수를 도와준다.

4) 청량감

세안 시 느끼는 심리적, 정신적 청량감으로 상쾌한 기분전환을 가져온다.

3. 클렌징시 유의사항

피부의 노폐물을 효과적으로 클렌징하여야 한다. 피지막이나 수분성분을 완전히 제거해서는 안된다. 피부 유형에 적합해야 하며 피부표면을 손상시키지 않아야 한다. 또한 사용한 후 피부에 부작용이 없어야 한다.

4. 클렌징의 단계

1) 1차 클렌징(Point make-up cleansing)

전용 메이크업 리무버를 이용하여 눈과 입술의 화장을 지운다.

2) 2차 클렌징(Face cleansing)

피부 유형에 적합한 클렌징제를 선택하여 약 3분정도 가볍게 피부표면에 묻은 화장품과 노폐물, 먼지, 공해물질 등을 제거한다.

3) 3차 클렌징

피부 유형에 적합한 화장수를 이용하여 세안 후에 남은 세제의 잔여물과 노폐물을 제거하고 피부의 pH밸런스를 조절하며 수분을 공급한다.

5. 클렌저의 종류

1) 비누(Soap)

8세기경 북 이탈리아의 항구 마을 사바나에서 처음으로 비누공업이 시작되었는데 이것이 프랑스어의 savon, 영어의 soap 등의 어원이다.

비누는 고급 지방산염의 총칭으로 우리가 일상생활에서 사용하는 비누는 수용성이며 C12~C18의 지방산 알카리염으로 pH가 10~12 정도이다.

비누는 피부표면의 때나 더러움을 제거하는 기능이 뛰어나나 피부의 보호막인 피지막을 지나치게 제거하는 단점이 있으므로 주의하여 사용하지 않으면 피부가 건조하고 거칠어지기 쉽다.

사용방법은 거품을 충분히 내서 근육의 결에 따라 얼굴에 가볍게 문질러 사용하며 사용한 뒤에는 충분히 헹구어 피부에 비누의 잔여분이 남지 않도록 한다.

비누의 종류는 세안용의 화장비누, 피부의 살균이나 소독에 효과적인 약용비누, 고급스러운 느낌의 투명비누, 알카리도를 감소시키기 위해 특수 가동된 프렌치 마일드비누, 미용비누 대용으로 사용할 수 있는 크림상의 비누인 폼 클렌징, 전신세정제나 샴푸로 사용되는 액상비누 등이 있다.

2) 포인트 메이크업 리무버(Point make-up remover)

눈과 입술화장을 지울 때 사용되는 전용 리무버로 눈물과 비슷한 pH를 가지고 있어 눈에 들어가도 자극이 되지 않으며 유성의 색조화장을 효과적으로 제거할 수 있다.

수성과 유성제품이 있으며 수성제품은 정상피부나 지성피부에 적합하고, 클렌징 후 눈 주변이 건조해지지 않도록 유성성분을 첨가한 제품은 건성피부에 적합하나 눈에 들어가면 눈이 뿌옇게 흐려지고 잔여물이 남으면 화장을 한 후 잘 지워진다는 단점이 있다.

3) 클렌징 밀크(Cleansing milk)

수중유형인 O/W(oil in water)로 친수성을 띠며 건성, 노화, 민감성 피부 등 모든 타입의 피부에 적합하며 물에 쉽게 제거되므로 이중세안을 할 필요가 없다. 세정력은 크림 타입에 비해 약하므로 두터운 화장을 한 경우는 깨끗이 지우기 어려우나 느낌이 산뜻하고 피부자극이 적다.

4) 클렌징 크림(Cleansing cream)

대표적인 유중수형 W/O(water in oil)타입으로 유화된 유분과 수분의 용해작용에 의해 유성성분과 메이크업을 제거하는 데 효과적이다.

클렌징 크림은 친유성(W/O)과 친수성(O/W)으로 나누어지는데 친유성 크림은 반드시 이중세안을 해주어야 하며 세안 후 잔여물이 피부에 남을 경우 여드름 등 피부 트러블의 원인이 된다. 세정력이 뛰어나고 가격이 싸며 건조한 피부에 유분기를 보충하는데 도움이 된다. 친수성크림은 친유성보다 끈적임이 적어 지성피부에 적합하다.

5) 클렌징 오일(Cleansing oil)

오일형태로 된 클렌징제로 건성, 민감성, 노화피부에 적합하고 물에 잘 용해되는 친수성제품이 많이 사용된다.

6) 클렌징 겔(Cleansing gel)

촉촉한 사용감이 뛰어난 겔 타입으로 지성, 예민 피부 등에 적합하고 물에 쉽게 제거된다. 클렌징 효과는 약하지만 물에 잘 용해되고 사용 후 끈적임이 싫은 경우 많이 사용한다.

7) 화장수(Tonic lotion)

화장수는 일반적으로 투명한 액상화장품으로 각질층에 수분 또는 보습성분을 공급하여 피부 생리작용을 돕는 것이 그 목적이다. 정제수, 알코올, 보습제 등이 성분의 대부분을 차지하며 여기에 화장수의 사용 목적에 따라 산이나 알칼리 혹은 점액질 등 기타 성분을 배합한 것이 일반적인 화장수의 기본 구성이다.

(1) 기능에 따른 분류

① 유연 화장수

세안 후에 남은 메이크업 잔여물과 세제를 제거하고 피부에 적당한 수분을 보충하여 보습효과를 높여 피부를 유연하고 매끈하게 만든다. 따라서 유연 화장수는 보습제가 중요한 역할을 하며 사용감을 위해 점액질, 유연제 등이 첨가된다.

② 수렴 화장수

수렴 화장수는 수렴제를 배합한 화장수이고 모공을 수축시키고 피지 등의 과도한 분비를 억제하여 피부 조직을 정돈하는 효과가 있다. 따라서 수렴 화장수는 아스트리젠트(astrigent)라고도 하며 약산성을 나타내고 피부를 살균·소독하는 효과도 있다.

③ 영양 화장수

흔히 밀크로션(milk lotion)이라 불리는 영양화장수로 피부에 유분과 수분을 주어 피지막을 보충할 수 있으며 액상으로 퍼짐성이 좋아 잘 스며든다. 화장수와 같은 유동성이면서 유화된 형태를 갖고 영양효과를 주므로 영양화장수라 한다.

④ 소염 화장수

수렴과 소염 작용을 동시에 하는 화장수로 주요 성분은 아연화, 알란토인, 캄파이고 과잉피지를 흡수하거나 여드름 및 염증이 생긴 피부를 진정시키는 효과가 있다.

(2) 알코올 함유량에 따른 분류

화장수는 주 용제가 정제수로 30~70%를 차지하고, 알코올은 용제이면서 가벼운 수렴효과와 청정감을 주나 에탄올의 농도가 커지면 피부에 자극을 너무 강하게 주므로 보통 15% 전후의 함유량을 가진 제품을 주로 사용한다. 화장수를 바를 때는 화장솜에 충분히 묻혀 피부 결에 따라 부드럽게 닦아내듯이 바르는 것이 기본이다.

화장수는 알코올의 함량에 따라 다음과 같이 분류할 수 있다.

① 무알코올 화장수

알코올의 함량이 0~4%로 무자극성이어서 건성이나 민감성 피부에 적당하다.

② 유연 화장수

알코올 함량이 4~10% 정도의 부드러운 화장수로서 적당한 수분을 공급하여 피부의 유연성을 높여주므로 모든 피부타입에 사용할 수 있다.

③ 수렴 화장수

알코올의 함량이 15~22% 정도로 사용감이 산뜻하고 피지를 제거하는 기능이 있으므로 지성피부나 여드름 피부에 적당하다.

화장수의 기능

스킨 후레쉬너(skin freshiner), 토너(toner), 토닉 로션(tonic lotion), 클래리파잉 로션(clarifying lotion), 아스트리젠트(astringent) 등 화장수를 부르는 이름은 다양하다.

피부에 활력을 준다고 해서 토닉 로션 또는 토너 라고 부르며, 맑게 한다는 클래리파잉로션, 피부의 pH를 조절한다는 의미에서 '밸런싱(balancing)'이라는 단어를 붙이기도 한다.

건강한 피부를 유지하기 위해서는 물을 직접 마시는 것 외에 보습제품의 도움을 받아야 하는데 가장 수분 함량이 높은 것이 화장수이다. 피부에 수분을 공급한다는 것 외에 수렴작용, 세정작용 등 화장수의 종류에 따라 선택의 폭이 다양하다.

화장수의 기능은 다음과 같다.

- 클렌징의 마지막 단계로서 세안 후 남은 노폐물과 비누성분을 제거한다.
- 세안 후 파괴된 피지막을 대신하여 피부를 보호한다.
- 알칼리성 세안제에 의해 파괴된 피부의 pH 밸런스를 조정한다.
- 피부에 수분을 공급하고 청량감을 준다.
- 피부를 정상상태로 회복시켜 보습성분과 활성성분의 흡수를 돕는다.

Ⅱ. 딥 클렌징(Deep cleansing)

딥 클렌징은 각질층 깊은 곳과 털주머니(모낭) 속까지 클렌징 해준다는 의미와 피부층의 흡수장벽을 완화하여 화장품의 피부흡수를 돕는다는 의미의 두 가지 중요한 뜻을 갖는다. 그러나 단순한 의미에서 딥 클렌징 작업은 보통 지성피부의 경우 털주머니(모낭)로부터 분비되는 피지가 털주머니 입구 밖으로 원활하게 배출되어 나올 수 있도록 털주머니 입구와 털주머니관을 클렌징해 주는 작업을 의미한다.

딥 클렌징은 일반 클렌징 작업이 끝난 뒤, 특히 심한 지성피부(지루성 피부, 여드름 피부 등)나 부분적으로 피부 심층 깊이까지 클렌징해 줄 필요가 있다고 판단되는 피부에 대해서 특별한 세정 트리트먼트를 시행한다. 물론 지성피부가 아니더라도 그 다음에 시행하기로 되어 있는 트리트먼트의 효율성을 극대화하기 위하여 시행할 수 있다.

1. 분 류

1) 각질층의 딥 클렌징

각질층의 딥 클렌징은 세정의 의미보다는 표피층에 누적되어 있는 피지를 제거하여 화장품의 유효성분들이 피부층에 효과적으로 잘 흡수되도록 하는데 그 주목적이 있다.

딥 클렌저(deep cleanser)라는 이름이 붙은 피부세정 화장품들은 각질층 속으로 어느 정도 침투해 들어가 피지를 분해해 줄 수 있도록 조제된 클렌저들인데, 가장 이상적인 성분으로는 효소(enzyme) 물질들로 알려져 있으며 요즈음에는 침투력이 우수한 알파히드록시산(AHA, alpha hydroxy acids)이라는 과일산을 이용하기도 한다.

보통 딥 클렌저는 크림형으로 되어 있는 것이 보통이고 특히 효소 클렌저는 사용 직전에 효소 분말과 크림을 혼합하여 바르도록 되어 있는 경우가 대부분이다.

딥 클렌징은 조직이 얇은 피부에서는 시행할 필요가 없고 피부조직이 두꺼운 지성 피부 계열에 주로 시행하게 된다. 그리고 대개의 경우 얼굴 피부 전체를 대상으로 하기보다는 주로 T-존(T-zone)을 중심으로 시행하는 것이 보통이다.

털주머니(모낭) 입구를 막고 있는 피지와 먼지 및 화장 찌꺼기들을 제거하는 일이 피부 심층 세정 작업의 주된 목적이다. 피지 분비가 왕성한데다가 털주머니벽 피부의 케라티나이제이션 주기(keratinization cycle)가 빠른 사람의 경우 털주머니 속에서 벗겨져 떨어져 나온 각질 조각들과 피지가 섞여 털주머니관을 타고 밖으로 빠져 나오다가 좁은 털주머니관 입구를 틀어막게 되면 계속해서 분비되는 피지가 털주머니 속에 축척되어 여드름을 형성하게 된다. 이와 같이 막혀 있는 털주머니관 입구를 세정하여 주는 일이 바로 털주머니관 딥 클렌징의 주목적인 것이다.

털주머니(모낭) 입구 각질층의 작업이 진행되는 동안 동시에 자동적으로 행해진다. 그러나 T-존이 아닌 부분(광대뼈, 양볼 위 부분 등)에 특히 모공이 확장되어 귤껍질 피부가 형성된 부분에는 털주머니관 입구가 막혀 있는 경우가 일반적이므로 이러한 부분에 딥 클렌저를 적용할 필요가 있다.

2) 디스인크러스테이션(Disincrustation)

디스인크러스테이션은 모낭입구에 분비된 피지, 죽은 각질세포, 화장품의 유성물질등으로 인해 굳은 피지를 부드럽게 녹이는 과정을 말한다. 알칼리 용액은 모공 속으로 침투하여 모공 속 분비물을 녹이는데 디스인크러스테이션 용액은 액상타입의 비누역할을 한다고 할 수 있다. 피부미용인이 디스인크러스테이션을 할 때에는 상품화되어진 용액을 사용하는 것이 좋으나 그렇지 못할 경우에는 용액을 만들어 사용할 수 있어야 한다.

(1) 디스인크러스테이션(Disincrustation)의 방법

① 깨끗이 클렌징을 한다.

② 디스인크러스테이션 용액을 준비한다.
증류수 500ml 증류수 + 중탄산나트륨(소다, 베이킹파우더) 15ml

③ 5×12cm 크기의 탈지면을 용액에 적셔 얼굴부위별로 덮는다.

④ 적외선 램프를 7~10분간 적용 후 떼어 낸다.

⑤ 가볍게 Dr. Jacquet 동작을 해주고 깨끗이 닦아낸다. 이때 알칼리 용액이 남아있지 않도록 유의하여야 한다.

갈바닉 머신(galvanic machine)을 이용한 디스인크러스테이션

갈바닉 전류 중 음극을 통과시켜 지방 피부를 비누화시키는 것으로 모공에 있는 피지 축적물을 부드럽게 하는 과정이다. 디스인크러스테이션 과정은 피부미용사가 적은 노력으로 과다 피지나 여드름을 관리하기에 매우 유용한 관리방법이다.

① 관리 전에 깨끗이 클렌징을 한다.

② (+)전극은 고객의 손에 (-)전극에는 알칼리용액을 묻힌 탈지면을 감아 고객의 얼굴에 대고 천천히 문지른다.

처음에는 알칼리 용액이 고객이 쥐고 있는 (+)전극 쪽으로 끌려오게 되고 전류는 얼굴에 닿여 있는 음극에서 가장 최저가 된다.

③ 디스인크러스테이션 용액을 묻힌 음극을 턱에 대고 있으면 전류는 점점 세어져 시계방향으로 돌기 시작한다. 고객은 약간 금속성 맛을 느끼게 될 것이다. 따끔거림이 있으면 전류가 너무 세다는 것이다.

④ 도자를 턱에서 다른 부위로 옮길 때에는 전류를 제로로 해놓고 다음 부위로 옮긴 후 다시 고객이 따끔거림을 호소할 때 까지 전류를 올린다.

⑤ 정상피부나 건성피부는 사용하지 않으며 복합성 피부의 경우 지성부분(T-zone)에만 하여야 한다.

- 이마, 코, 턱 : 5~7분 정도
- 다른 부위 : 3~4분 정도
- 여드름 피부 : 10분

⑥ 관리 후에는 Dr. Jacquet 동작을 해주어야 한다.

⑦ 석션기를 이용하여 화이트헤드, 블랙헤드, 피부분비물들을 깨끗이 제거해준다.

(2) 딥 클렌징(Deep cleansing) 제품의 종류

피부미용실에서 사용되는 딥클렌징 화장품에는 스크럽(scrub)제와 고마쥬(gommage), 크림(cream), 효소(enzyme) 제품 등이 있다. 딥 클렌징 대신 엑스폴리에이션(exfoliation)이라는 말을 대신하여 사용하기도 한다.

① 스크럽 제품은 작은 입자 성분(살구씨, 아몬드 등)을 혼합하여 피부를 부드럽게 문질러 주는 연마작용을 통하여 피부 표면의 거친 각질인자와 노폐물을 제거하는 작용을 하며, 피부를 매끄럽고 윤기나게 해준다.

그러나 스크럽 제품은 심한 지성 피부에는 효과적이지만, 여드름이나 염증 부위에 사용하면 증상을 악화시키므로 주의해야 한다. 이러한 제품으로 피부를 자주 또는 심하게 문지르거나, 여드름 치료제와 함께 사용할 경우에는 피부가 아주 건조해지고 비늘 증상이 일어나거나 피부가 갈라지기도 한다. 또한 심할 때는 모세혈관이 파괴되어 모세혈관 확장증을 유발시키므로 피부 상태에 따라 적절히 사용하는 것이 중요하다.

② 고마쥬 제품은 피부에 도포하여 일정시간이 지나 마른 다음 손 동작을 이용하여 물리적으로 제거하는 방법을 사용한다.

2. 딥 클렌징 후 피부미용법

각질 제거 후에는 스킨, 로션, 에센스, 영양 크림으로 기초 손질을 완벽하게 해주어야 한다. 딥 클렌징을 하면 각질층이 떨어져 나가면서 수분 보호막도 함께 없어지며, 이로 인하여 수분 증발이 심해져 피부가 건조해지므로 충분한 수분 공급이 필요하다. 화장솜에 화장수를 충분히 적셔 10~20분 정도 얼굴에 올려놓고 팩을 하면 효과적이다.

Ⅲ. 필링(Peeling)

1. 필링의 정의

영어에서 필링(peeling)이란 '껍질 벗기기'라는 뜻이며 특히 그 방법론에 있어서는 감자의 껍질을 벗기는 것과 같은 방법이라고 볼 수 있다.

피부 표면은 각질층으로 덮여 있는데 건강한 사람은 20층 정도, 두꺼운 사람은 23~24층, 얇은 사람은 13~14층 정도된다. 보통 정상인의 피부는 28일을 주기로 자연 탈락을 하지만 나이가 들거나, 외부 환경, 신체적 이상 등에 의해 두터워진 피부는 정상 기능을 발휘하지 못하므로 이러한 각질층을 피부에 무리없이 탈락시켜 주는 것이 피부 상태를 건강하게 유지시켜 주는 방법이다. 이것이 진정한 의미에서의 필링이라 할 수 있다.

2. 필링의 목적

인체의 피부는 28일을 주기로 생성, 성장, 노화 과정을 거쳐 탄력 있고 건강한 세포를 생성하며 24~25세를 정점으로 성장이 둔화되고 모든 피부 기능이 현저하게 저하되어 피부의 생리 순환 작용이 원활하지 못한 상태가 된다. 피부 기능이 노화됨에 따라 피부 표면에 쌓여 있는 피지(sebum), 각질의 비늘 조각(scales)과 노폐물(wastes)과 피부 각질층 등의 영향으로 피부는 활성을 잃어 주름지고 처진 피부로 변하게 된다.

피부의 노화 과정에서 문제가 되는 것은 과각화증(각질세포 탈피율이 저하되어 각질층이 정상보다 단단하게 결합되어 두터워지는 현상)으로 건성 피부, 잔주름, 색소 침착, 검버섯, 건선, 여드름, 거칠음 등 다양한 부작용 현상의 요인이 된다.

결국 피부는 죽은 각질이 쌓여 있으면 신진대사가 원활하지 못하고 새로운 세포의 재생을 방해한다. 또한 피부 손질을 방해할 뿐만 아니라 피부의 잔주름을 형성시키고 급기야는 피부 노화를 촉진시킨다. 따라서 필링은 노화가 나타나서 진행되는 30대 이후부터 지성 피부, 여드름 피부, 거친 피부, 오렌지 껍질처럼 모공이 커진 피부와 눈과 입가에 심한 잔주름이 있는 피부 등에 매우 효과적인 방법이라 할 수 있다.

필링은 어느 층까지 피부를 벗겨내는가가 가장 중요하며 피부질환의 종류, 필링 방법 등에 따라 그 결과가 현저하게 달라지고 무엇보다도 필링의 목적에 맞게 시술되어야 원하는 피부 상태를 얻을 수 있다.

- 피지와 각질층의 일부를 벗겨내어 혈액 순환 촉진에 의한 진피 조직의 재생을 빠르게 한다.
- 피부 조직에 손상을 주지 않고 각질층을 용해시켜 탄력 있고 생기 있는 피부로 만들어 준다
- 주름 완화, 색소 침착 저하, 모공 축소, 여드름 완화, 흉터 관리와 같은 피부의 개선 효과가 있다.

피부의 표피 박리 기능(scale exfoliating function)

피부 세포는 새로 태어나 약 4주간 정도의 짧은 일생을 마치고 죽어 간다. 피부 자신은 죽어 가는 과정에 피부 밖으로 밀려 올라와 피부 맨 바깥층에 이르면 미세한 비늘조각(scale)이 되어 자연적으로 떨어져 나감으로써 각질층에 누적되지 않는데 이러한 기능을 피부의 표피 박리기능(sale exfoliating function)이라고 한다. 피부 건강에 관계되는 여러 가지 적절한 생리작용분만 아니라 미용 효과 면에서도 큰 걱정을 하지 않아도 되는 것은 바로 표피의 자연 박리 기능 때문이다.

피부의 자연적인 표피 박리 현상은 그 과소에 따라 피부에 생리학적인 변화들이 일어나게 되는데, 표피 박리가 둔화되면 각질층이 누적되어 표피의 건성화 및 주름살 형성 같은 노화 조짐이 빨리 나타날 뿐만 아니라 모공 밀폐에 따른 피지(sebum)의 방출 작용이 늦어져 여드름 형성을 촉진하게 된다.

그 반대로 표피 박리 기능이 지나치게 빨라지면 각질층의 두께가 얇아져서 피부가 예민하게 되고 표피층이 사소한 자극에도 민감하게 반응하고 모세혈관이 확장되어 실핏줄이 표피 밖으로 드러나 보이는 등의 문제를 야기하게 된다. 모공 내벽의 박리 현상이 과다하게 촉진되면 떨어져 나온 비늘 조각들이 털주머니(모낭) 내에 누적되어 모공 출구를 막아 피지의 방출이 방해받음으로써 여드름을 유발하기 쉽게 된다.

표피 박리 문제는 에스테틱에서 매우 중요하게 다루는 한 분야로서 대개의 경우 둔화된 박리 활동으로 인하여 각질층의 두께가 누적되어 형성된 피부상의 문제들을 해결하기 위하여 이른바 박피 요법을 시행하게 되는데, 이것은 표피의 박리 기능 개념을 적극적으로 이용한 요법이라고 말할 수 있지만 여러 가지 점에서 자연적인 박리 기능과는 그 생리학적 의미를 달리 한다.

3. 필링의 효과

피부현상	필링 전	필링 후	지나친 필링 후
피부결	거칠다	매끄럽고 부드럽다	얇고 예민하다
피부안색	칙칙하고 둔탁하다	맑고 투명해 보인다	얇고 붉어 보인다
색소유무	색소침착이 잘 된다	색소침착이 잘 되지 않는다	색소침착이 매우 잘된다
보습	피부가 건조하다	피부가 촉촉하다	피부가 매우 건조해진다
재생력	세포 재생이 늦다	세포 재생이 빠르다	세포 재생이 늦다
콜라겐 합성	합성량이 감소된다	합성량이 증가한다	합성량이 감소된다
주름	잔주름이 일찍 발생한다	잔주름이 제거된다	잔주름이 발생한다
피부노화	과각화증으로 인한 피부노화가 빨리 진행된다	각화과정의 정상화로 피부노화를 지연 시킨다	피부 방어막의 손상으로 피부노화를 촉진 시킨다
여드름	모공을 막아 여드름을 유발한다	여드름이 개선될 수 있다	건조로 인한 여드름과 피부트러블이 쉽게 발생한다
면역력	면역력이 감소된다	면역력이 증가된다	면역력이 감소한다

4. 필링의 종류

1) 의학적 필링(Medical peeling)

(1) 화학적 필링(Chemical peeling)

화학약품을 이용하여 피부에 화상을 입히는 방법이다. 이용되는 약품으로는 페놀(phenol), TCA(trichloroacetic acid) 등이 있는데, 이러한 약품들은 그 화상의 상처가 치유되는 과정에서 새로운 피부를 돋아나게 하는 원리이다.

그림 2-1 필링 전 · 후 피부상태의 비교

페놀은 백인들에게 주로 이용되는 시약인데 효과가 매우 뛰어나지만 약물로 인한 부작용이 크며, 특히 동양인 같은 유색인종에게는 사용하기 어려운 문제점을 갖고 있다. 이에 비해서 TCA는 부작용이 적고 깊이 조절이 비교적 용이하다는 장점을 지니고 있다. 이 화학 용제를 도포하고 나면 얼굴에 진물과 함께 딱지가 생기게 되는데 밑에서 새로운 피부가 재생되면서 딱지가 소실될 때까지는 7~10일 정도가 걸린다. 딱지가 모두 떨어지게 되면 이 기간 중 특히 직사광선에 주의해야 한다. 약 6~12개월 후면 정상적인 피부 색깔로 돌아온다.

화학적 필링은 검버섯, 기미, 잡티 같은 색소성 피부 병변과 잔주름 등을 없애는데 효과가 크다. 필요에 따라 화학적 박피술의 전후에 약용 크림을 이용하여 전후 처치를 하는 경우도 있다.

화학적 필링은 벗겨지는 피부 깊이에 따라 얕은 필링(light peeling), 중간 필링(medium peeling), 깊은 필링(deep peeling)으로 나눈다.

① 얕은 필링(Light peeling)

- 대상 : 각질층을 포함한 표피층 필링
- 시약 : TCA(trichloroacetic acid) 10~20%, AHA(alpha hydroxy acid), Jessner's solution

② 중간 필링(Medium peeling)

- 대상 : 상부 진피층
- 시약 : TCA 35% + Jessner's solution, TCA 30~50%

③ 깊은 필링(Deep peeling)

- 대상 : 하부 진피층
- 시약 : 페놀(phenol)

(2) 레이저 필링(Laser peeling)

레이저 필링은 짧은 간격의 파장을 발생시키는 레이저를 피부의 얇은 층에 순간적으로 강한 에너지, 즉 빛을 시술 부위에 보내는 방법이다. 레이저의 빛은 세포의 수분에 흡수되어 세포를 파괴시키고 조직을 아주 얇은 층으로 기화시키면서 제거해준다.

레이저를 이용하여 흉터나 잔주름이 튀어나온 부분을 깎아 없애서 경계부위를 부드럽게 만들고 파인 부분은 콜라겐의 합성을 증가시켜 흉터 부위를 끌어 올려 치료한다. 종전의 기계적 필링과 화학적 필링의 단점을 보완한 어비윰 야그 레이저를 이용한 필링 방법은 피부를 한 번에 10~30㎛씩 아주 얇게 깎아 내기 때문에 좁은 부위라도 정밀하게 시술할 수 있는 장점이 있다.

레이저 필링의 적용 피부와 종류

- 이산화탄소 레이저(CO_2 laser) : 점, 쥐젖, 한관종, 사마귀, 티눈
- 어비윰 야그 레이저(Erbium yag laser) : 레이저 필링, 여드름 흉터, 잔주름, 검정 사마귀, 한관종, 흉터 연마
- 커퍼 베이퍼 레이저(copper vapor laser) : 색소 질환, 잡티, 혈관종, 모세혈관 확장증
- 펄서드 루비 레이저(pulsed ruby laser) : 표피성 기미, 주근깨, 검버섯, 편평 모반, 영구 탈모
- Q 스위치 루비 레이저(Q-switched ruby laser) : 문신, 오타 모반, 청색 모반, 진피성 기미
- 585색소 레이저(585 flashlamp pumped dye laser) : 안면 홍조증, 혈관종, 주사비, 성망상 모반, 팽창 선조
- 헬륨 네온 레이저(helium neon laser) : 여드름, 통증, 염증 완화, 수포 제거, 생체 활력화
- 헤어 레이저(MLC 92 hair laser) : 남성형 탈모증, 원형 탈모증, 탈모 방지
- 반도체 레이저(semiconductor laser or diode laser) : 기미, 주근깨의 지속적 억제, 동통 제거

(3) 초음파 스케일링(Skin scaling)

초음파 에너지를 이용한 초음파 스케일링은 미세한 초음파의 파장이 진동을 하면서 모공 속의 더러움과 죽은 각질을 제거하는 역할을 한다. 마치 목욕탕에서 때를 불려 손으로 벗기듯이 초음파로 각질을 밀어내는 것이다. 피부의 신진대사를 최상의 상태가 되도록 전기 순환 자극을 주어 특별히 잔주름과 여드름 부위를 개선시킨다. 레이저나 화학 필링과는 달리 딱지의 형성이 없고 피부 생리에 맞게 최대한 자극을 감소시켜 통증이 없기 때문에 사회 활동에 전혀 영향을 주지 않고 치료가 진행될 수 있다.

2) 에스테틱 필링(Esthetic peeling)

각질층에서 탈락된 죽은 세포가 피부표면에서 떨어져 나가지 않고 쌓여 있는 각질 제거를 목적으로 한다. 이러한 죽은 각질이 쌓여 있는 층을 비늘층이라고 한다. 이 비늘층은 피부를 탁해 보이게 하며 화장품의 성분이 피부에 침투되는 것과 새로운 세포의 재생을 방해한다. 또한 피부손질을 방해할 뿐만 아니라 표피의 잔주름을 형성시키고 급기야는 피부 노화를 촉진시킨다. 정상적인 각화 현상과 원활한 영양 공급과 피부 노화를 막기 위해서는 필링을 실시해야 한다.

우선적으로 필링의 기능은 죽은 세포, 과다한 피지, 독성 물질, 박테리아, 화장품의 잔여물을 제거함으로써 새로운 세포가 형성되도록 한다. 여기에서 주의해야 할 것은 피부 자극을 주지 않고 정상 각질보다 많이 쌓이는 과도 각질(excess dead cell)만을 목표로 해야 한다는 것이다. 왜냐하면 피부 표면을 형성하는 각질층은 피부 보호 기능을 하는데 각질층을 지나치게 벗겨내면 방어 기능의 약화로 피부가 민감해지거나 손상될 수 있기 때문이다. 그러므로 에스테틱 분야에서는 국소적이며 점진적인 효과를 주도록 하는 것으로 자연적인 각화 과정보다 약 1~2주 정도 빠르게 촉진되는 것이 바람직하다.

에스테틱 필링은 표피의 노화 각질 부분을 미세하게 주기적으로 탈피시켜서 피부 재생을 촉진시키는 약한 박피의 일종으로 윤기있고 건강한 새 피부를 만드는 피부 개선 관리 방법이다.

(1) 효소(Enzyme) 제품

효소 제품은 단백질 분해효소로 각질을 제거하는 방법이다. 각질층에 효소 물질이 침투하면 죽은 세포층을 약산성으로 변화시켜 케라틴(단백물질)과 피지를 분해시키게 되는데, 효소 제품은 효과가 확실하고 신속하면서도 각 트리트먼트 단계마다의 필링과정이 점진적이어서 피부에 부작용은 유발하지 않는다는 이점이 있다.

레틴 에이(Retin-A, 레틴산 또는 트레티노인)

미국의 펜실베니아대학의 피부과 전문의 알버트 클리그만 박사에 의해 개발된 레틴 에이는 비타민 A산으로 보통 화장품 성분으로 사용되는 비타민 A(레티놀)와 혼동하는 경우가 있지만 전혀 다르다, 즉, 레틴 에이는 각질을 제거하는 작용을 하지만 화장품 성분의 비타민 A(레티놀)는 각질 제거 작용이 일어나지 않기 때문에 효과가 전혀 다르다.

레틴 에이는 여드름 치료제로서 모공을 막는 각질을 제거하여 피부 표면으로 피지를 자연스럽게 배출시키는 작용을 하는 것으로 알려져 있다.

레틴 에이는 자극이 심하게 일어나는 경우도 있다. 햇빛에 민감해지는 광과민 의약품에 속하므로 사용 시에는 직사광선을 피해야 한다.

효소물질들은 이른바 대식세포(macrophage)라고 불리는 미세 유기물질을 함유하고 있어 자신의 무게보다 무려 35배나 되는 양의 사세포를 먹어치울 수 있을 뿐만 아니라 기타 피부 대사물질과 세포내의 가스를 불과 45분 이내에 말끔히 청소해 버릴 수 있는 위력을 갖고 있다.

(2) 레티놀(Vetinol) 제품

피부세포의 각화과정을 촉진하여 짧은 기간에 케라티나이제이션(keratinization)이 일어나도록 유도하여 표피 각질층의 필링 효과가 나타나도록 하는 방법이다.

레티놀(retinol) 제품은 비타민 A산으로서 각화 과정을 생물학적으로 촉진하여 비정상적으로 짧은 기간 내에 각질이 일어나도록 유도함으로써 각질층을 형성하고 있는 사세포층의 존속기간을 급속도로 단축시키는 방법이다.

(3) 알파 하이드록시산(Alpha Hydroxy Acid, AHA)

알파하이드록시산(AHA)은 주로 과일류에서 추출되었다고 해서 과일산이라고도 하는데, 이는 자연추출성분으로 수세기 전부터 알려져 왔으며 화장품 성분의 신물질로 등장하여 각광을 받고 있다.

AHA는 1988년 템플대학병원에 근무하고 있던 피부학계 권위자인 반 스코트 박사(Eugeng Van Scott, M.D.)에 의해 개발된 이래 다양한 종류의 기능성 화장품이 개발되고 있다. 화장품 화학에 있어서 AHA는 많이 이용되어 왔는데 젖산의 경우 피부의 수분함량을 높이기 위해, 구연산의 경우는 제품의 pH를 안정시키기 위해 이용되어 왔다. 최근 이러한 과일산들이 각질을 용해시키는 성질이 있는 것이 알려짐에 따라 AHA의 연구 개발이 본격화 되었다. 또한 AHA는 생화학의 가장 기본성질에 속하는 천연탄산으로 여러 가지 공업화 과정에 많은 양이 도입되기도 한다.

알파하이드록시산(AHA)의 농도

반 스코트 박사의 임상 연구에 의하면, 피부가 노화되어 각질이 정상보다 지나치게 많이 쌓이면 각화 이상이 생기고 이로 인해 각질층이 두터워져서 건성 피부나 거친 피부, 여드름, 검버섯 등의 원인이 된다고 한다.

AHA는 이와 같이 과도하게 쌓이는 두터운 각질층을 부드럽게 제거하여 피부를 매끄럽고 부드럽게 해줄 뿐만 아니라, 건성 피부와 주름을 개선시키고 기미와 주근깨, 검버섯을 제거하며, 여드름을 치료하는 효과가 있다는 것이 임상 실험 결과에 의해 나타났다.

AHA는 농축상태와 처방에 따라 그 효과가 다르다, 대개의 경우 70%, 50%, 30% 함유 제품 등은 강한 필링 작용이 있으므로 피부 결함이 있는 부위에만 부분적으로 사용하는 것이 필요하고, 가능하다면 10% 이내에서 사용하여 자기도 느끼지 못하는 사이에 피부 상태가 개선되어 나가는 것이 바람직하다.

피부미용실에서 사용되는 제품 외에 일반인들이 사용하기에는 5% 이하 범위가 적당하다.

알파하이드록시산(AHA)의 역사

현재의 화장품들은 그 효능을 증가시키기 위해 많은 것들을 새로이 발견하여 사용하기도 하지만 이미 과거에 발견되어 널리 이용되었던 몇몇 물질들은 우리의 기억 속에서 완전히 잊혀지기 전에 재발굴하여 사용하기도 한다. 알파하이드록시산이 바로 이러한 경우인데 이 물질은 비록 그 사용이 실험이 아닌 체험에 의존한 것이긴 했지만 이미 몇 세기 전부터 여성들의 미용제품을 만드는 데 사용되고 있었다. 가장 유명한 예로 클레오파트라는 매일 당나귀 우유로 목욕을 하던 중 그 우유에서 피부를 부드럽게 해주는 효과를 발견하였다. 물론 그녀가 우유 속에 들어 있는 젖산 성분이 강력한 미용 효과를 자신의 피부에게 제공하고 있다는 사실을 알고 있었던 것은 아니다.

고대 로마시대의 여성들은 탄닌 성분이 가득한 포도주와 구연산이 가득 들어 있는 레몬주스를 적신 압박붕대를 얼굴 전체에 감싸는 미용법을 애용하였던 것으로 알려졌다. 과일이나 기타 천연식물에 함유되어 있던 이러한 산들이 널리 사용되고 있었음에도 불구하고 이것이 과학적 방법으로 규명된 시기는 20세기가 되어서였다. 그 후 1970년대 보습효과를 증명했던 반 스코트와 미들에통의 연구작업에 의해 그 효과는 확신되었다. 그러나 과학자들이 화장품 제조에 하이드록시산을 이용하게 된 것은 1990년대부터이며 하이드록시산은 화장품의 안정성과 효능을 보장해 주었다.

고농도 과일산은 물리적으로 각화 과정을 촉진시켜 과각화증을 방지하며 과일산들의 분자 크기는 피부에 아주 신속히 흡수될 수 있는 정도이고 특히 분자의 크기와 구조에 따라 그 작용도가 좌우된다.

AHA는 5가지 종류가 있으며 각기 분자 구조와 효과가 모두 다른데, 그 중에서 가장 간단한 구조는 글리콜릭산(glycolic acid)과 락틴산(lactic acid)이다. 분자량이 작을수록 작용은 강하고, 알칼리와 중화시켰을 때 pH는 올라가는 경향이 있고 효과는 떨어진다. 분자량이 작은 글리콜릭산의 pH는 0.3 정도 전후이고, 젖산은 pH가 0.6 정도 전후의 강한 산성을 나타내며 효능 또한 강하다. 그러나 화장품으로서 적합한 pH범위는 pH 3.0~9.0 사이이며, 이것을 맞추기 위해 알칼리와 중화시키는 것이다.

과일산을 지칭하는 AHA는 대개 단독 과일산보다 여러 가지 과일산의 복합 물질인 과일산을 사용하며, 일반 화장품에는 산도가 낮은 약한 필링을 나타내는 제품을, 피부미용실 제품에는 산도가 높은 제품이 사용되고 있다.

① 글리콜릭산(Glycolic acid)

사탕수수에서 추출되며 분자의 크기가 작아 흡수율이 높지만 피부에 자극적일 수 있으므로 소량의 농도로 사용하여야 한다.

② 락틴산(Lactic acid : 젖산)

발효 우유에서 추출되며 수분 함량이 높아 각질층의 탄력성을 높여주는 기능을 한다.

③ 주석산(Tartaric acid)포도산

포도에서 추출되며 신진대사를 촉진시켜 준다.

④ 말릭산(Malic acid : 능금산, 사과산)

사과에서 추출되며 피부 표면을 유연화시키는 기능을 한다.

⑤ 구연산(Citric acid)

감귤류에서 추출되며 pH를 조절하여 안정시키는 기능을 한다.

(4) 천연 필링(Natural peeling)

공해와 오염이 없는 안전한 지역에서 채취하여 깨끗이 세정시킨 후 만들어내는 순수한 천연 약초 필링을 말한다. 이 방법은 피부 속으로 영양 성분을 침투시켜 피부의 재생, 피부 기능의 정화와 노화 피부, 기미, 검버섯, 튼살, 모공 수축 등을 개선시켜 준다. 그러나 천연필링은 오랫동안 마찰 작용이 일어나도록 필링하는 방법을 쓰기 때문에 통증이 따르며 필링 후 과색소침착 현상을 가져올 수 있고 농포성 여드름을 심화시키는 경우도 있다.

해초 필링은 깊은 바다에서 추출한 해초가루를 활성성분과 함께 피부에 마사지하여 박피하는 필링으로 마사지하는 강도와 시간에 따라 필링정도가 결정된다.

크리스탈 필링(crystal peeling)

살균, 밀봉된 미세한 크리스탈을 이용하여 시술되는 필링으로써 수년 동안 유럽에서 사용되어 온 온천에서의 요법을 미국에서 기계화한 방법이다. 모공 축소, 잔주름 제거, 안면을 매끈하게 해 주는 효과가 탁월하고 시술 시간이 짧아 일명 런치타임필링(lunch time peeling)이라고도 한다.

필링 방법

① 고객의 피부에 적합한 필링 요법 결정 : 피부조직의 상태와 두께, 알레르기 반응피부, 비부의 민감도, 케라티나이제이션 주기(keratinization cycle) 등을 고려하여 적합한 필링 종류를 결정한다.

② 사전 처리 과정 : 필링 제품에 대한 피부반응 조사, 즉 패치 테스트(patch test)를 시행한다.

③ 점진적 트리트먼트 프로그램 작성

④ 외부 환경으로부터 피부보호 : 자외선, 바람, 먼지, 찬공기 등의 외부 환경으로부터 피부를 보호한다.

⑤ 피부 재생 트리트먼트와의 병행

⑥ 사후 처리 트리트먼트 : 피부 재생 상태를 관찰하면서 적절한 사후 관리를 시행한다.

⑦ 필링 후의 피부 유지 관리에 대한 철저한 교육 및 홈 케어(home care)에 대한 조언을 해준다.

Ⅳ. 마사지(Massage)

1. 마사지의 역사

마사지는 고대 의학기록에 따르면 운동과 병행하여 사용되던 치료법의 한 형태로 언급되고 있고 역사를 통하여 계속 사용되어 왔다. 치료사, 철학자, 시인과 역사학자들의 기록을 보면 문지르거나 기름을 바르는 원시형태는 원시시대 때부터 미개한 종족에서부터 문명화된 민족들에게까지 널리 사용되어졌다는 것을 알 수 있다. 아픈 곳을 손으로 접촉하여 쓰다듬고 문지르는 등의 동작을 행함으로 통증을 완화시켜 질병을 치료했던 행위에서 출발해 오늘날 여러 종류의 마사지 형태에 이른 것이다. 그러나 마사지에 대한 초기문헌들을 보면 상세한 기록이 되어 있지 않으며 최근의 연구에까지도 사실상의 기술에 대한 정보는 거의 없는 실정이다.

2. 마사지의 정의

초기 의학 문헌에는 전반적으로 마사지에 대한 정의가 결여되어 있다. 1886년의 의학 사전에는 '마사지는 그리스에서 출발하였으며 근육을 주무르는 것을 뜻한다.'라고 정의하고 있다. 즉 '안마하는 행동을 의미한다'라고 되어있다. 일반적으로 마사지에 대한 어원은 '부드럽게 누르다(press softly)'라는 의미를 가진 아랍어의 'Mass', 'Mash'에서 '반죽하다(knead)'의 의미를 갖는 그리스어의 'Masso'에서 유래하여 오늘날 Massage란 단어로 변형된 것으로 보고 있다. 마사지에 대한 정의는 여러 학자들에 의해 내려져 있으나 1932년에 Gertrud Beard는 "현재 일반적으로 받아들여지는 마사지라는 단어의 의미는 치료적인 목적을 위해 신체의 기관과 조직에 여러 조작을 행하는 것을 포함하고 있다"고 정의하였다. 즉, 이러한 조작은 손을 통하여 효과적으로 행하여지며 이것은 신경계 및 호흡계와 국소적, 전반적, 혈액 및 림프 순환에 어떤 효과를 목적으로 수행된다는 것을 의미한다. 따라서 이러한 목적을 달성하기 위하여 마사지를 시행하려면 인체해부학과 생리학을 알아야 하며, 조직의 구조와 기능과의 관계를 이해하여야 한다.

3. 마사지의 구성요소

마사지 기술의 적용에 있어서 주요 구성요소는 방향과 압력의 정도, 속도와 리듬, 손 이외의 다른 기구들을 포함하는 매체의 사용, 고객의 위치와 관리사의 위치, 관리기간과 빈도 등이다.

1) 방향(Direction)

일반적으로 마사지할 때의 방향은 원심력의 방향으로 실시한다. 이는 히포크라테스(Hippocrates) 시대 문헌에서부터 찾아볼 수 있으며 그 후 많은 학자들은 신체 중앙에서 부터 먼쪽으로 퍼지듯 한 동작의 시작을 주장한다. 그러나 각 동작에 있어서 압력의 방향은 비록 동작의 연결이 반대방향(원심 방향)으로 있을지라도 정맥의 방향(구심 방향)이어야 한다. 머렐(Murrell)은 방향이 아래에서 위로 향하여야 하고 근육섬유의 진행 방향과 같아야 한다고 주장하였다. 피터 링(Peter Ling)은 19세기 초에 원심성의 방향으로는 가볍게, 구심성의 방향으로는 강한 압력을 가하는 마사지 방법을 주장하였는데 이 개념은 오늘날에도 학자들에 의해서 계속 주장되고 있다.

2) 압력(Pressure)

압력의 적용에 있어서는 다양한 의견들이 있었지만 압력에 대한 고려는 마사지 동작들에 대한 초창기 서술에서부터 중요시되어 왔다. 그리스의 저술가인 헤로디커스(Herodikus)와 헤로도투스(Herodotus)는 동작에 있어서의 압력을 처음에는 부드럽게, 그 다음은 세게, 끝으로 갈수록 다시 부드럽게 변화시켰다. 후에 히포크라테스(Hippocrates)는 압력의 유형을 언급하면서 가볍게, 강하게, 부드럽게 그리고 중증도로 구분하였다. 이는 압력의 변화에 따르는 접촉의 중요성과 압력의 양에 의존하여 나오는 효과의 차이성을 강조하는 것이며 고객의 상태에 따라 압력량이 바뀌어져야 된다는 이론을 뒷받침하고 있다.

3) 속도와 리듬(Rate & Rhythm)

압력과 속도를 처음에는 부드럽고 느리게, 중간은 빠르고 강하게, 그리고 마지막에는 느리고 부드럽게 연결시키는 것이 중요하다. 이는 인체의 정맥혈의 흐름이 느리고 림프관의 유출량은 더 느리므로 아주 빠르게 할 필요성이 없으며 오히려 지나친 빠르기는 해로우며 마찰에 있어 리듬은 느리고 돌발적이지 않게 해야 한다. 결합조직 마사지 동작은 서두르지 않아야 하지만 어떤 정확한 속력이나 리듬이 있어야 하는 것은 아니다. 고객의 상태에 따라 적용할 수 있는 속도는 다르다.

4) 매개체(Media)

마사지 동작시 피부의 마찰을 줄이고 효과를 높이기 위하여 사용하는 크림, 오일, 로션 등의 제품과 기구, 도구들을 말한다. 호머(Homer)의 오딧세이에 따르면 아름다운 부인이 전쟁에 지쳐 휴식하는 병사들에게 기름을 발라주고 문질러서 그들을 회복시켰다고 한다. 로마의 역사 기록에는 기름 바르는 사람으로 인해 건강에 많은 향상을 가져왔다고 적어 놓은 구절이 있는데 이는 기름 자체가 약간의 치료적 가치를 가진 것과 마찰하는데 생기는 이점에 대하여 언급해놓은 것으로 볼 수 있다. 매개체의 선택 역시 개인적인 요인으로 선택이 가능하다.

5) 자세(Position)

올바른 자세는 피로를 막고 능률을 높이며 외모를 보다 좋게 만든다. 자기관리의 중요한 일부분으로 신체의 장애예방에도 도움을 준다. 서 있는 경우에는 몸무게가 발바닥에 분산되도록 하여야 하며 앉아 있는 경우에는 허리를 쭉 편 상태에서 무게가 대퇴골에 실리도록 하여야 한다.

6) 시간(Time)

고객의 상태와 사용하는 매개체에 따라 달라지나 보통 국소 마사지에는 5~10분이 적합하고 전신 마사지에서는 40~50분 정도 소요하여 관리하는 것이 바람직하다.

7) 횟수(Frequency)

고객의 피부타입, 연령, 부위, 관리 목적 등 상태에 따라 다르나 1주일에 1~2회 정도 실시한다. 피부미용은 많은 시간과 비용이 들게 되므로 고객의 여건, 진행 상태 등을 고려하여 규칙적이며 정기적인 방법을 선택하도록 하는 것이 좋다.

4. 마사지의 기본동작

마사지 동작은 기본 동작의 유형이 다양하고 부위에 따라서 또는 기대하는 효과에 따라서 가하는 동작의 종류가 다른데 그 기본적인 동작들은 다음과 같이 분류된다.

1) 기본동작의 종류

① 쓰다듬기(유날법, 경찰법 : effleurage, stroking)
② 문지르기(마찰법, 강찰법 : friction, rubbing)
③ 반죽하기(유찰법, 유연법 : petrissage, kneading)
④ 두드리기(고타법, 경타법, 타진법 : tapotement, percussion)
⑤ 떨기(흔들기, 진동법 : vibration)

(1) 쓰다듬기(effleurage, stroking)

손바닥을 이용하여 쓰다듬는 동작이다. 모든 마사지 동작의 처음과 끝에 실행할 수 있으며 부드러운 마찰 작용과 진정 작용을 하므로 진정 마사지 동작이라고도 한다.

① 방법

손바닥 전체를 사용하여 느리고 규칙적이며 가볍게 쓸어준다.

· 표면 경찰법(superficial effleurage)

마사지의 처음에 행하는 방법으로 펴 바르는 동작을 말한다.

· 심부 경찰법(deep effleurage)

약간 힘을 넣어 문지르는 듯한 동작을 말한다.

② 효과

- 표피층의 각질을 제거한다.
- 혈액과 림프액의 순환을 촉진시킨다.
- 자율신경계에 영향을 미쳐 피부에 휴식을 준다.
- 신진대사를 증가시켜 주고 피부 내부의 영양공급을 도와준다.

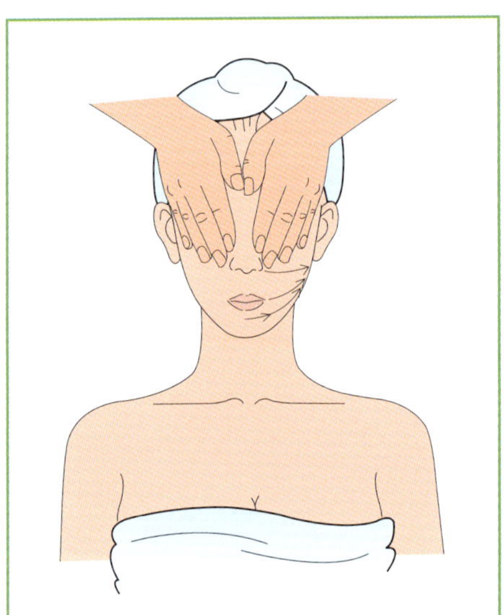

그림 2-2 쓰다듬기

(2) 문지르기(friction, Rubbing)

손가락을 이용하여 시행하는 동작으로서 크림이나 오일을 바르고 부위에 따라 적절한 압력을 가하면서 피부마찰을 시도하는 마사지 동작이다.

① 방법

손가락 끝 부분을 이용하여 원을 그리는 마사지 동작으로 점차적으로 부위를 옮겨가며 실행한다. 가하는 압력의 정도에 따라 부드럽게 문지르기, 세게 문지르기가 있으며 동작의 방향에 따라 수평방향으로 문지르기, 수직방향으로 문지르기, 교차 문지르기, 돌려 문지르기가 있다.

② 효과

- 신진대사를 활성화시켜 결체조직에 효과를 미친다.
- 기름샘을 자극하여 노폐물 제거에 좋다.
- 혈액순환을 강하게 촉진시킨다.
- 표정근육의 조직을 이완시켜 주고 근육을 강화시켜 준다.

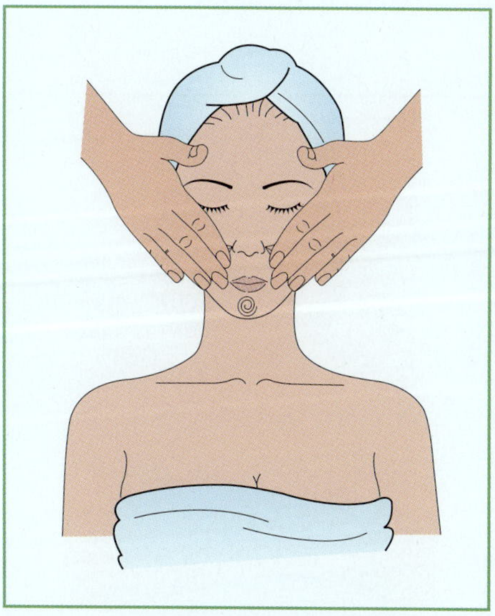

그림 2-3 문지르기

(3) 반죽하기(Petrissang, Kneeding)

손가락 전체를 이용하여 피부를 쥐듯이 잡아서 동작하거나 반죽하듯이 쥐었다가 푸는 동작을 반복한다. 손에 힘을 주어 피부를 누르기도 한다. 마사지 동작 중 아주 강한 동작으로 강한 유찰법과 압박 유찰법이 있다.

① 방법

· 강한 유찰법

손가락과 손바닥 사이로 피부와 근육조직을 집어 들어 올리면서 지속적인 압박을 가하는 동작을 말한다. 원형운동과 함께 이용되어 'circular kneading'이라고도 한다.

· 압박 유찰법

피부를 집어서 하는 방법이 아니고 일종의 마찰법을 이용하여 피부에 작은 원을 그리거나 쓸어주는 동작을 말한다.

- rolling : 양손바닥을 팔이나 다리를 단단히 압착하면서 굴리는 동작
- wringing : 양손에 간격을 두고 서로 반대 방향으로 짜는 듯한 느낌으로 세게 누르는 동작
- chucking : 한 손은 팔이나 다리에 고정시키고 다른 한 손은 관절뼈를 따라 위 아래로 움직이는 동작

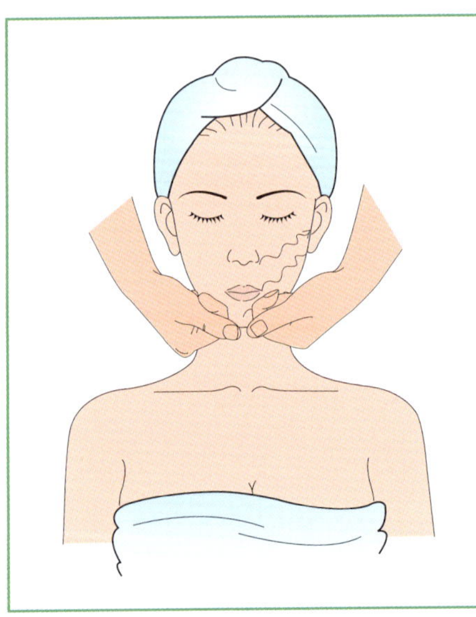

그림 2-4 반죽하기

② 효과

- 피부내층과 근육층 깊은 곳까지 강하게 자극을 주어 혈액순환을 증가시킨다.
- 모공에 축척된 피지 배출을 촉진시킨다.
- 근육의 경련을 풀어주고 이완시켜 준다.
- 결합조직의 탄력성을 증가시킨다.
- 신진대사를 활성화시킨다.

(4) 두드리기(Tapotement, Percution)

손바닥과 손가락(finger cushions)을 이용하여 필요한 부위에 가볍고 리드미컬하게 톡톡 치는 동작으로서 손바닥이나 손가락에 전혀 힘을 가하거나 압력을 가하지 않는다. 활기, 생기 및 자극을 주기 위하여 사용되는 동작이다.

① 방법

- 피아노 치기(finger-tapping) : 양 손가락을 이용하여 마치 피아노를 치듯 가볍게 두드리는 동작
- 손가락 모아 두드리기 : 고타법이라고 하며 엄지손가락을 제외한 네 손가락을 한데 모아 손가락 끝 부분으로 두드리는 동작
- 손모아 두드리기(cupping) : 손을 컵 모양으로 우묵하게 모아 약간 세게 두드리는 동작
- 손바닥으로 두드리기(slapping) : 손바닥을 이용하여 두드리는 동작

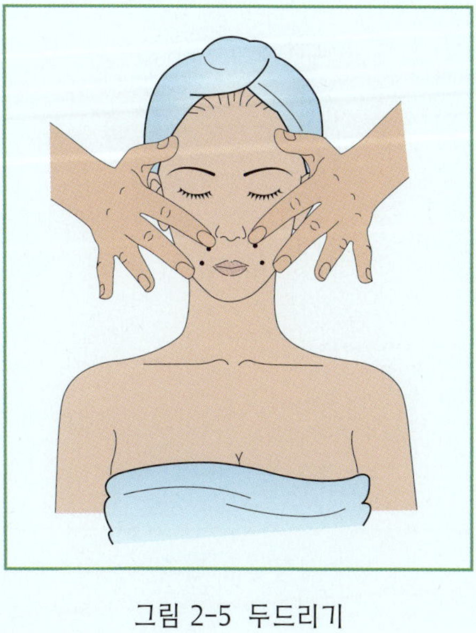

그림 2-5 두드리기

- 손 옆으로 두드리기(hacking) : 손을 펴고 손가락을 가지런히 평면으로 모은 채 새끼 손가락 쪽의 옆면으로 두드리는 동작
- 주먹으로 두드리기(beating) : 가볍게 살짝 주먹 쥔 손으로 두드리는 동작

② 효과

- 혈액순환과 신진대사 작용을 높여 준다.
- 실행 부위의 근육의 위축을 예방해 준다.
- 말초 신경조직을 자극한다.
- 과잉지방 축적을 예방한다.
- 피부의 탄력성을 증가시킨다.

(5) 떨기(Vibration, Shaking)

① 방법

일정한 피부 부위를 빠르고도 율동적으로 진동하게 하는 동작이다. 손 전체나 손가락에 힘을 주어 두 손을 동시에 움직이며 피부에 고른 진동을 주어 섬세한 자극을 주는 동작이다. 떨기의 세기에 따라 효과도 다르다.

② 효과

- 경직된 근육의 이완을 돕는다.
- 혈액과 림프의 순환을 돕는다.
- 피부의 탄력을 증가시킨다.

그림 2-6 떨기

Dr. Jacquet 마사지법

1950년대 미국의 물리요법사 Jacquet 박사가 고안해 낸 새로운 마사지 기법으로 엄지와 중지를 이용하여 피부를 약하게 들었다가 다시 놓는 방법으로 잡아당겨 꼬집듯이 동작한다. 노폐물 제거에 효과가 있으며 지성과 여드름 피부의 진정효과가 뛰어나다.

Peter Ling의 마사지 원칙

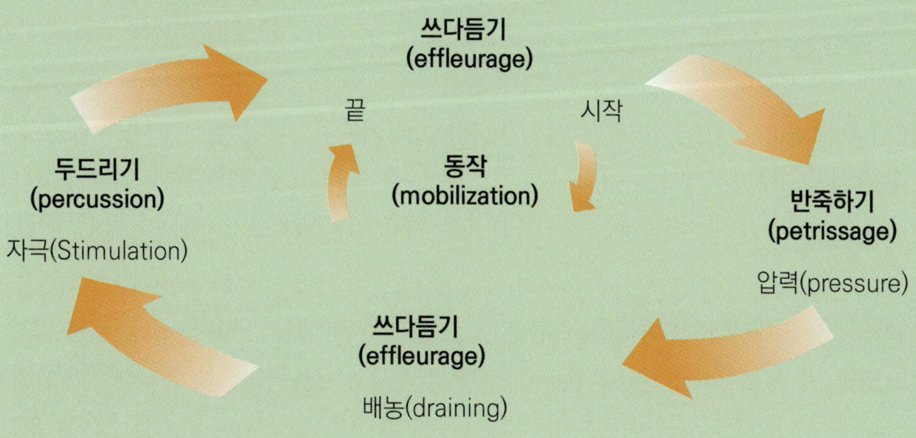

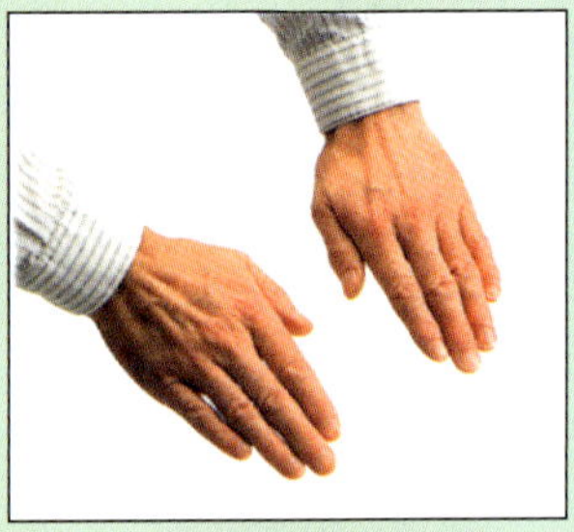

· 쓰다듬기(effleurage)하는 방법 : 주로 마사지 처음과 마무리 동작으로 행해지며 마사지 방법은 손가락 전체를 펴서 고객의 몸에 밀착하여 압을 주지 않고 부드럽게 쓰다듬는다(circling, fanning, light pressing, friction).

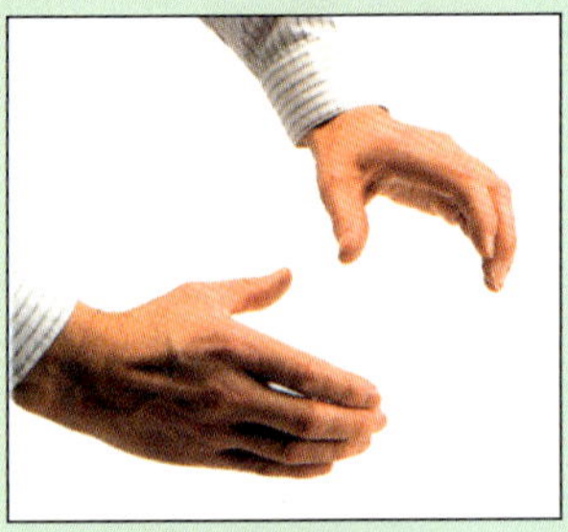

· 반죽하기(petrissage, kneading)하는 방법 : petrissage는 손끝과 엄지를 이용하여 표면근육을 마사지할 때 사용하며 kneading보다 압이 약하다. kneading은 손 전체를 이용하여 반죽하듯이 마사지한다(deep pressing, pummeling, stretching, rolling, raking, thumbing).

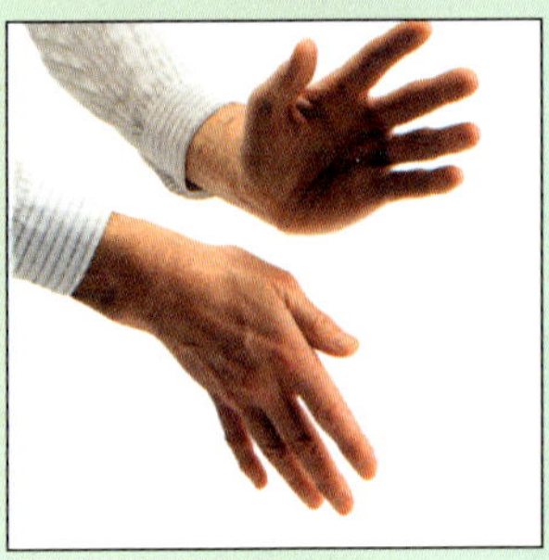

· 두드리기(percussion) : 손목의 힘을 빼고 손의 측면을 이용하여 가볍게 두드리는 마사지 방법으로 처음에는 천천히 시작하여 점점 빠르게 진행한다(hacking, cupping, beating, tapping, picking up).

Peter Ling의 마사지 기본동작의 응용

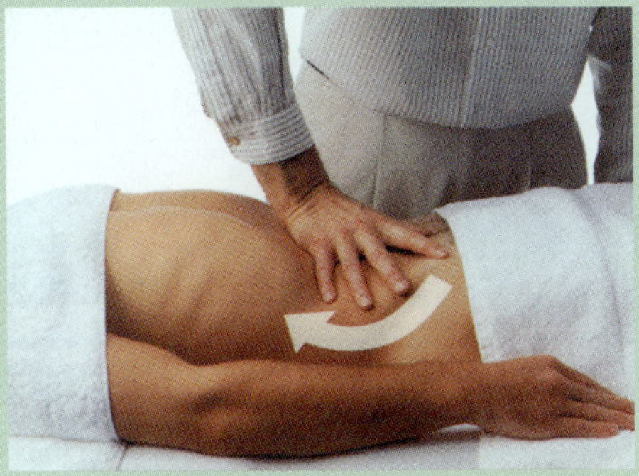

fanning

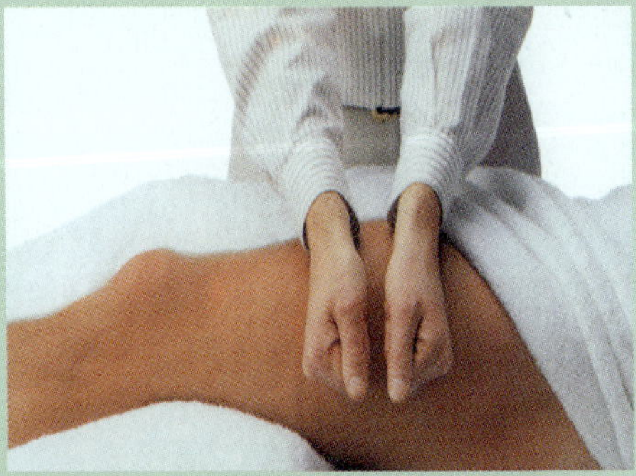

pummeling 1

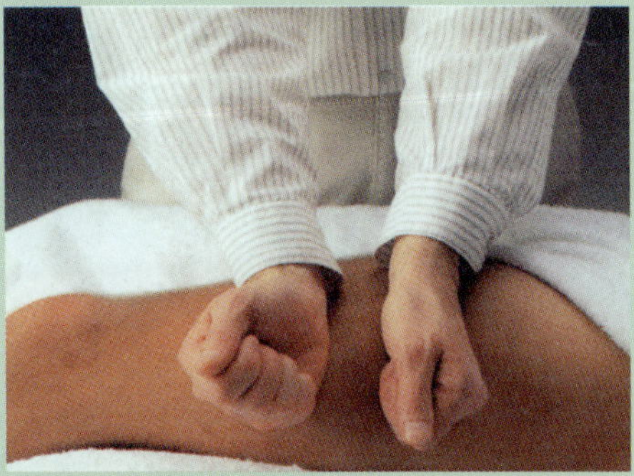

pummeling 2

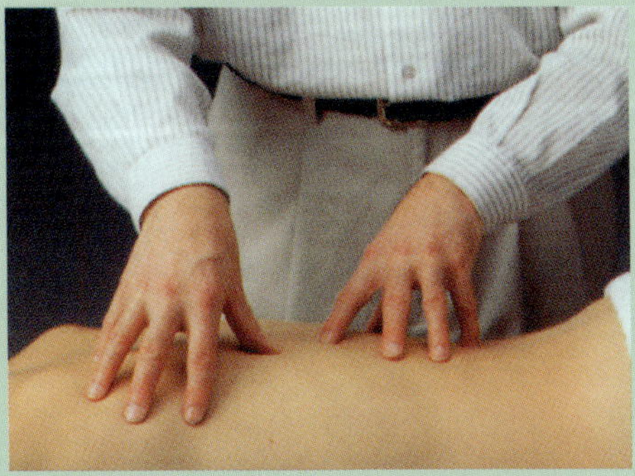

raking

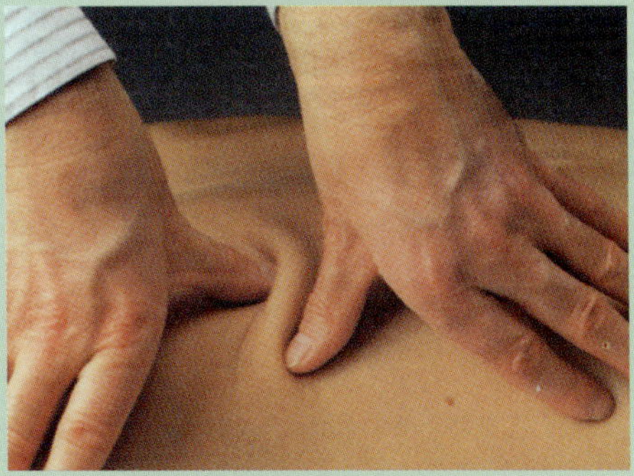

thumbing

5. 마사지의 효과

마사지는 피부미용실에서 시행하는 관리의 전 과정을 통하여 그 시작에서 끝까지 진행되는 매우 중요한 시술에 해당되며 전통적인 마사지의 효과는 다음과 같다.

① 피부의 세정작용을 도와 피부를 청결하게 한다.
② 신경을 자극하여 피부 혈관을 넓혀 줌으로써 혈액순환을 도와 신진대사를 왕성하게 한다.
③ 피부의 감수성을 향상시켜 피부에 바른 화장품의 흡수율을 증가시킨다.
④ 조직의 노폐물을 제거한다.
⑤ 기름샘과 땀샘의 역할을 활성화시킨다.
⑥ 털주머니에 축적된 피지의 분비를 돕는다.
⑦ 혈액과 림프의 순환을 촉진시킨다.
⑧ 결체조직에 긴장과 탄력성을 부여한다.
⑨ 신경을 진정시켜 긴장을 풀어 준다.
⑩ 심리적 안정을 가져오게 한다.

6. 마사지 시 주의사항

마사지를 진행하는 피부미용실의 실내 분위기, 피부미용사의 전문인다운 자세와 완숙한 테크닉, 사용하는 화장품의 올바른 선택과 마사지가 부적절한 피부 상태의 바른 판단 등 피부미용사가 마사지 전에 반드시 유의해야 할 사항은 아래와 같다.

1) 주의 사항

- 주변 환경은 깨끗하고 조용하여야 한다.
- 관리사의 손톱은 짧아야 한다.
- 관리 전 관리사는 반지, 팔찌 등의 액세서리를 뺀다.
- 마사지 전 자신의 손을 따뜻하게 하여 신체접촉 시 고객이 불쾌한 느낌을 갖지 않게 한다.
- 마사지 동작 시 화장품이 눈, 코, 입 등에 들어가지 않도록 유의한다.
- 마사지의 동작이 너무 빠르거나 강하지 않도록 유의한다.
- 피부의 근육 방향과 주름 발생 부위을 고려하여 마사지한다.

- 마사지 제품은 고객의 피부상태에 따라 올바르게 선택하여 사용한다.
- 제품의 양이 너무 적은 경우에는 마사지 시술 중 자극을 주게 되어 피부를 붉게 하거나 예민하게 만들 수 있으므로 적절한 양을 사용하도록 한다.
- 손동작이 머뭇거리거나 더듬거리지 않도록 하며 손목이나 손가락의 움직임은 유연해야 한다.
- 피부상태에 따라 마사지 회수를 정하여 실시한다. 보통 지성 피부는 주1회, 중성 피부는 주 1~2회, 건성 피부는 주 2~3회 정도 실시한다.

2) 마사지 금기증

- 고객에게 붉게 화농된 여드름이나 알레르기 혹은 각종 피부질환이 있을 때는 마사지를 하지 않는다.
- 외상, 염증 또는 피부 질환이 있는 경우에는 하지 않는다.
- 피부에 홍반 현상이 일어난 경우에는 마사지를 하지 않는다.
- 생리 시나 정신이 불안정하여 피부에 트러블이 일어나기 쉬운 때에도 마사지를 하지 않는다.

마사지테크닉 시 주의사항

- 손을 최대한 밀착시킨다.
- 강약의 리듬을 주어 시행한다.
- 일정하게 같은 속도를 유지한다.
- 동작의 반복 횟수는 피부상태에 맞게 시행한다.
- 순간순간의 정지동작과 연결동작을 부드럽게 연결한다.
- 두 손이 동시에 떨어지지 않도록 주의한다.

Ⅴ. 팩(Pack)과 마스크(Mask)

1. 팩과 마스크의 개념

팩(pack)이란 단어는 'package(싸다, 둘러막다)'라는 뜻에서 유래된 용어로서 피부를 제품으로 밀폐시킨다는 의미로 사용하게 되었다. 유럽에서는 주로 마스크(mask)라는 단어로 통용되고 있는데 우리나라에서는 두 가지가 거의 같은 의미로 불리어지고 있다. 요즈음은 제품의 기능이 다양해져 팩과 마스크의 경계가 분명치 않고 두 가지를 적절하게 혼합하여 사용하고 있다. 일반적으로 얼굴에 바른 후 공기가 통할 수 있도록 하며 얇은 피막을 만들거나 굳어지지 않는 얼굴에 바른 후 딱딱하게 굳어져 외부의 공기 유입과 수분 증발을 차단하여 피부를 유연하게 하고 유효 성분의 침투를 용이하게 하는 제품이 있다.

2. 팩과 마스크의 기원

팩은 매우 오래된 화장품으로 역사적으로 보면 고대 그리스 시대에 네로 황제의 아내인 붓파이아가 곡식 가루를 개어 팩으로 사용했던 것으로 알려져 있다. 클레오파트라가 진흙에 꿀과 우유를 섞어 팩을 했다는 이야기도 전해져 내려오고 있다. 이와 같이 고대 그리스와 로마에서는 주로 머드(mud)를 이용한 전신 팩이 유행하였음을 그림 또는 문헌에서 볼 수 있는 바와 같이 오래 전부터 귀족 상류층을 중심으로 사용되어 왔다.

20세기에 들어와서는 파라핀팩과 클레이팩이 시판되고 있으며, 이후 사용이 간편하고 독특한 느낌을 주기 위해 수용성 고분자 용액을 피부에 도포하여 건조 전후 생성되는 피막을 떼어내는 팩이 주류를 이루었다. 그러나 현재에는 팩 효과의 다양성이 요구되고 있으므로 다양한 기능을 갖춘 상품들이 선보이고 있다.

3. 목적과 효과

팩에는 여러 종류가 있고 이에 따라 사용법과 효과에 많은 차이가 난다. 따라서 자신의 피부 상태를 잘 관찰하여 가장 적합한 종류의 팩을 선택하는 것이 무엇보다 중요하다. 먼저 팩의 종류를 알고 자신의 피부 타입과 목적에 맞게 적절히 사용할 줄 알아야 한다.

팩은 피부 상태에 따라 목적과 효과는 다르지만 일반적으로 마사지 후의 더 깊은 효과를 주기 위해 피부 표면을 하나의 막으로 감싸 피부의 온도를 높여줌으로써 피부 청결, 영양 공급, 피부의 탄력 및 팽창도 증가, 잔주름 방지 등의 효과를 얻고자 실시하는 관리방법이다.

팩의 효과는 제품에 따라 다양하지만 순환, 영양, 클렌징, 진정 효과와 같이 크게 4가지로 나눌 수 있다. 사실상 모든 팩에는 이러한 4가지 기능을 조금씩 갖추고 있으며 목적에 따라 부각되는 기능에 차이가 있다.

표 2-2 팩의 목적과 효과

목 적	효 과
순환작용	피부표면에 피막이 형성되어 외부와 피부표면을 차단하여 피부 표면의 온도가 상승됨에 따라 혈액 · 림프 순환과 피부신진대사를 촉진시킨다.
수분 및 영양 공급	외부와 차단됨으로써 피막이 형성되어 수분 증발이 억제되고 각질층이 수분을 함유하여 팽창함에 따라 모공과 땀샘이 확장되어 제품에 함유된 유효성분의 침투가 원활해진다.
각질 제거	각질층의 죽은 각질을 연화시켜 팩 제거와 함께 피부 노폐물이 제거된다. 모공으로부터 노폐물과 불순물을 제거하고 과잉피지를 흡수하며 피부 표면의 각질이나 노폐물 등을 팩의 피막이 흡착하여 피부를 청결하게 한다.
진정 작용	한여름 선탠을 한 후나 한겨울 외출 후 또는 운동 후 자외선과 찬바람에 자극을 받아 상기된 피부를 진정시키는 효과를 준다. 피부에 산소를 공급하여 피부가 가지고 있는 본래의 기능을 활발히 하도록 도와준다. 또한 적당한 수분 공급이나 온도 변화 및 향을 이용하여 진정시킨다.
피부 휴식	팩이 건조되는 동안 휴식을 취하게 되므로 피부 뿐만 아니라 신체 또는 정신적으로 편안함을 줌으로써 스트레스나 긴장감이 해소 될 수 있다

4. 바르는 순서

팩을 바르는 순서는 온도가 낮은 부위부터 도포한다. 이마의 온도는 35℃ 이상의 높은 온도이고 뺨 부위 온도는 25℃ 정도의 낮은 온도로 같은 얼굴이지만 부분적으로 약 10℃ 정도의 차이가 난다고 한다. 팩 도포 시 굳는 정도와 향의 강도에 따라 인중 부위를 피하는 등 도포 방법을 달리하도록 한다.

5. 팩과 마스크의 분류

1) 제거하는 방법에 따른 분류

제거하는 방법	특 징
필 오프 타입 (peel off type)	- 수용성의 점액질을 바른 후, 완전히 말라 얇은 필름막이 되면 한 장의 막으로 벗겨내는 타입 - 적당한 긴장감이나 자극을 원하는 경우 사용 - 팩 제거 시 불순물, 먼지, 죽은 세포가 제거되는 효과가 있으므로 피지분비가 많은 지성 피부에 적합 - 칙칙하고 탄력이 없는 피부에 적합 - 너무 자주 사용하면 피지를 과도하게 제거되어 피부가 건조해지므로 일주일에 1~2회가 적당
워시 오프 타입 (wash off type)	- 팩 사용 후 일정한 시간이 경과하면 물로 씻어내는 타입 - 피부 자극에 부담이 없으므로 민감성 피부에 적합 - 크림, 거품, 진흙, 젤리 등 다양한 타입
티슈 오프 타입 (tissue off type)	- 팩 사용 후 일정한 시간이 경과하면 티슈나 스펀지로 닦아내는 타입 - 매우 거칠거나 탄력 없는 피부인 경우 매일 사용 - 보습 및 영양 효과가 좋으므로 건성이나 거친 피부에 적합 - 사용감이 좋고 짧은 시간에 팩 사용을 원하는 경우 적합

2) 유형에 따른 분류

유 형	특 징
천연팩	자연에서 쉽게 얻을 수 있는 재료를 이용하여 으깨거나 갈아서 천연재료를 그대로 사용
한방팩	미용효과가 있는 한방재료를 가공하거나 분말화하여 사용
화장품팩	천연팩이나 한방팩의 단점을 이용, 보완한 것으로 피부의 영양 및 보습 효과가 우수한 미용성분을 추출하여 제품화시킨 것

(1) 천연팩

천연팩의 재료로는 사람이 먹을 수 있는 거의 모든 것과 그 밖에 여러 가지 천연물을 이용할 수 있다. 따라서 천연팩의 종류는 매우 다양하고 재료의 성분에 따라 각각 다른 여러 가지 효과를 나타나게 된다. 그러나 천연물질이라고 모두 피부에 좋은 것은 아니다. 오히려 천연물질일수록 독성이 강하고 피부 트러블의 원인이 되기도 한다. 사람의 피부는 제각기 다른 특성을 지니고 있기 때문에 화학적인 반응 또한 제각기 다르다. 임상결과에 이르기까지 화학적인 검증이 뒤따라야 하므로 민감성 피부, 알레르기성 피부 등은 반드시 첩포시험(patch test)을 실시하여야 한다.

천연팩은 목적에 알맞게 팩의 종류를 선택해야 하며, 만드는 방법과 사용방법을 잘 알고 사용해야 한다.

천연팩은 만들어서 사용하기가 번거롭고, 오래 보관할 수 없으며 사용한 재료가 갖고 있는 성분이외에는 다른 효과를 기대 할 수 없다는 단점이 있다. 또한 천연팩은 팩을 할 때마다 새로 만들고, 만든 후 즉시 사용해야 한다.

그림 2-8 천연팩 재료

천연팩의 원칙

- 천연팩의 재료는 농약의 피해를 입지 않는 신선한 무농약 재배 과일이나 야채를 이용하도록 한다.
- 재료를 깨끗이 닦아 사용하는 것은 물론 그릇, 강판, 칼, 만드는 손 등이 청결해야 한다.
- 천연팩은 반드시 1회분만 만들고, 만든 즉시 사용하도록 한다.
- 천연팩 재료를 만들 때는 밀가루, 해초가루, 감초, 우유, 요구르트, 계란, 글리세린, 영양크림, 영양오일 등을 바탕재료로 사용하면 효과가 크다.

표 2-3 천연팩의 종류와 효과 및 적용여부

종 류	만드는 법	효 과	적용피부
사과팩	사과즙 + 오트밀 가루	노폐물제거	중성피부
딸기팩	딸기즙 + 분유 2큰술	수분보충, 수렴효과	기미
키위팩	키위즙 + 오이즙 + 해초가루	미백효과	기미, 주근깨
포도팩	포도즙 + 올리브유 2~3방울 + 레몬즙 1~2방울 + 밀가루 또는 분유	수렴효과	주근깨
당근팩	당근즙 + 밀가루 + 영양크림 2g	영양공급, 피부청결	중성피부, 자외선으로 건조해진 피부
바나나팩	갈은 바나나 + 영양크림 + 레몬즙 + 계란노른자	보습효과	건성, 노화피부
수박팩	수박즙 + 레몬즙 1~2방울 + 밀가루	피부의 열을 식혀주고 피로를 풀어준다.	일소피부
레몬팩	레몬즙 + 밀가루 또는 분유	미백 · 청결, 이완과 수축작용, 탄력부여	칙칙한 피부, 기미, 노화피부
오이팩	오이즙 + 밀가루 + 오일	소염 · 진정 · 미백	여드름, 일소피부, 기미
양배추팩	양배추 갈은 것 두 스푼 + 맥반석 한 스푼 + 우유	유황성분, 비타민 C, 인, 칼슘, 요오드, 단백질 함유	여드름 피부
살구씨팩	갈은 살구씨 + 밀가루 + 물	보습효과	건성피부
감자팩	감자 + 밀가루 또는 분유+ 레몬크림 2g + 오일	소염 · 진정	여드름, 일소피부
계란노른자팩	난황 1개 + 밀가루 또는 분유 + 오일 2~3방울	영양 · 미백	건성, 중성, 노화피부
계란흰자팩	계란흰자	피부청결, 피지제거	지성피부
벌꿀팩	꿀 + 물 + 계란 노른자	영양 · 미백	건성, 중성, 노화피부
요구르트팩	요구르트 + 올리브유	영양 · 미백	건성, 중성, 노화피부
마요네즈팩	마요네즈 + 계란노른자	영양공급	건성, 노화피부

(2) 한방팩

한방팩은 각 재료마다 정확한 효능과 특성을 알아야 하며 또 가장 알맞게 사용해야만 최대한 효과를 볼 수 있다. 천연팩보다 저장기간이 길고 문제성 피부의 치료효과도 뛰어나다. 그러나 한방 원료의 효능은 강하기 때문에 한 가지 성분만 사용하면 피부에 자극을 줄 수 있기 때문에 각 원료의 효능을 이해하여 적절한 배합을 통해 사용해야 한다.

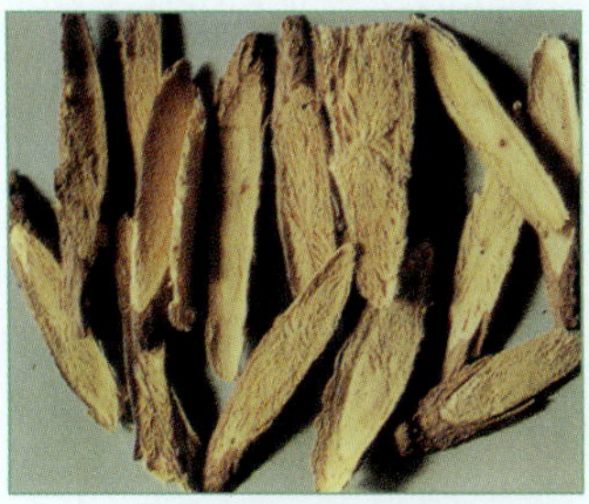
감초

곤포

녹두

도인

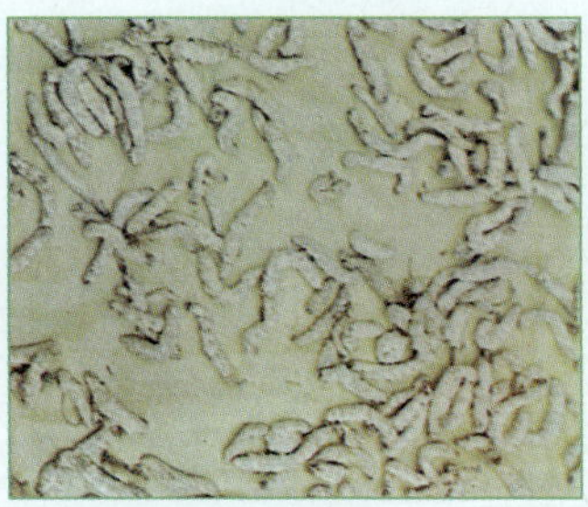
백강잠

백복령

상엽

의이인

행인

그림 2-9 한방팩 재료

표 2-4 한방재료의 종류와 효과

한방재료	성분 및 특성	효 과	적 용
맥반석, 카오린	무수규산, 산화나트륨, 산화알루미늄, 아연, 주석 등	흡착 제거 능력, 미네랄 용출, pH 조절	피부질환, 여드름, 기미, 무좀 등
해초류	당분, 비타민 A, 섬유질, 요오드, 미네랄	모세혈관 유통기능, 각종 미네랄 공급, 콜레스테롤 유연효과, 습윤 보습 작용, 필링 작용	영양 공급, 유연작용, 보습작용
행인(유)	장미과의 소고목 살구나무의 살구씨	피부 수축, 배농, 해독	기미, 거칠고 건성인 노화피부
의이인	벼과의 1년생 초본으로 율무 종자의 종피를 제거한 것	피부 산화환원 능력, 색소 침착 방지	기미, 미백, 북종, 사마귀
백강잠	동물성 한약재, 소화관에 균이 기생하여 병사한 누에벌레 누에의 최상품	미백	기미
녹두	콩과에 딸린 1년생 식물, 단백질, 지방, 탄수화물, 화분	해독작용, 표백작용, 살균 작용	지성, 여드름
백지	미나리과의 2~3년 초의 뿌리	모공 수축, 피부 윤택, 안색 정화, 염증 완화	지성, 여드름
토사자	매꽃과에 딸린 한해살이의 기생식물	항균	여드름, 기미
진피	귤과에 속하는 동정귤의 성숙과일의 과피	상처 소독, 염증 완화	여드름
흑축	푸르거나 붉은 나팔꽃의 씨	미백	기미
감초	콩과에 딸린 다년생 초본, 주성분은 글리치르리린	세포 재생, 해독작용, 소염 및 진정 작용, 피부 대사 기능 촉진	부작용이 난 피부
천궁	미나리과의 다년초	모세혈관 탄력 강화, 피부 조직 재생	민감 피부
백봉령	송수를 벌채한 후 5~9년을 경과한 토중잔근에 기생하는 균체	수분 대사 원활, 기미 제거	기미
고삼	두과의 저목, 주성분은 알카로이드	살균, 분비물 제거, 해독작용	여드름
도인	장미과의 복숭아 종자	소염, 미백, 피부 재생	기미, 여드름
상엽	뽕나무 잎	항균, 피지조절	여드름, 얼굴부종

한방팩 사용 시 주의사항

· 한방의 정확한 효능을 먼저 알고 그에 대한 응용을 하여야 한다.
· 일반적이고 한정된 재료만으로 피부미용을 하면 문제성 피부에는 효과가 나타나지 않는다.
· 한방팩 재료는 필요에 따라 가공하여 사용하여야 한다.
· 한방 혼합은 정확히 하여야 한다.
· 이물질이 있으면 자체적으로 상하기 쉽고 임의로 가공하면 피부 흡수율이 떨어지고 부작용이 일어날 수 있으므로 이물질이 없는 재료를 사용하여야 한다.

(3) 화장품팩

천연팩은 만들어서 사용하기가 번거롭고, 만든 직후 사용하지 않으면 효과가 떨어지거나 변질되어 오래 보관할 수가 없다. 또한 천연팩은 사용한 재료가 갖고 있는 성분 이외에 다른 효과를 기대할 수 없다는 단점이 있다. 이러한 천연팩의 단점을 보완해서 사용하기 편리하도록 만든 것이 화장품팩이다.

① 파우더 타입의 팩

파우더는 피부의 습기와 지방을 흡수하는 성질을 지닌 것으로서 분말 입자의 크기에 따라 흡수 능력이 결정되며, 입자가 고운 것일수록 흡수력이 크고 화장수, 증류수 또는 앰플을 섞어서 사용한다.

파우더 타입의 팩은 피부의 열을 정체시켜 혈관을 넓히며 산소의 공급을 확대시켜 피부의 신진대사를 자극하는 효능을 지니고 있다.

② 크림 타입의 팩

유화형 팩으로 제품을 바른 후 10~20분의 일정 시간이 지나면 제품은 그대로 있고 유효 성분만 흡수된다. 최근에는 피부에 팩제를 바른 후 15분 정도 경과하면 가볍게 마사지만 하고 닦아내지 않는 마사지 크림식의 팩제도 나와 있다.

③ 겔 타입의 팩

수성의 겔 타입으로 만들어진 팩으로 모양이 균일하고 대부분 투명하며 시원하고 촉촉한 느낌을 준다. 유분에 민감한 지성 피부에 효과적이며 특히 보습과 진정 효과를 부여하고자 할 때 사용되는 제조 형태이며 아이 겔, 보습 겔, 알로에 겔 등의 제조에도 많이 사용된다.

④ 점토 타입의 팩

진흙 등의 점토 광물을 함유한 가루를 물, 에탄올 보습제를 혼합하여 만든 팩으로 건조한 습포로 닦아내거나 물로 씻어낸다.

⑤ 석고 마스크(Clay mask)

분말로 된 석고 형태의 마스크로서 피부 위에 덮으면 마스크의 온도가 45℃ 이상 올라가서 세포의 재생을 돕는다. 신체 부위에 따라 사용량을 조절하며 피부를 외부와 차단시켜 뜨거운 열을 내게 하여 제품의 영양분이 피부 깊숙이 침투되도록 돕는다. 또한 피부의 피지와 불순물을 흡수하여 피부를 부드럽고 깨끗이 한다.

석고 마스크를 사용하기 전에 반드시 고객에게 밀실 공포증이 있는지를 문의하여야 하며, 고객의 털이 석고에 닿지 않게 수건으로 잘 감싸야 한다.

· 작용

피부를 진공 상태로 만든 후 열을 내기 때문에 화장품, 즉 크림이 피부 깊숙이 진피층까지 침투한다.

도포한 베이스 크림의 종류에 따라 수분 및 영양공급, 피부 탄력감 부여, 혈액순환 촉진 등의 효과를 줄 수 있다.

그림 2-10 석고 마스크

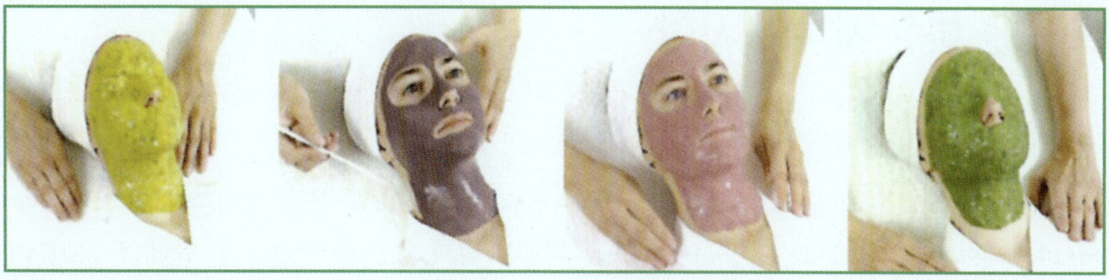

그림 2-11 고무마스크

⑥ 알고 마스크(Algo mask)

해초 추출물 성분을 건조시킨 상태로 미백 및 보습 효과에 뛰어나서 특수팩으로 사용할 수 있다. 알게(algae) 성분이 노폐물 제거와 신진대사를 원활하게 하여 혈액 및 림프 순환이 촉진되고 피지선의 기능 향상으로 여드름 피부의 염증 경향이 감소된다.

⑦ 고무마스크(Rubber mask)

분말타입으로 해초가 주성분으로 피부 진정, 화이트닝, 여드름, 예민한 피부에 효과적이다. 요즘은 녹차, 곡물 등 다양한 성분을 첨가해서 사용하고 있다. 고무마스크의 장점은 도포 후 조금만 지나면 고무처럼 굳기 시작하여 대략 20분 후 피부에 자극 없이 한 번에 떼어낼 수 있다는 점이다.

보통 지성이나 여드름 피부 같은 특수관리에 많이 사용되며 바다 속에서 서식하는 식물들을 동결 건조시켜 원료 특징을 그대로 활용할 수 있다.

⑧ 벨벳 마스크(Velvet mask)

특수 냉동, 건조시킨 천연 콜라겐이 주성분인 종이 형태의 마스크이며 세포재생과 보습의 효과가 뛰어나 노화 피부, 수분 부족 피부에 사용되며 눈가 전용 관리에도 효과가 뛰어나다. 사용방법은 얼굴에 남아있는 유분기와 수분기를 완전히 제거하고 콜라겐 앰플을 흡수시킨 후 얼굴에 밀착시키듯이 부착한다.

6. 팩을 하는 시기와 시간

1) 시기와 주기

팩을 하는 시기는 기본적으로 하루동안 축적된 노폐물을 완전히 제거한다는 의미로부터 피부에 필요한 수분과 영양을 보충해 주기 위해서 느긋한 기분으로 밤에 하는 것이 좋다. 그러나 때에 따라서는 아침에 팩을 하는 것도 효과적이다.

일반적으로 팩은 각질 제거 효과가 있으므로 너무 자주 하게 되면 피부 각질층을 과도하게 제거하여 피부가 오히려 거칠어질 위험이 있으므로 일주일에 1~2회 정도 하는 것이 바람직하다.

2) 도포 시간

- 클렌징 단계 후 사용하는 1차팩 단계는 10~15분 정도로 한다.
- 마사지 단계 후 사용하는 2차팩 단계는 15~25분 정도로 한다.
- 주변 온도, 습도 상태에 따라 팩의 건조시간이 달라지므로 감안해야 한다.

7. 주의사항

- 팩을 하기 전에 기초 손질을 충분히 한다.
- 관리 전이나 시작 단계에서 사용할 팩의 느낌이나 함유 주성분 및 효과를 잘 설명해 준다.
- 팩을 도포할 때는 눈썹, 눈 주위, 입술은 피해서 바르는데 경계선을 두껍게 바르면 깨끗하게 떼어낼 수 있다.
- 볼 부위는 피부온도가 낮아서 팩의 건조가 늦어지므로 너무 두껍게 바르지 않도록 한다.
- 팩을 바르고 다 마를 때까지는 얼굴의 피부 표면을 움직여서는 안 된다. 피부를 움직이면 그 부분의 팩이 피부표면과 떨어져서 좋은 효과를 얻을 수 없기 때문이다. 팩을 도포한 상태에서는 말을 하는 것은 물론이고 웃는 것도 삼가는 것이 바람직하다.
- 고객의 눈과 입을 밀봉시키는 마스크는 사전에 고객이 폐쇄공포증이 있는지를 반드시 확인하고, 폐쇄공포증이 있는 경우 눈과 입을 막지 않도록 주의한다. 또한 불편함이 있을 경우 신호를 보낼 수 있도록 관리사는 고객의 주변을 떠나 면 안된다.

- 굳는 팩 종류나 목까지 도포를 할 경우에는 머리 베개나 침대 높낮이 조절을 미리 해 놓고 도포한다.
- 굳어서 여러 번 닦아야 하는 팩일 경우 충분히 젖은 스펀지로 물기를 주어 부드럽게 제거한다. 따라서 팩을 선택할 경우 제거 시 피부에 자극이 되지 않는지의 여부도 살펴보아야 한다.
- 목은 인체 순환을 위한 교차로 역할을 하므로 도포 시 목을 제외하는 것은 팩의 효과를 반감시킨다.

Ⅵ. 피부미용 후 마무리

1. 화장품 도포하기

① 피부유형에 맞는 화장수를 선택하여 화장솜에 충분히 묻힌 다음 눈 → 이마 → 볼 → 코 → 턱 → 목 → 가슴 순으로 펴바른 뒤 가볍게 두들겨 흡수시킨다. 목은 왼쪽에서 오른쪽으로 양손바닥으로 쓸어올리고 가슴은 양손바닥으로 쓰다듬어 흡수시킨다.

② 아이크림이나 아이젤을 선택하여 눈아래와 눈두덩이 안에서 밖으로 펴바른 뒤 가볍게 두들겨 흡수 시킨다.

③ 에센스나 세럼을 얼굴과 목에 펴바른 뒤 가볍게 두들겨 흡수 시킨다.

④ 영양크림을 선택하여 얼굴과 목에 펴바른 뒤 가볍게 두들겨 흡수 시킨다.

⑤ 낮동안의 관리를 해 준 경우 자외선 차단제를 선택하여 가볍게 두들겨 흡수 시킨다.

⑥ 고객이 원하는 경우 가벼운 색조화장을 하여 마무리 해준다.

2. 마무리

피부미용이 끝나면 고객의 두정부나 후경부를 지압하거나 팔과 목, 어깨의 스트레칭 동작을 통하여 장시간의 관리로 인한 근육의 긴장을 최대한 풀어주는 것이 좋다. 고객이 침대에서 일어나면 관리 중 불편한 점이나 의문사항이 없는지 확인한다.

관리 전 따로 보관해둔 고객의 귀중품과 옷을 내어준 뒤 약속이나 이후 업무가 있는 손님의 경우 간단한 머리손질과 TPO에 맞는 메이크업을 해주어 고객의 만족도를 높인다.

관리 중에 사용한 물품나 화장품, 침대 등을 정리하고 기기나 비품을 청결하게 소독하여 정리해 둔다.

제3장 전신관리

Ⅰ. 전신마사지

1. 전신마사지의 효과
2. 전신마사지를 삼가하는 경우
3. 전신마사지의 종류

Ⅱ. 전신관리 후 마무리

1. 화장품 도포하기
2. 마무리

Ⅲ. 비만관리

1. 비만의 정의
2. 비만의 원인
3. 비만의 종류
4. 비만도 평가방법
5. 비반의 예방
6. 비만관리 방법

Ⅳ. 셀룰라이트 관리

1. 셀룰라이트의 정의
2. 셀룰라이트의 진단

Ⅴ. 제모

1. 일시적 제모
2. 영구적 제모

제3장 전신관리
Body Treatment

Ⅰ. 전신마사지(Body massage)

현대인은 경제가 성장하고 생활수준이 높아짐에 따라 미에 대한 관심이 급증하여 보다 적극적인 자세로 자신의 외적인 아름다움을 가꾸고자 하는 노력을 아끼지 않는다. 단순한 표면적 아름다움 보다는 건강한 아름다움을 지향하며 신체 각 부분 보다는 전체적으로 조화된 아름다움을 추구하는 추세이다.

균형 잡힌 신체, 건강한 근육 및 신체 피부의 아름다움에 대한 가치가 높아짐에 따라 다양한 방법으로 이러한 욕구들을 충족하고자 노력하고 있다. 이러한 미에 대한 다양한 욕구는 바디관리 프로그램의 많은 발전을 가져왔다.

신체 피부가 늘 옷에 가려져 있다고 해서 외부의 자극에 대해 항상 보호받는 것은 아니다. 노화, 근육의 반복적인 사용으로 인한 탄력 저하, 임신과 출산, 무리한 다이어트, 자외선, 영양의 불균형 등으로 인해 신체의 아름다움은 손상되기 쉽다. 따라서 전신마사지는 신체의 혈액과 림프의 순환 및 신경계, 호흡계 등에 전반적인 영향을 미치므로 신체의 피부가 정상기능을 유지하고 건강한 아름다움을 가꾸는 데 필수적인 요소이다.

1. 전신마사지의 효과

1) 피부의 탄력성과 흡수성 증가

피부의 마사지 온도를 높여 모공을 확장시킴으로써 피부를 통한 유효성분의 흡수를 높이며 결합조직의 긴장도를 강화하고 피부의 탄력성을 증가시켜 노화를 지연 또는 억제시킨다.

2) 혈액순환과 림프순환의 촉진 효과

마사지는 피부나 근육의 혈행을 좋게 하여 결과적으로 전신의 혈액순환을 개선한다. 또한 림프순환을 촉진하여 정맥으로 배설하지 못한 노폐물의 배설을 돕는다.

3) 교정 효과

관절이나 그 주변을 마사지함으로써 굳어진 관절낭, 인대, 힘줄 등을 풀어 주어 노폐물의 축적을 막아 주는 기능을 한다.

4) 전신 조절 효과

마사지는 손님에게 상쾌함을 주고 전신의 자율신경이나 내분비선에도 영향을 주어 신체의 불균형을 조절하여 심신의 조화를 이루도록 한다.

5) 내장기능의 회복

복부 마사지 및 등, 허리의 마사지는 그 부위의 신체의 결림이나 통증을 해소할 뿐만 아니라 반사적으로 호흡기, 순환기 또는 위장기능을 좋게 하는 효과가 있다.

6) 근육의 이완 및 강화 효과

굳어진 근육에 물리적 자극을 주어 근육의 경결, 위축을 해소하고 강화하는 효과가 있다.

7) 반사작용 효과

신경, 근육, 내장 등의 반사기전에 의하여 간접적인 자극을 가하여 내장의 기능을 강화시키는 역할을 한다.

8) 신진대사의 촉진

혈행의 증가로 조직으로의 영양물질이나 산소의 공급이 원활해져 신진대사가 촉진된다.

9) 내분비 기능의 조절

근육이나 피하조직에 자극을 주어 혈행을 좋게 하고 내분비 기능을 조절한다.

10) 신체의 면역력 증가

혈액순환과 림프순환이 개선되고 내분비 기능이 정상화됨에 따라 신체의 자연 면역력이 증가된다.

11) 심리적 안정감

안정된 상태에서 전신관리를 받음으로써 심리적인 안정감과 행복감을 느낄 수 있다.

2. 전신마사지를 삼가해야 하는 경우

- 임산부의 배, 가슴 마사지
- 외상이 있거나 내부에 질환이 있는 염증성환자
- 화장품 알레르기, 피부병이 있는 사람
- 정맥류
- 생리 전·후 정신적으로 불안정한 경우
- 선탠 직후 피부가 자극을 받은 경우
- 악성종양 환자
- 심장질환이 있는 경우
- 수술직후
- 골절상을 입은 경우

3. 전신마사지의 종류

1) 한국형 마사지(Meridian massage)

한국형 마사지란 일정한 생체적 기(氣)를 발생시켜 인체 음양의 평형상태를 조정하고 영(營), 위(衛)의 조화로 경락을 잘 통하게 한다. 기, 혈이 활발하게 이동하여 어혈을 분해시키므로 신체의 건강을 개선하는 방법이다.

경락학설은 침구학의 기본이며 동양의학의 중요 부분이다. 경락이라는 것은 체내를 흐르는 기, 영, 위의 순환로로 경락과 낙맥의 총칭이며 12경맥으로 분류한다.

경맥은 대체로 종횡하며 비교적 깊게 분포하여 장부와의 관계가 밀접하고 좌·우 12쌍이 있다 낙맥은 가지로 갈라져 횡행하며 비교적 얕은 표층에 분포되어 장부에서 피부, 근골 등 일체의 모든 조직에 연결된다. 또 신체 전후의 중앙선에는 임맥, 독맥을 포함한 여덟 개의 기맥이 서로 연락해서 복잡하게 구성된 맥관망을 총칭해서 경락이라 한다.

경락을 이용한 피부미용 자극법은 손가락을 이용한 혈위자극법, 경락의 순행선을 따라 이동하며 손가락이나 손바닥으로 자극하는 경락 자극법, 손바닥으로 나선형 또는 사선형식으로 경맥과 관계있는 피부를 자극하는 피부 자극법이 있다.

한국형 마사지의 효과는 다음과 같다.

- 혈액 및 림프액의 순환을 촉진한다.
- 근육의 경결, 위축, 이완을 회복한다.
- 골격, 근육, 인대, 혈관 등의 이상 위치를 조절한다.
- 건강의 증진을 목적으로 하며 순환을 통하여 셀룰라이트를 제거하여 군살이 없는 몸의 실루엣과 균형감을 갖게 한다.
- 신진대사의 촉진으로 기미, 여드름, 잔주름, 종기 등의 발생을 억제하고 피부의 윤기와 탄력성을 유지한다.

2) 스웨디쉬 마사지(Swedish massage)

19세기 스웨덴 사람인 피터 링(Peter Ling)에 의해 발전된 체계로 effleurage, petrissage, friction, tapotement 외에 rolling, slapping, pinching, shaking, vibration과 joint movement(관절운동)를 첨가한 과학적 방법이다.

스웨디쉬 마사지의 효과는 다음과 같다.

- 심신을 안정시키는 효과를 주며 혈액순환을 증가시킨다.
- 관절을 부드럽게 하며 경직된 근육을 이완시킨다.

- 림프의 흐름을 개선하여 부종, 셀룰라이트, 만성적인 염증을 개선한다.
- 교감신경의 활동을 증진하고 감각신경, 운동신경에 영향을 준다.
- 유해요소의 확장을 제지하며 면역기능을 강화한다.
- 배뇨 촉진, 독소배출, 연동운동촉진, 간 기능을 개선하여 신진대사를 증진한다.
- 부드럽고 가볍게 신경을 자극하며 강약을 조절하는 섬세한 터치로 섬유질과 뼈, 인대의 탄성을 부드럽게 만든다.
- 신경을 편안하고 평화롭게 조화시켜 스트레스, 불면증, 우울증 등을 개선하여 최적의 신체 환경을 만든다.

3) 타이 마사지(Thai massage)

타이 마사지는 중국의 추나, 인도의 아유르베다(ayurveda), 일본의 시아추(shiatsu)와 함께 동양의 전신마사지로 인정받고 있다. 시술자와 피 시술자의 형태는 인도 요가와 '센(sen)'이라는 에너지의 흐름에 따라 근육에 압을 주고 스트레칭함으로써 에너지 흐름의 뭉침을 해소하는 마사지이다.

인간의 몸을 통해 운행되는 기선(氣線), 즉 에너지 라인이 우리의 몸에서 약 7만 2,000개가 있는데 그 중에는 '센(sen)'이라고 불리는 중요 기선들이 주요 핵심이다. 인체의 중요 지압점인 10개의 기선 위에서 발견된다.

전신이나 다양한 신체기관과 질병들에 대한 치료요법들은 종종 'ten sen system'을 이용하여 행해진다. 이들 기선에 따라 행해지는 마사지는 우리 몸을 통하여 자유로운 기의 흐름을 원활하게 해 주며 막힘이 없게 도와줄 수 있다.

이 마사지는 신체에 관련된 근 골격계, 즉 골격, 관절, 근육, 인대 그리고 결합조직에 영향을 주고 동양의학과 함께 현대의 해부학과 생리학에 기초한다.

타이 마사지는 흐름과 리듬감에 기초하여 스트레칭(stretching), 비틀기(twisting), 지압 등 다양한 테크닉을 보여준다.

4) 지압(Shiatsu)

지압은 일본에서 안마라고 불렸던 마사지의 초기 형태에서 발전된 것으로 '손가락으로 누르기'란 의미로서 오래된 형태의 치료법을 나타내는 새로운 용어이다.

지압의 특징은 단순하다는데 있고 신체의 육체적 구조와 선천적인 내부에너지를 조정하여 병을 물리치고 건강을 유지하기 위해서 손으로 누르는 것 같은 수(手)기법을 사용한다. 즉 경락과 경혈을 눌러서 건강을 되돌리는 것으로 경락 전체를 맨손으로 시술하고 증상에 따라 부분 지압을 하게 된다.

지압은 다른 수기에 비해 정적인 것이 특징으로 손으로 누르는 압이 내장과 근육 등의 인체조직에 깊숙이 침투하도록 지속압을 가하여 우리 몸이 가지고 있는 자연치유능력을 이끌어 내어 치료효과를 높인다.

지압 시에는 몸 표면을 향하여 수직압을 지속적으로 넣어야 하며 정신적으로 집중된 상태에서 안정 지속압을 가하여 쾌통을 느낄 정도로 눌러야 한다.

지압의 효과는 다음과 같다.

- 국부의 혈액순환과 림프의 흐름을 왕성하게 하고 신경을 안정시킨다.
- 근육의 경결, 위축, 이완을 회복하고 골격과 관계있는 근육, 인대 등을 지압함으로써 골격의 이상 또는 변형을 조정한다.
- 자율신경의 실조와 내장 각 기관이 기능을 조절하고 내분비 기능을 조정한다.

5) 림프드레니지(Lymphatic Drainage)

1933년 덴마크의 생물학자 에밀 보더(Emil Vodder)와 그의 부인에 의해 창안되어 1957년 비엔나 CIDESCO대회에서 최초로 소개된 이래 현재까지 유럽을 중심으로 많이 이용되고 있다. 이후 아스동 박사(Dr. Asdonk)는 임상경험을 통해 통계적으로 그 효과를 증명하였고 학문적으로도 체계를 세웠다. 그 결과 림프드레니지(Lymph Drainage)는 임상과 학문체계가 확고한, 정식 승인된 하나의 물리치료법으로 인정받고 있다. 피부미용 분야에서는 자극된 피부, 여드름, 알레르기, 습진, 모세혈관 확장피부, 부종, 흉터, 셀룰라이트 등 문제성 피부에 주로 적용된다.

림프드레니지의 효과는 다음과 같다.

- 조직간 액의 일부를 정맥계나 림프계로 흡수되게 하는 것이다.
- 림프계나 정맥계로 들어가서 정체된 혈액의 흐름을 촉진하여 세포의 대사물질의 제거를 용이하게 한다.
- 노폐물의 배출은 조직의 영양대사를 개선하여 피부 안색을 맑게 해 준다.
- 자율신경계에 영향을 주고 면역기능을 강화하여 피부염증, 홍반 증상 등을 예방한다.

림프드레니지 시 중요한 것은 인체 림프 흐름의 방향을 정확히 파악하여 림프소절이 모여 있는 주요 림프절 부위를 중심으로 신체부위별로 배농시키고 최종적으로 터미누스(terminus)를 통해 심장으로 배출해야 한다.

마사지 시 누르는 압력, 시간, 흐름의 방향 등 정확한 테크닉이 필요하며 배농 방향은 심장의 가까운 위치에서 시작하여 멀리 떨어진 위치로 옮겨간다. 전신의 경우 얼굴 → 다리 → 배 → 가슴 → 팔 등의 순서로 시술하면 효과적이다.

6) 스포츠 마사지(Sports massage)

스포츠 마사지는 다양한 기술을 이용하여 신체 근육 내에 축적된 피로물질을 조기에 제거하여 빠른 피로회복과 근육 강화에 탁월한 효과가 있다.

운동선수가 운동을 행하는 데 있어 신체와 정신적 안정을 도모하고 그로 인해 스포츠의 현장에서 운동상해를 예방하는 한편 자신의 운동능력을 최대한 발휘할 수 있도록 보조적 역할과 운동선수의 운동체력을 관리하는 특수요법으로 결코 빠뜨릴 수 없는 중요 요소이다.

스포츠 마사지의 경우, 우선 스포츠 해부생리학을 기초로 한 운동생리와 기능학, 각 운동 종목별 주 동작 근육을 파악하여 운동선수의 운동체력을 보다 체계적으로 관리할 수 있는 기초지식으로 활용하게 된다.

현재는 일반인의 건강증진, 피로회복, 체력향상을 위한 방법을 개발하여 비벼주기, 쓰다듬기, 쓸어주기, 문지르기, 두드려주기, 흔들어주기, 짜기 등의 테크닉을 일반인에게 적합하도록 응용하고 있다.

스포츠 마사지의 효과는 다음과 같다.

- 체내 대사와 혈액순환을 왕성하게 하여 각종 성인병을 예방한다.
- 림프액의 순환을 촉진하여 면역력을 증가시킨다.
- 아픈 부위의 혈액순환을 돕고 근육에 영양을 공급하여 탄력 있게 유지시킨다.
- 노화방지와 피부미용에도 좋다.
- 피하지방을 감소시켜 다이어트에 효과적이다.
- 신체의 잘못된 습관, 무리한 사용으로 생길 수 있는 통증을 해소한다.

7) 아로마요법(Aromatherapy)

아로마요법, 즉 아로마테라피(aromatheraphy)란 향기를 뜻하는 'aroma'와 요법을 의미하는 'therapy'의 합성어로 향기를 이용한 치료 요법을 의미한다.

식물에서 추출한 정유는 인류의 탄생 이래 지금까지 의약품, 화장품, 식품, 종교행사 등 여러 방면에 걸쳐 사용되어 왔다. 현재 통용되고 있는 아로마테라피라는 용어는 1930년대 프랑스 화학자 르네 모리스 가뜨포세(Rene Maurice Gatte fosse)가 처음 사용하였다. 이후 아로마테라피에 대한 체계적인 관찰과 다양한 임상연구가 실시되었고 1985년 영국의 로버트 티저랜드(Robert Tisserand의 저서 『아로마테라피의 이론과 실제』가 출간되면서 세계 각국으로 전파되었다.

에션셜 오일(essential oil)은 식물의 씨앗이나 뿌리, 나무, 잎, 식물전체, 꽃, 열매 등에서 추출하는 것으로 새로운 세포의 성장촉진, 항 박테리아 작용, 해독작용, 면역력의 증가 등에 효과적이다.

정유를 피부에 흡수시키는 가장 효과적인 방법은 마사지로 에센셜오일의 성분은 1~2시간 내에 완전히 피부에 흡수되는데 아로마 마사지를 시행 중 일부의 정유는 휘발하여 코로 흡입된다. 정유를 이용한 전신 마사지는 신체의 강장기능, 즉 활력을 주는 역할과 긴장 이완의 기능을 가진다.

아로마테라피에 사용될 수 있는 마사지는 일반적으로 스웨디쉬 마사지, 지압, 반사요법, 경락마사지, 아유르베다 마사지 등으로 에센셜 오일을 매개체로 이용하여 그 효과를 극대화시킨다.

8) 반사요법(Reflexology)

반사요법은 19세기 윌리엄 피츠제랄드가 발표한 머리까지 신체를 관통하는 에너지의 경도선을 이용한 'zone therapy'로 전신의 모든 부분은 반사대를 통하여 서로 연관되어 있다는 이론에 근거한다.

독일에서 시작되어 미국에서 널리 보급되고 발전한 대체의학의 한 종류로 각광받고 있다. 반사요법은 침의 원리와 비슷하지만 침 대신 손가락으로 발과 손의 미세한 반사점 안이나 주위에 간단한 압력을 적용하는 것이다. 따라서 이것은 몸의 특정 부위에 자극을 주는 효과가 있다.

반사요법의 목적은 질병 발생과정과 관련된 세 가지 부정적 요소인 울혈, 염증, 긴장 등을 호전시키는 데 있다.

반사요법의 효과는 다음과 같다.

- 신체의 기능을 정상화시키고 긴장해소, 스트레스 경감 및 신경기능 증진과 전 신체에 혈액을 원활히 공급한다.
- 신체순환을 개선하고, 인체의 노폐물제거를 촉진함으로써 독성물질들이 간, 신장, 또는 대장에 축적되는 것을 방지한다.
- 두뇌의 뇌하수체로부터 혈액으로 분비되는 자연적인 통증억제제인 엔돌핀의 분비를 촉진시켜 통증의 인식을 조절한다.
- 신체의 기능을 개선시키고 자연치유과정을 더욱 빠르고 효과적으로 향상시킨다.

9) 스톤테라피(Stonetherapy)

스톤테라피는 고대 아메리칸 인디언들이 육체적 정신적 균형을 위해 사용해 온 힐링 요법으로 1993년 8월 미국의 메리넬슨이 에스테틱의 한분야로 개발한 것이다. 세계적인 웰빙문화의 확산으로 호텔, 리조트 스파, 데이스파 등에서도 스파 서비스의 신개념으로 주목받고 있다. 스톤테라피는 온열요법의 원리를 바디에 적용하여 Hot stone과 Cold stone을 번갈아 사용하는 일명 돌요법이다.

현무암이 갖고 있는 철분과 다양한 미네랄 그리고 원적외선의 상호작용으로 열흡수력이 높고 강력한 에너지를 형성시키며 신체의 독소를 배출하고 스트레스 해소와 림프순환, 지방분해, 면역력 및 몸의 자연치유력 증강, 몸의 전체적 밸런스 유지와 릴렉스에 효과적인 것이 과학적으로 입증되고 있다.

스톤테라피의 효과는 다음과 같다.

- 신체의 진정작용과 재활력을 생성
- 혈액순환과 노폐물 배설이 원활
- 근육통 등 고질적인 통증을 완화
- 다리부종, 만성피로와 긴장해소
- 안색정화, 탄력에 효과
- 정신적인 안정과 활력

10) 아유르베다(Ayurvedic massage)

아유르베다는 생활의 과학이라는 뜻의 산스크리트어이다. 아유(Ayu)는 '삶' 또는 '생명'을 의미하며 베다(veda)는 '앎' 또는 '지식'이라는 뜻이다. 아유르베다의 의학 체계는 인도의 전통의학이다. 인도 고대의 전통의학에서는 질병이 발생하는 근본 원인을 체내에 쌓인 독소 때문이라고 보았으며 육체적, 정신적 불균형으로 인하여 형성된 독소가 혈액을 따라 신체의 가장 약한 부위에 점차 쌓이게 됨으로써 질병이 발생한다고 믿었다. 그래서 질병을 치유하기 위해서 가장 우선적으로 해야할 일이 바로 체내의 독소를 제거하는 것이라고 믿었고 이러한 아유르베다 관점을 그대로 계승, 발전해온 것이 바로 아유르베다 마사지이다.

그림 3-1 아유르베다

Ⅱ. 전신관리 후 마무리

1. 화장품 도포하기

① 전신마사지 티슈로 후 남은 잔여 오일을 제거하고 온습포로 닦아낸다.
② 바디로션을 펴발라 주고 손바닥으로 쓰다듬어 흡수 시켜준다.
③ 고객이 원하는 경우 바디 파우더나 데오도란트를 발라준다.

2. 마무리

피부미용이 끝나면 고객의 두정부나 후경부를 지압하거나 팔과 목, 어깨의 스트레칭 동작을 통하여 장시간의 관리로 인한 근육의 긴장을 최대한 풀어주는 것이 좋다. 고객이 침대에서 일어나면 관리 중 불편한 점이나 의문사항이 없는지 확인한다.

관리 전 따로 보관해둔 고객의 귀중품과 옷을 내어준 뒤 약속이나 이후 업무가 있는 손님의 경우 간단한 머리손질과 TPO에 맞는 메이크업을 해주어 고객의 만족도를 높인다.

관리 중에 사용한 물품나 화장품, 침대 등을 정리하고 기기나 비품을 청결하게 소독하여 정리해 둔다.

Ⅲ. 비만관리(Slimming care)

1. 비만의 정의

비만은 섭취한 열량 중에서 소모되고 남은 부분이 체내에 지방으로 축적되는 현상을 말한다. 보통 비만이라고 하면 체중이 많이 나가는 것(과체중, overweight)이라고 단순하게 생각하는 사람들이 있지만 정확하게 비만이란 체중에서 차지하는 체지방의 비율이 높은 것을 말한다. 즉, 신체 활동에 의해서 소비된 칼로리보다 섭취된 칼로리가 많을 경우 여분의 칼로리가 지방 조직으로 몸 속에 축척되어 생기는 것이다.

일반적으로 섭취한 에너지는 기초대사에 60~75%, 운동과 행동에 15~20%, 그리고 음식물의 소화, 흡수, 대사 등에 10% 정도가 소비된다. 이들 소비 에너지보다도 많은 에너지를 섭취하면 여분의 에너지는 중성지방으로 전환되어 지방조직에 축척되는 것이다.

체중과다는 연령에 비해 평균보다 체중이 많이 나가는 것을 의미하는 경우가 있고, 뼈의 무게가 무겁거나 근육이 발달되어 나타날 수도 있다. 따라서 비만을 판단하는 중요

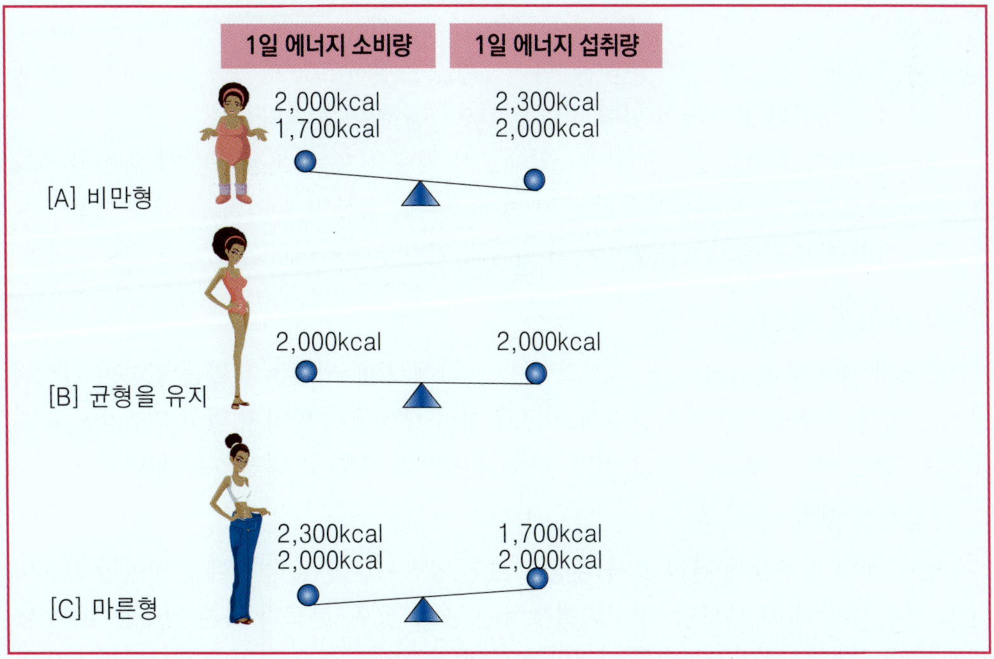

그림 3-2 에너지 섭취와 소비

한 기준은 몸 안의 지방이 필요 이상으로 많은가 아니면 적당한 수준인가로 판단하는 것이 정확하다.

2. 비만의 원인

(1) 조절성 비만

시상하부의 조절중추 장애 또는 이상으로 주로 만복중추의 이상에 따라 섭취량이 에너지 소비량보다 많을 때 생기는 비만을 말한다.

① 내분비 기능장애

갑상선, 뇌하수체 등의 내분비선들의 기능 장애로 비만이 형성될 수 있다. 또한 만복중추, 식욕중추의 이상으로 섭취 기능에 장애가 발생한 경우에도 이와 같이 비만이 형성된다.

② 약물 부작용

복용하는 약물의 부작용으로 살이 찌는 경우가 있는데 대부분 비정상적으로 식욕이 왕성해지기 때문이다.

- 경구피임약 : 호르몬의 균형이 깨져 몸의 수분을 늘리고 식욕을 촉진시켜 살이 찔 수 있다.
- 신경안정제 : 신경안정제 성분 중에는 식욕을 조절하고 신경기능을 혼란시키는 항히스타민 성분이 포함되어 있어 비만을 일으키는 원인을 제공한다.
- 천식, 알레르기 치료제 : 천식이나 알레르기 치료를 위해 복용하는 약 중에서 스테로이드 호르몬, 부신피질자극 호르몬, 항히스타민 성분이 들어 있는 약은 식욕을 항진시키며 전체 조절기능을 혼란시켜 비만의 원인을 제공한다.

(2) 대사성 비만

지방조직 자체의 선천적 또는 후천적 대사 이상에 의해 생기는 비만을 말하며 임상적으로는 병적 증상을 수반하는 증후성 비만과 병적 증상을 수반하지 않고 일반적으로 볼 수 있는 단순 비만으로 분류하고 있다. 단순성 비만인 경우 그 원인은 아래와 같다.

① 유전적 체질

가족 내 비만 발생률에 관한 조사 내용을 보면 양친이 비만일 경우에는 비만할 확률이 70% 전후이며, 한쪽 부모만 비만일 경우에는 30% 전후, 부모가 마른 경우는 10% 내외로 발생한다고 보고되어 있다. 그러나 비만의 가족성 발현은 가정의 식습관과 생활환경에 따른 영향이라고 볼 수 있으며 비만의 유전력은 약 30%, 환경의 영향력은 약 70%로 추정된다고 한다. 유전에 의한 비만은 지방세포 수의 증가와 지방세포의 크기가 커지는 것이 혼합된 형태이다.

② 잘못된 식사 습관

· **과식**

과식은 비만의 원인 중 가장 큰 원인이다. 지나치게 많이 먹으면 섭취 칼로리가 소비 칼로리보다 많기 때문에 소비하고 남은 칼로리가 몸에 저장이 된다. 이것이 지방 세포에 중성 지방으로 축적되며 살이 찌는 것이다.

· **폭식**

식사량을 줄이기 위해서 끼니를 거르면 다음 식사 때 공복감이 심해져 과식을 하게 되는데 한번에 음식을 많이 먹게 되면 혈당치가 높아지고 이에 따라 인슐린의 분비가 촉진되어 지방세포의 지방 합성이 늘어난다. 또 같은 양의 칼로리를 섭취하여도 한꺼번에 많이 먹게 되면 저장 칼로리가 늘어 지방이 증가하게 된다.

· **야식**

내장기관의 작용을 조절하는 자율신경 중에서 교감신경은 몸을 움직일 때 필요한 에너지가 잘 공급되도록 해주며, 부교감신경은 몸의 피로를 풀어주어 낮에 사용한 에너지를 보충하고 다음에 사용할 에너지를 축적시켜주는 작용을 한다. 사람의 몸은 낮 동안은 교감신경의 작용이 활발하여 에너지를 소비하고, 밤에는 부교감신경의 작용이 활발하여 교감신경의 작용을 억제하여 에너지를 축적한다. 따라서 같은 음식과 양이라도 낮에 먹는 것보다 밤에 먹는 것이 훨씬 더 많이 지방을 몸 안에 축적시킨다.

· **불규칙한 식사시간**

몸을 움직일 때 가장 먼저 혈액중의 포도당이 에너지원으로 이용되고 다음에는 근육이나 간장에 있는 글리코겐이 포도당으로 전환되어 이용되며 그 이후 지방이 분해되어 에너지로 사용된다. 따라서 1회에 먹는 양이 적으면 포도당이 소비되어 에너지 부족이 되고 그 에너지를 보충하기 위해 몸에 축적되어 있는 지방을 분해하여 이용하므로 식사 시간을 일정하게 하면서 식사량을 소량으로 유지하는 것이 이상적이다.

· **간식**

간식으로 먹는 식품들이 대부분 고칼로리 식품이며 주로 열량을 내는 탄수화물의 영양소가 집중적으로 들어 있어 살이 찌게 된다.

· **스트레스성 과식**

먹는 것을 스트레스 해소의 수단으로 삼는 사람들은 본인이 의식하지 못하는 사이에 비만으로 연결된다.

· **운동부족**

신체의 구조는 에너지를 소비하지 못하면 에너지를 늘리도록 작용하여 몸의 구석 구석에 지방이 쌓이게 한다. 운동이 부족하면 첫째, 기초 대사량이 낮아지므로 여분의 에너지가 지방으로 변하여 살이 찌게 된다.

둘째, 인슐린 분비가 왕성해진다. 인슐린은 식욕을 증진시키는 작용과 지방을 축적시키는 작용을 하는데 운동을 통해 에너지 소비 작용이 활발해지면 포도당이 에너지로 쓰이게 되고 인슐린이 분비가 억제된다. 즉 인슐린의 분비가 적어지는 만큼 지방이 축적되지 않게 된다. 그러나 운동이 부족하면 인슐린의 분비가 왕성해지고 이에 따라 식욕도 늘고 지방세포는 계속 커지게 된다.

셋째, 지방을 만드는 효소작용이 활발해진다. 운동을 해서 에너지 소비 작용이 활발해지면 지방 세포 속에 포도당이나 아미노산이 들어가는 양이 적어지고, 따라서 그만큼 지방을 축적하는 작용이 저하된다. 그러나 운동이 부족하면 포도당이나 아미노산을 지방으로 바꿀 때에 필요한 지방합성효소의 작용도 활발해져서 살이 찌게 된다.

넷째, 지방을 분해하는 호르몬 분비를 막는다. 운동을 하면 전체적으로 신진대사가

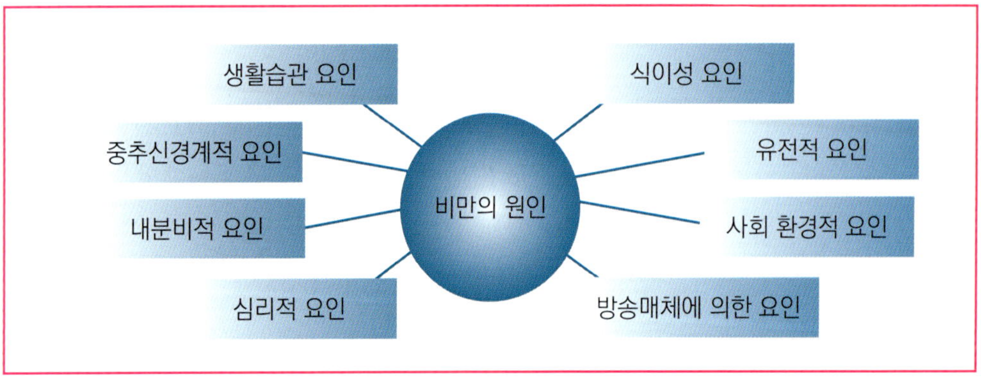

그림 3-3 비만의 원인

활발해지고 운동에 의해 분비되는 호르몬 중 카테콜아민(catecholamine)은 지방을 분해하는 작용을 한다. 따라서 운동을 하면 카테콜아민의 분비가 왕성해지면서 살이 빠진다.

다섯째, 근육조직이 감소된다. 식사량을 줄이면서 운동이 부족하면 지방량과 근육조직이 감소되어 체력이 떨어진다.

3. 비만의 종류

비만의 종류를 살펴보면 원인에 따른 종류, 지방세포에 따른 종류, 지방 분포에 따른 종류로 나누어 볼 수 있다.

1) 원인에 따른 종류

(1) 단순성 비만

비만의 99% 이상이 단순성 비만으로 과식과 운동 부족이 주요 원인이 된다. 이는 에너지 공급과 소비의 불균형으로 생기기 쉬우며 기초 질환이 없을 때 나타난다.

(2) 증후성 비만

어떤 부분에 질환이 생겨 일어나는 비만이다. 비만증을 유발하는 내분비 질환으로는 쿠싱 증후군, 갑상선기능저하증, 다낭성 난소 및 인슐린종 등이 있다. 급격한 체중의 변화로 피하조직이 균열이 생겨서 복부의 측면, 사타구니, 겨드랑이 등이 부위에 암적색 줄무늬가 생기기도 한다.

2) 지방세포에 따른 종류

(1) 증식형 비만

열량 과다와 에너지 소비의 불균형이 원인인 비만을 지방세포 증식형 비만이라고 하는데 지방세포의 크기는 정상이지만 지방세포의 수가 증가한 것이다. 지방세포의 수가 증가하는 것은 주로 생후 1년까지가 왕성하므로 증식형 비만은 소아 비만에 많다.

(2) 비대형 비만

비대형 비만은 지방세포의 수는 거의 정상에 가까우나, 지방세포 하나하나가 커졌기 때문에 생기는 비만이다. 보통 비대형 비만은 성인이 된 후에 시작되며 중년 이후에 뚱

소아비만

비만이란 신체가 함유하고 있는 지방질이 정상보다 높은 것을 말하는데, 지방조직의 증대는 지방세포의 수와 지방세포 자체의 크기와 같이 두 가지 함수로 표시된다. 지방세포의 수는 임신 30주 후부터 생후 1세까지 급속하게 증가하고 그 이후는 조금씩 증가해 가며, 지방세포의 크기는 생후 6세까지는 급속하게 커지고 그 이후는 서서히 커진다. 비만이 발생에 의해 일단 증가한 지방세포수는 치료로써는 감소되지 않고 세포의 크기만 작아진다. 즉 살이 빠졌다고 하는 것은 지방세포의 크기가 작아졌다는 것이지 자방세포의 수가 줄어들었다는 것은 아니다.

성인이 된 후에 살이 찌는 것은 지방세포의 수는 그대로면서 지방세포만 팽창하는 것이다. 따라서 성인비만의 치료는 체중이 정상으로 돌아가면 비대한 세포가 정상으로 된다는 점에서 비교적 용이한 편이다.

그러나 소아기에 비만이 될 경우는 지방세포의 수가 늘어난 것이기 때문에 어른이 되어도 숫자가 줄어들지 않는다. 지방세포의수가 많아진 소아비만의 상태로 계속 자라게 되면 성인이 되어서는 지방세포의 크기가 커져 비만이 계속 진행되는 병적 비만의 상태에 이르게 된다.

뚱해지는 경우가 많다. 지방세포 비대형 비만은 커진 지방세포를 원상태로 되돌리면 되기 때문에 살을 빼는 것이 증식형 비만에 비해 쉽다.

3) 지방 분포에 따른 종류

(1) 복부형 비만

복부나 허리에 지방이 축적된 비만형태로 이러한 현상은 주로 남자에 나타나므로 남성형 비만이라고도 한다. 일명 사과모양 비만이라 하며 배 부위를 중심으로 굵어지고 상대적으로 팔다리는 왜소해 보인다.

영양소를 중성지방으로 분해하고 그 중성지방을 지방세포에 저장시키는 저단백 지방분해효소가 복부의 지방 안에서 매우 활성화되어 있기 때문에 복부형 비만은 허혈성 심질환, 당뇨병, 고지혈증의 위험이 높다.

(2) 둔부형 비만

사지가 굵어지는 타입으로 일명 서양 배 모양 비만이라고 한다. 엉덩이나 허벅지 등 하체에 지방이 많이 몰려 있는 형상으로 여성 비만자들에게 많이 나타나는 여성형 비만이다.

표 3-1 비만의 분류

구분방법	분류
원 인	단순비만, 증후성 비만
발생시기	소아비만, 성인비만
지방조직형태	지방세포 증식형, 지방세포 비대형
지방분포에 따른 형태	상체비만(남성형,사과형), 하체비만형(여성형, 서양배형)
위 치	내장지방형, 피하지방형

피하지방과 내장지방

피하지방이란 말 그대로 피부 밑의 지방을 말하며, 내장지방이란 신체의 장기사이에 있는 지방을 말한다. 지방률이 똑같다 하더라도 쌓인 부위가 피하인지 내장인지에 따라 건강에 미치는 영향은 차이가 많이 나타난다. 배꼽 부위와 허리 부근을 잡았을 때 잡히는 피하지방은 건강에는 그렇게 문제가 되지 않으나 복강 안의 장 주위에 있는 내장지방은 성인병의 원인제공이 된다. 영양소를 중성지방으로 분해 하여 지방세포로 저장시키는 지단백 지방분해효소(lipoprotein lipase)가 복부의 지방안에서 매우 활성화 되어 있고 내장지방은 인체의 혈당을 조절해주는 호르몬인 인슐린 작용을 방해하여 당뇨병, 고혈압, 고지혈증 등 각종 성인병에 걸릴 확률이 높아지게 된다. 대부분 남성의 복부비만은 내장지방이 많은 내장지방형 비만이고, 여성도 20대에는 피하지방이 많지만, 40대 이후는 내장지방이 많다.

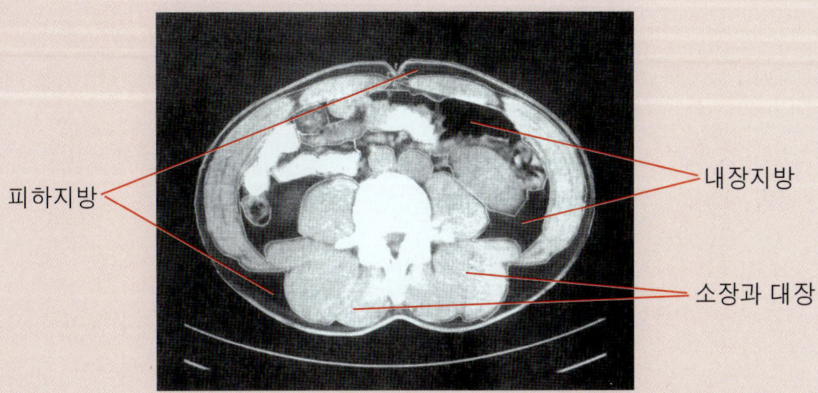

정 상

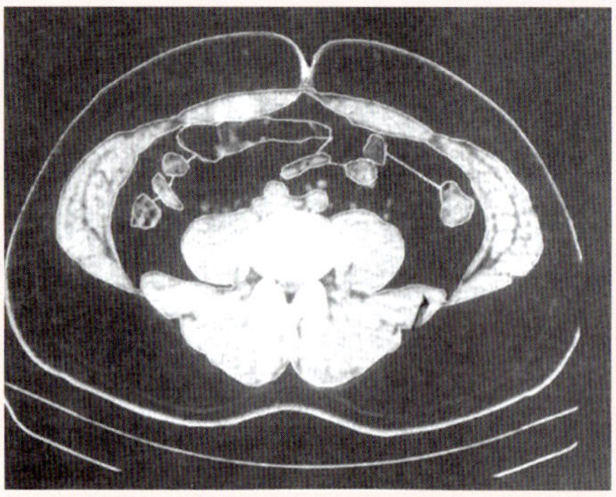

피하지방형

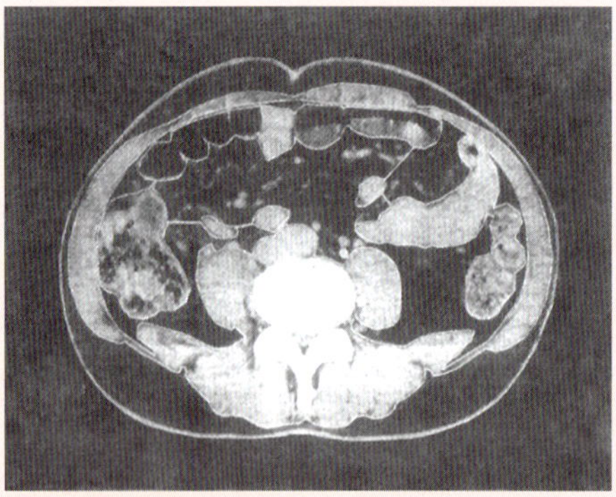

내장지방형

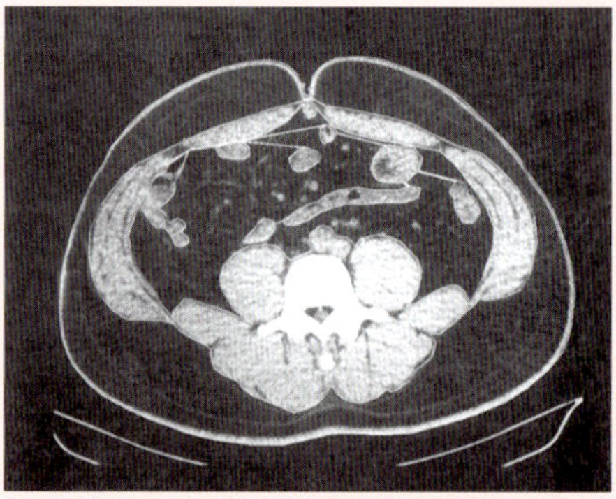

혼합형(피하지방+내장지방)

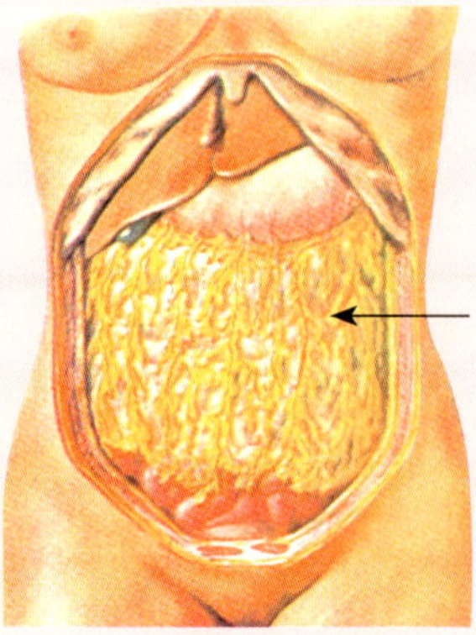

복막에 붙은 내장지방

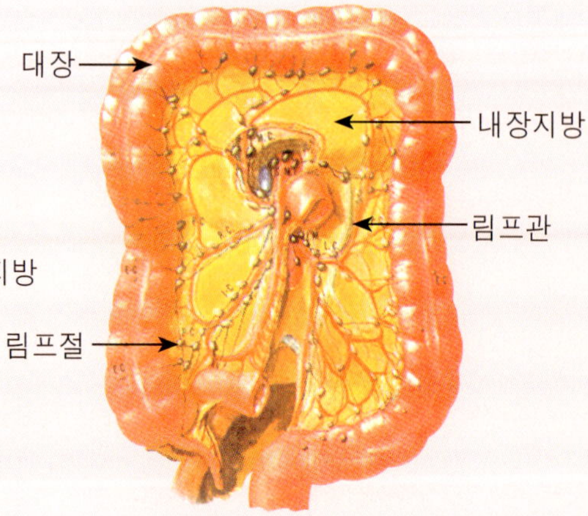

장막에 붙은 내장지방

4. 비만도 평가방법

비만을 판정하기 위해서는 체지방을 실제로 측정해야 하지만 임상에서 간단한 방법으로 남·여별로 키에 따른 표준 체중표를 이용하거나 체격 지수를 사용한다.

1) 표준 체중표

표준 체중표는 관찰 집단이 신장에 따른 체중분포의 평균치를 통계적 대표치로 이용하는 방법이다.

(1) Broca법

〔신장(㎝) - 100〕 × 0.9 = 표준 체중(㎏)

표준체중의 10% 이상을 초과했을 때를 과체중, 20% 이상을 초과했을 대를 비만이라 한다. 브로카 지수의 예를 든다면 신장이 170㎝일 때의 표준체중은 63㎏이 되는 셈이다. 자기의 체중이 이 표준 체중보다 남자는 20%, 여자는 30% 이상이면 비만이라고 할 수 있다.

신장 등급에 따라 표준체중 적용시키는 방법

160cm 이상 : 〔신장(㎝) - 100〕 × 0.9 = 표준 체중(㎏)
150~159cm : 〔신장(㎝) - 150〕 × 0.5 + 50 = 표준 체중(㎏)
150cm 미만 : 신장(㎝) - 100 = 표준 체중(㎏)

(2) 비만도(%)

$$\frac{\text{측정체중 - 표준체중}}{\text{표준체중}} \times 100$$

비만도가 표준체중의 10% 이내를 정상, 10% 이상을 과체중, 20% 이상을 비만이라고 한다.

2) 체격지수에 의한 비만 판정

(1) Kaup 지수

학령기 전 어린이, 즉 출생 후부터 만 5세까지의 어린이를 위해 사용되는 계수이다.

$$\text{Kaup 지수} = \frac{\text{체중(kg)}}{[\text{신장(cm)}]^2} \times 100$$

(판정) 13 ~ 15 = 마른편
15 ~ 19 = 정상
19 ~ 22 = 비만

(2) 체질량 지수(Body Mass Index, BMI)

체지방량과 상관계수가 가장 높은 것으로 체질량 지수를 사용한다.

$$\text{체질량지수} = \frac{\text{체중(kg)}}{[\text{신장(m)}]^2}$$

서양에서 과체중은 BMI가 25~29.9kg/㎡ 로 비만은 30kg/㎡ 이상으로 정의하지만 우리나라에서는 25~26kg/㎡ 이상을 비만으로 규정하고 있다.

3) 피하지방 두께 측정법

피하지방을 측정할 때는 주로 캘리퍼 측정법에 의한다.

· **체지방률 산출법**

비만의 정도를 체성분 중 지방의 양이 몇 %인가를 판정하는 방법으로 피하지방의 두께를 캘리퍼로 측정하여 산출한다.

4) 생체전기저항법(임피던스 법, Bio-electrical Impecance Analysis, BIA)

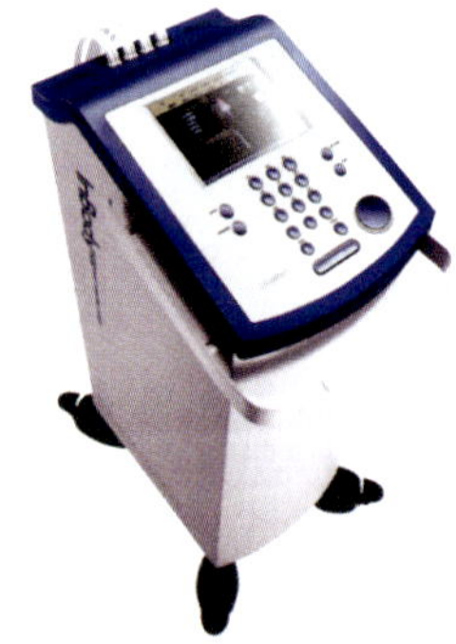

미세한 고주파를 적용하여 전류가 지방조직에 저항하는 원리를 이용한 방법으로 체지방 질량, 제지방 질량, 체수분량을 측정한다.

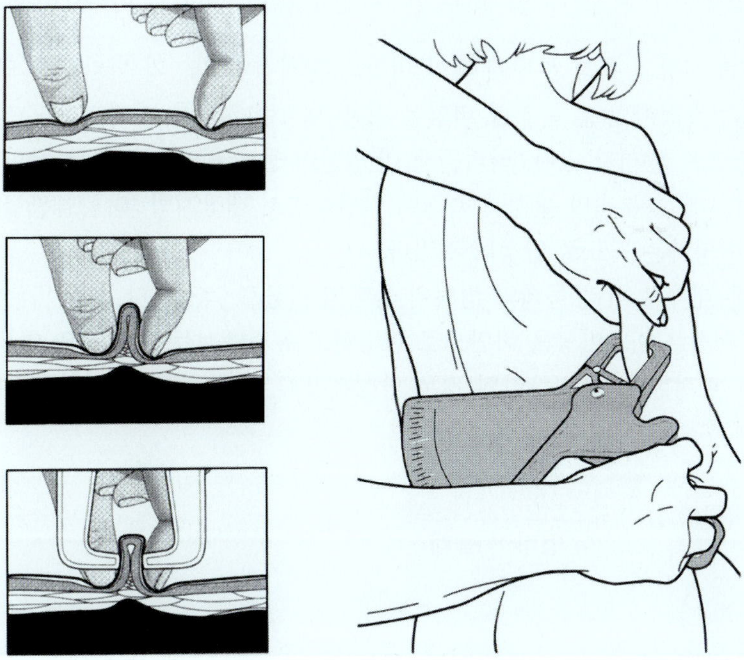

그림 3-4 캘리퍼 측정방법

임피던스법 공식

FFM = TBW/0.732

% F = (Wt-FFM)/Wt × 100

% F = (4.570/BD-4.142) × 100

FFM = fat free mass(제지방량)

TBW = total body

Water = 체수분량

F = fat(지방량)

Wt = weight(체중)

BD = body density(체밀도)

5) 허리둘레 대 엉덩이 둘레 비율 측정법(Waist to Hip Ratio, WHR)

체지방 양과 지방의 축적 부위에 따라 비만의 형태적인 차이가 나타나게 되는데 보통 배부분에 지방축적이 많은 복부형 비만은 같은 체질량 지수를 가지더라도 성인병 발생률이 높은 것으로 알려져 있다. 허리둘레 대 엉덩이 둘레 비율 측정은 복부형 비만을 측정하는 방법이다. 복부비만 판정은 측정이 간단하면서 내장지방 및 심혈관 질환의 위험을 가장 잘 반영하는 지표로 인정되고 있다.

복부비만은 대체로 허리 둘레와 엉덩이 둘레의 비율로 측정한다. 미국의 경우 남성은 0.95 이상, 여성은 0.8 이상을 비만으로 판정하고 유럽에서는 남성 0.9, 여성 0.8 이상을 비만으로 판정한다. 우리나라의 경우 남성은 1.0, 여성은 0.85 이상을 비만으로 보고 있다.

$$\text{복부비만(WHR)} = \frac{\text{허리둘레}}{\text{엉덩이 둘레}}$$

5. 비만의 예방

비만증은 치료하기보다 예방하는 것이 훨씬 쉽기 때문에 평소에 자주 몸무게를 재어서 표준 몸무게와 비교하는 것이 좋으며, 자신에게 알맞은 체중을 산출하여 가능한 한 적정수준을 유지하도록 해야 한다. 과체중 또는 비만을 예방하거나 없애려면 다음의 세 가지 원칙을 지키도록 하여야 한다.

- 올바른 식생활을 통해 과식하지 않도록 한다.
- 활동량을 늘려서 에너지 소비를 증가시킨다.
- 정신적인 안정을 도모한다.

1) 비만예방의 방법

(1) 식습관과 생활습관 조절

비만증의 여부는 평소 식습관과 생활습관에서 결정된다고 볼 수 있다. 비만증을 예방하기 위해서는 규칙적인 생활과 더불어, 음식물을 먹기 전에 다시 한 번 생각하는 구체적인 식습관 변화가 필요하다. 여기에 규칙적이고 완만한 운동이 필요한데 가능하다면 하루 30분 이상 걷는 것도 좋은 운동방법 중의 하나이다.

(2) 성장기별 예방 방법

① 소아기

아동 비만이 급격히 늘어나고 있는 추세인데 이것은 사회환경의 변화와 더불어 식습관의 변화와도 밀접한 관계가 있다. 부모가 비만한 경우의 아동들이 비만아일 가능성이 높은 이유는 그 집안의 식습관과 밀접한 관련이 있는 것으로 부모의 나쁜 식습관이 어린이에게 영향을 미치기 때문이다.

따라서 어린이의 비만을 예방하기 위해서는 어려서부터 어머니의 식사지도가 중요하며 사회 환경적인 면에서도 부모의 과잉보호와 교육열로 인한 시간적, 공간적인 문제도 비만의 원인이므로 이러한 면에서의 접근도 중요한 부분이다.

② 성장기

사춘기를 겪으면서 정신적으로 불안할 뿐 아니라 신체적으로도 급격한 변화를 가져오는 시기이며 비만을 걱정하기보다 이를 심하게 배타하는 시기라고 볼 수 있다. 따라서 이 시기에 정상적인 성장을 이루도록 하는 것이 바람직하며 성장기 비만을 제거하기 위한 방법으로는 적당한 운동과 더불어 적절한 영양섭취가 매우 중요하다.

③ 청 · 중년기

남녀 모두에게 급격한 환경의 변화가 이루어지는 시기이며 이와 같은 주변환 경의 변화는 개인에게 심한 정신적 스트레스로 작용하여 비만의 원인이 될 수 있다.

남자에게 나타나는 비만의 가장 큰 원인은 직장생활과 결혼으로 인한 생활패턴의 움직임이 훨씬 적어지는 반면 섭취 에너지는 그대로 이거나 오히려 증가함으로써 섭취에너지와 소비에너지의 불균형에 있다.

여자의 경우는 임신, 출산을 계기로 체중이 급격히 늘어나는 경우가 많다.

비만에는 모든 성인병의 원인이 잠복해 있다는 사실을 인식하고 남녀 모두가 적정체중을 유지해야 한다. 그러기 위해서는 규칙적인 생활이 기본이 되어야 하며 균형 잡힌 올바른 식생활을 유지하는 것이 바람직하다.

6. 비만관리 방법

비만관리는 비만인의 식습관, 생활습관, 사고습관을 바꾸어 가는 통합적인 과정이다. 실제로 비만관리는 영양사, 의사(내과, 정신과), 운동처방사, 피부미용사, 자연요법사가 함께 풀어가야 할 문제이다.

체중관리와 비만관리는 목적과 정의가 다르기 때문에 관리방법도 다를 수 밖에 없다. 비만관리는 체지방을 줄이는 것이 목적이고, 체중관리는 체중을 줄이는 것이 목적이다. 체지방을 줄이려면 근육과 수분의 증가를 동반해야 하고, 체중을 줄이려면 근육과 수분의 상실을 동반해야 한다.

정확한 비만은 체지방에 의해 판정할 수 있다. 비만은 '체성분 관리'이지 결코 단순한 '체중관리'가 아니다. 체중에 의해 비만을 판정할 경우 씨름선수와 같은 근육질의 과체중이 비만으로 판정되기도 하고, 체내 단백질은 적고 체지방은 많은 마른 비만이 체중 미달로 판정되기도 한다.

1) 식이요법

비만치료의 가장 중요한 원칙은 체중을 줄이는 것이며, 체중을 줄이려면 우선 식이요법을 통해 섭취 열량을 줄여야 한다. 비만은 우리 몸의 지방조직의 비율이 정상보다 많은 상태이므로 열량제한을 하면 몸에 축적되었던 지방이 분해, 에너지원으로 전환되어 체중이 줄어드는 것이다.

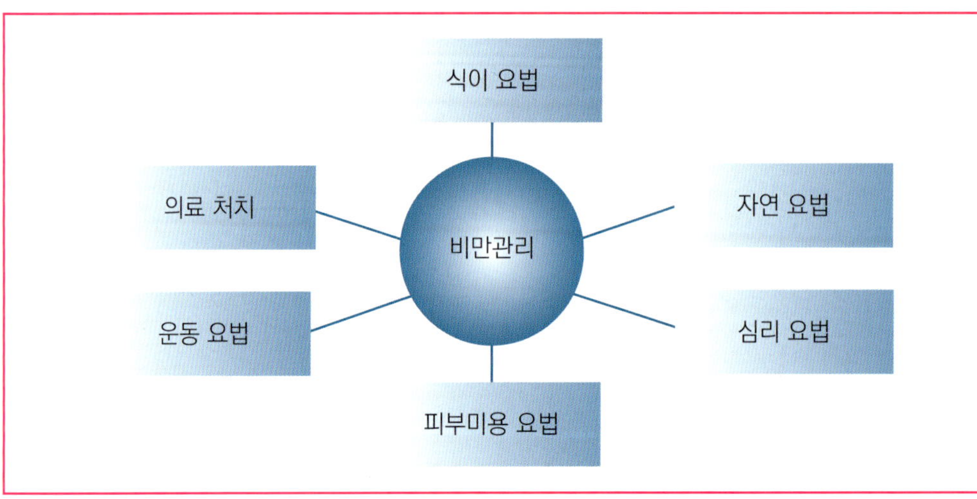

그림 3-5 비만관리

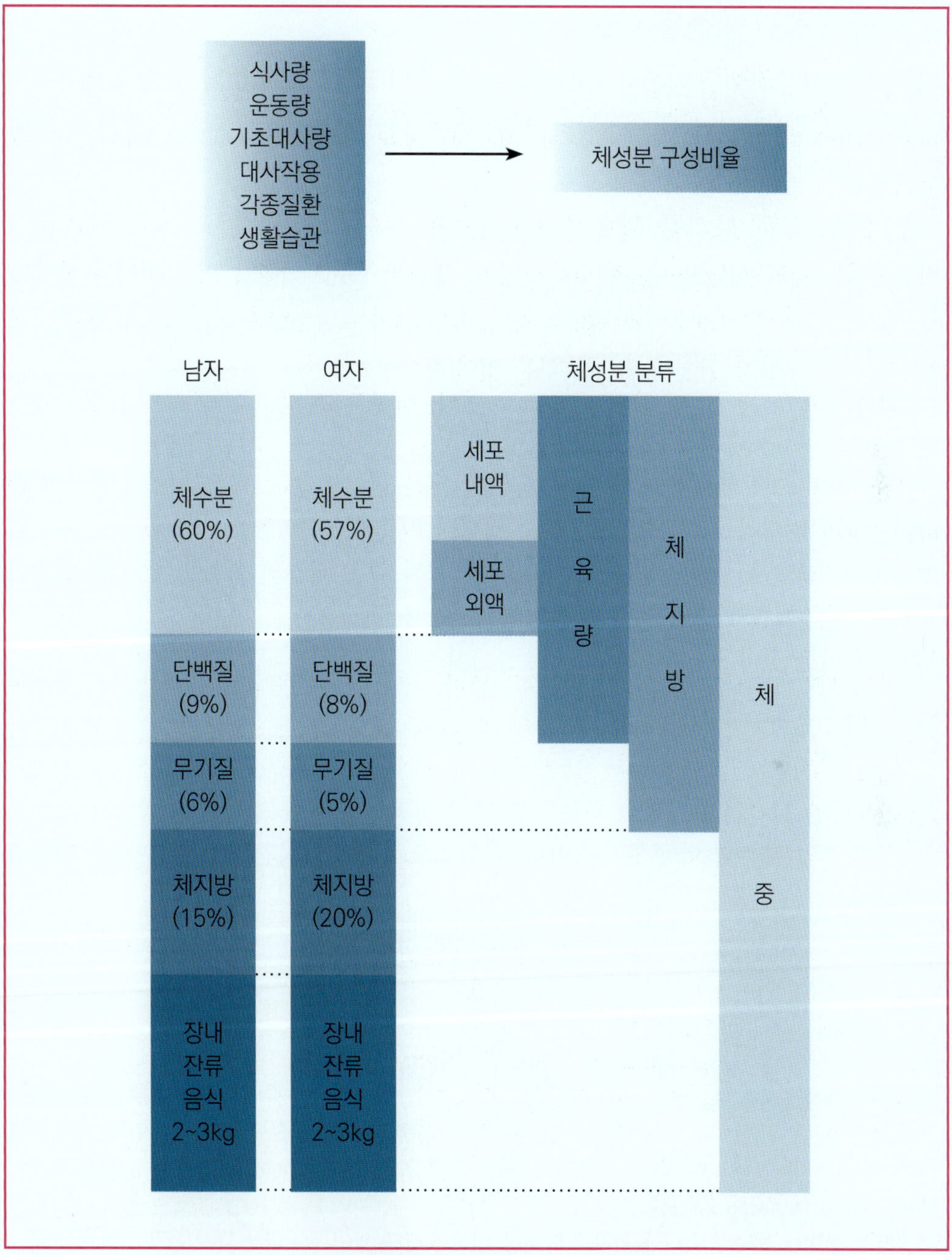

그림 3-6 성인의 이상적인 체성분 분류

(1) 균형 잡힌 식생활을 한다.

정상적인 식이 요법의 기본이 되는 것은 균형 잡힌 영양소를 섭취할 수 있기 때문이며 한 가지 음식만으로 세끼를 식사하며 다이어트를 하는 것은 지속적으로 이루어질 수 없으므로 성공하기도 어렵다.

(2) 하루 세끼 식사를 하되 식사량을 줄인다.

하루 한 끼라도 식사를 거르면 영양균형이 깨지기 쉽다. 식사는 반드시 하루 세끼를 먹도록 하며, 항상 정상적인 식사량의 80%만 먹는다는 생각을 가지고 식사 시간을 일정하게, 식사 속도는 천천히 먹도록 하는 것이 좋다.

(3) 고열량 식품의 섭취를 자제한다.

비만을 치료 예방하는데 가장 먼저 해야 할 일은 먹어도 좋은 식품과 먹지 말아야 할 식품에 대한 정확한 지식과 정보를 갖는 것이다. 예를 들어 영양소는 별로 없으면서 열량만 농축되어 있는 사탕, 청량음료, 술, 버터 등과 같은 식품의 섭취를 줄이고, 열량이 적게 나가면서도 영양소가 풍부한 저지방 우유, 콩, 채소, 과일, 생선과 같은 식품을 섭취하도록 하는 것이다.

2) 운동요법

식이요법만으로 체중 조절을 하는 것보다 규칙적인 운동을 병행하면 에너지 소모를 증가시켜 살을 빼는데 더욱 효과적이다. 의학적으로 보통 1시간 미만의 운동을 일주일

요요(Yo Yo) 현상

단식이나 절식을 통해 체중을 감소한 이후 감소 전과 같은 양의 음식을 섭취하게 되면 체중감소를 위해 노력했던 기간보다 훨씬 짧은 시간내에 체중이 원상태로 복원되는데 이를 요요현상이라고 한다.
우리 몸을 유지하기 위하여 필요한 최소한의 에너지양을 기초대사량이라 하며 다식이나 절식을 하게 되면 체내에 에너지가 고갈되어 세포가 사멸하므로 우리 몸은 기초 대사량을 최대한 줄여 에너지 소비량을 줄이게 된다. 그러나 일정한 기간 동안 체중을 줄여 놓고 식사량을 다시 전과 같이 늘리게 되면 감소된 기초 대사량때문에 체중은 쉽게 원상태로 돌아가게 된다. 이는 전체 에너지 대사량이 그 전보다 더 적어짐으로 인해 남는 에너지량이 증가하기 때문이다.

에 3~4회 자신에게 맞는 종류의 운동을 선택하여 땀이 날 정도까지 하는 것이 체중감량에 적절하다. 이는 1시간 미만의 운동이 식욕을 억제해 주기 때문이다.

비만한 사람에게 효과적인 운동은 규칙적인 호흡에 의해 폐에서 대량으로 흡입한 산소를 사용하여 에너지를 발생시키는 유산소 운동이다. 심장이나 폐의 기능을 활성화시켜 주는 동시에 비만을 치료해주는 심폐 운동에는 에어로빅이나 걷기, 제자리 뛰기, 조깅, 자전거 타기, 수영 등이 있다.

운동의 강도

보통 최대 산소 섭취량(VO_2 max) 또는 최대 심박수(maximal heart rate)를 기준으로 정한다. 최대 산소섭취량의 55~80%, 최대 심박수의 60~85%가 효과적이다.

- 심박수(최고 심박수의 75% 강도)
- 최고 심박수 = 220 - 나이
- 목표 심박수= (220 - 나이)×0.75

3) 행동수정요법

행동수정요법이란 비만에 이르게 한 생활 습관상의 문제점을 밝혀내고 그것을 조금씩 수정하여 건강한 생활방식으로 만들어 가는 방법이다. 성공적인 비만관리를 위해서는 비만인의 생활방식에 대한 분석이 먼저 이루어져야 하며, 이러한 분석을 토대로 식습관을 전반적으로 검토하여 개선한다. 가장 효과적인 방법은 자신의 식습관과 생활습관을 자세히 기록하는 것이다. 기록하는 방법은 다음과 같다.

- 하루에 4회 이상, 아침에 일어나서, 아침·저녁식사 후, 취침 전의 체중을 기록해 둔다.
- 잘못된 식습관을 발견하기 위하여 식사 일기를 적도록 한다.
- 식사에 소요되는 시간을 기록하고 음식물, 섭취 내용, 양, 장소, 상황 등을 적는다.
- 자신의 하루 에너지 소비량을 정확히 기록한다.

(1) 행동수정요법의 기본 이론

식생활 습관의 행동에 대한 학습에 기본원칙을 두고 장기적이며 점진적인 행동수정 전략을 통하여 체중감량에 이르도록 고안된 행동치료 프로그램이다. 행동수정요법의 구성요소는 자기측정(self moniterinq), 자극조절(stimulus control), 강화요법(reinforcement), 행동계약, 사회적 지지, 체중유지 전략을 들 수 있다.

그림 3-7 100Kcal를 소모하는 활동의 예

① 자기측정

비만관리 시작시기에 식습관이나 운동습관을 세밀하게 기록해 두는 것으로 비만을 유도하는 식습관 요인과 행동수정의 습관을 평가하기 위해 필수적으로 수행되어야 할 사항이다. 행동에 대한 인지를 증가시켜 행동변화를 촉진하고 동기부여를 제공할 수 있다. 다이어트 일기 작성, 생활습관, 식이습관, 운동습관 등을 기록하고 자신의 행동을 관찰하게 한다.

② 자극조절

열량의 과다섭취를 피하기 위한 방법 중 하나로 식사시간 또는 분위기, 음식에 대한 관심여부 등 외부자극으로 작용하는 요인들을 줄이기 위해 수행된다. 가능한 음식을 눈에 띄지 않게 하거나 조리나 취급 줄이기, 식사장소나 시간 등의 제한, 습관적이고 무의식적인 식사습관을 교정한다.

③ 강화요법

체중을 감량하는 과정에서 발생하는 긍정적인 결과나 부정적인 결과를 통해 비만관리의 효과를 극대화 하는데 이용된다. 바람직한 행동시 보상제 형식으로 도입하여 목표달성에 강화방법으로 작용할 수 있고 식습관, 운동습관의 수정과 체중감소에 필요한 행동을 계속적으로 유지시켜 줄 수 있게 한다.

④ 행동계약

행동수정요법에서의 식습관이나 운동습관을 교정하는 과정에서 자극조절이나 강화요법을 효과적으로 달성하기 위해 비만자, 관리자, 집단구성원에 의한 서면협약으로 이루어 진다.

⑤ 사회적 지원

비만행동을 수정하기 위하여 지속적인 협력자의 지지를 구하고 상호 작용될 부분의 조정이 필요하다.

⑥ 체중유지 전략

체중의 제증가가 되지 않도록 재발방지를 위한 꾸준한 노력이 요구되며 추가관리를 통한 체중유지가 수행되어야 한다.

(2) 비만해결을 위한 행동 수정 요법

① 식습관과 생활태도의 변경

비만의 원인을 알아야 쉽게 살을 뺄 수 있으므로 비만자는 먼저 자신의 생활 속에서 체중을 증가시키는 원인을 찾아낸다. 비만을 관리하는 가장 올바른 방법은 자기통제를 할 수 있는 분위기를 만드는 것이다.

② 행동수정을 위한 조건

- 1단계 : 자극조절

  왜 살을 빼야 하는지 그 이유를 자세히 적어본다.

- 2단계 : 책임감 강화

  음식 앞에서 태연해지도록 하며 과식을 하지 않도록 분위기를 조성한다.

- 3단계 : 식습관 분석

  식사 일기를 쓰도록 하고 TV나 신문을 보면서 군것질을 하지 않는다. 식사 후 바로 이를 닦도록 하고 가끔씩 다른 사람이 먹는 모습을 유심히 살펴본다. 대부분 뚱뚱한 사람들은 먹는 속도가 빠르거나 먹는데 욕심을 부린다는 것을 알 수 있다.

- 4단계 : 생활방식 개선

  먹는 생각에서 벗어나 새로운 취미활동 등을 개발한다.

- 5단계 : 식사요법 실행

  무리한 체중감량 목표를 잡지 말고 충분한 시간을 두고 식사요법을 실행한다.

- 6단계 : 포상계획

  일정한 효과가 나타날 때마다 보상을 주는 방법도 행동수정 요법에 효과가 있다.

- 7단계 : 인식의 재구성

  합리적인 목표를 세우고 결과보다 과정을 생각하며 자신감을 갖도록 한다.

(3) 식습관 변화법

식습관의 변화는 비만해결에 도움이 된다.

- 소모 칼로리를 높인다.
- 식사는 규칙적으로 정량만을 먹는다.
- 식사속도는 천천히 즐기면서 먹는다.
- 칼로리가 낮은 음식부터 먹는다.
- 저녁 7시 이후는 먹지 않는다.
- 단 음식, 자극성 있는 음식은 피한다.
- 조리하기 편한 인스턴트식품은 피한다.
- 저녁식사에는 되도록 지방질 식품은 피한다.
- 저칼로리의 식물성 섬유를 많이 섭취한다.

(4) 생활 습관 변화법

비만이 일어나지 않도록 하는 생활습관 환경을 조성하도록 한다.

- 자신의 신체사이즈를 정확히 체크해 둔다.
- 그날의 행동과 식사내용을 기록한다.
- 그날 그날의 체중변화를 확인한다.
- 엘리베이터보다는 계단을 이용한다.
- 완전 무칼로리 식품인 물을 최대한 이용한다.
- 패스트푸드는 특히 피한다.
- 과일에 들어 있는 당분도 비만의 큰 원인이므로 주의한다.
- 눈에 잘 띄는 곳에 전신거울을 걸어 놓아 신체변화를 살펴보도록 한다.
- 무료한 시간에는 먹을 것에 대한 유혹이 크므로 취미활동이나 운동을 하도록 한다.
- 다이어트에 대해 너무 과잉의 결과를 기대하지 말고 노력한 만큼의 대가만을 기대한다는 자세를 갖는다.

4) 약물 요법

비만을 연구하는 학자들은 비만 자체를 하나의 만성질환으로 간주하여 고혈압이나 당뇨병과 같이 장기간 약물 치료가 필요하다고 주장한다. 그러기 위해서는 안전하고 효과적인 약제의 도입이 필수적이나 마음 놓고 사용할 만한 안전한 약품은 아직 나와 있지 않은 실정이다. 따라서 투약 중에도 부작용 유무를 주의 깊게 관찰하여야 한다.

다이어트 시 주의 사항

다이어트를 할 때는 아래와 같은 사항을 피하도록 한다.

- 늘 편하고 헐렁한 옷을 입는다.
- 냉장고는 언제나 가득 채운다.
- 화가 나거나 스트레스를 받으면 많이 먹는다.
- 식사를 하면서 신문을 보거나 다른 일을 한다.
- 음식을 많이 만들고 한꺼번에 많이 먹는다.
- 식사를 남김없이 급하게 먹는다.
- 군것질을 하면서 TV를 본다.

(1) 비만치료제

① 식욕 억제약

뇌 속의 신경 자극전도 및 신경 기능 조절 물질인 아민에 작용하여 식욕을 억제하는 중추성 식욕억제제가 있다. 장기간 복용할 경우 신경이 흥분되어 혈압상승, 복통, 신경과민, 불면증, 현기증 등을 일으킬 수 있다.

② 소화 흡수 억제제

섭취된 음식물이 소화기에서 흡수되지 않도록 하여 섭취 에너지를 감소시키는 약제이다. 지방의 축적을 방해하기 위해 지방 합성을 억제하며, 인슐린 분비를 억제하는 약제도 있다. 대표적인 약물로는 탄수화물 흡수를 방해하는 아카보스와 지방흡수를 억제하는 슈크로스 포리에스터(SPE)라는 약물이 있다.

(2) 이뇨제와 설사제

몸 속의 물을 일시적으로 빼냄으로써 체중을 일시적으로 줄여줄 뿐 체지방과는 아무런 상관이 없다. 수분은 인체의 세포들이 활발한 활동을 하여 칼로리 소모를 할 수 있게 되므로 다이어트 중에는 오히려 물을 충분히 마시는 것이 필요하다.

5) 의학적 측면의 관리

(1) 지방 흡입술(Liposuction)

부분적으로 신체의 과잉 지방세포조직을 제거하는 의료시술로서 혈관, 신경, 림프관에는 가능한 손상을 적게 주면서 국소적으로 과다하게 축적되어 있는 지방을 제거하여

커피와 담배

담배는 식욕을 감퇴시키고 소화액 분비를 억제하는 작용을 하며, 담배의 주요 성분인 니코틴은 단기간에는 지방의 연소를 촉진시켜 하루 에너지 소비를 평균 10%까지 늘려주는 효과가 있다. 그러나 장기적인 흡연 시 코나 입을 통하여 일산화탄소를 공급받게 되고 이로 인하여 뇌나 근육에 산소 공급을 차단하여 오히려 지방이 연소되는 것을 방해하고 근육의 운동을 떨어뜨리는 부작용을 나타내게 된다. 적당한 양의 커피나 홍차 등에 들어 있는 카페인은 인체의 에너지 대사를 촉진시켜 지방의 연소를 도와주는 효과가 있다. 특히 커피는 칼로리 그 자체가 없으므로 다이어트 식품이라 할 수 있으나 지나치게 마시면 이뇨제작용과 같은 부작용을 초래할 수 있다.

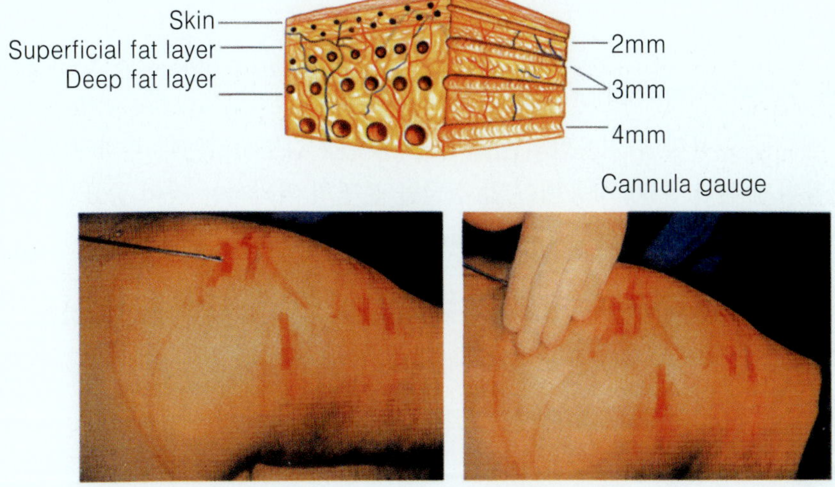

그림 3-8 지방흡입술

몸매를 가꾸어 주는 방법이다. 전신 비만증 환자의 몸에 축적되어 있는 지방을 제거할 뿐 체중을 줄여 주는 목적이 있는 것은 아니다.

(2) 리포젯(Lipojet)

지방 흡입술의 한 방법으로 지방세포를 흡입하는데 리포젯(lipojet)을 이용하는 방법을 말한다. 원래의 지방 흡입술보다 고통이 적고 실용적이며 사전에 어떠한 조사나 테스트도 필요하지 않다. 부분 마취로 시술되어 시술 후 곧바로 퇴원하여 일상생활이 가능하다.

(3) 초음파 지방 파괴술(Liposculpture)

초음파를 이용하여 지방 세포를 선택적으로 파괴하는 것으로 세포 내 지방이 제거되고 림프계를 통하여 죽은 세포가 제거된다. 다양한 길이와 직경의 티탄소재의 봉을 이용하여 시술하며 고도의 기술이 필요하다.

(4) 전기침 지방분해(Electrocellulolipolyse)

부분적인 지방분해를 증가시키기 위하여 사용되는 방법으로 피부표면에 바늘을 꽂고 미세 전류를 통하게 하여 세포내외간의 물질대사를 촉진시키는 방법이다.

6) 피부미용측면의 관리

(1) 지방분해 관리

① 이온토포레시스(iontophoresis)

갈바닉 전류를 이용하여 이온화되는 물질을 피부에 침투시키는데 피하지방분해용 제품을 사용하게 된다. 이때 사용해야 할 전극을 분명히 파악하는 것이 중요하다.

② 근육자극 전류기(electro muscle stimulation)

인간의 근육이 40~80Hz의 주파수대에서 최대의 힘이 발생한다는 원리를 이용한 방법이다.

(2) 순환촉진 관리

① 림프드레니지(lymphatic drainage)

림프의 순환을 촉진하여 세포의 대사물질 제거를 원활하게 해 주는데 그 목적이 있다.

② 프레소테라피(pressotherapy)

순환을 촉진하는 방법으로 특히 다리 등의 하체 부위에서의 정맥 순환을 개선하기 위하여 널리 사용되는 방법이다. 공기압축이 부위별로 순차적으로 일어나며 개인별로 압력조절이 가능하다.

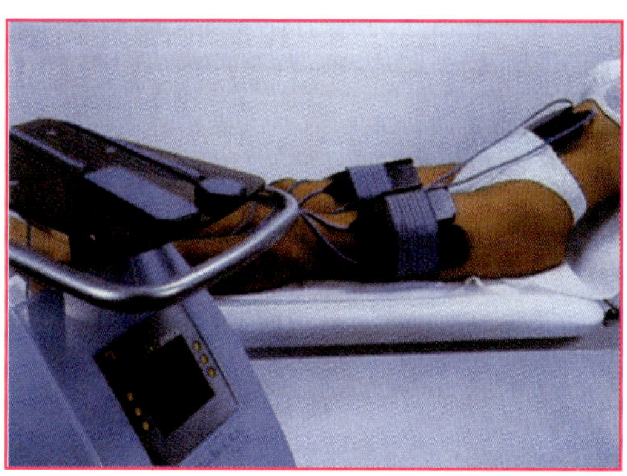

그림 3-8 초음파 지방용해기

③ 초음파 요법(ultrasonotherapy)

조직에 대한 마이크로 마사지 효과를 주어 혈관 확장과 조직에 대한 투과성을 최고로 높이는 방법이다. 즉, 지방세포와 조직간 물질대사의 균형을 정상화 시켜주고 투과성 상승으로 인해 유동성이 생긴 지방들이 순환계로 배출, 제거가 쉬워지게 한다.

④ 바디 팩(body pack)

바디관리에 자주 사용되는 관리로 효과를 인정받고 있으며 온천요법과 교대로 실행시 상승효과를 얻을 수 있다. 바디팩에 사용되는 소재는 파라핀, 진흙, 해초, 에센셜오일 등이 있다.

⑤ 스파테라피(spatherapy)

유황성분을 함유하는 온천수를 이용하여 신경통, 류마티즘, 피부질환 등에 대한 자연치료법으로 현재 에스테틱 살롱에서는 일반수를 바닷물처럼 만들 수 있도록 해수성분을 특수처리하여 제품으로 공급하고 있다.

비만관리 챠트

관리일자 : 　　　년　　월　　일　　　　**관리사 이름 :** ________

이름 :	직업 :
고객번호 :	생년월일 :
주소 :	결혼기념일 :
전화 :	기타 :

체중 : 　　　kg　　　　**키 :** 　　　cm

가족력 :	운동량 :
식습관 :	복용약물 :
수술여부 :	생리주기 :
음주량 :	임신 :
피임 :	비만시작시기 :
순환계 :	신경계 :
전신관리경험 :	1일 물섭취량 :

그림 3-10 비만관리 챠트(앞)

상담결과	관리부위
지방축적부위 셀룰라이트 목표감량 참고사항	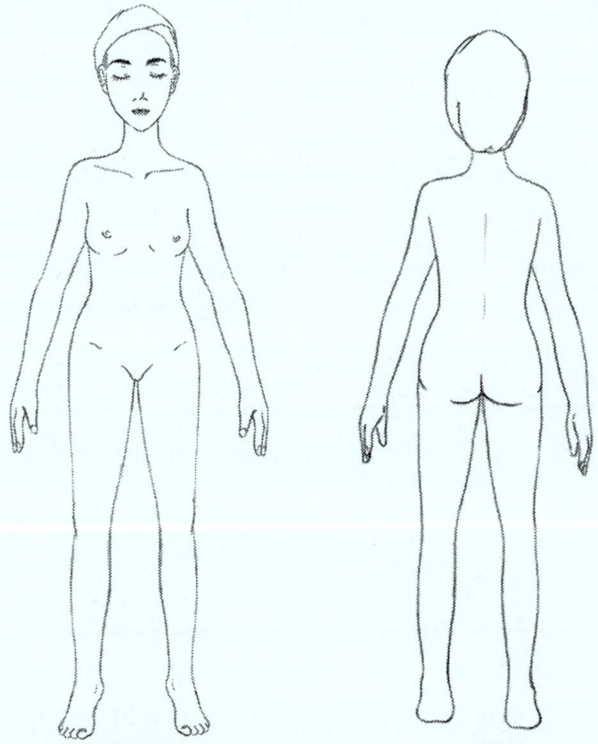 앞면 뒷면

관리부위	관리전	관리후	관리내용
가 슴 상			
가 슴 하			
어 깨 좌			
어 깨 우			
복 부			
아 랫 배			
허벅지좌			
허벅지우			
종 아 리			

그림 3-11 비만관리 챠트(뒤)

Ⅳ. 셀룰라이트 관리(Cellulite treatment)

1. 셀룰라이트의 정의

셀룰라이트(Cellulite)는 국소적으로 피하지방이 과다하게 쌓여 주머니처럼 뭉치면서 피부가 오렌지 껍질처럼 울퉁불퉁해진 상태를 표현하는 말로 의학용어는 아니며 1920년대부터 미용관련 업계에서 먼저 사용하기 시작하였다. 셀룰라이트는 Cellulites의 불어 표현으로 연부조직의 염증을 의미하는 것은 아니다. 현재까지 알려진 셀룰라이트 형성의 중요한 병태생리학적 변화는 지방세포의 비대 혹은 증식으로 인한 피하조직의 이상, 이로 인한 결체조직, 특히 뮤코다당질의 과중합에 의해 결체조직을 이룬 물질들의 점도 증가, 미세순환 장애라고 할 수 있다.

따라서 셀룰라이트는 특정 부위의 피하에 지방이 축적되면서 미세혈류 장애와 림프순환 장애를 일으키고 부종과 결절이 생성되면서 피부와 체형의 변화를 초래하는 미용상의 문제라 할 수 있으며, 95%이상 여성에게 나타나는 여성의 건강문제이다. 주로 10대 후반, 임신과 출산시기, 폐경 후 과다한 체중 증가가 있을 때 잘 생기며, 허벅지, 무릎, 엉덩이, 복부, 겨드랑이 부위에 발생한다.

보통 셀룰라이트는 오렌지 껍질(orange peel), 또는 솜을 넣은 후 박음질을 한 누비이불의 표면과도 같은 모양이라 꺄삐똥(capitons)이라고도 한다. 비만한 사람이 셀룰라이트 증상을 함께 동반하는 경우가 많지만 반드시 동반하는 것은 아니며 반대로 비만이 아닌 사람의 경우에도 셀룰라이트 증상을 나타내기도 한다. 보통의 지방은 운동으로 연소되는 지방이며 신체의 에너지로 전환되어 소멸되지만 셀룰라이트는 운동으로 감소되지 않는 특수 지방이다. 저열량 식사와 운동을 하게 되면 지방은 빠지게 되나 셀룰라이트의 경우는 지방이 연소되지 않고 수분과 노폐물만 빠지고 그냥 남아 있게 된다.

2. 셀룰라이트의 진단

셀룰라이트는 대퇴부, 엉덩이, 무릎 안쪽, 팔 바깥쪽, 복부 등에 주로 발생하며 진단방법은 먼저 양손을 일정한 면적을 만들도록 맞대어 신체 부위에 놓고 세게 누르면 표면에 우둘두둘한 융기를 관찰함으로써 셀룰라이트의 존재를 확인할 수 있다. 피부를 두껍게 집어 올렸을 때 다음과 같은 증상을 고객이나 시술자가 느끼게 된다.

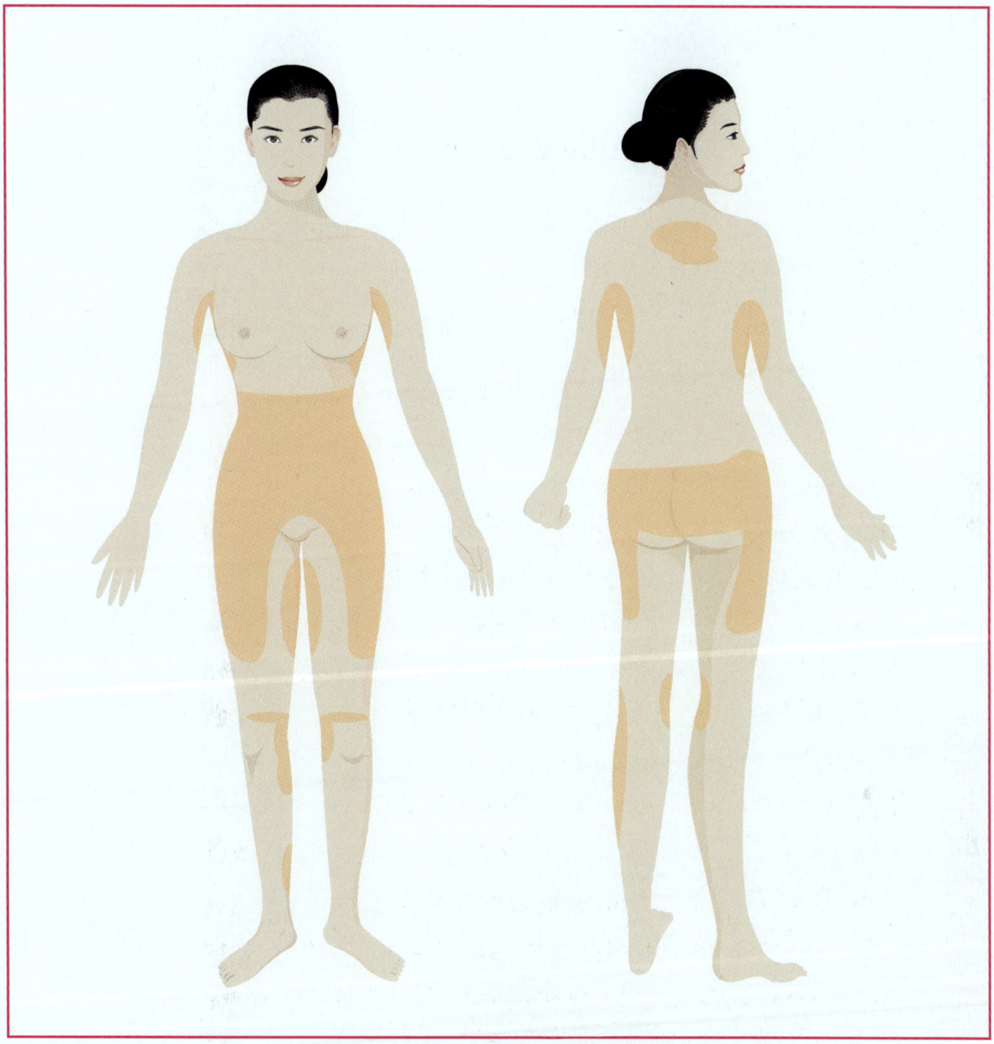

그림 3-11 셀룰라이트가 잘 생기는 부위

- 피부의 부피가 증가된 느낌
- 피부에 결절이 들어 있는 느낌
- 피부의 유동성이 감소된 느낌
- 피부의 예민성은 증가된 느낌
- 다른 부위보다 피부 온도가 더 차가운 느낌

셀룰라이트는 왜 여성에게 잘 생기나?

체내 지방이 과다하게 축적되는 곳은 심층부 피하지방, 즉 층판층인 반면, 셀룰라이트는 표층부 피하지방, 즉 원형층에 잘 생긴다. 원형층은 남녀간 해부학적 차이가 있는데, 여성의 경우 원형층은 수직으로 배열된 커다란 방의 형태를 가져 지방이 쉽게 쌓일 수 있으고 축적된 지방덩어리가 피부층으로 밀고 올라가는 양상을 띠는데 반하여, 남성의 경우는 방이 작고 마름모 꼴로 비스듬하게 있어 지방축적과 셀룰라이트 형성이 잘 되지 않는다.

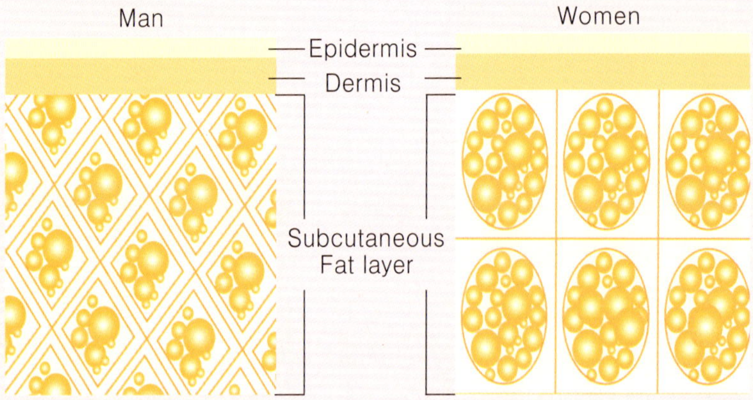

피하지방 표층부의 남녀간 해부학적 차이

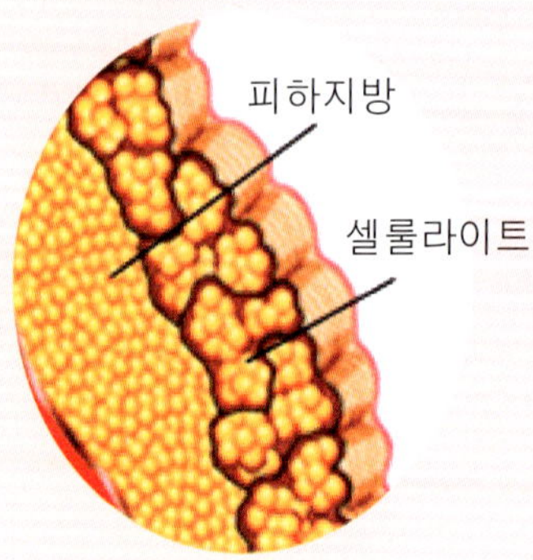

1) 셀룰라이트의 구분

Pinch test에 의하여 피부를 손으로 집어올려 피부 상태를 보고 단계를 구분한다.

(1) Stage 0 : 서 있거나 누워 있을 때 피부가 부드러운 상태이며, pinch 했을 때 주름은 잡히지만 셀룰라이트 양상은 아니다.

(2) Stage 1 : 서 있거나 누워 있을 때 피부가 부드러운 상태이며, pinch 했을 때 움푹 들어간 곳을 확인할 수 있다.

(3) Stage 2 : 누워 있을 때 피부가 부드러운 상태이나 서 있을때 오렌지 껍질 모양의 피부가 나타난다.

(4) Stage 3 : 눈에 뚜렷하게 두부살 같은 셀룰라이트가 보인다.

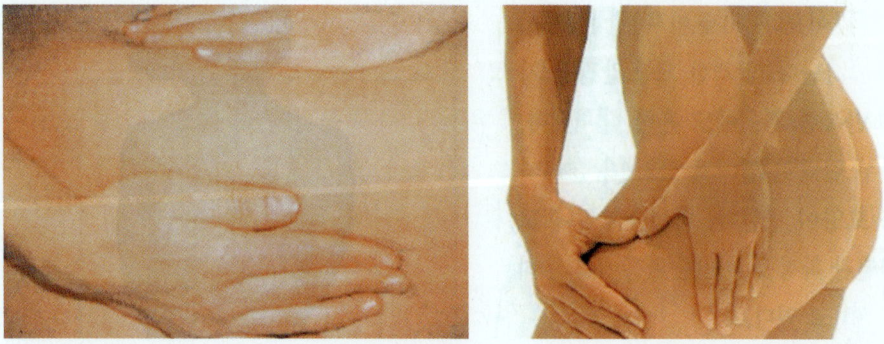

그림 3-13 Pintch test

셀룰라이트 부위의 2차적 증상

1차적 진단상의 특징과 더불어 셀룰라이트 부위에는 정맥·림프 순환장애, 결합조직과 신경의 압박으로 다음과 같은 2차적 증상들을 동반하는 경우가 대부분이다.

- 쉽게 마비감을 느끼며 특히 신체 말단 부위에서 심하다
- 신체 말단 부위는 항상 차가움을 느낀다.
- 하지의 경련이 잦다.
- 특히 다리가 잘 붓고 무거움을 느낀다.
- 셀룰라이트 부위에 모세혈관 확장증을 동반한다.
- 셀룰라이트 부위에 피부 건조증상이 생긴다.
- 셀룰라이트 부위 피부색이 누르스름하고 생기가 없다.
- 정맥류가 생긴다.

2) 셀룰라이트의 생성 과정

셀룰라이트는 지방구 세포의 과잉축적, 순환장애, 결합조직의 변성이라는 3가지의 현상이 연쇄적으로 발전됨으로써 생성되는데 그 생성 과정을 이해함으로써 효과적인 관리방법을 선택하는 기초가 된다.

① 충혈단계

피하지방조직의 구조가 변화하는 단계라고 할 수 있는데 지방구 세포들끼리 서로 뭉치고, 콜라겐 섬유들은 점점 밀도 높게 밀집된다.

② 혈행장애단계

밀집된 콜라겐 섬유들이 혈관을 누르게 되므로 혈장성분들이 지방구 세포 사이로 스며 나와 부종을 유발하게 된다.

③ 경직화단계

수분과 독소가 축적된 결합조직들에 의해 갇히게 된 지방구 세포의 축적이 셀룰라이트의 특징인 피부 융기를 만들게 되는 것이다. 결국 자연적인 콜라겐 분해과정이 감퇴되므로 결합조직의 조기노화를 부르게 되고 신경계도 압축되므로 잡을 때 통증을 더 민감히 느끼게 된다.

3) 셀룰라이트의 종류

관찰되는 셀룰라이트의 형태는 개인마다 다를 수 있고 또는 신체 부위마다 다른 특성을 나타낼 수 있는데 대부분은 아래의 4가지 형태가 공존하거나 서로 간에 계승될 수 있다.

① 압축형 셀룰라이트(Compact cellulite)

셀룰라이트가 빽빽이 자리잡은 상태로 민감한 사람보다는 무감각한 사람들에게 잘 나타나 있는 것으로 심하면 회복하기 어렵고 다른 신체 상태에 의해 변하지 않고 남아 있다. 푸른 빛을 띤 반점이 나타나기도 하여 튼 살의 초기단계처럼 보이며 더 발전하면 통증이나 감각과민을 불러 올 수 있다.

② 부종형 셀룰라이트(Edermatose cellulite)

덜 단단한 형태로서 하체의 정맥이나 림프순환장애가 함께 있는 상태이므로 쉽게 다리가 붓거나 무거움을 느끼게 되는 상태이다.

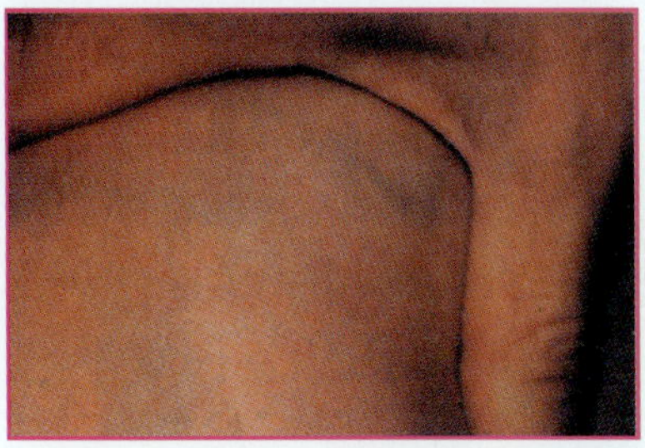

[A] 충혈단계

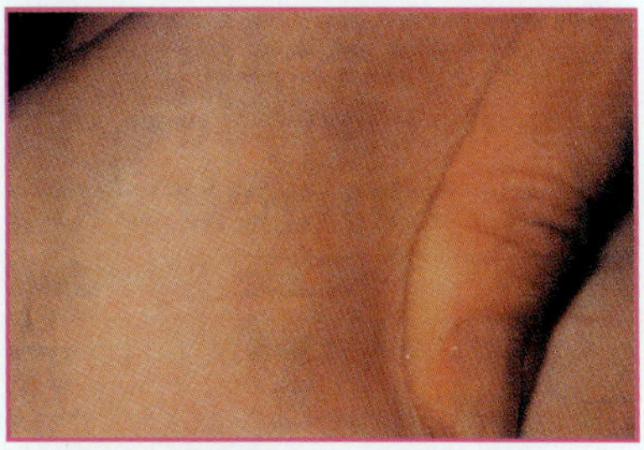

[B] 혈행장애 단계

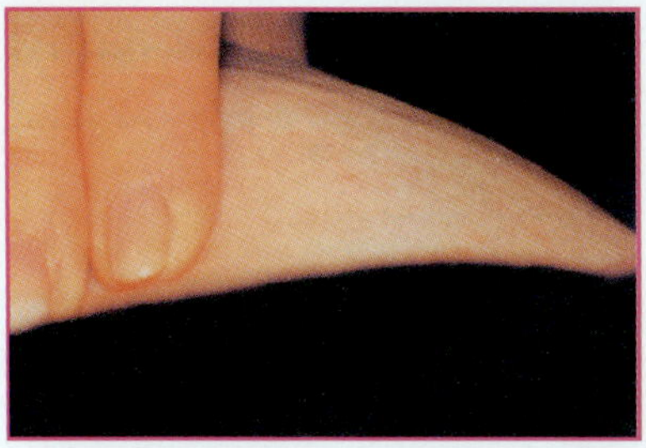

[C] 경직화 단계

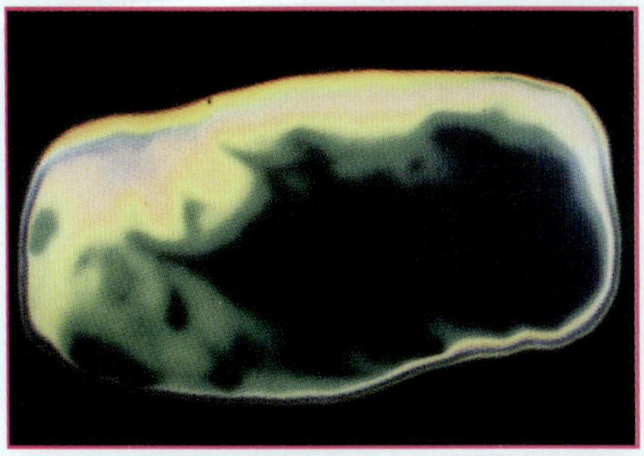

1단계

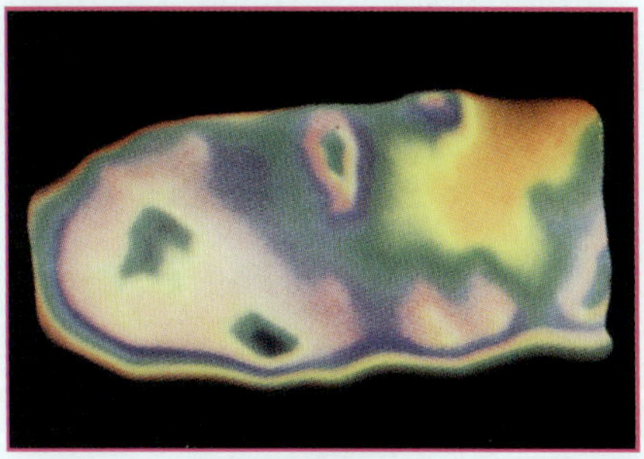

2단계

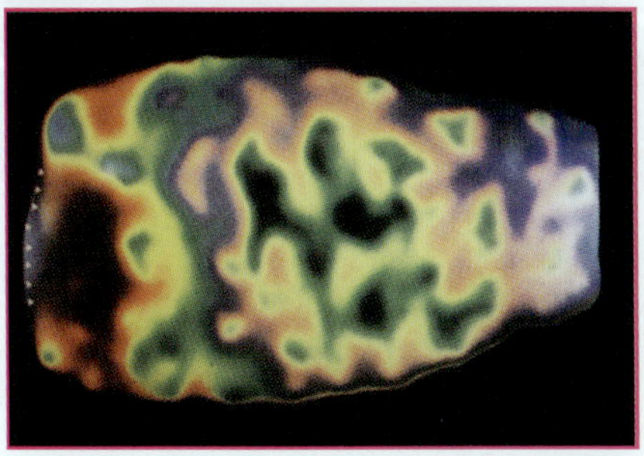

3단계

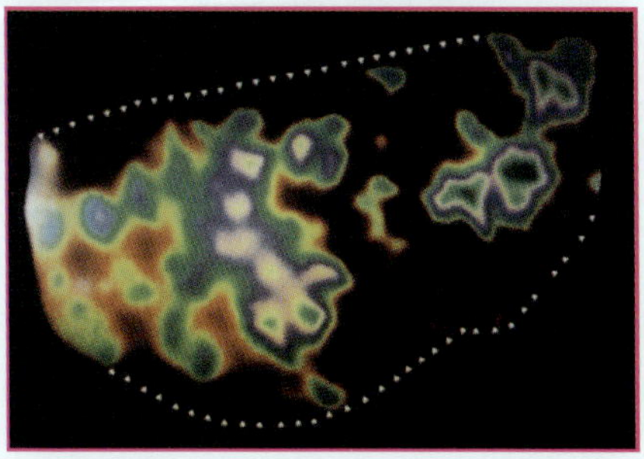

4단계

그림 3-14 셀룰라이트 단계

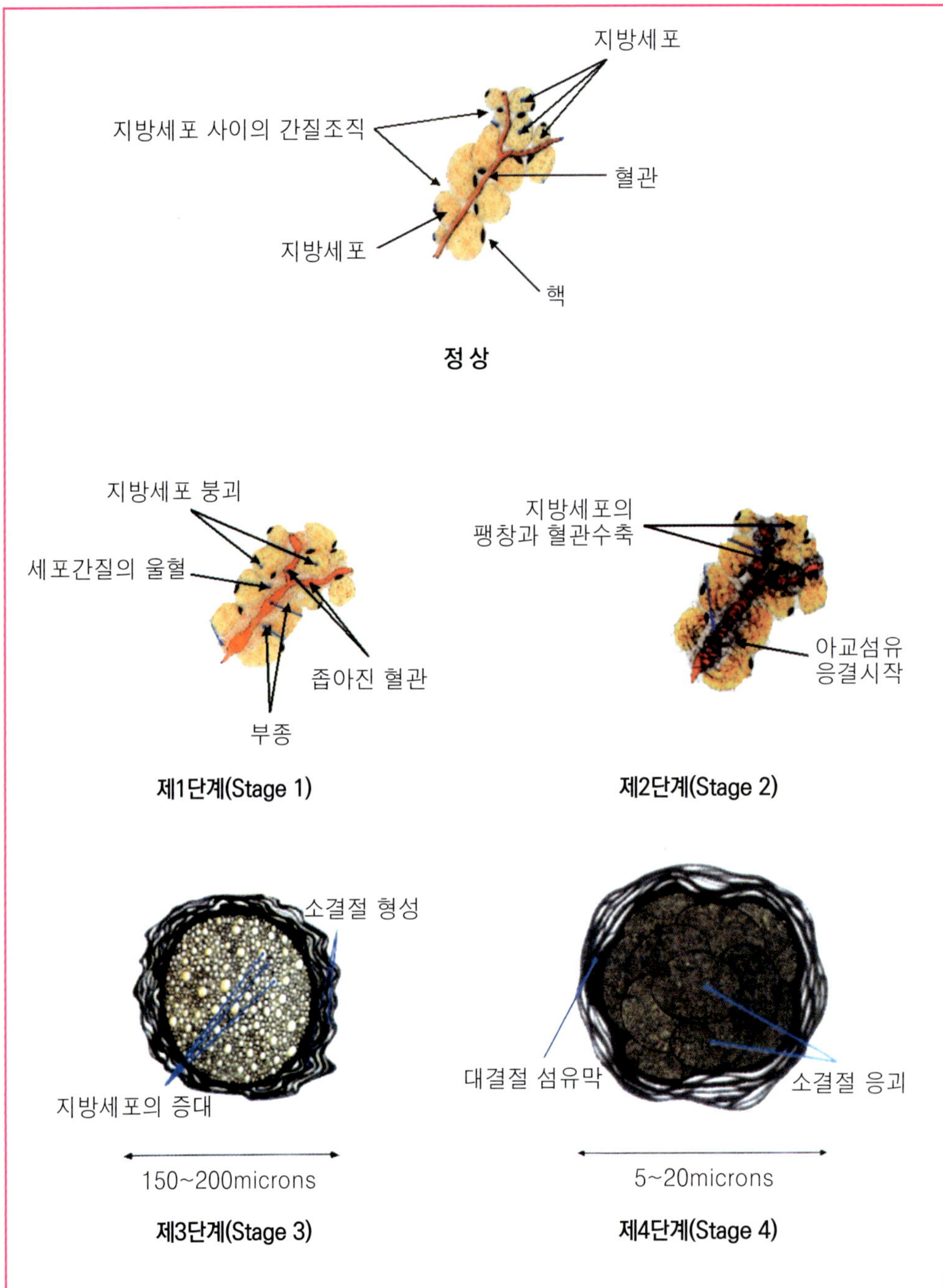

그림 3-15-1 셀룰라이트 생성단계

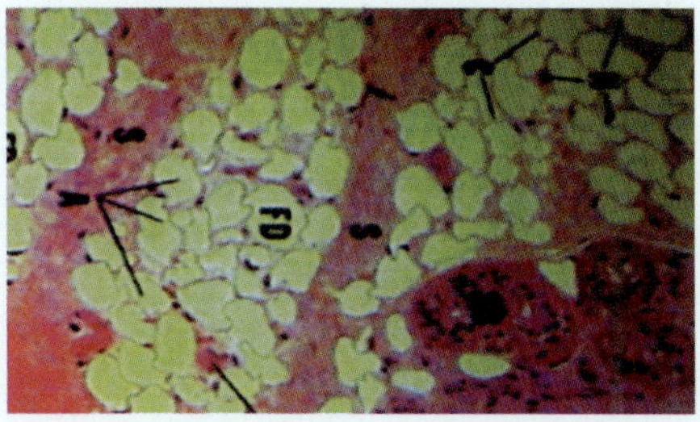

모세혈관의 투과성 증가로 세포간질에 부종이 생긴다.

제1단계(Stage 1)

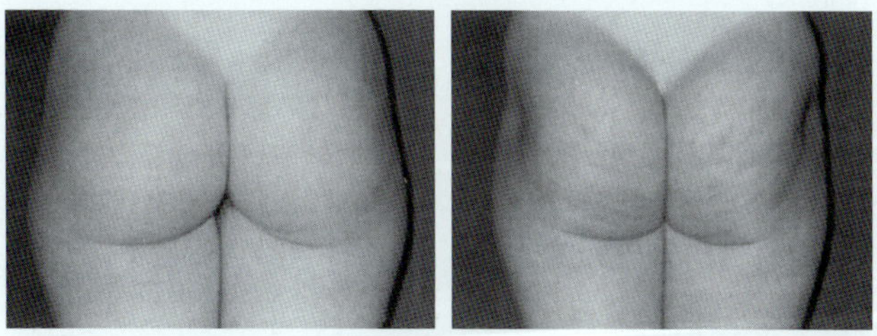

제2단계(Stage 2)

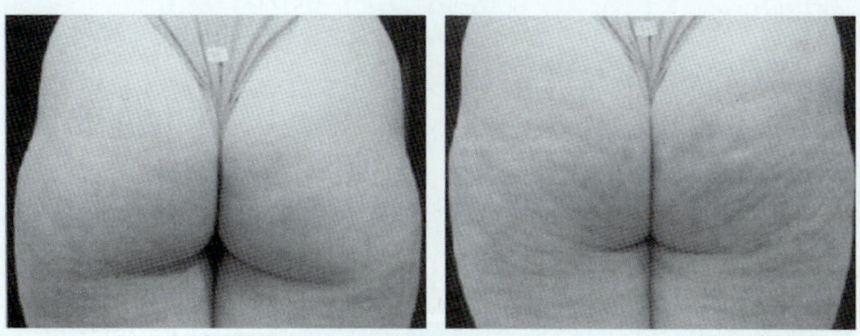

제3단계(Stage 3)

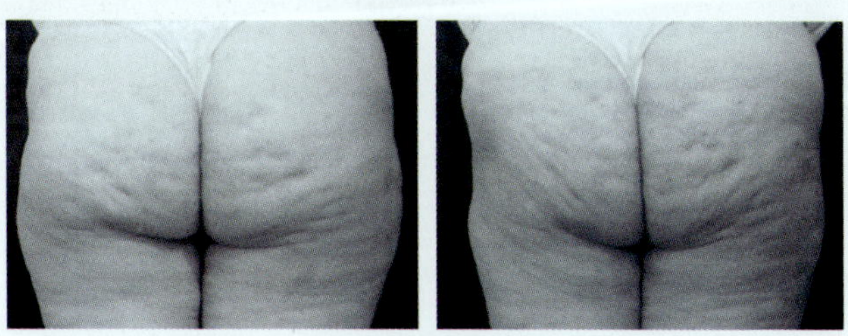

제4단계(Stage 4)

그림 3-15-2 셀룰라이트 생성단계

③ 연성 셀룰라이트(Flabby cellulite)

스펀지처럼 매우 무른 형태로, 손으로 살을 잡았을 때 별 통증이 없으며 탄력없이 처진다. 주로 허벅지 안쪽이나 팔 안쪽에서 찾을 수 있는데 근육의 위축과 연계되어 있다. 이 형태의 셀룰라이트는 압축형 셀룰라이트를 관리하지 않고 오래 방치한 경우 또는 비만 관리를 위해 실시한 부적절한 식단에 의해 초래될 수 있다.

④ 섬유질 셀룰라이트(Fibrous cellulite)

만졌을 때 촉감이 매우 딱딱한 것으로 가장 악화된 상태라고 할 수 있으며 모세혈관으로부터의 영양 물질 공급의 부족으로 피부가 거칠고 건조하다.

4) 셀룰라이트의 요인

① 내분비 요인

인체의 지방대사과정에서 피하지방 세포는 호르몬의 수용체로서 그 영향을 받고 있다. 특히 성호르몬인 에스트로겐이 지방합성 대사에 큰 역할을 함으로써 여성의 셀룰라이트 형성에 깊이 관여한다.

여성에게 있어서 사춘기, 임신기, 산후, 폐경기에는 호르몬 균형이 깨어지기 쉬워 셀룰라이트가 생길 가능성이 높아진다. 또한 경구피임약 복용도 셀룰라이트를 형성하거나 이미 존재하는 셀룰라이트 상태를 악화시킨다.

② 신경계 요인

신경전달물질인 카테콜아민(catecholamine)은 피하지방세포막에 존재하는 지방분해작용의 β수용체와 지방합성작용의 $\alpha2$ 수용체에 의하여 접수되어 중요한 역할을 하게 된다. 피하지방세포들은 그 부위에 따라 $\alpha2$ 수용체를 다르게 갖게 되는데 대퇴부, 엉덩이, 복부에 이 수용체의 숫자가 많아 이들 부위에 지방축적이 두드러지게 나타나는 것이다.

카테콜아민은 급격한 에너지 필요시에 지방분해작용과 혈관운동에 작용함으로써 대사율을 항진시키는 작용을 한다. 그러나 감정적으로 불안정하거나 신경이 예민한 사람의 경우는 자율신경의 위축으로 셀룰라이트의 생성 가능성이 높아진다.

③ 유전적 요인

셀룰라이트 생성에 유전적 요인이 작용하고 있음은 확실하지만 가족 내의 식습관과 엄격하게 구분짓기는 어렵다. 셀룰라이트 발생이 가장 높은 체형이다.

④ 식이 요인

음식물의 섭취는 셀룰라이트 생성요인 중에 중요한 자리를 차지하고 있다. 편식, 동물성지방 과잉섭취, 지나친 당분섭취, 술, 담배, 커피 등의 원인으로 소화 장애, 변비, 혈행 장애가 일어나 정상적인 노폐물 배출이 이루어지지 않고 체내에 쌓여 진피의 결합 조직내에 정체현상이 발생하여 셀룰라이트가 형성된다.

⑤ 생활습관 요인

육체활동이 많이 부족하고 하루일과를 거의 앉아 있거나 서서 생활하는 직업을 가진 경우는 셀룰라이트의 발생이 잦다.

⑥ 심리적요인

실제적으로 스트레스를 많이 받고, 불면증이 있거나, 신경이 매우 예민한 여성의 경우에 셀룰라이트 발생 가능성이 높다.

⑦ 혈관장애요인

정맥, 림프순환의 부족과 셀룰라이트는 거의 항상 연계되어 있어 서로간의 유발인자로 작용하게 된다. 나이가 들면서 림프의 그물조직이 노화되어 발생할 수도 있고 운동부족이나 꽉 끼는 옷의 압박 등으로 인해 전체적인 순환장애에서 오는 경우도 있다.

표 3-2 셀룰라이트와 피하지방의 차이

	셀룰라이트	피하지방
정의	피부속의 세포조직액 증가로 인해 피부가 부풀어 표면에 울퉁불퉁한 덩어리 같은 외형을 갖게 되는 것을 말한다.	지방세포가 많은 지방질을 저장할 때 체중이 늘어나며 살찐 부위가 생기게 되는 것을 말한다.
발행 부위 및 증상	· 배꼽 아래 부분, 엉덩이, 허벅지에 주로 나타난다. · 오렌지 껍질과 같이 피부표면에 둥근 모양의 덩어리가 생기게 된다. · 말초신경이 압력을 받으므로 통증이 있다.	· 신체 일부분 또는 신체 전반에 과도하게 나타난다. · 피부가 번들거린다. · 통증이 없다.
발생 시기	호르몬이 변화하는 사춘기, 피임약을 복용할 때, 임신 기간, 폐경기 등이다.	특정 발생시기가 없이 언제든지 생길 수 있다.
발생 원인	여성 호르몬의 과잉 분비 때문으로 혈액순환계의 압박이나 정체조직 등으로 발생할 수 있다.	지방이 과도하게 함유된 음식을 섭취할 때와 리파아제 활동이 정지될 때 생성된다.

5) 셀룰라이트 관리

셀룰라이트 관리로써 시행되고 있는 여러 방법들은 앞에서 살펴본 비만 관리 방법과 같이 이루어진다. 이러한 방법들은 지방구 세포내의 과잉 지방 저장, 순환계 장애라는 두 가지 원인에 초점을 낮추어 진행되며 축적된 피하지방 분해는 비만관리와 셀룰라이트 관리에서 공통되는 점이지만 순환계 장애를 개선시키는 관리는 셀룰라이트 관리에서 더욱 강조된다.

운동으로 셀룰라이트를 없앨 수 있나?

체내 지방을 연소하는 좋은 방법은 운동이다. 그러나 운동을 하면 혈액은 운동에 관여하는 근육쪽으로 몰리게 되고 상대적으로 피부와 피하지방에는 충분한 혈액공급이 이루어 지지 않는다. 특히 셀룰라이트가 형성되어 있는 부위에는 미세순환 장애가 있어 공급되던 혈류량이 줄면서 지방대사가 충분히 일어나지 않는다. 셀룰라이트의 정도가 심해 결절이 형성되어 있고 섬유화, 경직화가 일어나 있는 경우에는 특히 운동이외의 약물이나 기기관리가 병행되어야 한다.

혼자할 수 있는 셀룰라이트 관리

- 넉넉한 옷을 입는다.
- 목욕이나 샤워 시에 심장을 향해 힘을 주면서 지그시 누르는 동작으로 오른쪽 다리, 왼쪽 다리 순으로 마사지한다.
- 칼로리가 낮은 식사, 해조류, 섬유소가 풍부한 저 칼로리의 균형물질 섭취, 짠 음식은 피하고 체중을 줄이도록 한다.
- 자전거 타기, 수영 등의 규칙적인 운동으로 전신의 혈액순환을 촉진시킨다.
- 신선한 야채와 과일을 충분히 섭취한다.
- 노폐물 배설에 필요하므로 물을 충분하게 마시도록 한다.
- 소화기계, 호르몬계, 순환계 등의 장애가 있을 때는 즉시 치료를 받는다.

Ⅴ. 제모(Depilation & Epilation)

제모란 불필요한 신체의 털을 영구적 혹은 일시적으로 제거하는 것을 의미하며 주로 얼굴의 솜털과 겨드랑이, 팔, 다리, 서혜부 등의 털을 대상으로 한다. 솜털로 인하여 얼굴화장이 잘 받지 않는 경우나, 털이 많아 다리나 팔의 피부가 매끄럽지 않게 보이는 경우에 실시한다. 또한 미관상 노출이 많은 부위를 보다 매력적으로 보이게 하기 위하여 털을 제거하기도 한다. 제모 방법은 족집게나 면도기, 가위, 화학약품, 왁스 등을 이용한 일시적 제모(depilation)와 전기핀셋, 전기침을 이용한 영구적 제모(epilation)가 있다.

1. 일시적 제모(Depilation)

여러 가지 도구를 이용하여 털을 일시적으로 제거하는 것을 말한다.

1) 족집게(Tweezer)를 이용한 제모(Tweezing)

눈썹 형태 만들기에 용이하므로 주로 눈썹제거와 겨드랑이의 털 제거 시에 많이 사용되며 털을 중간에서 자르지 않고 끝까지 뽑아내기 때문에 새로 재생 되기 전 4주가량 깨끗한 눈썹을 가질 수 있다. 스팀 타올을 대주면 모공을 이완시키고 통증을 경감할 수 있고 살균 및 소독, 진정을 위해 차가운 진정마스크나 진정화장수를 해 준다. 눈썹을 자주 뽑아주면 눈 피부가 늘어나 처지는 단점이 있고 여름철에는 염증유발이 잘 생기므로 유의한다.

(1) 도 구

족집게(Tweezer)

(2) 방 법

① 아스트린젠트로 눈썹주위를 깨끗이 닦아낸다
② 물에 적신 면퍼프를 왼손의 중지에 감는다(제거된 털을 놓아두기 위함).
③ 온타올로 모공을 이완시킨다.
④ 왼손의 2, 3지를 이용하여 제거할 눈썹 부위의 피부를 당긴다.

⑤ 족집게(Tweezer)를 이용하여 털이 난 방향으로 빠르게 뽑아낸다.
 이때 여러 개의 털을 단번에 제거 시에는 고객에게 통증을 줄 수 있으므로 한번에 1개의 털만 잡아서 제거해야 한다.

⑥ 냉타올이나 차가운 화장수로 진정마스크를 해준다.

2) 면도기를 이용한 제모(Shaving)

면도기를 이용하여 털을 제거하는 방법으로 1주일에 1~2회가 적절하며 목욕이나 샤워 후 털이 부드러울 때 피부의 자극을 줄이고 상처와 염증 유발을 방지하기 위하여 폼 클린싱 크림이나 면도용 크림을 바른다. 털의 성장 방향 반대쪽으로 면도기를 밀고 깨끗한 물로 씻어낸 후 애프터 쉐이빙 로션(after shaving lotion)을 발라주어 피부염증을 예방한다.

팔과 다리의 털 제거시 효과적이다.

· 일반면도기는 젖은상태로 사용이 가능하고 털을 깨끗이 제거할 수 있는 장점이 있는 반면 사용이 간편하고 효과가 빠른 전기면도기에 비해 상처가 쉽게 날 수 있으므로 사용시 주의를 요함

3) 가위를 이용한 커팅(Cutting)

눈썹 부분은 족집게를 이용하는 경우가 많으나 눈 주위는 피부가 연약하여 자극받기 쉽고 피부 탄력을 잃기 쉬우므로 눈썹 손질용 가위를 사용하는 것이 좋다. 그러나 깨끗하게 처리되지 않고 피부를 다치게 할 수 있으므로 이용 시 주의를 요한다.

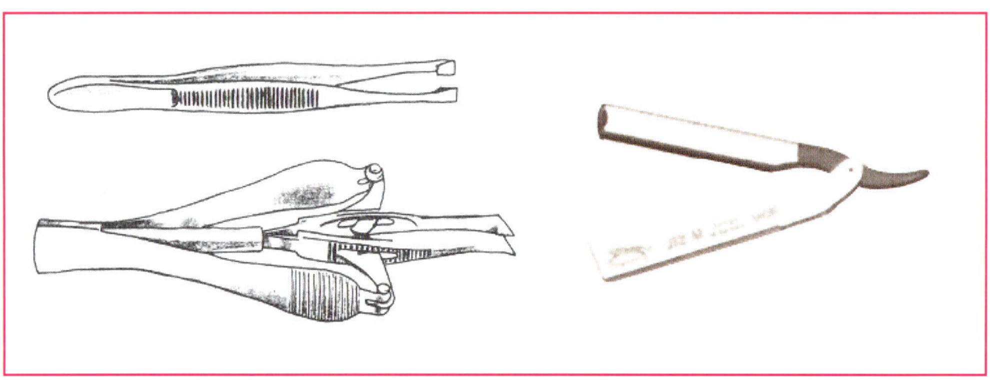

그림 3-16 족집게와 면도기(1회용, 전기면도기)

4) 왁스를 이용한 제모(Waxing)

왁스를 이용한 제모는 넓은 면적을 단시간에 시술할 때 편리하고 면도나 제모제를 사용하는 것보다 효과가 오래 지속(4~5주간)된다. 털을 제거한 후 피부 표면에 약간의 통증이 있다는 단점이 있지만 피부나 모낭 등에 화학적 해를 미치지 않는다는 것이 장점이다. 같은 부위의 털을 지속적으로 반복하여 제거하므로 털의 모근이 상하게 되어 서서히 완전 제모 상태에 이른다. 즉 털이 점차 가늘어지다가 성장이 멈추게 되는 것이다.

송진, 밀납, 고형파라핀 등이 주성분으로 냉왁스(콜드왁스, cold wax)와 온왁스(웜왁스, warm wax)가 있으며, 얼굴이나 다리와 같이 비교적 면적이 넓은 부위에 효과적으로 사용할 수 있다.

사용 후에는 항상 피부에 진정 효과를 주는 크림을 발라야 하며 예민성 피부에는 사용을 금한다.

(1) 도 구

제모용 왁스(cold wax, warm wax), 스파튤라, 면스트립(5×12cm), 파우더, 알콜, 냉타월, 수렴화장수, 족집게(Tweezer)

온왁스

왁스 워머기에 넣고 녹여서 왁스덩어리가 2/3정도 녹았을 때 가열기구에서 분리시켜야 한다. 뜨거워진 왁스를 나무 주걱으로 떠서 온도를 감지 한 후 원하는 부위에 얹어서 굳으면 떼어내는데 털이 모근에서부터 뽑히기 때문에 다소 자극이 있지만 다시 자랄 때까지 상당기간 효과를 유지 할 수 있으므로 4주에 1회 정도하면 효과적이다. 주로 콧수염(upper-lip), 겨드랑이(under-arm) 등의 작은 부위에 사용한다.

냉왁스

간편하게 직접 용기에서 퍼서 사용하는 것으로 넓은 부위, 즉 가슴, 팔 및 다리털의 제거에 쓰인다.

(2) 방 법

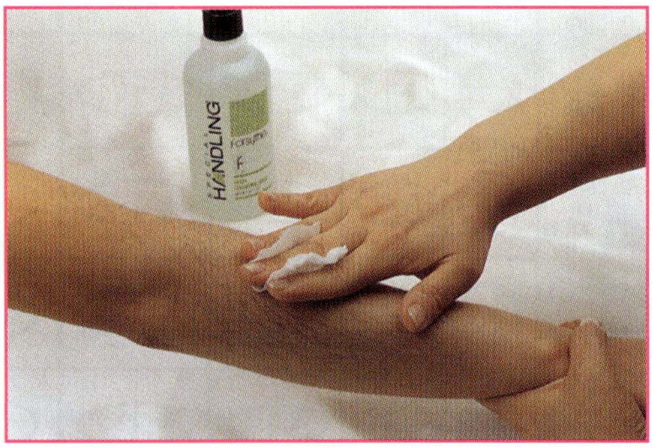

① 소독하기

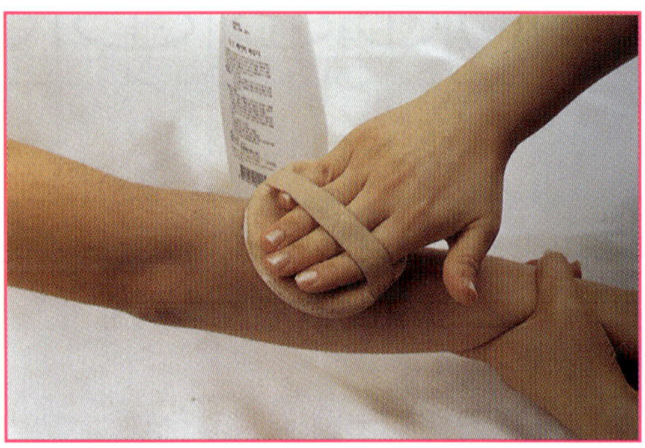

② 파우더 바르기 : 남아 있는 유분기와 수분을 제거하기 위해 바른다.

③ 온도 테스트 : 시술자의 손목 안쪽에 왁스의 온도를 테스트한다.

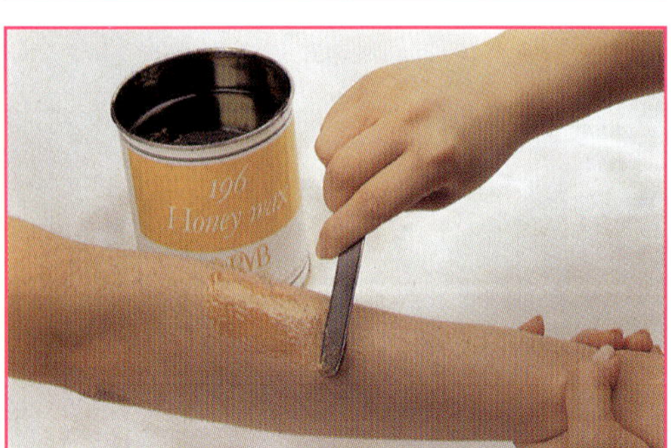

④ 왁스 바르기 : 스파츌라를 45° 각도로 제모할 부위에 털이 난 방향으로 왁스를 바른다.

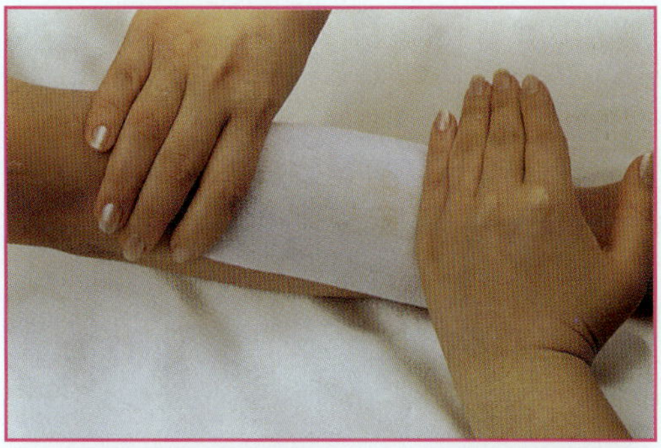

⑤ 부직포 덮기 : 부직포(7×20cm)를 덮고 피부에 밀착시킨다. 한손으로는 면 스트립의 상단을 잡고 다른 한손으로는 하단 끝부분을 털이 난 방향으로 잡아 당겨보아 밀착성을 확인한다.

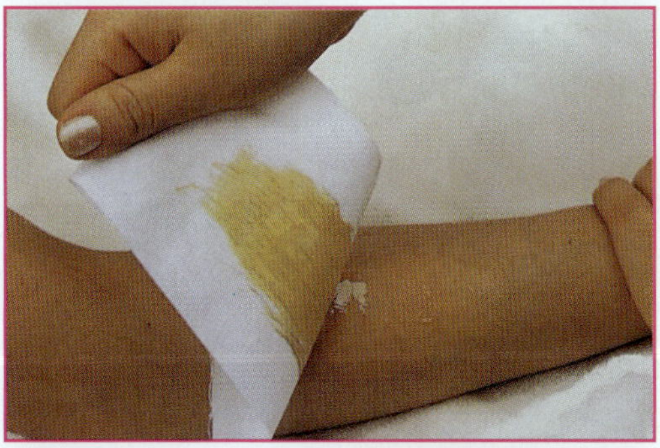

⑥ 면 스트립 떼기 : 털이 난 반대 방향으로 면 스트립을 재빠르게 잡아당겨 떼어낸다.

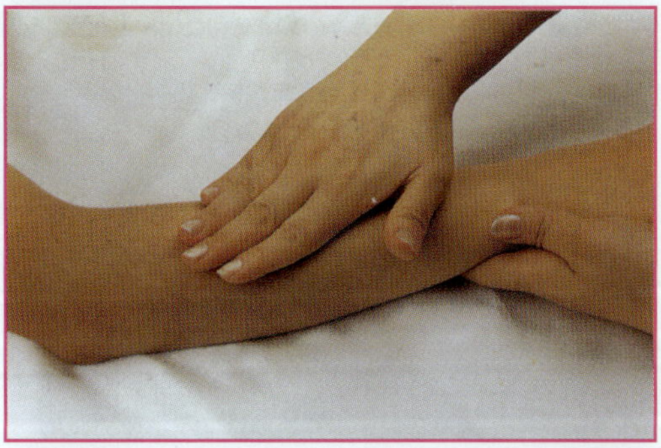

⑦ 진정시키기 : 예민해진 피부를 진정시키기 위해 제모 부위를 가볍게 손으로 눌러준다. 냉타올로 남아 있는 왁스를 제거하고 진정시킨다.

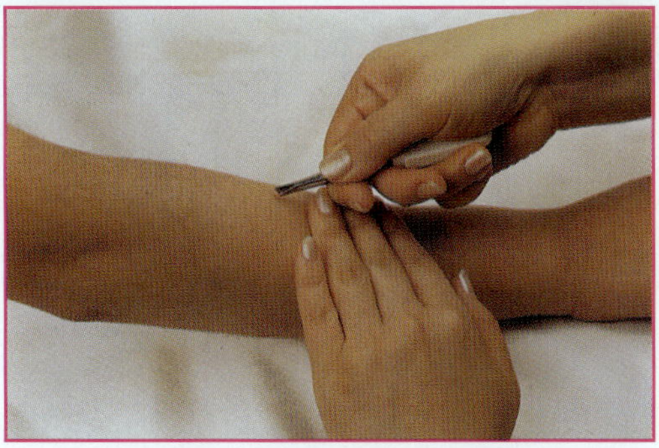

⑧ 잔털 제모 : 남아 있는 잔털을 족집게(tweezer)로 제거한다.

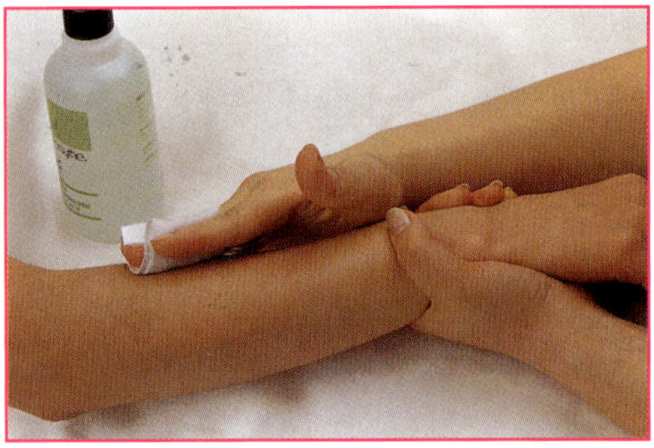

⑨ 소독하기 : 제모한 자리를 깨끗이 소독한다.

(3) 종 류

① 눈썹왁스(Eye-brow arch wax)

- 우드스틱을 이용하여 원하는 눈썹모양을 만든다.
- 눈썹주위 부분에 왁스를 바른다.
- 왁스 바른 후 면스트립(1㎝×4㎝)으로 이용하여 재빨리 눈썹성장 반대방향으로 잡아 당긴다. 이때 눈가는 예민한 부위이므로 피부를 최대한 팽팽하게 한 후 떼어 내어야 한다.
- 냉타올과 차가운 화장수로 마무리 해준다.
- 더 매혹적인 눈썹형태로 만들기 위해 족집게를 이용하여 다듬고 정리한다.

② 겨드랑이왁스(under-arm wax)

- 털의 길이가 너무 길면 제거가 어려우므로 적정 길이를 확인하고 행한다.
- 겨드랑이는 민감한 곳이기 때문에 세 번 이상, 나누어서 제거한다.
- 겨드랑이의 작은 부위부터 제거한다.
- 왁스 바른 위에 천조각을 누르고 재빨리 털 성장의 반대방향으로 잡아당긴다.
-겨드랑이를 부드럽고 깨끗하게 하기위해 크림을 바르고 만져준다.

③ 팔왁스(Arm wax) /다리왁스(Leg wax)

- 팔과 다리에 불필요한 털을 제거

④ 턱왁스(chin wax)

- 털 성장방향이 아래로 향하므로 왁스를 정확하게 바르는 것이 중요하다.
- 안면부위이므로 다른 부위에 비해 민감정도를 반드시 확인 후 시술하여야 한다.

⑤ 콧수염왁스(윗입술 위, upper lip wax)

- 코밑의 털은 입술윗면의 좌우의 방향으로 자라므로 윗입술의 각 면은 따로 왁스를 발라 제거한다.
- 안면 부위이므로 다른 부위에 비해 민감정도를 반드시 확인 후 시술하여야 한다.

⑥ 비키니왁스(Vikini wax)

- 수영복 착용 후 밖으로 나오는 아래 부분의 털을 제거하는 것
- 털의 성장방향이 적어도 3개 이상이므로 왁스를 바르기 전 부위별 성장방향을 잘 파악하여야 한다.
- 반드시 장갑을 착용하고 시술하여야 하며 매우 부드럽고 예민한 부위라 숙련된 전문 기술이 필요하다.
- 시술이 복잡하고 힘든 만큼 시술비용이 많이 든다.

5) 화학성분 제품을 이용한 제모

털을 용해시키는 화학성분을 첨가한 크림, 로션, 거품 형태의 제모제를 이용하여 피부 표면의 불필요한 털을 제거하는 것으로 통증도 없고 왁스타입처럼 데우지 않아도 되므로 널리 사용된다. 일반적으로 얼굴을 제외한 팔, 다리, 겨드랑이 등 전신의 털을 제거할 때 사용된다. 먼저 긴 털을 가위로 자른 후 스파튤라로 제모제를 두껍게 바르고 5~10분 후 미지근한 물로 세정하고 마지막으로 화장수를 이용하여 제모 부위를 정리하고 진정용 로션 이나 파우더를 바른다. 화학적 작용에 의해 피부에 염증을 일으킬 수 있으므로 사용 전에 반드시 피부 예민도를 파악한 후 부작용이 생기지 않으면 사용한다.

2. 영구적 제모(Epilation)

영구제모는 신체의 털부위에 과잉털 현상을 미용적인 측면에서 불필요한 털을 물리적 화학적인 방법으로 제거하는 기술이다.

1) 전기 제모법

전기 제모법은 크게 세 가지 방법으로 나뉘는데 직류법, 고주파법 그리고 블랜드법으로 나눌 수 있다. 직류법은 직류전류를 모낭에 흘려보내면서 발생하는 카제인 소다에 의해 모낭을 파괴하는 것이 원리이다. 고주파 탈모법은 교류전류에서 300~3,000㎐ 정

도의 높은 고주파를 몸에 흘리면 고주파열이 발생하는데 이 열을 이용하여 모낭, 특히 모근을 파괴하는 방법이다. 직류법에 비해 시술하는 시간은 짧지만 피부 표면에 염증을 일으키기 쉬운 데다 털을 처리하는 비율이 낮고 기술도 어렵다는 결점이 있다. 블랜드법(blend method)은 약한 직류전류와 낮은 고주파열을 동시에 사용하는 방법으로 전기 분해 제모법의 정확성, 고주파 제모법의 신속성을 다 갖추고 있다. 블랜드법을 사용하면 통증이나 상처가 남거나 염증이 생기는 것을 방지하는 효과가 있다.

(1) 전기침 제모법

모공마다 절연침을 꽂아 전류를 통하게 하여 모낭을 파괴하여 털을 영구적으로 제거하는 방법이다. 절연침에 의한 방법은 피부 속 깊이 있는 모낭의 위치를 정확하게 알 수 없어 치료 횟수가 매우 많아지며 통증이 있다. 시술 후 흉터가 남을 수 있으며, 털구멍마다 바늘을 찌른 후 전류를 통하게 되므로 시술시간이 매우 오래 걸린다는 단점이 있다.

- 피부를 긴장시킨다.
- 바늘을 꽂는다.
- 전기를 통하게 한다.
- 잠시 후에 전기는 저절로 차단된다.
- 바늘을 뺀다.
- 털이 빠진다.
- 끝난 후에 소독하고 진정크림을 사용부위에 바른다.
- 24시간 정도 씻지 않는다.

(2) 전기핀셋에 의한 탈모법

전기 핀셋을 사용하며 고객에게 통증을 주지 않고 사용 후에 상처가 남지 않아 사용은 용이하나 효과가 그리 크지 않다.

- 전기 핀셋으로 털을 잡는다.
- 전기 핀셋이 모구를 다치게 한다.
- 40초(15~50초) 동안 머문다.
- 털이 빠진다.
- 사용 후에 진정 크림을 바른다.

2) 레이저 제모술

레이저를 이용한 제모는 현재 병원에서 가장 많이 시술하는 영구적 제모술로 모낭에 있는 색소(검은색 또는 짙은 갈색)에 선택적으로 흡수되는 레이저 광선을 조사하여 모낭세포만을 파괴하는 것이다. 레이저를 한번 쏠 때마다 18mm 직경의 레이저 광선이 나와 이 범위 내의 모낭을 모두 제거하므로 치료 속도가 매우 빠르다(1초에 한 번씩 발사됨).

광선의 직경이 클수록 피부 속으로 침투가 깊이 되어 더욱 효과적인 제모가 가능하다. 또한 역동적 냉각 방식(dynamic cooling device)이 부착되어 있어 레이저를 쏠 때 피부를 냉각시키는 냉매가 동시에 분사되어 통증을 없애며, 표피가 열에 의한 손상을 받지 않기 때문에 많은 양의 에너지를 모낭 세포에 도달할 수 있게 한다. 이와 같이 제모용 레이저는 통증을 최소화시키고 보다 짧은 시간에 효율적인 제모가 가능하도록 발전하고 있다.

3) 제모 시 유의사항과 금해야 하는 경우

- 다리, 팔제모 후 종종 작은 딱지가 나타날 수 있음을 고객에게 말해야 된다.
- 발진(eruption), 벗겨짐(abrasion) 또는 염증(inflammation)이 있는 경우에는 절대금한다.
- 사마귀(warts) : 점(moles)에 있는 털은 제거하지 않는다.
- 바늘 주입시 강제로 하면 안 된다.
- 너무 가까이 붙어있는 털은 취급하지 않는다.
- 제모 후 피부를 손으로 만지면 2차 감염이 생길 수 있으므로 절대 손을 대지 않도록 주의시킨다.
- 자극을 피하기 위해 당분간 햇빛을 피하도록 고객에게 주의시킨다.
- 생리전·후의 민감한 상태는 주의를 요함
- 정맥류 등 혈관 이상이 있는 경우, 상처나 피부질환이 있는 부위는 절대 금함
- 일광화상을 입은 경우나 충혈된 피부는 금함
- 제모 직전 사우나나 장시간의 목욕, 제모 직후의 강한 비누를 이용한 세안, 목욕, 메이크업을 금함

제4장
피부분석

제4장 피부분석

Ⅰ. 피부분석

1. 피부분석의 목적

정확한 피부분석은 피부미용 전체 과정에 영향을 미치는 중요한 과정이므로 과학적인 피부분석방법을 활용하여 고객의 피부상태를 정확하게 파악해야 하며, 분석 결과에 따른 올바른 피부미용이 이루어져야 한다.

피부분석은 피부미용사가 해야 될 가장 중요하면서 어려운 과제이며 피부를 보고 그 상태를 정확하게 파악하고 문제점과 그 원인을 정확하게 파악하여야 한다.

피부분석은 깨끗이 클렌징한 후 이루어져야 하며 확대경이나 우드 램프(wood lamp) 등의 기계와 문진, 견진, 촉진 등의 방법을 이용한다.

2. 피부분석의 정의

피부의 유형은 기름샘에서 분비되는 피지의 양에 따라 결정된다. 또한 피지 분비량은 호르몬에 따라 달라지며, 호르몬은 나이에 따라 증가 또는 감소한다. 즉, 기름샘에서 분비되는 피지량이 많으면 지성피부, 정상 분비되는 피부를 정상피부라고 하며, 분비량이 정상보다 적으면 건성피부라 한다.

여성의 경우, 사춘기 이후 피지 분비량이 최고치에 달하고 20세가 되면 피지 분비량이 감소되며, 폐경기가 되면 피지 분비량은 급격히 감소하는 현상을 보인다.

표 4-1 피부의 기능과 피부유형에 영향을 주는 인자

피부의 기능	피부유형에 영향을 주는 인자	영향을 받아 나타나는 현상
각질층 보호 기능	환경 자극 (건조, 습도, 오염) 물리적 자극 (마찰, 열)	피지막 형성 능력의 저하 표피 세포 대사 능력의 저하
표피의 수분 보습 기능	화학적 자극 (화장품, 약품) 광자극 (자외선, 적외선)	수분 보존 능력의 저하 피지막 형성 능력의 저하
피지 분지 기능	신체, 장기의 기능 스트레스	피지 분비 기능의 저하 호르몬의 분비 이상
색소를 만드는 기능	성격	색소 생산 능력의 과잉
탄력 보호 기능	편중된 식생활	진피 세포 대사 능력의 저하

3. 피부유형을 결정하는 요인

피부유형은 피부조직 상태, 피지분비량, 피부보습 상태, 혈액순환 상태, 색소침착 상태, 안색, 모공, 탄력성 그리고 전반적인 피부외관 등으로 결정된다.

일반적으로 피부는 각질층의 수분과 유분 함량 상태, 건진, 문진, 촉진 등을 하여정상피부, 지성피부, 건성피부 등으로 분류되고 있다.

4. 피부분석 방법

1) 견진법

육안으로 피부를 판별하는 방법으로 피부결 상태, 모공 크기, 피부 투명도, 건조 상태, 뾰루지, 주름 상태, 모세혈관 상태 등을 관찰한다.

2) 촉진법

촉감을 통하여 피부를 판별하는데 만져 보거나 눌러봄으로써 피부의 탄력감이나 부드러움, 매끄러움이나 거칠음, 조직의 두께, 유분의 함량 등을 관찰한다. 촉진법으로 알 수 있는 대표적인 분석 내용은 탄력성(tonus), 보습성(turgo), 민감성(sensitivity) 등이 있다.

피부의 민감도

더마그라피스머스(Dermographismus)라는 기계적인 자극으로 감별할 수 있고, 스파출라(spatula)로 이마, 앞가슴에 십자(+)를 그어 봄으로써 알 수 있다.
붉은색을 띤 후 곧바로 없어지면 정상피부, 흰색을 띤 상태로 있게 되는 경우는 민감도가 낮은 피부, 붉은색을 띤 상태가 계속 되면 민감도가 높은 피부로 판단한다.

·dermographismus : 기계적인 자극에 의해 나타나는 피부혈관계의 흥분상태를 피부반응으로 기록하여 피부상태를 판별한다.

3) 문진법

고객의 연령, 직업, 병력, 가족관계, 환경, 성격 등에 관한 내용을 상세하게 고객카드에 기록한다. 질문시에는 고객의 입장에서 쉽게 대답할 수 있도록 체계적이고 구체적으로 질문한다.

4) 기기를 이용한 분석법

(1) 확대경(Magnifying lamp)

육안으로는 세밀히 보이지 않는 부분을 관찰하고 분석하는데 이용되는 기기로써 문제성 피부의 판별 및 여드름과 피지관리를 효과적으로 할 수 있다.

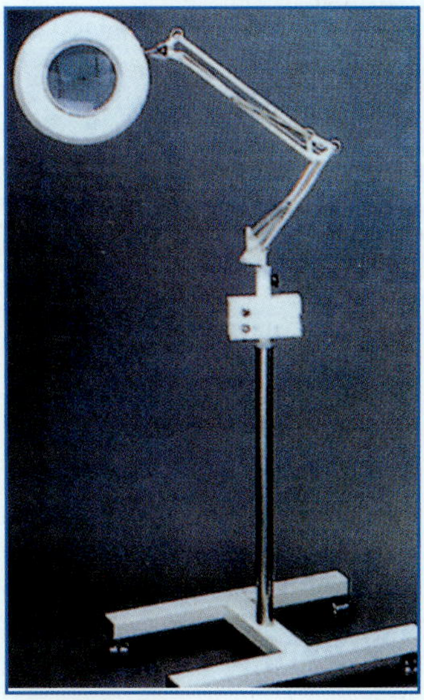

그림 4-1 확대경

(2) 우드 램프(Wood lamp)

인공 자외선 램프인 우드 램프는 처음에는 의약분야에서 피부질환의 진찰을 위해 사용되었으나 현재는 피부미용 분야에도 널리 사용되며 피부상태에 따라 다양한 색상이 관찰되므로 색소침착, 여드름, 표피내층의 보습 상태 등을 관찰해서 피부의 유형을 분류할 수 있다.

- 정확한 피부분석을 위하여 반드시 클렌징 후에 사용한다.

표 4-2 색에 따른 피부의 상태 판단

색 상	피부판단
흰색	죽은 세포와 각질층의 피부
푸른빛을 띠는 백색	정상의 건강한 피부
자주색 형광	건조성의 얇은 피부
밝은 보라색	건조한 피부
짙은 보라색	염증을 일으키기 쉬운 민감한 피부
오렌지색	여드름, 피지, 지루성 피부
노랑 또는 때때로 분홍색	면포가 있는 지성피부
갈색, 암갈색	색소 침착부위나 검은 점이 있는 피부
베이지색	산화된 피지

- 고객의 눈을 보호하기 위하여 반드시 아이패드를 해준다.
- 관리실의 조명을 끄고 우드램프 커버를 씌운 상태에서 우드램프 스위치를 누르고 램프가 들어온 것을 확인한다.
- 우드램프는 얼굴에서 5~6㎝ 떨어진 위치에서 본다.
- 확대 렌즈를 통해 칼라에 따라 피부 상태를 판단한다.
- 우드램프를 1분 이상 실시하면 램프의 열기로 확대경에 김이 서리고 고객이 불편함을 느끼므로 주의한다.

(3) pH 측정기에 의한 분석법

pH측정기로 피부의 pH도를 분석하는 방법으로 pH 4.5~pH 6.0 범위를 정상으로 본다. 피부 상태는 기후나 계절에 따라 항상 변하므로 장기간의 평가에 의해 그 결과를 판단할 수 있다.

(4) 유 · 수분 측정기에 의한 분석법

피부가 갖고 있는 수분량과 유분량을 측정할 수 있는 기기로서 피부 표면에 전극을 대어 나타나는 수치로 수분 상태를 분석할 수 있다.

① 수분 측정기

보통 피부의 보습도를 측정하는 기기로서 피부표면에 접촉하는 프로브(probe)를 통해 전달되는 미미한 전류양(capacitance)을 측정함으로써 이루어진다. 수분의 함량과 전류양은 서로 비례하는 성질이 있어 보습도가 높을수록 측정수치가 높아지며, 단위는 Arbitrary Unit(AU)이다. 수분을 측정할 때는 세안한 후 2시간이 경과한 다음 항온,

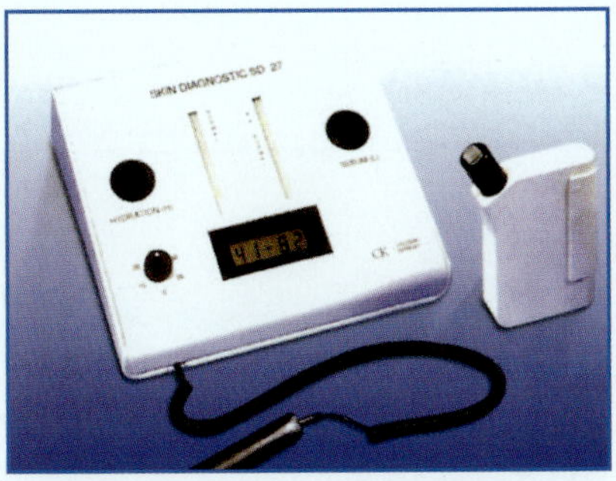

그림 4-2 유 · 수분측정기

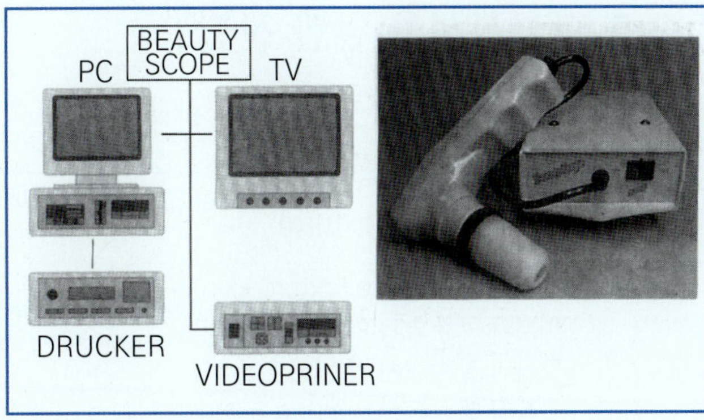

그림 4-3 뷰티스코프

항습 조건인 실내온도 22~25℃, 실내습도 40~60%에서 안정을 취하게 한 후 측정하여야 한다.

② 유분 측정기

피부의 피지량을 측정하는 기기로서 반투명 지질 흡수 테이프를 피부에 부착한 후 묻어 나오는 분비된 피지량을 광학적 반사원리로 측정값을 얻을 수 있다.

(5) 뷰티스코프(Beauty scope)

컴퓨터를 이용한 전문 피부 분석기로 1㎤의 피부상태를 30배 확대하여 피부를 분석한다.

5) 피부분석 시 유의 사항

- 피부의 상태는 내적인 요인인 신체적 인자, 정신적 인자, 식품 섭취 경향 그리고 외적인 요인인 환경적 인자, 화장품의 사용법 및 피부손질 방식에 의하여 결정되므로 같은 피부유형이라도 유의해서 살펴보아야 한다.
- 피부는 계절이나 건강상태에 따라 변화가 있으므로 항상 주의 깊게 지켜보아야 한다.
- 전문적인 세안 단계가 끝난 후에 실시한다.
- 확대경이나 우드 램프를 사용할 때는 얼굴을 깨끗이 세안한 후 아이패드로 눈을 덮어 보호한다.

5. 피부분석을 위한 진단표

표 4-3 피부미용을 위한 체크 리스트

▣ 피부조직(Skin texture)

1. 얇은 피부 조직(fine texture skin)
( ) 피부가 약간 당기며 결이 매우 곱다.
( ) 모공이 잘 보이지 않는다.
( ) 안색이 매우 투명해 보이며 눈꺼풀에 약간의 파란 실핏줄이 보인다.
( ) 피부가 대체적으로 예민하다.
( ) 화장이 잘 받지 않는다.
위의 질문 중 3개 이상 (○)표 일 경우 고객의 피부 조직은 얇은 피부조직이다.

2. 정상피부 조직(normal texture skin)
( ) 피부결이 매우 곱다.
( ) 약간의 모공이 보인다.
( ) 피부에 손을 대보면 부드럽고 매끄럽다.
( ) 피부의 예민 정도가 보통이다.
( ) 피부가 약간 우둘두둘할 수 있으나 피부의 조직이 꽉 찬 느낌이 든다.
위의 질문 중 3개 이상 (○)표 일 경우 고객의 피부 조직은 정상적인 피부 조직이다.

3. 두꺼운 피부 조직(thick texture skin)
( ) 피부가 거칠고 결이 곱지 못하다.
( ) 모공이 크게 열려있다.
( ) 손가락을 얼굴에 대보면 내성이 두껍게 느껴진다.
( ) 손으로 피부의 결을 쓸어 보면 피부의 결이 매우 불규칙하다.
( ) 피부의 내성이 매우 딱딱하게 느껴진다.
위의 질문 중 3개 이상 (○)표 일 경우 고객의 피부 조직은 두꺼운 피부 조직이다.

4. 예민피부 조직(sensitive skin)
( ) 모세혈관이 확장되어 피부표면에 보인다.
( ) 자주 홍반 현상이 퍼져 나간다.
( ) 매우 예민하게 보인다.
( ) 피부의 조직이 매우 얇아 보인다.
( ) 안색이 얼룩져 보인다.
위의 질문 중 3개 이상 (○)표가 될 경우 고객의 피부 문제점은 혈액순환기능이 이미 불규칙해져있고 모세혈관 확장이 심해지고 안색이 얼룩져 보이는 예민한 피부이다.

■ 수분상태(Skin moisturizing)

1. 표피 수분상태
( ) 피부 표면에 각질이 일어난다.
( ) 피부가 가렵다.
( ) 피부의 유연성이 결핍되었다.
( ) 잔주름이 보인다.
( ) 매우 피부가 당긴다.
( ) 피부가 예민하다.
위의 질문 중 3~4개 이상 (○)표가 될 경우 고객의 피부 문제점은 피부 표면에 건조한 현상 및 천연 보습기능이 결여된 표피 건성피부로 진단 할 수 있다.

2. 진피 수분상태
( ) 주름이 보인다.
( ) 얼굴의 근육이 늘어져 보인다.
( ) 피부의 강화력이 떨어져 보인다.
( ) 얼굴의 형태가 변해 보인다.
( ) 눈꺼풀이 늘어져 보인다.
( ) 외관상 늙어 보인다.
위의 질문 중 3개 이상 (○)표가 될 경우 고객의 피부 문제점은 진피의 수분이 부족한 진피 건성피부로 진단할 수 있다.

■ 피지분비상태(Sebum secretion)

1. 건성피부(dry skin)
( ) 모공이 거의 안 보인다.
( ) 피부가 거칠고 탄력이 떨어진다.
( ) 피부가 몹시 당긴다.
( ) 잔주름이 많다.
( ) 피부표면이 매우 건조하다.
( ) 피부가 주름이 지며 건조하다.
위의 질문 중 3개 이상 (○)표가 될 경우 고객의 피부 문제점은 피지분비기능이 매우 떨어져 피지가 결여된 건성피부이다.

2. 정성피부(normal skin)
( ) 약간의 모공이 보인다.
( ) T존에 피지가 보인다.
( ) 피부가 유연하다.
( ) 피부가 매우 매끈하다.
위의 질문 중 3개 이상 (○)표 일 경우 고객의 피부 문제점은 피지생성이 정상이므로 매우 이상적인 피부이다.

3. 지성피부(oily skin)
( ) 모공이 커 보인다.
( ) 얼굴에 손을 대보면 피지가 묻어난다.
( ) 외관상 피부가 매우 번들거린다.
( ) 분비된 피지가 끈적거린다.
( ) 끝이 검은 여드름이 보인다.
( ) 피지의 과다분비로 피부의 조직이 두껍다.
( ) 다른 여드름 응어리도 보인다.
위의 질문 중 4~5개 정도 (○)표 일 경우 피지 생성이 과다하여 지속적인 지성피부의 조건을 유지하게 되며 경우에 따라서는 가끔 여드름이 발생할 수도 있다.

4. 여드름피부(acne skin)
( ) 여드름 응어리 형성이 너무 빨리 이루어진다.
( ) 화이트 & 블랙헤드가 보인다.
( ) 끝이 빨간 여드름과 곪은 여드름이 보인다.
( ) 여드름 흉터가 보인다.
위의 질문 중 3개 이상 (○)표 일 경우 고객의 피부 문제점은 여드름이 매우 다양하게 발생될 수 있는 피부로 여드름 상태의 등급에 따라 여드름 관리를 해주어야 한다.

Ⅱ. 상 담

피부미용에 있어서 상담은 고객의 요구 사항에 응하며 동시에 피부미용의 방법과 절차 등에 관하여 설명함으로써 고객의 이해를 돕는 과정이라 할 수 있다. 이러한 고객과의 상담을 통하여 고객의 성격과 피부미용실을 방문하게 된 동기 그리고 피부미용 시 요구사항에 대하여 알 수 있다. 상담실은 가능하면 독립된 공간을 갖도록 하며 그러한 여건이 안 되면 안락하고 적합한 실내 장식을 하여 고객이 편안한 분위기를 느낄 수 있도록 한다.

고객과의 성공적인 상담은 피부미용실을 찾는 여러 분야의 사람들에게 신뢰감과 자신감을 부여하며 이들이 지속적으로 방문하는데 중요한 역할을 한다.

1. 인 사

1) 마중 인사

무엇보다도 인상이 제일 중요하다. 감사의 마음을 가지고, 고객 쪽으로 몸을 향하여 분명하고 밝은 목소리로 인사한다. 밝고 부드러운 표정으로 고객의 입장에 서서 진지한 태도로 대응하며, 알기 쉽고 정중한 말씨로 첫 대면인 것을 느끼지 못할 정도로 곧 친숙해지는 분위기를 만든다.

2) 배웅 인사

돌아갈 때의 인상이란 대단히 중요한 것이므로 정중하게 대응한다. 고객이 되돌아 갈 때에는 '오늘 찾아주셔서 정말 감사합니다. 다음 예약은 ○월 ○일입니다. 안녕히 가십시오' 라고 웃는 얼굴로 또렷하게 말하고, 공손하게 인사한다.

또한 고객이 살롱을 나갈 때까지 배웅하여야 하며, 담당 이외의 피부미용사들도 함께 배웅하도록 한다.

2. 복 장

살롱에서는 유니폼을 입고 몸가짐을 단정히 한다. 복장과 몸가짐은 고객에게 상쾌함과 청량감을 전해주되 위화감이 생기지 않도록 하는 것이 좋다.

- 반지, 귀걸이 등의 액세서리는 최소한으로 착용한다.
- 스타킹은 피부색에 가까운 것을 고른다. 구두는 낮은 것으로, 굽이 닳지 않은 것을 착용한다.
- 메이크업은 너무 엷거나 너무 진하지 않도록 한다.
- 피부손질에 특히 주의한다. 밤샘, 스트레스에 의한 거친 피부, 여드름 등의 관리에 신경을 쓰도록 한다.
- 작업을 시작하기 전에 거울 앞에서 손톱의 청결 상태, 비듬, 머리의 헝클어짐, 복장의 흐트러짐을 점검한다.
- 식후에는 반드시 양치질을 하도록 한다. 치조농루, 음식, 담배 등에 의한 구취는 고객을 불쾌하게 하므로 정기적인 검사와 관리를 하도록 한다.

3. 주위환경

정리 정돈이 잘 되어 있는 살롱은 고객에게 청결감을 전해줌과 동시에 능률적인 접객을 할 수 있다. 또한 청결은 쾌적함의 원천임과 동시에 피부미용에 있어서는 필요불가결한 것이다. 특히 고객용 화장실은 위생에 각별히 신경을 써야 한다.

4. 대화술

대화에 사용하는 목소리, 흔히 쓰는 말 등은 말하는 사람의 지성, 인격 등이 배어 나온다. 그러므로 상황에 맞추어 고객의 심리상태를 잘 파악해서 고객의 분위기, 감정, 흥미에 맞는 대화를 선택하는 것이 중요하다.

표 4-4 올바른 언어 사용법

사용해서는 안 되는 언어	올바른 언어
저기요	손님
잠깐만 기다려요	잠시만 기다려 주십시오
알겠어요	잘 알겠습니다
미안해요	죄송합니다
모르겠는데요	잘 이해가 안됩니다만
말해 둘께요	전해 드리겠습니다
아이	자제분
데려온 사람	함께 오신 분
누구	어느 분
그래요	그렇습니다

표 4-5 대화에 어울리는 화제

대화에 어울리는 화제	피해야 할 화제
고객의 개인적인 흥미, 피부손질과 화장품 사용, 고객 개인의 활동, 고객의 취향, 문화, 패션, 예술, 교육, 문학, 음악, 휴가, 여행	자기 자신만의 문제, 다른 고객의 실태, 자신의 경제 상태, 사적인 사항, 다른 사람에 대한 험담

대화를 할 때에는 고객의 이야기를 잘 들어주면서 대화를 일방적으로 이끌지 않아야 하며, 타인에 대한 험담을 금지하고 사생활을 침범하지 않도록 노력하는 것이 중요하다.

5. 고객 맞이 방법

서비스의 기본은 고객에 대한 배려이다. 기본적으로 피부미용이란 인간의 마음에 쾌감을 주는 마음에의 배려라고 말할 수 있기 때문이다. 공손함이란 사소한 말 한마디, 즉 '고맙습니다', '죄송합니다'와 같은 말속에 포함되어 있으며, 존경심을 갖고 사람을 대하고 다른 사람의 소유물을 잘 관리해 주는 것, 다른 사람에 대한 인내와 이해심 등을 포함한다.

1) 고객의 심리

- 고객은 환영받고 싶어한다.
- 고객은 관심받고 싶어한다.
- 고객은 존경받고 싶어한다.
- 고객은 편안함을 느끼고 싶어한다.
- 고객은 칭찬받고 싶어한다.
- 고객은 부탁이 받아들여지기를 원한다.

2) 고객을 대하는 태도

태도는 인성과 많은 관계가 있다. 그것은 사람, 사건과 사물에 대한 좋고 싫음과 반응에 영향을 끼친다. 어려운 상황에서도 차분하게 대처해 나가고 유쾌하고 즐거운 성격을 가졌으며 다른 사람과 잘 어울리는 사람은 삶에 대해 건강한 태도를 지닌 사람이라고 할 수 있다.

다음과 같은 태도나 동작은 하지 않도록 주의해야 한다.

- 기둥이나 벽에 기대지 말아야 한다.
- 머리를 긁지 말아야 한다.
- 살롱의 전화로 개인적인 전화를 하지 않도록 한다.
- 팔짱을 끼거나 손을 뒤로 끼거나 하지 말아야 한다.
- 고객에게 설명하거나 안내할 때에도 검지 손가락을 사용하지 말아야 한다. 안내나 설명을 할 때는 손바닥을 펴서 하는 것이 좋다.
- 고객에 대한 소문이나 비판을 금하고, 고객을 보고 킥킥거리며 웃거나 하지 말아야 한다.
- 고객으로부터 다른 고객의 소문이나 험담 등이 나와도 결코 그 이야기에 동조하지 말아야 한다.
- 동료와 함께 일에 관계없는 잡담을 하지 않도록 한다.
- 고객을 대할 때는 마음을 담은 매력있는 웃는 얼굴로 대한다.

3) 고객과의 관계

(1) 고객을 인간적으로 대하라

언제나 고객은 자기의 중요성을 확인하고 싶어 하는 갈증이 있다. 자기 개인의 가치를 인정받고 평가받고 싶어 하는 욕망이 누구에게나 있는 것이다.

(2) 고객의 중요성을 본인에게 확인할 수 있게 하라

예의나 예절은 고객을 인정하는 표현으로 고객이 자신의 중요함을 느낄 수 있도록 대해야 한다.

6. 피부미용에 대한 실제 상담

1) 관리 전 면담

(1) 고객 상담 카드 작성

피부관리 계획을 진행하기 위해서는 고객카드를 충실하게 작성하는 것이 중요하다. 고객에 대한 성격, 피부상태 그리고 생활습관 등과 함께 관리 정보, 어드바이스 정보와 관리 효과에 대한 정보 등 상담 카드는 피부미용사에게 있어서 가장 소중한 정보가 된다.

(2) 고객 신상 조사

성명, 생년월일, 주소, 연락처, 직업, 결혼 여부, 신장, 체중, 가족 구성, 혈액형 등 고객의 기본적인 신상에 관하여 조사, 기록한다.

(3) 방문 동기 조사

고객이 피부미용실을 방문한 목적과 동기를 파악하고 고객 본인이 생각하는 피부의 문제에 대하여 반드시 파악한다. 이는 지금까지 고객이 느껴왔던 피부의 상태 등을 예측할 수 있는 자료가 되고 피부미용 계획을 작성하는 데 참고되어야 할 사항이다.

(4) 생활 환경 조사

생활 환경, 생활 습관, 심신 상태, 건강 상태, 피부미용 습관으로 분류하여 구체적인 내용을 파악한다.

2) 분 석

(1) 피부상태 분석표

피부의 상태는 구체적으로 구분하여 파악한다. 피부의 조직 상태, 피지 분비 정도, 수분상태, 모공상태, 피부결, 민감도, 혈액순환 정도, 색소, 안색의 정도를 구분하여 판독하고 작성한다. 이때 견진법, 촉진법, 문진법, 기기를 이용한 분석법으로 정확한 피부분석을 하도록 한다.

(2) 요인 분석

피부유형 상태에 영향을 미치는 요인과의 상관관계를 분석하여 피부 문제점의 요인을 찾아낸다.

3) 계 획

(1) 피부관리 프로그램 계획

피부유형 상태에 영향을 미치는 요인을 분석한 후 적절한 피부미용 프로그램을 결정한다. 피부미용 프로그램 방침으로써 고객에게 맞는 살롱 케어에 의한 기대와 효과 그리고 기술 메뉴 개요, 홈 케어 포인트를 계획한다.

(2) 피부관리 내역표

관리일자, 횟수, 관리자명, 목적, 단계를 구체적으로 기입한다. 관리단계는 목적에 따라 설정하여 시행되어야 하며 그 사용제품과 기기 및 비품에 대해서는 제품명, 기기명, 사용량, 기간, 방법 등이 정확하게 기재되어야 한다.

(3) 피부관리 프로그램에 대한 기대 효과와 관리 메뉴 방침, 요금체계를 설명하여 고객의 확인을 받는다.

4) 실 행

관리 중 관리에 의한 피부반응과 고객의 취향을 확인하면서 실시한다.

5) 평 가

① 관리 후 피부상태의 변화에 대하여 객관적으로 문진한다.
② 홈 케어 어드바이스로서 다음 방문까지의 관리 포인트, 그에 의한 효과와 목표를 제시하며, 전화 및 사후 관리로 피부 상태, 홈 케어 상태, 다음 방문날짜 등을 확인한다.

6) 재방문 시 카운셀링

고객의 고민과 희망사항을 재확인한다. 그리고 관리 전 피부상태와 변화를 확인하여 피부관리 계획을 세워 수정할 사항이 있으면 계획, 수정을 한다.

7. 전화 예절

1) 전화 받는 법

- 전화를 받을 때에는 메모 준비를 잊지 않는다.
- 전화를 받으면 '○○ 피부미용실 ○○입니다' 라고 말을 시작한다.
- 상대를 확인한다. 상대가 이름을 밝히지 않아 누구인지 불명확할 경우에는 '실례합니다만 성함이 어떻게 되시는지요' 라고 묻는다.
- 전화벨이 두 번 이상 울리기 전에 받는다. 4회 이상 벨이 울린 후 수화기를 들었을 때에는 '기다리게 해서 죄송합니다. ○○ 피부미용실입니다' 라고 한다.
- 피부미용실의 위치는 전화로 설명할 수 있도록 미리 준비해 둔다.
- 전화는 전화한 쪽에서 먼저 끊는 것이 원칙이다.

표 4-6 상담의 단계

면 담

· 일반적 사항(성명, 연령, 주소, 연락처, 직업, 결혼여부, 신장, 체중 등)
· 방문 목적(방문동기, 개선시키고 싶은 피부 문제점 등)
· 생활 환경(생활 양식, 식습관, 운동 습관, 기호파악 등)
· 건강 상태(병력, 현재 복용약, 생리주기, 콘텍트렌즈 착용 유무 파악)
· 피부 환경(이전 피부에 대한 처치, 피부미용에 대한 경험, 현재 사용하고 있는 화장품 등)
· 정서적 상태 및 성격 관찰

↓

분 석

· 피부유형 상태 관찰(견진법, 촉진법, 문진법, 기기를 이용한 분석법 사용)
· 피부유형 상태 분석(피부결, 모공의 크기, 피지 분비 상태, 수분상태, 혈액순환, 예민도, 색소, 탄력도, 주름 등)
· 요인분석(피부유형 상태에 영향을 미치는 요인분석)

↓

계 획

· 살롱 피부미용 및 홈케어 계획(목표 제시)
· 피부미용 프로그램 메뉴 및 방침 설정(요금체계 명시, 기술 적용 범위, 횟수와 기대성과, 사용하는 제품과 기기 설명)

↓

실 행

· 피부미용 프로그램 시행
· 가정에서의 관리

↓

평 가

· 시술 후 소견
· 관리 후 피부 변화 상태 평가
· 홈케어 조언
· 다음 방문 확인

2) 전화 거는 법

- 전화를 걸 상대방의 전화번호, 이름, 소속을 한번 확인한 뒤 다이얼을 누른다. 전화하기 전에 용건을 미리 메모해 두면 내용을 빠뜨릴 염려가 없다.
- 상대방이 나오면 상대를 확인하고 이쪽의 피부미용실의 이름을 말한다. '○○ 피부미용실 ○○입니다'
- 용건이 있는 사람을 바꾸어 달라고 말한다. 재차 자신을 알리고 인사를 한 다음 상대의 형편을 확인한다. 비밀을 필요로 할 때는 '지금 전화로 말씀드려도 좋겠습니까?' 라고 말한다.
- 만일 상대방이 부재 중일 때는 돌아올 예정시각을 문의하여 전언을 부탁한다.
- 용건을 말할 때는 간단히 인사 후 곧바로 용건에 들어가되 용건은 순서대로 정확하게 표현하여 말하고, 강조할 내용이나 틀리기 쉬운 내용은 반복해서 확인한다.

3) 전화 이용시 주의사항

① 음식을 먹으면서 전화를 받거나 걸지 않도록 한다.
② 바른 자세로 앉아 입과 송화구와의 거리가 4~5㎝ 떨어지게 한다.
③ 너무 소리를 지르거나 작은 소리는 불쾌하거나 답답하게 느껴진다.
④ 용건만 간단히 말하고 상대방에게 잡음이 들리지 않도록 전화를 이용한다.
⑤ 전화 연결 시 반드시 홀딩을 하고, 홀딩이 안 될 경우에는 수화기를 막고 말을 전한다.
⑥ 전화 메모 시 육하원칙에 따라 '누가, 언제, 어디서, 무엇을, 어떻게, 왜'의 항목을 빠뜨리지 않는다.

표 4-7 전화응대 13단계

거는 사람	받는 사람	
① 전화번호를 누른다. ④ 송화자를 밝힌다. ⑤ 통화하고 싶은 사람을 밝힌다. ⑧ 요건을 말한다. ⑩ 점검(확인) ⑪ 마무리 인사	② 수화기를 든다. ③ 수화자를 밝힌다. ⑥ 통화자를 바꾼다. ⑦ 통화자를 밝힌다. ⑨ 듣고 메모, 복창, 확인 ⑫ 마무리 인사	⑬ 끊는다. ※ 고객 또는 윗사람일 때는 상대가 먼저 끊도록 하고 동료일 때는 건 사람이 먼저 끊도록 한다.

표 4-8 전화상담일지

전화상담일지

20 . . .am, pm 시 분

이름		나이	
키/체중		관리 희망 부위	
관리 경험		실패 이유	
희망 금액		상담 예약	
본인의 문제점		상담자 상담 내용	
주소			
전화		상담 관리사	
의견			
결재			

20 . . .am, pm 시 분

이름		나이	
키/체중		관리 희망 부위	
관리 경험		실패 이유	
희망 금액		상담 예약	
본인의 문제점		상담자 상담 내용	
주소			
전화		상담 관리사	
의견			
결재			

표 4-9 고객카트(앞)

고객카드(앞)

고객번호 No :	피부미용사 :
고객성명 :	성별 : 여 남 생년월일 : 년 월 일
주소 :	
연락처 :	핸드폰 :

방문동기	·광고□ ·아는 사람 소개로□ ·기타□
개선시키고 싶은 피부 문제점	·건성/각질화□ ·지성 □ ·모세혈관 확장증□ ·노화/검버섯□ ·화이트헤드□ ·블랙헤드□ ·잔주름/진한주름□ ·여드름□ ·예민□ ·기타□
병력 medical history	·알레르기□ ·피부병□ ·당뇨병□ ·고혈압□ ·천식□ ·밀실공포증□ ·심장기능부전□ ·간질병□ ·켈로이드 keloid □ ·기타□
생리 주기 menstration cycle	(빈칸) / 콘텍트렌즈 사용 유무 contact lens: (빈칸) / 임신여부 pregnancy: (빈칸)
현재 복용약 current medication	·항생제□ ·항히스타민제□ ·호르몬제□ ·피임약□ ·이뇨제□ ·변비약□ ·기타□
이전 피부 관리 previous treatments	· 링 peeling□ ·레틴A□ ·피부암수술□ ·성형수술□ ·기타□
생활습관 life style	·운동여부□ ·다이어트□ ·음주【 번 / week 】□ ·흡연【 Y / N 】□ ·수면시간【 시간 / day 】□
피부결 skin texture	·얇다 fine□ ·정상 normal□ ·거칠다 thick□
모공의 크기 ostiums	·거의 보이지 않음 invisible□ ·약간 보임 slightly visible□ ·크게 보인다 visible open□
피지 분비 sebaceous secretion	·건성 dry□ ·중성 normal□ ·지성 oily□ ·화농성 여드름 acne□ ·작은 여드름 comedonal□ ·질식된 피부 asyphxic□
여드름 acne	·화이트헤드 white head□ ·블랙헤드 black head□ ·구진 papule□ ·농포 pustule□ ·결절 nodule□ ·낭종 cyst□
수분상태 hydration	·피부표면의 수분부족 superficial dehydration□ ·진피층의 수분부족 deep dehydration□
혈액순환 circulation	·홍반 erythosis□ ·모세혈관 확장증 couperose□ ·주사비 rosacea□
예민도 sensitivity	·정상 normal□ ·예민 sensitive□ ·과민 very sensitive□
색소 pigmentation	·주근깨 freckles□ ·기미 chloasma□ ·검버섯 seborrheic keratosis□ ·저색소침착 hypopigmentation□
탄력도 elasticity	·좋음 good□ ·보통 average□ ·나쁨 poor□
주름 wrinkles	·깊은 주름 deep wrinkles□ ·잔주름 fine lines□

사용 화장품(제품 브랜드명과 타입)	
클렌징(cleansing)	
토너(toner)	
딥 클렌징(deep cleansing)	
팩(pack)	
세럼, 에센스, 앰플	
영양 크림	
썬 프로텍션(SPF)	
아이 크림(eye cream)	
파운데이션(foundation)	
기타	

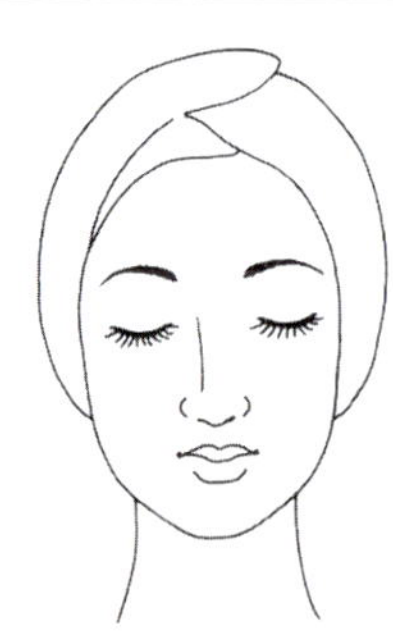

표 4-10 고객카드(뒤)

고객카드(뒤)

관리일자 :			관리횟수 :			피부미용사 :		
다음 관리 날짜 next appointment								
관리목적 purpose of treatment								
관리계획 treatment plan								
패치 테스트 patch test								
관리단계 treatment process	사용제품 products				사용기기 및 비품 equipment			
	제품명	함유성분	방법	시간	기기명	목적	방법	시간
포인트 메이크업 클렌징 point make up cleansing								
클렌징 cleansing								
딥 클렌징 deep-cleansing								
필링 peeling								
여드름 추출 comedo extract								
앰플 ampoule								
마사지 massage								
1차 마스크/팩 mask or pack								
2차 마스크/팩 mask or pack								
특수관리 special treatment								
썬 프로텍션 sun protection								
시술 후 소견 comment								
홈 케어 어드바이스 home care advice								
관리후 피부 변화 상태	·피부외관상의 변화 ·투명감 ·감촉 ·탄력감 ·피지 분비 상태 ·화장 상태 ·가려움증 ·홍반 ·각질발생 ·피지분비 증가 ·염증 발생 ·건조함 ·색소 침착							
before 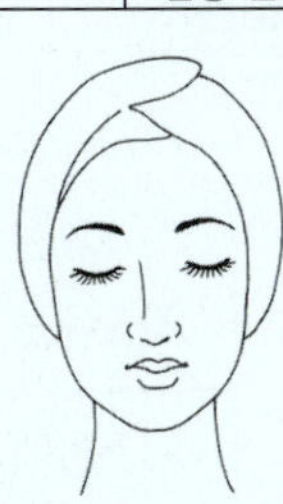				after 				
판매제품 selling product								

제4장 피부분석

표 4-11 Treatment Record(관리기록표)

Treatment Record(관리기록표)

월 일 요일 결산	실 장	원 장

【관리 손님】

순번	성명	관리	회차	내용
1				
2				
3				
4				
5				
6				
7				
8				
9				
10				
11				
12				
13				
14				
15				
16				
17				
18				
계				

【티켓 손님】

신/재	성명	관리	횟수	금액	미수금

【수입 및 지출】

회사명	제품명	금액	비고

【수입 및 지출】

수입내용	금액	비고

지출내용	금액	비고

지출내용		
지출합계		
차액		

Ⅲ. 피부유형별 특징 및 관리방법

1. 피부의 유형

피부의 유형은 피부의 수분량, 피지분비 정도, 혈액순환상태. 피부조직상태, 피부색에 따라 달라진다. 또한 외부 환경요인과 개인의 신체 건강상태, 심리적 요인, 생활습관, 영양상태 등에 따라 수많은 변화 요인을 가진다.

일반적으로 피부는 정상피부, 건성피부, 지성피부, 복합성 피부, 민감성피부 등으로 분류할 수 있다. 이러한 피부들은 적절한 관리를 하지 못하면 상태가 더욱 악화되고 심화되어 여드름피부, 기미피부, 노화피부 등 문제성 피부로 변화하게 된다.

1) 정상피부(Normal Skin)

피부의 모든 상태와 생리기능이 정상적인 상태로 피부표면에 색소침착이나 잡티 등을 전혀 찾아볼 수 없다. 피부관리학적으로 가장 이상적으로 추구하는 피부 유형이다.

① 특징

- 피부의 피지선과 땀샘의 생리기능이 정상적이며 수분과 유분이 적절한 균형을 이루고 있다.
- 가장 이상적으로 추구하는 피부 유형이며 피부미용의 궁극적 목적은 정상피부로 전환하는 것이라 할 수 있다.
- 연령, 계절, 환경, 심리적 스트레스, 영양상태, 운동상태 등에 따라 수시로 변할 수 있으므로 꾸준한 유지관리와 노화예방관리가 중요하다.

② 분석

- 피부결의 형태가 종횡으로 정밀하게 갖추어져 있다.
- 피지분비와 보습이 적절하여 피부표면이 촉촉하고 부드럽다.
- 세안 후 피부의 당김이 별로 느껴지지 않는다.
- 피부가 탄력이 있고 혈액순환이 원활하다.
- 피부표면이 매끄럽고 윤기가 있다.
- 표정으로 인한 주름 외에는 전반적으로 잔주름이 없다.
- 피부의 색소 침착이 없고 기미, 주근깨 등 잡티가 보이지 않는다.
- 모공은 작고 눈에 잘 띄지 않을 정도로 약간 보인다.

③ 원인

- 피부조직의 모든 상태, 피부 생리기능들이 모두 정상적인 활동을 하는 경우
- 각질층의 수분함유량이 10~20%로 정상인 경우
- 혈액순환이 순조로운 경우
- 표피 세포의 신진대사가 원활한 경우

④ 관리방법

- 현재의 피부상태를 유지하기 위해 보호와 보습에 중점을 둔다.
- 건강한 피부이므로 적절한 클렌징을 하고 수분과 유분의 밸런스를 유지한다.
- 피부의 노폐물을 제거하기 위해 부드러운 밀크타입의 클린징을 사용한다.
- 크림타입이나 효소타입의 딥 클린징을 주1회 함으로써 묵은 각질과 모공 속 노폐물을 제거한다.
- 세안제, 마스크, 스크럽제 등 피부미용 화장품의 지나친 남용을 금한다.
- 균형잡힌 식생활, 충분한 물 섭취, 적당한 수면을 취한다.
- N.M.F, 비타민E, 콜라겐, 레시틴, 히아루론산 등 보습성분이 많이 함유된 화장품을 사용한다.

2) 건성피부(Dry skin)

외적요인(자외선, 바람, 대기오염 등)과 내적요인(생체리듬, 생활습관, 건강상태 등)에 의해 피부의 수분공급기능과 피지분비기능이 떨어진 상태이다.

(1) 일반건성피부(Dry Skin)

① 특징

- 수분공급기능과 피지분비기능의 밸런스가 유지되지 못하는 피부유형
- 표피가 항상 수분부족 상태이다.
- 피지선과 한선 활동이 둔해지고 피부노화현상이 급속하게 진행된다.
- 세안 후 조금만 건조한 환경에 놓이면 피부가 심하게 당긴다.
- 파운데이션이 잘 안 받고 발라도 쉽게 들뜬다.
- 적절한 화장품으로 보습관리를 해주면 정상상태를 쉽게 유지할 수 있다.

② 분석

- 모공이 작아 눈에 잘 보이지 않는다.
- 표피의 심한 건조도에 비해 피부 늘어짐 현상은 심하지 않다.

- 피부가 늘 건조하고 조직이 얇게 보인다.
- 피부가 늘 거칠어 보인다.
- 피부노화현상이 진행되어 얼굴표정에 따라 주름이 많이 생긴다.

③ 원인

- 각질층의 수분이 10% 이하로 부족한 경우
- 유전적으로 피지선 기능이 원활하지 못하거나 피지선 자극 호르몬의 분비가 부족한 경우
- 화장품에 의한 염증 후 피부상태가 거칠어지는 요인
- 부적합한 피부손질
- 비타민A 부족
- 피지와 땀의 분비 부족

(2) 표피건성피부(Superficial Dehyrated Skin)

① 특징

- 일반건성피부와 비슷하지만, 피지분비 부족이라는 내적요인이 아닌 환경적인 외적요인이 주된 원인이다.
- 심한 냉난방, 겨울철 심한 바람 등 외부환경 속에 지속적으로 피부가 노출되고 그에 따른 적절한 관리가 없을 때 표피건성으로 진행되기 쉽다.

② 분석

- 일반건성피부의 특징과 거의 유사하다.
- 일반건성피부와 달리 피부조직이 별로 얇게 보이지 않고 표정원인성 주름의 형성이 거의 나타나지 않는다.
- 세안 후 피부가 당기는 느낌이 있으며 예민하다.
- 피부가 건조하여 각질이 많이 일어나며 소양증이 있을 수 있다.

③ 원인

- 바람, 자외선 등 외부환경으로 피부의 수분이 상실 된 경우
- 심한 냉·난방 등 건조한 환경에 오랫동안 노출되어 수분증발이 심화된 경우

(3) 진피건성피부(Deep Dehydrated Skin)

① 특징

- 피부자체의 수화기능, 즉 내적요인에 이상이 있는 경우 나타난다.

- 피부의 보습력을 담당하는 콜라겐 섬유나 이를 생산하는 섬유아세포(fibroblast)가 유리기(free radical) 등에 의해 파괴되거나 계속적인 표피건성화로 피부의 보습기능이 무리를 한 경우 나타난다.
- 지속관리를 해준다 해도 정상상태로 회복하기 어려우며 장기화 될 경우 피부 늘어짐, 주름 등 급격한 노화로 진행되기 쉽다.

② 분석

- 피부 탄력이 부족하다.
- 피부 당김이 심하다.
- 피부표면이 심하게 거칠고 화장이 잘 받지 않는다.
- 눈 밑, 뺨, 턱, 입가 등에 피부 늘어짐이 많이 나타난다.
- 피부조직에 생기가 없고 노화되어 보인다.
- 피부에 색소 침착이 많다.
- 얼굴에 진성주름이 많이 나타난다.

③ 원인

- 지속적인 표피건성화로 인한 진피층 콜라겐의 수화기능의 이상요인
- 유리기(free radical)에 의해 피부의 결합조직이 심각하게 손상된 경우
- 지나친 다이어트로 인한 영양결핍 요인

④ 관리방법

- 알칼리성 비누를 사용한 지나친 세안은 삼가고 부드러운 밀크 타입이나 유분이 함유된 크림타입을 선택하여 미지근한 물로 세안한다.
- 영양, 보습 성분이 있는 오일이나 에센스를 선택한다.
- 유분이 많은 영양크림을 과하게 사용하면 피지선의 기능이 저하된다.
- 식품에 의한 지방 보충, 충분한 물, 비타민A, E가 함유된 음식을 섭취한다.
- 직사광선, 잦은 사우나, 지나친 스팀기의 사용을 자제하여 피부 건조화와 자극을 피한다.
- 토닉은 알코올 함량이 적고 보습기능이 강화된 제품을 사용한다.
- 혈액 순환과 신진대사를 도와주는 마사지와 팩을 주 1회 실시한다.
- 유분이 지나치게 많이 함유된 제품을 사용하면 오히려 건성화를 가속화 시킬 수 있다.
- 외출 할 때는 자외선 차단제를 꼭 발라 준다.
- 아보카도유(avocado oil), 올리브유(olive oil), 아몬드유(almond oil), 살구씨유(apricot kernel oil) 등이 함유된 화장품을 사용한다.

- 고보습과 영양을 공급할 수 있는 히아루론산, 세라마이드, 알로에 베라, 콜라겐 등의 성분이 함유된 제품을 사용한다.
- 건조로 인한 잔주름 형성에 유의하고, 잔주름이 많이 생기는 눈가에는 아침, 저녁으로 아이크림을 발라준다.

3) 지성피부(Oily skin)

① 특징

- 피지선과 한선의 기능 증가로 문제성 피부로 발달하기 쉽다.
- 피지선의 크기가 확대되어 있는 사춘기 동안 가장 많이 나타난다.
- 다른 피부타입에 비해 주름이 덜 생기며 노화가 늦게 온다.
- 피부표면에 불순물이 쉽게 묻어 감염이 잘 된다.
- 계절상 기온이 높은 여름철에 많이 나타난다.
- 메이크업이 잘 지워진다.
- 햇빛에 의한 피부색소 침착 현상이 빨라진다.
- 땀샘(한선)의 기능 저하에 따라 두 가지로 나눌 수 있다.
  · 유성 지루성피부(Seborrhoea Oleosa Skin) : 각질층이 유난히 두껍고 피지과다분비로 피부가 번들거리고 전체적으로 모공이 확장된 피부이다. 피지과다로 피부 산성막의 균형이 파괴되어 알칼리성을 띠게 되어 외부 세균에 대한 저항력이나 방어능력이 감소되어 2차적 피부병변을 초래할 수 있다.
  · 건성 지루성피부(Seborrhoea Sicca Skin) : 피지는 과다 분비되나 땀샘의 기능 저하로 수분이 부족하여 피부 당김이 있고, 피지가 건조한 상태로써 머리부분과 눈썹 부분에 비듬이 생기며 쉽게 자극을 받는다.

② 분석

- 피지분비가 과다하여 피부표면이 번들거린다.
- 각질층의 두께가 두텁다.
- 피부가 거칠고 모공이 넓다.
- 피부 투명감이 부족하고 탁해 보인다.
- 콧방울 주위와 T-Zone에 피지로 인한 블랙헤드가 많이 있다.
- 피지분비가 많아 모공이 막혀 면포나 여드름이 생기기 쉽다.

③ 원인

- 유전적인 요인

- 지방과 탄수화물, 향신료 및 기호식품의 과다섭취
- 비타민 B_2, B_6의 결핍
- 위산과다와 변비의 내적 요인
- 기온상승과 피지선 기능의 활동성 증가
- 부신피질 호르몬제의 잘못된 사용
- 스트레스, 수면부족, 육체적 피로, 잘못된 다이어트 등의 요인
- 심리적으로 도전을 많이 받을 경우 남성호르몬(testosterone)의 분비량 증가

④ 관리방법

- 주1~2회 고마쥐 타입(gommage type)이나 효소필링(enzyme peeling)을 이용하여 묵은 각질과 피지를 녹여 막힌 모공을 열어주고 피부를 정화한다.
- 38℃ 정도의 따뜻한 물로 세안을 하여 피지를 제거한다.
- 수분공급 마스크나 피지 흡착 기능이 뛰어난 클레이 마스크 등을 이용해 주1회 정도 팩 한다.
- 멘톨, 캄퍼, 레몬, 유황, 사이프러스, 카모마일, 알란토인 등 진정, 수렴, 소염효과가 뛰어난 성분이 든 화장품을 사용한다.
- 알코올이 함유된 스킨을 사용하여 피지를 제거하고 모공을 수축시킨다.
- 동물성지방, 초콜릿, 콜라 등의 기호식품 섭취를 피하고 비타민B2, B6와 과일, 야채를 섭취한다.

4) 복합성피부(Combination skin)

① 특징

- 피지 분비량의 불균형으로 2가지 이상의 피부형태가 공존하는 피부상태이다.
- 화장이나 기후변화에 따라 일시적으로 나타나기도 한다.
- 중년이후 많이 나타나며 잘못된 관리나 피부노화에 의해 쉽게 나타난다.
- 화장품에 의해 여드름이 형성되기도 한다.
- 민감한 피부타입에 많다.
- 피부 타입에 맞는 기초 화장품을 선택하기가 어렵다.
- 피곤하거나 스트레스를 받으면 여드름이 가끔씩 생긴다.
- 화장이 고르게 받지 않는다.

② 분석

- T-Zone에 피지 분비가 많아 번들거리고 면포가 형성되기 쉽다.

- T-Zone을 제외한 다른 부분은 건성화 되어 세안 후 심하게 당긴다.
- 눈가는 건조하여 잔주름이 생긴다.
- 광대뼈 부분에 기미가 나타나는 경우가 많다.

③ 원인

- 계절이 바뀌는 환절기
- 기초화장품의 교체 시 피부 균형을 잃게 되는 경우
- 피부타입에 맞지 않는 제품 사용
- 음식물, 연령, 심한 온도 변화 등의 요인
- 신경과민, 수면부족, 과로 등의 요인
- 중년 이후 피부 노화

④ 관리방법

- 피지분비의 정상화, 유·수분의 균형 유지를 주목적으로 한다.
- 팩, 크림, 기초화장품류는 부위별로 적합한 두 가지 타입을 사용한다.
- T-Zone은 주1~2회 딥클렌징을 한다.
- U-Zone은 민감하므로 2주에 1회 정도 딥클렌징을 한다.
- T-Zone은 아스트린젠트를 화장솜에 묻혀 10분정도 올려놓아 수렴마스크를 해주어 소염효과 및 모공 확장을 막아 주도록 한다.
- U-Zone은 스킨소프너를 화장솜에 묻혀 10분정도 올려놓아 유연마스크를 해주어 피부유연 및 수분공급을 주도록 한다.
- 팩의 경우 T-Zone은 각질제거 기능이 강한 클렌징 팩을, U-Zone은 수분 팩이나 영양 팩을 한다.

5) 민감성피부(Sensitive skin)

① 특징

- 연령이나 피부타입과 관계없이 외부자극에 저항력이 약하다.
- 약품이나 화장품 등 외부 자극에 의해 피부 트러블이 생기기 쉽고 불안정한 상태이며 가려움증이 잘 나타난다.
- 유·수분이 부족하고 피부를 보호하는 각질층이 얇아 피부보호기능이 저하되어 있다.
- 각질탈락주기가 정상피부에 비해 빨라 각질층이 얇고 수분의 양이 부족하여 건조한 경우가 많다.

- 피지 분비량이 고르지 못한 복합성 피부 상태일 경우가 많다.
- 자외선, 먼지, 공해물질 등 외부자극과 접촉시 피부에 홍반 현상이 생기기 쉽다.
- 기온 차가 심한 경우 피부가 붉어지기 쉽고 소양증이 생긴다.

② 분석

- 피부 조직이 얇고 섬세하여 모공이 거의 보이지 않는다.
- 피부 표면이 투명하다.
- 이마나 눈 주위에 표정에 의한 주름이 생기기 쉽다.
- 피부 색소 침착이 쉽게 나타난다.
- 피부의 건조화 때문에 피부가 당기기 쉽다.
- 모세혈관이 피부표면에 쉽게 나타난다.

③ 원인

- 선천적으로 피부 저항력이 약한 경우
- 계절의 변화에 따른 요인
- 과도한 필링이나 잘못된 피부 관리
- 정신적 스트레스, 과로, 불안, 수면부족 등의 요인
- 화장품, 향료, 알코올 등에 의한 접촉성
- 심한 자외선으로 인해 피부가 예민해진 경우
- 진통제, 신경안정제, 호르몬제 등의 의약품
- 임신, 갱년기, 월경주기 등의 요인
- 음식물에 의한 알러지 체질

④ 관리방법

- 심한 온도 차이를 피하고 사우나, 찜질 등을 삼간다.
- 햇빛, 바람 등에 노출 시 차단제와 모이스처로션 및 크림과 같은 피부 보호제를 바른다.
- 피부가 아주 민감하면 일반 마사지보다는 림프드레니지를 시행한다.
- 콜라겐, 히아루론산, 아쥴렌, NMF(천연보습인자) 등 피부의 진정, 보습력이 뛰어난 제품을 사용한다.
- 석고 팩이나 스크럽 제품, 기기사용 등은 피부에 자극을 주기 때문에 피한다.
- 젤 타입이나 크림타입의 팩 제품을 사용하여 주1회 수분과 유분을 공급해 준다.
- 자극이 적은 크림타입의 필링제를 이용하여 2주 1회 정도 딥클렌징을 시행한다.

- 자극성이 강한 음식이나 술, 담배, 커피 등을 삼가고 우유, 계란, 녹색 야채, 두유와 같은 음식물을 통해 칼슘, 비타민B_6, 단백질을 많이 섭취한다.
- 스트레스를 받지 않도록 심리적 안정감을 가진다.

2. 피부유형별 관리방법

1) 정상피부 관리방법

가장 이상적인 건강한 피부상태이므로 철저한 클렌징, 피부세포에 영양과 수분의 균형을 유지시킬 수 있는 기본관리로 정상 피부를 유지한다.

클렌징 및 피부진단
· 포인트 메이크업 리무버로 눈과 입술의 부분화장을 지운다. · 부드러운 밀크타입 클렌징으로 메이크업 잔여물과 피부노폐물을 제거한다. · 견진과 촉진으로 피부상태를 분석한다.

↓

딥 클렌징 및 스티머
· 크림 타입 혹은 효소 필링제를 이용하여 각질제거 한다. · 스티머를 5~10분 정도 사용하여 피부 각질제거를 용이하게 하고 모공확장과 순환촉진으로 다음단계에서 투입되는 영양성분들의 흡수와 효과를 높여준다.

↓

영양공급 및 마사지
· 보습용 앰플(콜라겐, 히아루론산, N.M.F, 필수지방산, 비타민 A,E 등의 성분이 함유된 제품)을 사용한다. · 갈바닉전류의 이온토포레시스(Iontophoresis)를 실시해도 된다. · 보습용 영양크림에 에센셜 오일을 첨가하여 릴렉스 시킬 수 있는 마사지를 실시한다. · 고주파는 간접방식으로 실시하여 신진대사를 촉진시킨다.

↓

마스크 및 보호
· 콜라겐 마스크, 모이스춰라이징 마스크 등 보습용 마스크를 실시한다. · 산뜻한 데이크림을 사용하여 피부보습과 보호작용을 지속시킨다. · 자외선 차단제를 사용하여 자외선으로부터 피부보호 해주며 장시간 외출 시 수시로 덧발라준다.

2) 건성피부 관리방법

건조한 피부에 보습효과를 주고 피지선을 자극하여 피지선의 기능을 항진시키는 모이스춰라이징(moisturizing) 관리를 한다. 피부표면의 보습작용과 피부 유연함을 회복하여 피부의 건조함과 잔주름을 개선한다.

클렌징 및 피부진단
· 포인트 메이크업 리무버로 눈과 입술의 부분화장을 지운다. · 부드러운 밀크타입 클렌징으로 메이크업 잔여물과 피부노폐물을 제거한다. · 우드램프, 확대경, 유·수분 측정기로 피부상태를 분석한다.

↓

딥 클렌징 및 스티머
· 각질제거는 건성피부에 부족한 피지분비를 촉진하는 효과를 주기위하여 고마쥐 타입으로 물리적 필링을 선사한다. · 예민 부위에는 부분적으로 효소필링을 실시하여 물리적 자극을 피한다. · 피지선의 활동이 부족한 상태로 피지분비가 부족하고 각질도 쌓여 있는 상태이므로 딥클렌징보다는 우선적으로 필링을 실시한다. · 갈바닉(직류)을 이용한 세정(Desincrustation)은 피부에 부담을 줄 수 있으므로 피한다. · 모공확장과 순환촉진으로 다음 단계에서 투입되는 영양성분들의 흡수와 효과를 높여준다.

↓

영양공급 및 마사지
· 앰플은 콜라겐, 히아루론산, N.M.F, 필수지방산, 비타민 A,E 등의 성분이 함유된 제품으로 사용한다. · 갈바닉전류의 이온토포레시스(Iontophoresis)를 이용하여 침투를 촉진시킨다. · 건성피부용 영양크림에 에센셜 오일을 첨가하여 마사지를 실시한다. · 고주파는 간접방식으로 실시하여 신진대사를 촉진시킨다.

↓

마스크 및 보호
· 혈액순환과 신진대사를 촉진시키기 위해 콜라겐과 해초성분의 모델링 마스크 또는 석고마스크나 콜라겐 벨벳 마스크를 실시한다. · 건성용 데이크림을 사용하여 피부보습과 보호작용을 지속시킨다. · 자외선 차단제를 사용하여 자외선으로부터 피부보호 해주며 장시간 외출 시 수시로 덧발라준다.

3) 지성피부 관리방법

딥 클렌징으로 피부정화(purifying) 관리를 한다. 과다피지로 인한 트러블 발생, 불순물에 의한 정체와 피부호흡을 개선하기 위한 피지제거 및 피지분비조절(sebum control)관리를 한다.

클렌징 및 피부진단
· 포인트 메이크업 리무버로 눈과 입술의 부분화장을 지운다. · 정화라인 제품으로 메이크업 잔여물과 피부노폐물을 제거한다. · 우드램프, 확대경, 유·수분 측정기로 피부상태를 분석한다.

↓

딥 클렌징 및 스티머
· 고마쥐 타입으로 물리적 필링을 실시한다. · 10~15분 정도 스티머를 실시하여 모공을 열어준 후 블랙헤드나 화이트헤드를 추출한다.

↓

영양공급 및 마사지
· 지용성 앰플(라벤더, 레티놀, 세이지, 아이리스, 비타민 E)을 공급한다. · 유분이 적은 영양크림에 정화용 에센셜오일(일랑일랑, 샌달우드, 라벤더, 로즈우드) 등을 섞어 림프드레니지 혹은 적당한 자극효과를 줄 수 있는 자켓(Dr. Jacquet)마사지를 실시한다. · 고주파는 직접방식으로 실시하여 신진대사를 촉진시킨다.

↓

마스크 및 보호
· 수분공급 위주의 마스크와 피지를 흡착할 수 있는 클레이, 해초추출물 함유의 마스크를 번갈아 가면서 실시한다. · 지성용 데이크림을 사용하여 피부보호를 지속시킨다. · 산뜻한 로션타입의 자외선 차단제를 사용하여 자외선으로부터 피부보호 해주며 장시간 외출 시 수시로 덧발라 준다.

4) 복합성피부 관리방법

피부정화, 피지분비 정상화, 유·수분의 균형유지(balancing) 관리를 한다.

클렌징 및 피부진단

· 포인트 메이크업 리무버로 눈과 입술의 부분화장을 지운다.
· 복합피부용 클렌징 로션으로 얼굴전체를 클렌징 한다.
· 우드램프, 확대경, 유·수분 측정기로 피부상태를 분석한다.

↓

딥 클렌징 및 스티머

· T-zone은 물리적 필링(고마쥐)을 하여 딥 클렌징 한다.
· U-zone은 효소필링을 실시하여 물리적 자극을 피한다.
· 각질제거 용이, 모공확장과 순환촉진을 위해 5~10분 정도 실시한다.

↓

영양공급 및 마사지

· T-zone은 정화라인 앰플을 사용하고 U-zone은 보습 앰플을 침투시킨다.
· 마사지는 보습용 영양크림을 사용하여 적당한 자극효과를 줄 수 있는 자켓(Dr. Jacquet)동작이나 자극이 없는 순환 촉진의 진동(Vibration)동작을 적용한다.
· 고주파는 간접적용과 직접적용을 병행하여 순환을 촉진시킨다.

↓

마스크 및 보호

· T-zone은 정화라인 마스크(세이지, 카렌듀라, 머드류 등) 사용
· U-zone은 보습라인 마스크 사용
· 벨런싱 데이크림을 사용하여 피부보호와 보습효과를 지속시킨다.
· 자외선 차단제를 사용하여 자외선으로부터 피부보호 해주며 장시간 외출 시 수시로 덧발라준다.

5) 민감성피부 관리방법

민감피부를 위한 진정(Soothing) 위주의 관리를 한다. 부드러운 클렌징, 긴장완화, 보호, 진정, 안정 및 쿨링(Cooling) 관리를 한다.

클렌징 및 피부진단

· 포인트 메이크업 리무버로 눈과 입술의 부분화장을 지운다.
· 복합피부용 클렌징 로션으로 얼굴전체를 클렌징한다.
· 우드램프, 확대경, 촉진(觸診) 등을 이용하여 피부상태를 분석한다.

↓

딥 클렌징 및 스티머

· 크림타입의 딥 클렌징 제품을 사용하며 스크럽류 등의 강한 필링은 자극을 줄 수 있으므로 피한다.
· 뜨거운 스티머는 자극을 줄 수 있으므로 피한다.

↓

영양공급 및 마사지

· 진정, 보습용 앰플(스쿠알렌, 카모마일 추출액, 히아루론산, 알란토인)을 침투시킨다.
· 예민용 영양크림에 에센셜 오일을 섞어 부드럽고 가볍게 마사지한다. 심한 마찰은 오히려 자극을 주기 쉬우므로 림프드레니지 또는 지압마사지로 한다.
· 심하게 예민한 상태일 경우에는 마사지를 하지 않는다.

↓

마스크 및 보호

· 진정과 수분 공급 위주의 라인을 선택한다.
→ 카모마일 추출액, 메리스템, 비타민E, 하이루론산, 알란토인
· pH발란스와 보습을 위해 무알코올 스킨로션을 사용한다.
· 민감용 데이크림을 사용하여 피부보호와 보습효과를 지속시킨다.
· 자외선 차단제를 사용하여 자외선으로부터 피부보호 해주며 장시간 외출 시 수시로 덧발라준다.

3. 계절별 피부관리

1) 봄철 피부관리

① 특징

봄에는 겨울 내내 위축되었던 모든 생리 기능들이 활발해지면서 피부가 과민해지기 쉽다. 봄바람과 더불어 자외선의 양이 늘어나면서 기미가 짙어지고 피부가 검어지기 쉬우므로 주의가 필요하다. 또한 봄철에는 바람, 먼지, 꽃가루 등 외부자극요인이 증가하므로 꽃가루 알레르기가 있는 사람은 특히 재채기, 콧물과 함께 눈이 가렵고 피부에 발진이 돋기도 한다. 피지선의 왕성한 활동으로 여드름이 생기거나 악화하는 사람이 많으므로 피부에 자극을 주지 않도록 한다.

② 관리

- 봄철에는 피부가 조그만 자극에도 예민한 반응을 일으키므로 뜨거운 습포나 스티머의 사용에 주의한다.
- 자극이 적은 무알코올 화장수나 알코올함량이 적은 화장수를 사용한다.
- 세안 시 알칼리성이 강한 비누보다 순한 약산성의 세안제를 사용한다.
- 자극이 강한 딥클렌징제나 스크럽 제품의 사용을 금한다.
- 보습력이 뛰어난 크림을 사용하여 유분과 수분을 보충한다.
- 외출 시에는 자외선 차단제를 발라 겨울 동안 자외선에 대한 방어력이 떨어진 피부를 보호한다.
- 주 1회 마사지와 팩을 하여 피부의 혈액순환을 촉진하고 영양을 공급한다.
- 림프드레니지를 하여 피부의 면역력과 재생효과를 증대시킨다.
- 신선한 나물류, 야채, 현미, 유제품 등을 섭취함으로써 비타민 B와 C를 충분히 공급하도록 한다.

2) 여름철 피부관리

① 특징

여름은 피부 자체의 생리기능은 활발해지나 자외선이 강하고 기온이 높아 피부가 많은 자극을 받는다. 과다한 피지와 땀의 분비가 많아지므로 피부가 번들거리고 화장이 쉽게 지워진다. 잦은 목욕과 샤워, 냉방시설로 인해 수분을 많이 빼앗기며, 실내외의 급격한 기온 차이로 피부가 쉽게 피로하고 민감해 진다. 피부 자체의 분비물이 많아 피부가 촉촉한 느낌을 주기 때문에 기초화장을 소홀히 하기 쉬우므로 피부가 건조해진다.

기온 상승과 강한 햇빛으로 땀을 많이 흘리게 되므로 피부의 유분이 땀과 함께 닦여진다. 각질도 땀에 의해 부풀어 피부가 약해지며 pH가 알칼리성으로 기울어 미생물에 대한 저항력도 약해진다.

② 관리

- 오전 11시에서 오후 3시 사이에는 가급적이면 피부를 자외선에 노출시키지 않고 외출 시에는 자외선 차단제를 바르거나 모자, 선글라스 등을 이용하여 자외선을 차단한다.
- 땀 등으로 배출된 수분과 미네랄 성분은 스포츠음료, 신선한 과일, 과일주스 등을 충분히 먹어 보충한다.
- 피임약을 복용 중인 경우 기미가 악화될 수 있으므로 외출 시 특히 자외선 차단에 유의한다.
- 여름에는 마사지보다는 팩이 효과적이므로 신선한 야채, 과일을 이용한 천연팩이나 진정, 보습용 팩으로 수분과 영양을 충분히 공급한다.
- 외출에서 돌아오면 미지근한 물로 샤워를 해서 땀과 더러움을 닦아내고 바디로션이나 크림 등을 발라 수분을 공급한다.

3) 가을철 피부관리

① 특징

가을은 뜨거운 여름의 후유증을 관리해야 하는 시기이다. 강한 자외선으로 인해 각질층이 두꺼워져 있고 피부가 거칠며 투명감이 없다. 여름철에 보이지 않았던 기미, 주근깨가 생기기 쉽고, 피부의 수분이 급격히 증발되어 피부가 당기고 조인다. 기온이 떨어지면서 피부 생리기능도 저하되어 유·수분 밸런스가 쉽게 깨어진다. 피부색은 검어지고 잔주름도 많이 생겨난다.

이러한 상태에서 건조한 가을 공기와 계속 접촉하게 되면 피부는 점점 더 거칠어지고 화장도 잘 받지 않게 된다. 여름에는 땀으로 각질이 부풀어 피지가 모공 속에서 잘 배출되지만 가을이 되면 각질과 피지가 한데 뭉친 덩어리가 건조한 공기에 수분을 빼앗겨 모공을 막고 있기 쉽다. 특히 T-zone은 피지가 많으므로 각별한 관리가 필요하다.

② 관리

- 가을철 피부미용는 기미, 주근깨를 엷어지게 하는 미백관리와 재생관리를 주로 한다.
- 스크럽 제품이나 딥 클렌징 제품을 이용하여 두꺼운 각질을 제거하고 피지를 녹여 피부를 정화한다.
- 영양크림을 이용한 마사지를 통해 피부의 신진대사와 혈액순환을 촉진하고 주 1회 영양팩이나 미백용 팩을 한다.
- 수분용 앰플과 크림을 발라 충분한 수분과 영양을 공급한다.
- 건조한 가을 공기로부터 피부를 보호하기 위해 외출 시 기초화장을 철저히 하고 자외선 차단제를 이용하여 가을 햇빛으로부터 피부를 보호한다.
- 여름 내내 지친 피부를 위해 비타민을 충분히 섭취하는 것이 무엇보다 필요하다.

4) 겨울철 피부관리

① 특징

실내외 온도 차이가 심한 겨울에는 피부 역시 냉·온 자극으로 많은 스트레스를 받게 된다. 건조한 찬바람으로 피부의 신축성이 없어지고 쉽게 트게 된다. 실내 난방으로 수분이 증발되어 피부가 건조하고 거칠어진다. 급격한 온도차로 피부가 충혈 되기 쉽고 낮은 기온과 차가운 바람으로 피지와 땀의 분비가 저하되어 피부의 보습력과 유연성이 떨어진다. 혈액순환과 피부의 신진대사 기능도 저하되므로 피부가 건성화 된다.

겨울철 피부미용은 마사지가 가장 효과적이며 다른 계절보다 기초화장에 많은 투자를 해야 하는 때이다.

② 관리

- 수분보다는 유분이 많은 화장품을 많이 사용한다.
- 주 1~2회 정도 영양크림과 에센스를 이용하여 마사지를 하면 혈액순환이 잘되고 피부에 탄력이 생긴다.
- 마사지 후에는 온습포를 이용하여 각질이 잘 제거되도록 하고 영양공급 위주의 팩을 해준다.
- 눈가 전용 크림이나 에센스 사용을 생활화하고, 주 1~2회 눈가 마사지 또는 마스크 등으로 눈가의 잔주름을 예방한다.

- 아이크림, 보습에센스, 토닉, 영양크림, 순한 세안제 등의 화장품을 갖추고 기초손질을 철저히 한다.
- 겨울에도 자외선에 의해 피부가 손상되고 눈에 의해 대부분의 자외선이 반사되므로 외출 시에는 자외선 차단제를 바른다.

4. 피부유형별 화장품 적용하기

우리 몸은 외부의 나쁜 조건으로부터 자신을 스스로 정화할 수 있는 정화능력을 가지고 있으며, 피부 또한 천연 피지막을 가지고 있어 화장품을 사용하지 않더라도 스스로를 외부의 자극으로부터 피부를 보호할 수 있는 능력을 가지고 있다.

인간은 보건 위생상의 청결을 위해서나 건강하고 아름다운 피부를 유지하고 손상된 피부를 회복하기 위하여 화장품을 사용한다. 이제까지 피부의 유연성이나 보습효과만을 강조하는 시대를 지나 현재는 피부유형에 따른 다양한 화장품과 피부의 여러 가지 병리현상 즉 노화현상, 탈모, 과색소 등을 개선하기 위한 고기능성 화장품의 개발이 활발하다.

피부미용의 과정에는 화장품의 적용이 필수적이다. 피부미용실에서 피부미용사는 다양하고 전문화된 기능성화장품을 사용하여 건강하고 아름다운 피부를 가꾼다. 그러므로 피부미용의 과정이나 홈케어 있어서 피부 유형에 따른 적절한 화장품 선택이 선행되지 않는다면 올바른 피부미용의 효과를 얻을 수가 없다.

1) 정상피부용 화장품

건강한 피부상태를 지니고 있으므로 피부 세포의 영양공급과 유·수분의 균형을 유지시키는데 중점을 둔다.

성분	추출	효능 및 효과
알란토인 (allantoin)	컴프리 등 다양한 형태의 식물 뿌리에서 추출	- 식물에 있는 요산 화합물의 신진대사에서 나온 산물로 세포의 생성과 재생을 촉진 - 상처 치유력과 보습효과가 탁월 - 피부표피의 흡수력 촉진과 피부각질 유연효과
콜라겐 (collagen)	성장기 동물의 피부에서 추출	- 천연 수분 손실을 감소시켜 수화 능력 탁월 - 피부의 탄력을 좋게 하여 주름을 방지 - 높은 비율의 아미노산을 공급해 주어 조직에 탄탄함과 유연함 공급 - 동물의 뼈, 연골, 피부 등을 구성하는 단백질
엘라스틴 (elastin)	콜라겐, 단백질을 가수분해해서 얻어지는 아미노산의 일종	- 피부세포의 구성 성분 - 피부의 엘라스틴 조직을 튼튼하게 하고 보습력이 뛰어나며 피부의 탄력증진 효과
히아루론산 (hyaluronic acid)	닭 벼슬에서 추출	- 히아루로니타제 효소에서 추출한 단백질 일종 - 진피층을 구성하는 중요성분 중 하나 - 성인 피부의 뮤코다당류 50%를 함유 - N.M.F(천연보습인자)의 일종으로 보습력이 높고 피부건조 방지와 유연효과 탁월
시트릭산 (citric acid)	레몬, 오렌지 등의 과일에서 추출	- 수렴작용, 항산화효과 - 염증피부에는 다소 자극 줄 수 있음
알로에 베라 (aloe vera)	알로에 잎의 즙에서 추출	- 보습, 유연, 치료, 향미생물 - 수분조절, 자외선 흡수능력, 화상치료, 썬제품에 냉각, 진정작용 - 중요성분 - 미네랄, 다당류, 아미노산, 탄수화물, 물(95%)

2) 건성피부용 화장품

피부 표면의 보습 작용과 피지 분비를 활성화하여 피부의 건조함과 노화를 방지하는 데 중점을 둔다.

성분	추출	효능 및 효과
올리브유 (olive oil)	올리브의 열매를 냉동 압착하여 추출	- 에탄올에 잘 용해되고 식물유 중에서 비교적 피부흡수가 좋음 - 선탠오일, 에몰리엔트크림 등에 사용되나 알레르기를 유발 할 수 있음
아보카도유 (avocado oil)	아보카도의 열매를 냉통 압착하여 추출	- 비타민A,B가 함유되어 피부친화성 좋음 - 살균효과, 민감피부에 진정효과, 수분공급, 유연효과, 피부 침투율 좋음 - 클렌징크림, 에몰리엔트크림, 립스틱, 메이크업베이스, 목욕오일, 선탠제픔 등에 사용
아몬드유 (amond oil)	아몬드의 씨에서 추출	- 유연체, 운반체이며 피부느낌을 좋게 함 - 크림, 로션, 목욕오일의 퍼짐성을 좋게함 - sweet almond oil과 bitter almond oil이 있고 화장품에 사용된 것은 sweet almond oil
살구씨유 (apricot kernel oil)	살구씨(행인)에서 추출	- 감촉이 우수하여 에몰리엔트제로 사용
밍크오일 (mink oil)	밍크의 피하조직에서 추출	- 피부친화성, 퍼짐성, 에몰리엔트제로 사용
해조 주출물 (algae extract)	미역, 다시마, 우뭇가사리와 같은 해초에서 추출	- 보습, 피지분비 억제 사용
로즈오일 (rose oil)	장미꽃잎에서 추출	- 방부효과, 감염방지, 진정작용 - 보습효과, 피부재생, 항염증효과
맥아유 (wheat germ oil)	밀 배아에서 추출	- 비타민 E를 함유하여 항산화 작용과 혈액순환 촉진효과 우수 - 기초화장품, 메이크업제품, 모발화장품에 광범위하게 사용 됨
비타민E 아세테이트 (vitamin E acetate)	토코페릴 아세테이트	- 혈행촉진, 노화억제, 유해산소제거 - 순수비타민E는 쉽게 산화되어 분해되므로 에스테르 타입인 비타민E 사용

3) 지성피부용 화장품

피지 제거 및 피지분비 조절로 트러블을 감소시키고 불순물에 의한 정체 해소와 피부 호흡 개선을 중점으로 한다.

성분	추출	효능 및 효과
호스테일 추출물 (horsetail extract)	쇠뜨기(속새)줄기에서 추출	- 촉진기능, 치료, 유연효과, 피부 방어작용 - 풍부한 미네랄 함유로 피부조절 - 규산(silicic acid)함유로 결합조직 강화 - 향염, 지열, 향알레르기, 칼슘 흡수 촉진 - 사포닌 함유로 여드름피부에 좋음
호스 채스트넛 추출물 (horse chestnut extract)	너도밤나무과 낙엽수인 마로니에(ma rronnier) 열매 잎에서 추출	- 주성분은 에스신(escin)이라는 사포닌 성분 - 항염 작용, 일광과 화상 방지제로도 사용 - 열을 내리게 하며 수렴 효과
키위 추출물 (kiwi extract)	키위 열매에서 추출	- 수렴, 항염, 지혈작용
클로로필 (chlorophyll)	식물의 엽록소	- 탈취효과, 피부세포에 산소 공급효과 - 일광 알레르기 유발 우려 있음
하마멜리스 (Harmamelis)	북미에서 자생하는 하마멜리스나무의 껍질에서 추출	- 살균, 소독 및 수렴작용 - 여드름과 피부염 치유 효과 - 유해산소 제거, 진정작용, 약간의 방부작용이 있어 화장품 부패 방지효과
레몬 추출물 (lemon extract)	레몬 열매에서 추출	- 수렴, 보습, 세포부활작용
카올린 (kaolin)	고령토에서 추출	- 차이나 클레이(China clay)라고도 함 - 피부에서 분비되는 땀과 오일의 흡수제 - 여드름을 유발하지 않음
자몽추출물 (grapefruit extract)	자몽 열매즙 추출	- 방부작용 - 산성으로 피부에 고농도 사용 시 강한 자극

4) 여드름피부용 화장품

피지 분비를 조절하고 청결 및 염증의 완화를 중점으로 한다.

성분	추출	효능 및 효과
비타민 B_2	리보플라빈(riboflavin)이라고도 함	- 입술주변의 염증, 지루성피부염 등을 예방 - 과다사용 시 광과민증 유발할 수 있음
글리실리친산 (glycyrrhizinic)	감초에서 추출	- 소염, 항알레르기 적용
알로에 추출물 (aloe extract)	알로에 잎에서 추출	- 보습, 미백 - 자외선 차단, 화산, 상처치유촉진, 항알레르기 작용
은행잎 추출물 (ginkgo extract)	은행잎에서 추출	- 상쾌한 냄새와 청정한 느낌 - 통증과 가려움을 완화 - 방부, 살균작용
유칼립투스 추출물 (eucalyptus extract)	유칼리 나무의 잎에서 추출	- 피부에 청정감 부여 - 향균, 혈행촉진, 수렴 및 냄새제거 효과
멘톨 (menthol)	박하에서 추출	- 상쾌한 냄새와 청정한 느낌 - 통증과 가려움을 완화 - 방부, 살균작용
비사보롤 (bisabolol)	카모마일이나 서양톱풀에서 추출	- 항염증, 진정작용 - 일광화상에 의한 피부염 치유에 효과, 홍반 감소
사포닌 (saponin)	식물성 계면활성제	- 유화작용, 가용화작용, 세정작용, 기포작용, 항염증 작용 - 대두사포닌, 인삼사포닌이 대표적
위치하겔 (witch hazel extract)	조롱나무 잎과 껍질에서 추출	- 홍반, 썬번, 피부자극, 타박상, 곤충물린데 - 항염증, 상처치유효과 - UVA, B 흡수제로 썬제품, 애프터썬제품, 재생크림에 사용

5) 민감성피부용 화장품

진정 및 자극완화와 쿨링(cooling) 효과를 중점으로 한다.

성분	추출	효능 및 효과
디-판테놀 (D-panthenol)	비타민 B_5	- 세포증식과 보습기능 - 피부 진정효과로 선탠 제품에 사용 - 피부자극이 판토텐산보다 적고 피부흡수가 용이한 장점 있음
서양박하 추출물 (bakmmint extract)	서양박하의 잎에서 추출	- 신경 진정, 경련 완화 - 피부진정 효능으로 자극 받기 쉬운 피부에 효과
아쥴렌 (azulene)	불란서 국화와 비슷한 흰색이나 노란색의 카모마일 꽃 머리부분을 증류 정제하여 추출	- 항염증, 진정제로 민감한 피부에 우수한 효과 - 향류마티스 및 정맥류, 울혈로 고통 받는 사람에게 효과가 좋으며 요실금 치료에 이용 - 탄닌 성분 함유로 수렴작용과 혈관수축 작용, 진정 작용
사이프러스 (cypress)	삼나무 일종으로 사이프러스의 푸른 열매에서 추출	- 약리작용으로 향경련제, 향류마치스 및 정맥류 울혈로 고통 받는 사람에게 효과가 좋으며 요실금 치료에 이용 - 탄닌 성분 함유로 수렴작용과 혈관수축 작용, 진정 작용 - 과잉 세포액을 조절하므로 셀룰라이트, 부종, 발한에 좋음 - 체액 밸런스를 유지하여 수분 손실 막음
쟈스민 (jasmin)	'밤의 여왕'이라고 불리는 쟈스민 꽃을 용매로 추출하거나 수증기 증류하여 추출	- 건성, 지성, 민감성피부 모두 효과적 - 호르몬 밸런스 조절로 피부 상태 정상화 - 정신적 안정, 긴장완화 효과

6) 기능성 화장품

(1) 미백 화장품

멜라닌 색소 생성을 억제하고 피부기능을 활성화시켜 맑고 투명한 피부유지에 중점을 둔다.

성분	추출	효능 및 효과
비타민C 팔미테이트 (vitamin C palmitate)	아스코빌 팔미테이트 (ascobyl palmitate)	- 콜라겐 합성촉진, 피부 미백 효과 - 비타민 C 자제는 수용성으로 쉽게 산화되어 분해되며, 피부 흡수를 촉진하기 위해 에스테르 타입인 비타민C 팔미테이트가 주로 사용
상백피 추출물 (mulberry extract)	뽕나무 껍질에서 추출	- 향균, 여드름치유, 미백작용
안젤리카 추출물 (angelica extract)	안젤리카의 잎 또는 줄기에서 추출	- 진정, 진통, 미백작용
우엉 추출물 (burdock root extract)	우엉 뿌리에서 추출	- 보습, 기미예방, 혈행촉진 효과 - 땀이 나게 하는 발한 작용
퀸스시드 추출물 (quince extract)	마르멜로 열매에서 추출	- 피부 자극 완화, 수렴, 보습 - 일광화상 예방, 기미 · 주근깨 예방에 효과 - 알레르기성 있음
태반 추출물 (placenta extract)	소의 태반을 적출하여 저온에서 동결 건조시킨 후 추출	- 주성분은 수용성 비타민, 아미노산, 세포성장 인자 등으로 보습, 세포재생, 미백 효과 - 동물 특유의 냄새가 있어 대부분 5% 이하의 농도가 사용 됨
감마-오리지놀 (γ-oryzanol)	쌀겨에서 추출	- 혈액순환, 피부의 대사촉진 - 미백작용, 약간의 자외선 차단효과

(2) 노화방지용 화장품

주름완화, 결체 조직 강화, 새로운 세포의 형성 촉진 및 피부보호를 중점으로 한다.

성분	추출	효능 및 효과
로즈힙 오일 (rosehip oil)	칠레산 야생 장미의 종자에서 추출	- 화상 · 상처치유, 노화억제 - 애몰리엔트 및 햇볕에 의한 색소 침착 방지효과
레티놀 (retinol)	레틴산(retinoic acid)의 전구물질	- 잔주름 개선효과 - 피부에 대한 자극이 레틴산에 비해 적다 - 쉽게 산화되어 불안정해지므로 잘 밀봉해서 보관해야 함
로얄젤리 추출물 (royal jelly extract)	여왕벌의 먹이즙인 로얄 젤리 (일벌의 분비물)에서 추출	- 수용액의 pH 3.5~4.5이며 주성분은 비타민 B 복합체, 아미노산 등 - 보습, 피부면역강화, 세포호흡증진 작용 - 피부재생촉진, 노화지연
태반 추출물 (placenta extract)	소의 태반을 척출하여 저온에서 동결 건조시킨 후 추출	- 주성분은 수용성 비타민, 아미노산, 세포성장 인자 등으로 보습, 세포재생, 미백 효과 - 동물 특유의 냄새가 있어 대부분 5% 이하의 농도가 사용 됨
흉선 추출물 (thymus extract)	소의 흉선으로부터 추출	- 주성분은 펩티드이며 피부면역 강화, 노화억제, 세포활성화 작용
인삼 추출물 (ginseng extract)	인삼 뿌리에서 추출	- 피부의 대사촉진, 피로회복 작용 - 혈행 촉진, 말초혈관 확장
세라마이드 (ceramide)	세포간의 지질의 하나로 동물과 식물 모두에서 추출	- 가장 위쪽 피부층에 일차적으로 작용 함 - 보호막 형성, 피부 천연 수분증발 감소 - 피부나 털세포의 응집력 강화

(3) 자외선 차단용 화장품

자외선을 방어하여 햇빛으로 인한 피부의 손상을 막고 피부를 보호함에 중점을 둔다.

성분	추출	효능 및 효과
아스코르빈산 (ascorbic acid)	비타민 C	- 무색의 결정성 분말로 물에 잘 용해되며 약산성을 나타냄
D-판테놀 (D-panthenol)	비타민 B_5	- 침투성 있는 보습제, 세포분열 촉진 - 썬번으로부터 피부보호, 기존의 썬번 줄이고 천연 태닝과정을 촉진 - 보습효과, 피부유연제로 윤기부여, 함염증제로 작용 - 여드름 유발하지 않음
세시미 오일 (sesame oil)	참깨 씨앗에서 추출	- 자외선에 의한 썬번을 30%차단 - 화장품 운반체 오일로 사용

Ⅳ. 문제성 피부의 특징 및 관리방법

1. 여드름(심상성 좌창, Acne vulgaris)

1) 여드름의 정의

여드름은 심상성 좌창이라고도 하며 특히 사춘기 청소년에서 많이 발생하며 지성피부에서 파생된 피부질환으로 모피지선의 만성 염증성 또는 비염증성 질환이다. 대부분은 자연스럽게 사라지지만 성호르몬의 불균형이나 스트레스, 피부타입을 고려하지 않은 화장품의 사용 등으로 30대에서 40대까지 지속되는 경우도 흔히 볼 수 있다.

여드름이 생성과정은 우선 남성 호르몬의 영향으로 자극받은 모낭 옆의 피지선이 점차 커지게 되어 피지분비가 과다해진다. 이와 동시에 모공입구의 각질층이 두꺼워져 모공이 좁아지거나 막히게 되며 이로 인하여 모낭내에 피지가 쌓이고 모낭에 기생하던 세균이 번식하여 염증으로 발전하게 된다.

2) 여드름의 원인

여드름의 정확한 발생 원인은 아직까지 정확히 밝혀져 있지 않으나 여러 인자에 의한 상호작용에 의해 임상 상태이 나타나는 것으로 알려지고 있다. 여드름 병인에 대한 요소로는 피지분비의 증가, 비정상적으로 증가된 모낭벽 각화, 피지내 세균의 증식, 염증 유발 등으로 알려져 있다.

여드름이 발생하기 쉬운 체질의 유전적 요인, 생리와 임신, 소화기관의 장애 등 내적 요인들은 피지의 분비를 촉진하거나 억제함으로써 또는 모낭공의 각화를 유발함으로써 여드름의 생성과 관련이 된다. 그 외에도 스트레스와 직업환경 등과 같은 물리·화학적인 요인, 계절과 자외선, 식품, 화장품, 피임약, 고엽제 등 외적 요인 등도 여드름의 생성과 진행에 관여하고 있음이 알려져 있다.

(1) 내적 요인

① 유전적 요인으로 인한 여드름

유전적 요인은 여드름의 가장 중요한 원인 중에 하나이다. 여드름의 발생은 가족력과 밀접한 관련이 있으며 부모, 형제, 자매 중 적어도 1명에서 여드름이 있었던 사람은 청소년기 65%와 성인기 69%의 정도가 여드름 상태를 보였으며 성인기 15%에서 적어도 한 명 이상의 직계 가족에서 성인기 여드름이 있었다고 보고된 바 있다.

여드름은 유전적으로 지성피부에 많이 나타나는데, 이것은 체질적인 차이로 인해 테스토스테론에 대한 피지선의 반응 정도가 제각기 다르기 때문이다. 지성피부를 가진 경우 같은 양의 테스토스테론에 대해 훨씬 민감하게 반응한다. 따라서 피지선에서 피지를 많이 만들기 때문에 얼굴에 피지가 많고 모공도 넓어지며 여드름도 많이 발생한다.

② 월경 전 여드름

월경 전 여드름이란 정확한 의미는 월경 약 1주일 전에 여드름이 악화되거나 재발되는 것을 말한다. 주로 유전적으로 여드름이 생기기 쉬운 체질에게만 영향을 미친다. 평소에는 깨끗한 피부를 가진 여성들이 일정한 주기가 되면 턱 주위를 비롯한 피지선이 발달되어 있는 코 주위와 이마에 많지 않은 여드름이 생성되는 것을 흔히 볼 수 있다. 또한 평소에 여드름이 있는 경우에는 이 시기에 여드름의 숫자, 크기 및 상태이 심해지는데 이는 대개 월경 전 10일에서 1주일 전후에서 나타난다. 이는 생리전의 불안한 심리상태에서도 기인하지만, 실제로는 프로게스테론 호르몬의 혈중 농도 상승과 관계가 있다. 대개의 경우는 생리가 끝나면 호전되며 에스트로겐 호르몬의 혈중농도가 올라가면서 호전된다.

③ 사춘기 호르몬에 의한 여드름

호르몬의 변화는 사춘기 여드름의 가장 중요한 요인 중에 하나이다. 여드름이 발생하는 시기의 70~80%는 11~25세의 연령층에 집중되어 있다.

사춘기가 되면 내분비계의 변동에 따라 호르몬의 분비가 촉진되고, 피지선의 기능이 항진되어 피지 생성 능력이 커진다. 사춘기에 분비되기 시작하는 테스토스테론은 피지선을 자극하면서, 한편 표피 각화를 촉진시켜, 만들어진 피지가 모공을 통해 모두 빠져나가지 못하고 모낭과 피지선에 축적되면 면포가 만들어진다. 테스토스테론은 주로 남성의 고환과 부신에서 만들어진다. 여성 역시 부신에서 테스토스테론을 만들어내기 때문에 피지선의 활동이 증가하고, 이로 인해 피지분비가 늘어난다.

여드름의 발생기전

호르몬의 변화 → 피지 분비 촉진 → 모공 속 각질의 비후 현상 → 마이크로 코메도(micro comedo) 형성 → P. acne (propionibacterium acne) 과다 증식 → 성숙한 여드름(mature comedo) 발생 → 화농성 여드름(농포, 흉터 생성)

이러한 사춘기에 주로 발생하는 여드름은 단순한 시기적 요인에 기인하는 원인이라면 자연스럽게 호전된다. 모공이 성숙해지면서 모공이 조금씩 넓어지고 그로 인해 피지 배출이 원활해지고 따라서 여드름도 자연스럽게 호전된다.

④ 기타

이외의 내적 요인에 의한 여드름에는 성호르몬인 테스토스테론의 작용에 따른 피지선의 활동 증가로 인한 혈액 순환 계통의 요인과 소화 기관이 위점막을 자극하여 면역 기능에 영향을 미쳐 변비 등 간과 장 기능 저하로 인한 노폐물이 채내에 축적되어 나타나는 소화기관 장애와 변비로 인한 여드름 발생 요인, 내분비계통의 기능 장애로 인한 여드름 발생 및 악화 요인을 들 수 있다.

(2) 외적 요인

① 스트레스에 의한 여드름

만성적인 스트레스는 성인기 여드름의 주요 원인으로 알려져 있다. 정신적인 스트레스에 의해 대부분의 경우 여드름이 악화된다고 알려져 있다.

스트레스는 두 가지 경로로 화농성 여드름을 발생시키는 것으로 알려져 있다. 지나친 스트레스는 뇌하수체를 자극시켜 부신피질 호르몬을 유리시켜 코티솔을 분비하게 하여 직접적으로 피지의 양을 증가시킬 뿐 아니라 동시에 호르몬의 변화를 유도하여 테스토스테론의 피지선 자극을 강화시킨다. 인간의 신체는 외부의 자극으로 스트레스를 받으면 이를 극복하기 위하여 호르몬을 분비하는데 그것이 바로 스트레스 호르몬인 코티솔이다. 코티솔은 스테로이드 계통의 호르몬으로 부신에서 만들어진다. 그런데 부신에서는 코티솔 뿐 아니라 테스토스테론도 같이 만들어내기 때문에 코티솔이 만들어 질 때 피지선을 자극하는 테스토스테론까지 함께 만들어 피지 분비가 많아지게 되는 것이다.

심한 스트레스를 받은 후 호르몬 변동으로 여드름이 심하게 발생되는 것은 보통 스트레스를 받은 후 최소 15일 이후 혹은 한달 후에 발생한다.

② 물리적, 화학적 요인에 의한 여드름

여드름의 원인 중 물리적 요인은 원래 손으로 짜거나 건드리는 빈도가 잦을수록 여드름 반흔이 증가되는 등 이차적인 여드름 악화를 가져오는 현상을 의미한다. 또한 모자, 장신구 등의 계속적인 국소 압력이나 마찰 등에 의해서도 여드름이 발생, 악화될 수 있다.

화학적 요인으로는 화장품이나 향수, 털용 제품 등의 화학 물질이 피부에 닿은 뒤 면포가 생겨 여드름이 되기도 한다.

③ 기타

여드름을 유발하는 외적요인에는 계절 및 기후, 자외선에 의한 것과 스테로이드성 항생제 및 다이란틴, 항결핵제, 다이옥신, 브로마이드 등 여드름을 유발할 수 있는 약제 남용으로 인한 요인, 크림제 오일, 포마드 등 여드름 유발이 가능한 화장품 사용 등도 여드름을 발생시키는 외적 요인이라고 할 수 있다.

3) 여드름의 상태별 분류

여드름은 모피지선의 구진, 농포, 결절, 반흔 등의 형성을 특징으로 하며, 피지 분비가 많은 부위인 얼굴, 목, 등, 가슴에 주로 발생한다.

세균성 상태를 살펴보면, 사춘기에 테스토스테론 호르몬의 자극을 받아 성숙한 피지선에 프로피오니박테리움 아크네스(Propionibacterium acnes)라는 세균이 모낭에서 자라게 된다. 이 세균이 분비하는 효소에 의해 피지가 변성되고 세균이 모낭벽 상피 세포를 자극하면 모낭벽의 과각화가 이루어져 여드름의 생성 초기 단계인 미세 면포를 형성한다. 또한 계속해서 각질과 피지가 분비됨에 따라 모피지관이 얇아지고 파열되어, 모피지관내 내용물이 진피 내로 들어가면서 염증반응이 시작되는 것이다. 이와 같은 여드름의 병인은 첫째, 피지 분비의 증가 둘째, 모피지관의 과각화 셋째, 세균의 집략화 넷째, 염증의 발생 등으로 나눌 수 있다.

(1) 여드름 초기(micro-comedo)

피지의 과잉 분비로 피지막이 정상보다 두꺼워져 모공이 막히기 직전의 단계로 '여드름의 씨앗'이 생기는 시기로 육안으로는 볼 수 없고 현미경이나 확대경으로 볼 수 있다.

(2) 면포

여드름은 모공 안쪽의 각질이 두꺼워지고 모공이 막혀서 피지선에서 분비된 피지가 밖으로 나오지 못해 쌓이면서 생기게 된다. 이 때 털이 피부 밖으로 나가는 부위의 각질층이 과도하게 증식하거나 두꺼워져서 과각화(hyperkeratosis)된 상태를 면포라고 한다.

면포는 피지의 구성 성분인 트리글리세라이드(triglyceride)가 효소 리파아제(lipase)에 의해 분해되어 유리지방산으로 변하여 모낭 속에서 단단한 고형의 상태로 존재하는 것을 말하며 피지, 떨어져 나간 각질 세포, 박테리아 등이 축적되어 부풀어 커진 것이다. 면포가 생성되는 데에는 보통 수 주일에서 수 개월이 걸린다.

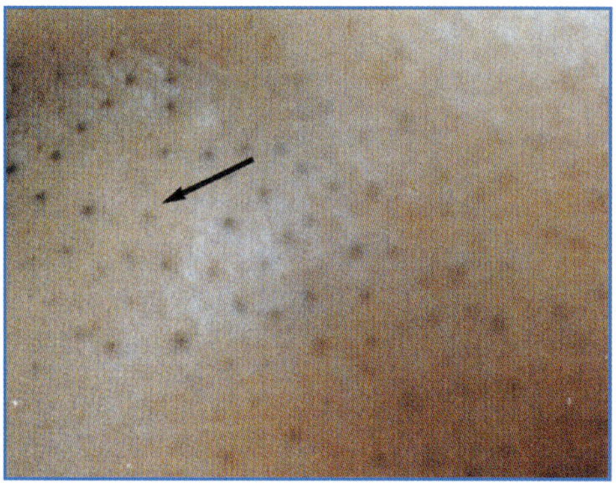

그림 4-4 개방면포(open comedo)

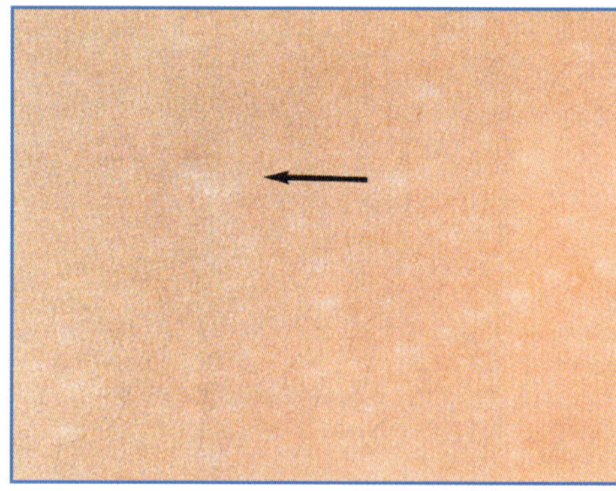

그림 4-5 폐쇄면포(closed comedo)

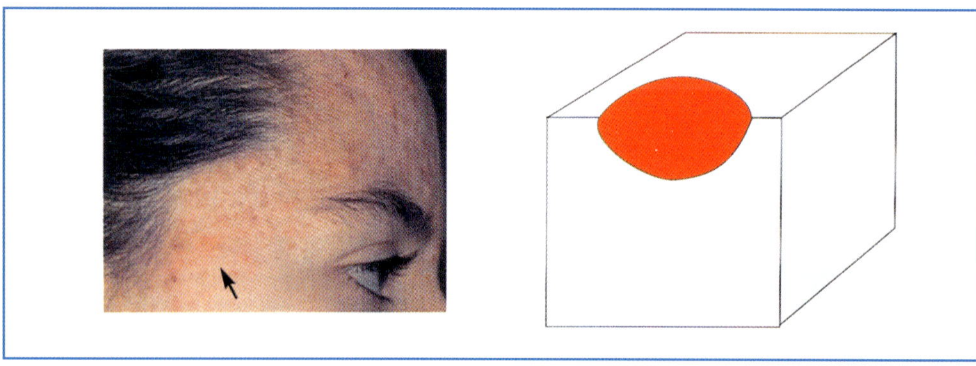

그림 4-6 구진(Papule)

① 흰 면포(White head, Closed comedo)

모낭이 폐쇄된 면포로 피부 표면에 하얗게 돋아난 알갱이로 주로 뺨과 이마에 발생한다. 피지 분비량이 많아지면서 각질과 피지가 정체되어 생성된다.

② 검은 면포(Black head, Open comedo)

모낭의 입구가 열려져 있어 면포의 끝 부분이 공기, 자외선과 접촉되어 산화되면서 끝이 까맣게 된 것이다. 단단하게 고형화가 된 덩어리이므로 흰 면포보다는 감염을 받을 확률이 적으나, 한번 감염되면 악성 여드름으로 발전될 가능성이 높다.

(3) 구진성 여드름(Papule)

구진은 손으로 만져지거나 육안으로 구별할 수 있는 적색의 염증성 병변으로 통증을 동반하는 크기 1㎝ 미만의 경계가 뚜렷하게 돌출된 여드름을 말한다. 비염증성 병변과 염증성 병변의 중간 형태로 색조는 붉지만 농은 없다.

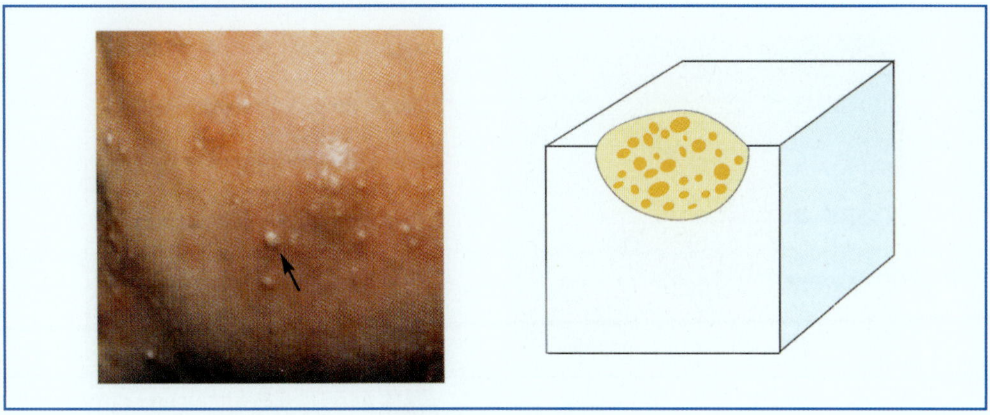

그림 4-7 농포(Pustule)

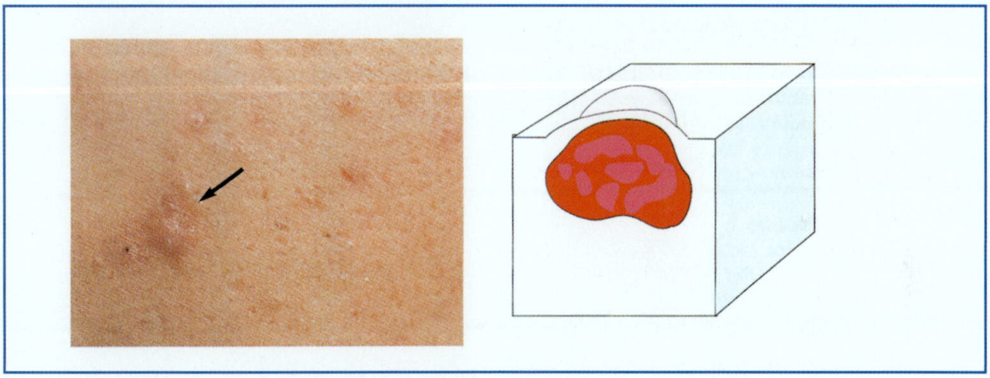

그림 4-8 소결절(Nodule)

(4) 농포성 여드름(Pustule)

농포는 피부의 표면에서 발생하는 것과 표피 아래에 있는 진피에서 발생하는 것의 두 가지 경우가 있는데, 크기는 대체로 약 0.1~4㎜ 정도이며 터지면 가피(딱지)를 형성한다. 모낭벽이 파괴된 후 진피내로 고름이 들어간 상태지만 박테리아 등 세균은 없는 상태로서 구진 및 면포 주위에 주로 발생한다.

(5) 결절성 여드름(Nodule)

고름이 심해져서 모낭 아래 부분이 파열된 상태로 상대적으로 피부 깊숙이 위치하며 발생과 쇠퇴에 수주 이상의 시간이 걸리며 깊은 상처(반흔, 흉터)를 남기는 경우가 많다. 구진이 서로 엉켜서 큰 형태를 이룬 것으로 종양보다는 작은데 염증을 동반하므로 통증, 발열의 증상이 있으며 치료가 힘들다.

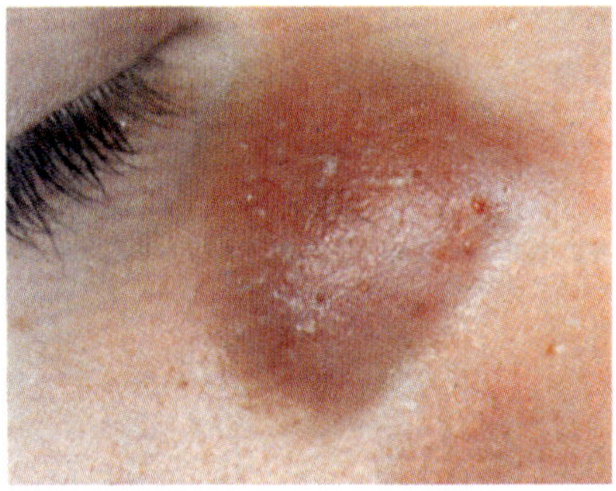

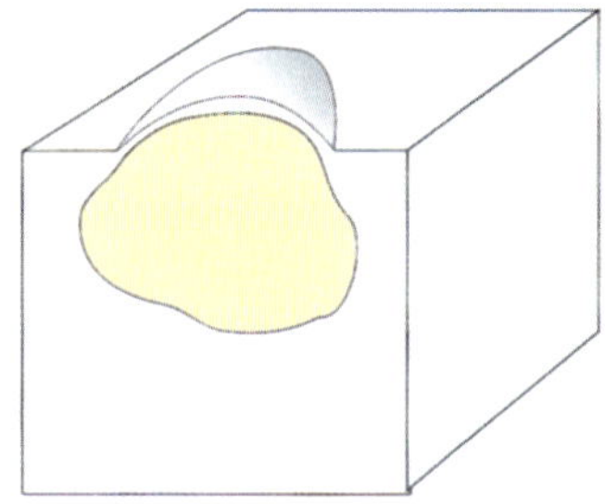

그림 4-9 낭포(Cyst)

(6) 낭포성 여드름(Cyst)

모낭의 염증이 진피에서 파괴되어 넓고 깊게 부풀어 오르면서 딱딱하고 단단한 덩어리를 형성, 통증이 있다. 심한 화농으로 치료가 어렵고 피부 세포 파괴로 영구적인 흉터가 생길 수 있다.

4) 여드름의 등급별 분류

여드름은 증상과 상태에 따라 4급으로 분류하며 등급별 특징은 다음과 같다.

① 1급 : 여드름의 초기 증상으로 면포의 상태로 염증의 증상이 없고 세균에 감염되지 않은 가장 양호한 상태이다.

② 2급 : 검은 면포로 변하지 않고 단단하게 뭉쳐진 성숙한 여드름 상태(maturation arrest acne)이다. 통증이 심하며 가장 아픈 형태로 흰 면포가 세균에 감염된 형태이며 젊은 층에 많이 나타나는 여드름으로 흉터를 동반하지는 않는다.

③ 3급 : 화농성 여드름을 말하는데 붉은 구진성 여드름이 곪아서 생긴 여드름으로 농포(고름 주머니)를 형성하며 주로 얼굴, 가슴, 목, 등, 어깨에 나타난다. 치유 후에도 흉터를 볼 수 있다.

④ 4급 : 응괴성 여드름이라고도 하며 여드름 중에서 가장 심한 상태를 말하는데 구진, 농포, 결절, 낭종 등은 함께 볼 수 있다. 의사의 치료를 요하며 진피층까지 침범한 경우도 많기 때문에 치유 후에도 흉터가 남을 가능성이 많다.

여드름의 병인	여드름의 관리
- 피지 분비 증가	- 피지 분비의 감소
- 비정상적으로 증가된 모낭벽 각화	- 비정상적인 모낭벽의 과각화 억제
- 세균의 증식	- 모낭 내 세균의 감소
- 염증 유발	- 염증 반응의 억제

5) 여드름의 관리 방법

여드름의 정도가 심한 경우에는 피부과 병원에서 여드름의 치료를 해야 하며 여기에서는 일반적인 관리를 중심으로 다루고자 한다.

(1) 일상생활에서의 여드름 관리

여드름이 생기면 일단 손으로 만지거나 짜는 자가 행위를 삼가야 한다. 너무 잦은 세안 특히 올바르지 못한 세안과 세안제의 사용은 오히려 여드름을 악화시키는 요인이 될 수 있으므로 삼가는 것이 좋으며 하루에 2~3회 정도 자극이 적은 여드름 전용 세안제를 사용하는 것이 효과적이다.

논코메도제닉(non-comedogenic), 오일 프리(oil-free) 화장품을 사용하여야 하며 자외선 차단제의 사용에 있어서도 피부 알러지 부작용이 적은 파바 프리(PABA-free) 제품을 사용하는 것이 좋다. 여드름은 꾸준한 관리가 필요한 피부 질환으로 특정한 여드름 약제는 광과민성이 있으므로 외출시에는 반드시 자외선 차단제를 사용하는 것이 바람직하다.

외출 시 메이크업은 가능하다면 두껍게 하지 않는 것이 좋으며 장시간의 메이크업은 여드름을 악화시키는 요인이 될 수 있다. 메이크업 후 클렌징은 반드시 이중 세안을 해야 하며 이때 피부에 메이크업 잔여물이 남지 않도록 유의하여야 한다. 이중 세안 후에는 딥클렌징(deep cleansing)을 하는 것이 효과적이며 비타민과 수분을 충분히 섭취하는 것이 좋다.

(2) 전문적인 여드름 관리

단계별로 구분하여 여드름 관리를 행하여야 한다.

① 1단계

피부의 청결을 유지하기 위한 단계로 여드름 전문 클렌저를 사용하며 스팀기

(steamer)와 온습포 등을 사용하여 모공을 열어주고 딥클렌징 제품을 사용하여 각질 제거 작업을 한다.

② 2단계

여드름 추출 단계로 확대경을 사용하여 정확한 여드름 부위를 찾아내고 멸균된 니들(needle)을 사용하여 구멍을 낸 후 여드름이 제거될 수 있도록 압력을 가해 확실히 추출하고 알코올로 소독한다.

③ 3단계

진정 및 사후 관리 단계로 각질 제거와 여드름 추출로 예민해진 피부를 진정시키는 작업이다. 진정, 살균, 소독용 세럼과 팩 등을 사용한다. 피지를 억제하고 박테리아 성장을 저지하며 붉은 피부를 진정시킬 수 있는 제품을 사용한다.

④ 4단계

여러 가지 영양분을 공급하여 피부 재생을 돕는 단계로 여드름 관리로 인해 수분이 부족한 피부에 수분을 공급하고 미백 효과를 주는 제품을 사용한다.

6) 여드름의 의학적 치료

여드름의 국소 치료는 크게 먹는 약과 바르는 약을 사용하는 방법이 있다. 먹는 약은 여드름이 심하거나 바르는 약만 사용해서 충분한 효과를 나타내지 못할 경우 사용하는데 전문가 처방에 따라 2~3개월간 꾸준히 복용해야 한다. 그러나 이러한 약제들은 피부에 자극을 줄 수 있으므로 증상의 상태에 따라 적절히 선택하여 사용하여야 한다.

① 비타민 A 제제

비타민 A 제제는 여드름 치료제로서 가장 효과적이고 일반적인 요법이다. 레틴산(retinoic acid) 또는 트레티노인(tretinoin)으로 알려져 있으며 염증이 없는 여드름에 효과적이다.

② 벤조일 퍼옥사이드(benzoyl peroxide)

항균 효과가 있어 염증성 여드름에 가장 효과적이며 프로피오니박테리움 아크네(propionibacterium acne)를 줄일 수 있다.

③ 아젤라익 액시드(azelic acid)

피지의 분비를 감소시켜며 유리지방산을 낮추고 항균 작용을 하며 염증성 여드름에 주로 효과적이다. 부작용으로 홍반이나 각질의 탈락 등의 자극 증세가 있다.

여드름 압출법

면포의 경우는 레이저나 바늘 등으로 구멍을 낸 뒤, 일정한 압력을 이용하여 면포 압출기로 눌러 짜는 것이 증상의 호전을 위해 도움이 될 수 있다. 그러나 염증을 동반한 구진성 이상의 여드름의 경우는 면포를 짜는 과정에서 오히려 이차적인 세균 감염을 일으켜 여드름 흉터를 만들 수도 있으므로, 화농성 여드름의 경우는 약물 치료로 염증을 조절하고 나서 짜야 한다.

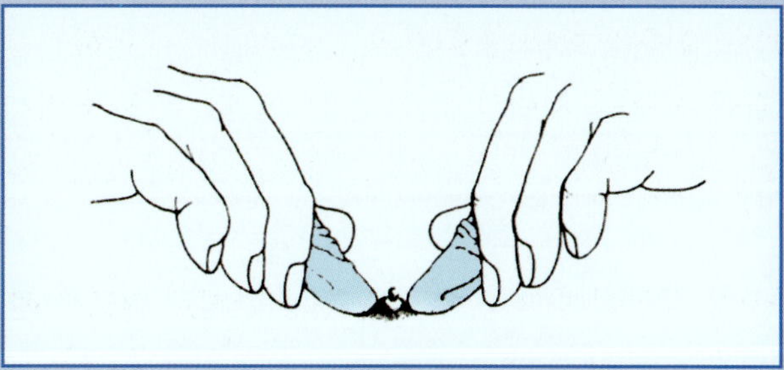

그림 4-10 손가락을 사용한 방법

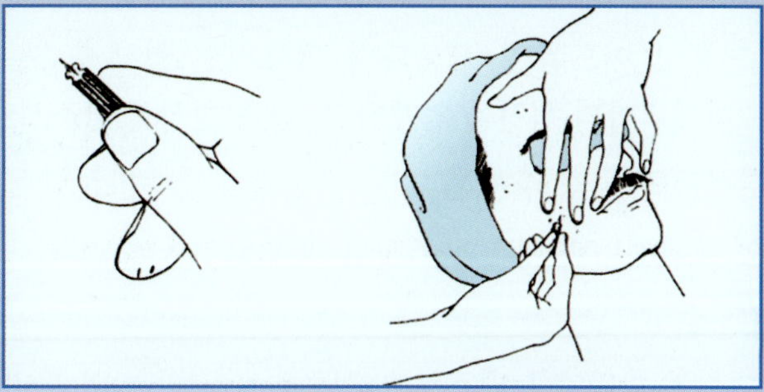

그림 4-11 란셋(lancet)을 이용한 방법(a,b)

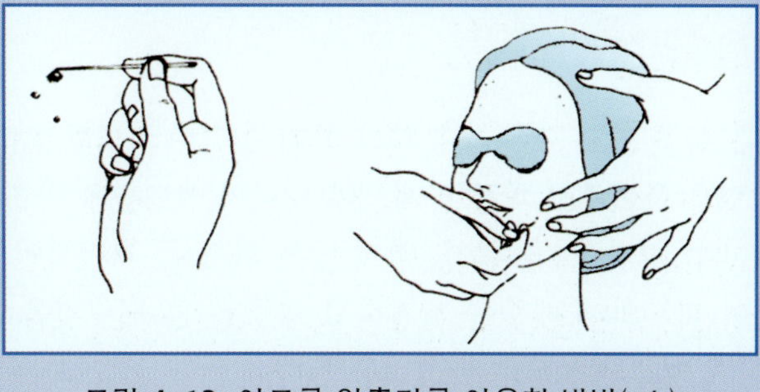

그림 4-12 여드름 압출기를 이용한 방법(a,b)

여드름 흉터 치료법

- 화학적 박피술 : 피부가 건성이며, 피부색이 연하고 두껍지 않은 피부에 적합하며 TCA나 페놀을 이용한다. 비타민A 전구체인 레티노이드를 이용하여 피부의 재생력을 높이며 색소생성을 억제시킨 후에 박피를 하면 효과가 크게 증대된다. 박피 시술 후 7~10일 후에 새로운 피부가 생성되며 회복기 때 긁지 도록 하고 1~3개월간 햇볕 노출을 삼가야 한다.
- 외과적 박피술 : 기계로 흉터 주변의 피부를 벗겨줌으로써 흉터를 제거하는 방법이다. 피부의 표피층과 상부 진피층을 벗겨내는 치료이며 1회 시술로 만족될 경우도 있지만 6개월 간격으로 2~3회 시술하기도 한다. 시술 후의 피부관리가 역시 중요하다.
- 레이저 박피술 : 여드름 흉터 제거를 위하여 많이 이용되는 방법인데 출혈과 2차 감염이 없으며 회복시간도 짧고 섬세하게 흉터를 깎아낼 수 있어 효과적이다. 역시 시술 후에 자외선 차단 등의 피부관리가 요구되며 사용하는 레이저는 트루펄스 레이저, 헬륨네온 레이저 등이 있다.

④ 국소 항생제

경한 농포나 면포성 여드름에 사용되며 대표적인 항생제로는 테트라싸이클린(tetracycline)로 박테리아의 성장을 억제하고, 염증 현상을 감소시킨다.

⑤ 부신 피질 호르몬의 국소 주사

결절이나 낭종에 효과적이며 대개 4~6개월 내에 호전을 보인다.

⑥ 경구 피임제

에스트로겐 베이스의 피임약은 테스토스테론(testosteron)의 분비를 감소시켜 박테리아의 성장을 억제하고 염증 현상을 감소시킨다.

7) 여드름의 한의학적 관리

한의학에서는 여드름을 면포 또는 면분자라 하며 청열해독(淸熱解毒)을 기본원칙으로 하여 내장에 쌓인 열을 풀어주고 피를 맑게 해줌으로써 여드름을 완화시키는 방법이다.

환자의 체질, 즉 비만 환자, 마른 환자, 열이 많은 환자 등 개인적인 차이에 따라 적절한 약물을 배합하여 피부의 노폐물을 제거하고 염증을 없애는 것을 기본으로 하며 몸 안에서의 불균형의 원인을 바로잡는데 중점을 둔다.

전통 한의학에서는 폐와 대장이 포함된 호흡기계에서 피부를 관장한다고 보는데, 이 호흡기계의 기능 이상이나 자율 신경의 기능 실조로 인해 피부의 면역성이 약화되어 여드름이 발병한다고 파악한다.

약제로는 동규자, 동과자, 대황, 백자인, 백복령, 백지, 백강잠, 적작약, 부평초, 황련, 금은화, 녹두, 어성초, 황백, 토복령, 삼백초, 살구씨, 방풍, 연교, 알로에, 응시백, 만청자 등이 사용되며 환자의 체질이나 원인에 따라 1가지만 사용하거나, 2~3가지씩 섞어 팩이나 스킨을 만들어 사용한다.

2. 피부와 자외선

1) 자외선(Ultraviolet rays, UV)

자외선은 태양에서 발산되는 광선으로서, 1801년 존 윌리엄 리터(Johan William Ritter)에 의해 발견되었으며 가시광선과는 달리 눈에 보이지 않는 광선이다.

피부에 영향을 주는 환경 요인 중에서 가장 중요한 것은 자외선이다. 자외선은 피부에 있는 프로비타민 D를 비타민 D로 합성, 전환하는 기능과 살균, 소독의 기능을 하기 때문에 인체에 없어서는 안 되는 중요한 역할을 한다. 그러므로 햇빛을 많이 받을 수 없는 나라에서는 비타민 D 부족으로 구루병, 골연화증과 같은 질병을 앓는 사람들이 많다. 반면 피부의 노화와 색소 침착, 모세혈관 확장을 일으키는 등 인체에 유해한 영향을 끼치기도 한다.

요즘 환경오염의 결과로 오존층이 파괴되어 피부에 침투되는 광선의 양이나 강도에 있어서 치명적인 결과를 초래하기도 한다. 그러므로 햇빛을 많이 받는 계절이나 직업, 환경에서는 특히 자외선을 차단하는 도구나 제품을 사용하여 자외선에 의한 피해를 방지해야 한다. 자외선은 파장에 따라 UVA(장파장), UVB(중파장), UVC(단파장)가 있으며 파장을 나타내는 단위는 ㎚(nanometer, 10억분의 1m)로 표시한다.

(1) UVA(장파장)

320~400㎚으로 파장은 가장 길고 태양광선에서 가장 많이 방출되지만 에너지가 가장 약하다. 진피층 깊숙이 침투하여 색소 침착(sun tan)은 물론 콜라겐 손상을 일으켜 주름을 생기게 하는 광노화의 주요 원인이 된다.

(2) UVB(중파장)

280~320㎚로 UVA보다 파장은 짧고 UVA에 비하여 태양광선에서 1/100 밖에 방출되지 않지만, 훨씬 강하여 표피와 진피 상부까지 침투하여 색소 침착과 일광화상(sunburn)을 일으킨다.

(3) UVC(단파장)

200~280㎚의 최단파로 가장 에너지가 강해서 피부암을 유발하는 광선으로, 세포의 분자가 가지는 운동 에너지보다 월등히 큰 에너지를 가지고 있기 때문에 DNA 등의 분자 결합을 파괴하며 이로 인해 피부암을 유발시킨다. 파장이 짧기 때문에 성층권에 존재하는 오존층에서 흡수되고 지표면에는 거의 도달하지 못하므로 생물학적인 의미는 없었으나, 최근에는 오존층의 파괴로 인해 피해가 늘어가고 있다.

2) 자외선에 대한 피부의 반응

자외선에 의한 피부의 유해 정도는 자외선의 양, 강도, 노출 시간, 장소, 계절은 물론 개인의 민감도, 성별, 연령, 피부유형, 질병, 임신, 월경주기 등에 따라 다르다.

(1) 비타민 D 합성

표피 내에 존재하는 프로비타민 D에 자외선이 조사되면 비타민 D의 합성이 이루어져 칼슘의 효과를 도와 구루병과 골다공증을 예방한다.

(2) 홍반(erythema)

홍반이란 피부가 과다하게 일광에 노출되면 자외선을 흡수한 각질형성세포의 혈관이 확장되어 혈관벽의 투과력을 증가시키는 프로스타글란딘(prostaglandin), 히스타민(histamine), 세로토닌(serotonin), 인터루킨(interleukin) 등과 같은 물질의 분비가 초래되는 반응을 말한다. 이로 인하여 피부가 빨갛게 되며 부종을 일으키는 현상이 일어나는데 종류에는 즉시 홍반과 지연 홍반이 있다.

① 즉시 홍반 : 일시적으로 나타났다가 없어진다.

② 지연 홍반 : 자외선에 노출된 후 30분에서 4~5시간 후부터 나타나기 시작하여 1~2일 지속되며 주로 자외선 B에 의하여 유발된다.

(3) 색소침착

색소침착이란 일광에 노출된 부위의 피부가 검어지는 현상으로 즉시형과 지연형이 있다.

① **즉시형 색소침착**(IPD, Immediate Pigment Darkening)

대부분 자외선 A에 의하여 유발되며 가시광선에 의해서도 일어날 수 있다. 즉시형 색소 침착은 피부에 이미 존재하는 멜라닌이 자외선에 의해 산화되고, 색소세포내의 멜라노좀이 수지상 돌기를 통하여 주로 기저세포로 이동하기 때문에 생기는 것으로 노출된 지 수분 내에 색소가 침착되며, 자외선의 양이 적을수록 수분 내에 사라지지만 대량의 자외선에 노출될 때는 며칠간 지속되기도 한다.

② **지연형 색소침착**(DT, Delayed Tanning)

자외선 B가 주로 작용하고 자외선 A와 C도 관여하는데 자외선에 노출된 후 48~72시간 후부터 나타나기 시작하여 2~3주에 최고조에 도달하며 수개월까지 지속되기도 한다. 지연형은 티로시나제의 활성화, 수지상 돌기의 발달, 멜라닌 세포와 멜라노좀의 증가 및 이동 등으로 인하여 각질형성세포의 전 층에 멜라닌이 증가하기 때문에 생긴다.

(4) 일광 화상(sunburn)

햇빛에 과도하게 노출되어, 그 부분이 빨갛게 되고 부풀어 오르며 심하면 물집이 생기며 오한과 발열을 동반하기도 하는 질환이다. 조직적 소견을 보면, 진피와 각질형성세포가 두꺼워지며 늘어짐이 심해지고, 랑거한스 세포는 감소하며 활성도가 떨어져서 면역성이 감소하게 된다.

3) 자외선 차단지수(Sun Protection Factor, SPF)

자외선 흡수제 또는 산란제를 함유하는 제품이 자외선을 얼마만큼 차단하는가를 숫자로 표기화한 것으로, 차단지수가 높을수록 차단효과가 큰 것을 의미한다. 그러나 차단지수가 높을수록 화학물질이 많이 들어가 있어 피부를 자극하기 쉽고 색소 침착이나 염증을 일으킬 수 있으므로 15~20정도의 차단지수 제품을 2~3시간마다 덧바르는 것이 좋다. 자외선 크림이나 로션은 일광에 노출되기 15~30분 전에 바르는 것이 효과적이다.

자외선에 의한 피부 손상을 막는 최선의 방법은 햇빛에 직접적으로 피부를 노출시키지 않으며 가급적 외출을 줄이고 선글라스나 모자 등으로 햇빛을 가리는 것이 좋다.

표 4-12 피부유형 및 권장 자외선 차단지수

피부유형	여름 한낮 45분 1시간 정도 일광에 노출되었을 때 피부반응양상	권장 UVB 차단지수
1	항상 쉽게 타지만 피부가 검어지지는 않는다	20~30
2	항상 쉽게 타며, 피부가 약간 검어지는 경우도 있다.	12~20
3	약하게 타며, 피부가 점차 옅은 갈색으로 검어진다.	8~12
4	거의 타지 않으며, 피부가 짙은 갈색으로 잘 검어진다	4~8
5	거의 타지 않으며, 피부가 항상 검게 그을린다.	2~4

자외선 차단지수

자외선 차단제는 일반적으로 차단지수 15정도 이상이 적당하다.

$$\text{SPF} = \frac{\text{자외선 차단제를 발랐을 때의 최소 홍반량(시간)}}{\text{자외선 차단제를 바르지 않았을 때의 최소 홍반량(시간)}}$$

자외선 차단지수에 따른 차단 시간은 계산하는 방법에 따라 다소의 차이가 있으나, SPF 1은 약 10분을 의미한다. 예를 들어, SPF가 15일 경우는 약 2시간 30분 정도 차단할 수 있음을 의미한다.

PA지수

Protector Grade of UVA의 약자로서 UVA에 대한 자외선 차단제의 방어효과를 나타내는 지표이다. 사람의 피부가 UVA에 의하여 야기되는 흑화 현상을 이용하여 측정한다.

$$\text{PA값} = \frac{\text{자외선 차단제를 도포한 피부가 즉시형 흑화를 일으키는데 필요한 UVA량}}{\text{아무것도 도포하지 않은 피부가 즉시형 흑화를 일으키는데 필요한 UVA량}}$$

PA 값	분류 표시	의미
2이상 4미만	UVA +	UVA 방지 효과가 있다
4이상 8미만	UVA ++	UVA 방지 효과가 꽤 있다
8이상	UVA +++	UVA 방지 효과가 매우 있다

4) 자외선 흡수제

벤조페논계 파바(pa-amino benjoic acid, PABA), 메칠 안트라나닐산, 벤조이미다졸(benzoimidazole) 유도체, 캄포(camphor) 유도체, 벤족사졸(benzoxazole) 유도체, 갈릭산(galic acid) 유도체, 신남산(cinnamic acid) 등이 속한다.

자외선을 흡수하여 피부에 침투하지 못하게 하는 화학적 방법이며, 이 중 벤조 페논과 PABA 성분은 부작용의 유발 위험이 크므로 거의 사용하지 않는다(PABA free 제품).

5) 자외선 산란제

이산화티탄, 산화아연, 운모, 탈크, 카올린 등이 산란제로 사용된다. 자외선을 반사 산란시켜 자외선이 침투되는 것을 막는 물리적 방법이다.

6) 최소 홍반량(Minimal Erythema Dose, MED)

피부에 홍반을 일으키는 자외선의 최소량을 말하며, 백인은 약 10분이며 한국인은 17분 정도이다. 자외선이 피부에 홍반을 일으키는 에너지의 강도는 자외선 파장의 길이, 태양의 고도에 따라 다르며 또한 각 개인의 자외선에 대한 민감도와 자외선의 노출 시간에 따라 다르다.

3. 과색소에 의한 문제성 피부

우리 인체의 피부색을 결정하는 인자 중의 중요한 부분인 멜라닌 색소는 피부에서 자외선을 흡수하거나 산란시켜 피부 내부의 세포나 조직들을 자외선에 의해 손상되는 것을 방지하여 인체를 보호하는 기능을 수행한다.

피부가 자외선을 받으면 인체에 침투하지 못하도록 하는 보호장치인 멜라닌 색소에 의해 일시적으로 검어지며 우리 피부의 각질은 주기적으로 탈락하게 되어 시간이 지나면 다시 원래의 피부색으로 돌아오게 된다. 그러나 노화, 무리한 다이어트, 스트레스, 수면부족 등 여러 가지 요인으로 인하여 혈액순환과 신진대사가 잘 되지 않아 침착된 색소가 없어지지 않거나 피부에 병적인 결과를 초래하기도 한다. 또한 피부의 어떤 병변이나 색소 침착은 그 자체로만 끝나는 것이 아니라 인체 내부 장기의 이상 유무와도 관계가 있기 때문에 자세한 관찰과 검사가 요구된다.

과색소에 의한 문제성 피부에는 기미, 주근깨 등과 같은 과색소 침착(hyper pigmentation)과 백색증, 백반증과 같은 저색소 침착(hypo pigmentation)이 있다.

1) 기미(Melasma)

기미는 후천적으로 피부에 멜라닌 색소가 과다하게 침착되는 현상으로, 얼굴에 좌우 대칭으로 연한 갈색, 암갈색, 검정색의 경계가 불규칙한 색소반이 생기며 피부색이 검은 사람일수록 광범위하고 진하게 발병되며 간반(肝斑)이라고도 한다.

일광노출이 심한 봄, 여름에 재발하거나 악화되는 경향을 보이며 부위는 햇빛의 노출이 심한 뺨, 이마, 눈 밑, 코 밑, 관자놀이, 윗입술에 나타난다. 주로 30~40대 중년여성에게 발생하지만, 요즘에는 생활환경의 변화, 환경오염으로 인한 강한 일광 노출 등으로 20대 후반의 여성에게도 발생하며, 남성에게도 간혹 볼 수 있다.

(1) 원인

정확한 원인은 밝혀지지 않았지만 본인의 체질적 소인과 햇빛에 의한 노출이 관여한다는 것은 확실하다. 남성보다 여성에게서 많이 발생하는데 이는 호르몬 분비의 차이 때문으로 보인다. 따라서 임신이나 폐경기에 생기는 경우가 많으며 경구용 피임약에 의한 경우도 있다.

에스트로겐은 피부 색소형성세포인 멜라노사이트를 자극하고 황체호르몬인 프로게스테론은 이들 피부색소를 주위 피부로 전해 주는 역할을 함으로써 기미를 형성한다.

① 자외선

기미는 주로 햇빛의 노출 부위에 생기며 햇빛이 강한 봄, 여름에는 심해지지만 겨울에는 옅어지는 것으로 보아 기미의 주된 요인이 자외선임을 알 수 있다.

햇빛 속의 자외선이 멜라닌 세포를 자극하면 피부 방어기전을 작동하여 색소를 형성하여 검어지는데, 강한 햇빛에 다량 노출 시에는 염증이 생기게 되고 염증이 치유되면서 색소가 침착된다.

② 경구 피임약, 임신

경구 피임약 속에 에스트로겐은 멜라닌 색소를 만드는 멜라닌 세포를 자극하여 불규칙한 반점을 형성하게 된다. 임신 중에는 여성호르몬인 에스트로겐이 증가하므로 임신 4~5개월부터 기미가 생성되기 시작하며 이는 출산과 함께 상당히 호전된다.

③ 스트레스

스트레스를 받으면 이에 대응하기 위하여 부신 피질에서 아드레날린이 분비되며 이로 인하여 멜라닌 색소의 활동이 증가하여 기미가 생기게 된다.

④ 화장품, 약제

자신의 피부에 맞지 않는 화장품을 사용했을 경우에 접촉성 피부염 등의 부작용이 발생하며, 치유되는 과정에서 또는 자외선에 민감하게 작용하는 약제의 복용 시에 기미가 발생할 수 있다.

⑤ 신체 내부의 질환

신체 장기 중에 간과 난소가 색소 침착과 관계가 깊으므로 간 질환이 있는 경우에 신진대사가 나빠져서 색소 침착을 초래하게 되고 난소의 기능 부전으로 여성에게서 흔하게 기미가 나타날 수 있다.

⑥ 내분비 질환

갑상선 질환이나 에디슨씨 병 같은 내분비 질환이 있을 때에도 기미가 발생할 수 있다.

⑦ 유전적 요인

부모가 기미가 있을 경우 자녀의 기미 발생빈도가 높은 것을 볼 때, 어느 정도 유전적 요인이 작용하는 것으로 보여진다.

(2) 기미의 예방

- 경구 피임약과 같은 기미를 유발하는 약제의 사용을 주의하며 되도록 복용을 피하도록 한다.
- 간 질환과 같은 내부질환에 의해서 신진대사가 원활하지 못하여 기미를 악화시키므로 반드시 치료한다.
- 장시간 햇빛에 노출되는 것을 피하고 외출 시 양산이나 모자를 사용하도록 하며 특히 오전 10시부터 오후 2시까지는 활동을 되도록 피한다. 만약 장시간 햇빛에 노출될 때는 자외선 차단지수가 높은 차단제의 사용이 필수적이다.
- 기미는 자외선뿐만 아니라 가시광선에 의해서도 발생하므로 기미 예방을 위하여 메이크업을 하는 것이 필요하다.
- 육체적, 정신적인 스트레스를 피한다.
- 단백질과 비타민 C가 풍부한 과일이나 녹황색 채소를 섭취한다. 즉 간, 우유, 레몬, 오렌지, 귤, 토마토, 부추, 파, 양배추, 아스파라가스, 완두콩, 홍당무, 마늘 등을 많이 섭취하도록 한다.

- 피부가 건조하지 않고 강한 자극을 받지 않도록 평소에 관리를 한다.
- 적절한 피부 마사지는 기미의 치료와 예방에 좋다.

(3) 기미의 관리

기미는 우선 밝혀진 원인은 제거하고 그에 맞는 관리를 하는 것이 중요하며, 햇빛과 스트레스를 피하고 자외선 차단제와 미백제품을 사계절 꾸준히 바르는 것이 좋다. 레이저 치료법이나 박피술이 있지만, 다른 질환에 있어서 보다 그 효과가 떨어진다.

① 표백제와 자외선 차단제의 도포

가장 오래된 치료법이며 기본적인 방법으로 기미의 정도, 환자에 따라 약제의 종류와 양이 결정되나 너무 강하게 사용하는 것은 바람직하지 않다. 인내심을 가지고 꾸준히 사용하는 것이 좋다.

· 약제

- 멜라닌 색소의 활동을 억제 : 하이드로퀴논(hydroquinone)
- 피부 재생효과 : 비타민 A유도체 레티노이드
- 미백효과 : 알부틴, 코직산, 감초엑기스, 과일산(AHA), 비타민 C 등
- 자외선 차단제 : SPF 15~30인 제품을 도포

② 화학적 박피술

- 트리클로로아세틱 액시드(Trichloroacetic acid, TCA)
- 페놀(Phenol)
- AHA(Alpha hydroxy acid)

표 4-13 기미와 오타양 반점

	기 미	오타양 반점
색깔	연한 갈색, 암갈색, 검정색	회갈색
크기	넓은 반점	콩알 반 정도의 크기로 모여 있음
발생부위	뺨, 이마 윗입술 등	광대뼈, 콧구멍 주위, 이마의 양쪽 가장자리
치료법	다양하다	큐 스위치 레이저
발생시기	사춘기 이후	사춘기 이전

③ 레이저 치료

큐 스위치(Q-switch) 방식의 레이저를 이용하여 표피 및 진피층의 색소만을 선택적으로 파괴하는 방법이다. 기미의 경우 치료 후 재발이 흔하므로 먼저 다른 방법으로 치료하여 반응이 없거나 자주 재발한 경우에는 레이저 요법을 시도한다.

④ 이온 영동치료(Iontophoresis)

비타민 C의 멜라닌 생성 억제 성질을 이용하는 방법이다. 그러나 비타민 C는 수용성 비타민이므로 피부를 통하여 흡수시키기가 어려우므로 미세 전류를 흐르게 하여 이온화하여 세포 내로 흡수시킨다. 이 방법은 시술이 간편하고 통증이 없으며 재침착의 위험성이 적은 장점이 있다.

2) 주근깨(Freckle)

주근깨는 색소 세포가 색소를 과다하게 형성, 분비함으로써 나타나는 질환으로 유전적인 소인이 있는 사람이 강한 자외선에 노출되면서 나타난다. 그러므로 여름에 색깔이 짙어지고 겨울에는 옅어지는 경향이 있다.

주근깨는 5세 이하의 소아기에 발생되어 사춘기 전후에 가장 심해지며 그 후 서서히 감소하는 경향이 있다. 주근깨는 태양광선의 노출 부위인 얼굴, 앞가슴, 손등 등에 작은 갈색의 반점이 불규칙하게 산재되어 나타나는데 얼굴에 가장 흔하게 발생하며 특히 코, 뺨, 눈 밑 부위에 뚜렷이 나타난다.

(1) 원인

- 유전적 요인
- 계절적 요인 : 여름에는 주근깨의 수나 크기가 증가하고 색깔도 진하며, 겨울에는 옅어지게 된다.

(2) 예방법

- 과도한 태양광선에의 노출을 피한다.
- 자외선 차단제를 외출 30분 전에 노출 부위에 발라준다.
- 장시간 노출 시에는 2~3시간마다 반복하여 발라준다.
- 수영장이나 바닷가에서는 물에 씻기지 않는 제품을 사용한다.
- 선탠 등 주근깨를 유발 또는 악화시키는 행위를 하지 말 것

(3) 치 료

- 화학 박피술
- 전기 소작술
- 큐 스위치 레이저 치료
- 레이저 수술 후의 관리 : 딱지가 떨어지고 난 후 자외선 A와 B를 모두 차단 할 수 있는 차단제를 발라 다시 침착되지 않도록 한다.

4. 저색소에 의한 문제성 피부

1) 백반증(Vitiligo)

(1) 원인 및 증상

백반증은 멜라닌 세포가 파괴되어 그 숫자가 감소되거나 소실됨으로써 하얗게 변하는 후천적 색소결핍질환이다. 아직 확실한 원인은 알려져 있지 않으나 자가면역, 유전적 요인, 신경전달 물질의 관련성, 세포파괴 및 화학 물질에의 노출 등이 관련 요인으로 보고 있다.

내부 장기의 이상은 거의 없어 대부분 신체적으로는 건강하나 하얀 반점이 서로 합쳐지기도 하고 또 심하게 번져 신체의 피부를 거의 다 침범할 수도 있으며 잘 보이는 부위인 얼굴, 손등, 목 등에 나타나므로 정신적으로 심한 스트레스를 받게 된다.

(2) 치 료

① 약제를 바르거나 먹은 후 자외선을 쪼이는 방법

햇빛(자연 광선)은 계절, 시간, 날씨 등에 따라 변화가 심하므로 원하는 양의 빛을 쪼이기는 쉽지가 않고 더구나 햇빛을 강하게 쪼이게 되면 백반증 증상이 더 심해질 수 있다. 그러므로 치료법으로 인공 자외선 A를 조사하는데, 처음에는 매우 적은 양을 조사하여 서서히 양을 올리게 된다.

치료횟수는 1주일에 2~3회가 적당하며, 자외선을 쪼인 후 36~48시간이 지나면 백반증이 있던 부위가 약간 빨개지는 홍반이 생기는데 이때 나타나는 홍반의 정도는 다음에 조사할 자외선의 양을 정하는 지표가 된다.

치료 후 백반증의 병변에 색소가 다시 침착되는 경우는 환자의 약 60~80% 정도이다.

② 표피이식 수술

정상적인 피부의 표피만 떼어서 백반증의 병변에 붙이는 방법을 말하며, 표피이식 수술을 한 다음 자외선을 조사요법을 사용하는 경우는 훨씬 더 높은 치료효과를 얻을 수 있다.

2) 백색증(Albinism)

멜라닌 색소가 결핍되어 나타나는 선천성 질환으로 피부에 존재하는 멜라닌 세포의 수는 정상이지만 멜라닌 합성 효소인 티로시나아제 등의 불량으로 멜라닌 소체를 만들어내지 못하여 발생되는 질환이다. 백색증 환자는 자외선의 방어능력이 부족하므로 화상을 쉽게 입는다.

5. 기타 피부질환

1) 아토피성 피부염(Atopic dermatitis)

아토피성 피부염(atopic dermatitis)은 피부가 홍조를 띠고 심한 소양증을 일으키는 피부 염증 상태를 말한다. 발생 시기에 따라 유아기, 소아기, 사춘기 및 성인 아토피성 피부염으로 나누어지며, 어린이들에게 나타나는 유아기 아토피성 피부염을 일반적으로 '태열'이라 한다.

아토피성 피부염은 어린이들이 성장하면서 점차적으로 개선되어 5세 이전에 현저히 좋아지며 대부분은 10대로 접어들면서 없어지게 되는데, 일반적인 유형은 천식이나 알레르기성 비염을 동반하여 나타나게 된다.

아토피성 피부염에 있어서 가려움증은 정신적인 면에 영향을 주므로 기분 전환을 시키는 것이 필요하며 더운 날씨에는 피부를 시원하게 하고 면 소재의 옷을 입는 것이 좋다.

(1) 치료 및 관리

- 스테로이드(steroid), 하이드록시퀴놀린(hydroxyquinoline), 타르제제(tar preparations) 등의 피부외용제와 경구용 항히스타민제(oral antihistamines)를 사용한다.
- 항생제는 2차 감염증에 사용된다.
- 광선요법(UVA-UVB, PUVA)도 때때로 사용된다.

- 알레르기를 일으키는 물질과 자극성 물질에의 노출을 피한다.
  예) 꽃가루, 집먼지 진드기, 애완동물의 털이나 비듬, 깃털, 계란, 우유, 땅콩, 생선
- 피부건조를 방지하기 위하여 oil 목욕으로 유·수분 공급을 해주고 긁지 않도록 하는 것이 바람직하다.
- 개인위생을 철저하게 하도록 한다.
- 면 소재의 의복을 착용하도록 한다.
- 목욕 시에는 때는 밀지 말고 저자극성 비누와 클렌징 로션 등을 사용하는 것이 좋다.
- 더운 날에는 피부를 시원하게 하도록 한다.

2) 지루성 피부염

각질층이 정상보다 다량으로 하얗게 떨어지는 피부의 만성 염증 반응으로 두피, 안면(눈썹, 눈꺼풀, 입술, 귀, 코 주위), 앞가슴 부위, 겨드랑이 등에 발병하는 피부 질환이다.

눈꺼풀 상부에서는 쌀겨 모양의 인설이 관찰되고, 심한 경우 안검염과 결막의 충혈을 초래한다. 미간, 코와 입술 사이 주름 부위, 외이도에도 인설을 동반한 병변이 나타나며, 입술에는 붉은 인설과 균열이 동반된 박탈성 구순염을 일으킨다.

(1) 원인

- 피지의 과다분비
- 가족력

(2) 악화요인

- 발한을 촉진하는 조건
- 정서적 긴장
- 우유, 버터, 초콜릿 등 지방이 풍부한 음식

3) 비듬

두피에 생긴 지루성피부염으로 마른 쌀겨 모양의 표피 탈락을 일으키는 것을 말하며 비듬이 심해지면 탈모증이 일어날 수도 있다.

① 다른 증상 없이 비듬만 있는 경우

치료는 상태에 따라 다른데, 일주일에 두세 번 selenium sulfide, tar, zinc pyrithionate나 항 진균제가 들어 있는 비듬 샴푸를 사용한다. 이때 비듬 샴푸는 거품을 내고 4~5분 후에 헹궈야 효과가 있다.

② 비듬이 있고 두피가 붉으며 가려운 경우

비듬 샴푸를 사용하면서 스테로이드 성분의 용액이나 젤을 두피에 바르는 것이 좋다. 만일 가려움증이 심하고 붉고 진물이 나며 두껍게 딱지가 앉는 등 염증이 심하면 피부과 전문의의 치료를 받아야 한다.

6. 피부의 노화

1) 개요

노화란 시간이 진행됨에 따라 신체적, 정신적인 퇴행성 변화를 가져와 여러 가지 변화에 반응하는 능력이 떨어지는 현상을 말한다. 노화현상은 늙은 세포가 새로운 세포로 대체되는 과정이 원활하게 이루어지지 못하기 때문에 발생한다는 연구 결과와 같이 노화에 대한 여러 가지 이론들이 있다.

신체적 변화로는 인체 내의 지방과 수분이 증가되고 흰머리가 나고 피부주름이 생기며 근육이 약화된다. 그리고 피부, 근육, 뼈, 폐, 혈관 등에 분포하는 콜라겐과 엘라스틴의 합성이 감소되어 피부의 탄력성이 없어지고 주름이 생기고 뼈가 쉽게 부러지고 폐와 혈관벽이 탄력을 잃어 혈압이 높아지고 심장이 약해진다. 또한 눈과 귀의 기능과 식욕이 떨어지며 기억력 저하 및 근육의 약화로 인한 허약한 체질 등을 들 수 있다. 그 중에서도 인간의 피부는 눈이나 치아처럼 나이가 들면서 노화하며 그 변화가 나타나기 쉬운 기관이다. 노화가 진행되면서 나타나는 피부질환으로는 노인성 색소반(검버섯), 노인성 백반, 노인성 혈관종, 일광각화증, 악성흑자, 피부암 등이다.

2) 노화의 이론

(1) 자유산소 이론(Oxygen free radical theory)

자유산소기는 산소 분자의 유리로 발생하게 되는 화학적인 변화에서 생성되어지는 부산물이다. 이들은 신체조직에서 자연적이며 규칙적으로 생성되어진다. 신체에서 자유산소기의 생성은 태양이나 X-레이, 흡연과 환경 오염물질 등에 노출된 여러 가지 상황에서 더욱 더 증가한다.

자유산소기는 세포벽과 DNA의 손상을 일으키며 세포안에 있는 여러 생화학적 구성물질의 변화를 가져온다. 이들은 심장과 혈관질환 촉진과 악성질환으로 유도하는데 특정한 역할을 담당한다.

과학자들은 자유산소기가 점진적으로 축적되어진 영향으로 인하여 신체의 다양한 계통에서 노화과정을 촉진한다고 믿고 있다.

(2) 선천적 운명과 후천적 요소

선천적으로 결정된 유전자와 더불어 생활양식 및 환경요소 등 후천적 요소가 노화에 영향을 준다.

(3) DNA 복구 시스템의 문제

세포 내에 축적된 노폐물 등에 의해 유전자자 손상되었을 때 DNA 복구 시스템이 작동하여 정상 유전자로 복구시켜 주는데, 이 복구 시스템에 이상이 있을 경우 돌연변이 세포가 형성되어 노화가 일어나게 된다.

3) 노화의 원인

피부 노화를 촉진하는 요인으로는 공해, 먼지, 자외선, 기후 변화, 화학 물질 등의 외부적인 요인과 신체 기관의 질병이나 호르몬의 변화, 스트레스, 음식 등의 내부적인 요인으로 나눌 수 있다.

피부 노화는 나이가 들어가면서 퇴행성 변화로 인한 내인성 노화와 과도한 자외선에 의한 외적 노화인 광노화로 구분된다. 선탠 등의 목적으로 과도한 햇볕에 노출시킴으로 피부 노화를 가속시키는 외적 요인에 의한 노화가 크게 작용하지만 노화는 한 요인 보

피부 노화를 촉진시키는 외적 요인

- 자외선
- 질병으로 인하여 신체 건강 상태가 나쁠 경우
- 흡연
- 스트레스와 수면 부족
- 화장품의 남용과 자신의 체질에 맞지 않는 제품 사용 시

표 4-14 내인성 노화와 광노화의 조직학적 차이

요 인	내인성 노화	광노화
건조	증가	증가
주름	증가	증가
늘어짐	증가	증가
랑게르한스세포	감소	감소
멜라닌 형성세포	감소	증가 또는 감소
각질형성세포	증가	증가
진피두께	감소	증가
진피기질	감소	증가
혈관	감소	증가
비만세포	감소	증가

다 여러 가지 요인이 복합적으로 작용하여 진행된다고 할 수 있다.

외적인 노화는 자외선에 대한 예방 및 피부 관리를 통하여 진행 속도를 조절 할 수 있으므로 농부, 어부, 운동선수처럼 다른 직종에 비해 햇빛에 노출이 심한 사람들은 자외선 차단제의 도포 등이 필요하다.

4) 피부노화로 인한 변화

피부 노화로 인한 변화로는 주름의 증가, 피부의 이완, 피지와 발한의 감소로 인한 피부의 매끄러움과 광택의 저하, 피부결의 거칠음 그리고 과다한 색소 침착과 부분적인 색소 변화 등이다. 또한 두발이 감소하고 탄력이 없어지며 사람에 따라 대머리가 되거나 백발이 증가하고 손톱이 거칠고 희고 탁해지며 만곡이 생긴다.

(1) 생기와 부드러움의 감소

나이가 들어감에 따라 젊은 피부의 규칙적이고 선명한 피문은 성글어지고 불분명해지면서 균일성을 잃고 모공이 커지고 전체적으로 피부결은 거칠어진다. 그리고 피곤함과 스트레스의 흔적이 쉽게 사라지지 않아 생기와 활력이 사라지고 피로해 보이는 안색이 짙어진다.

(2) 주름의 증가와 피부 처짐

나이가 들면서 가장 먼저 피부에 나타나는 현저한 변화는 주름이다. 주름은 25세 경부터 눈 주위, 이마, 입 주위 등의 안면과 목, 기타 신체 부위에 나타나면서 40세 이후 급격하게 증가하고 깊어진다. 이는 오랜 세월동안 근육의 반복된 움직임과 피부 변형이 이루어지면서 주름으로 고정되는 것이다.

(3) 색소 침착

간반이나 주근깨 등과 달리 나이가 들어감에 따라 증가하는 검버섯은 노인성 색소반이라고 하며 노화가 진행됨에 따라 발생률이 증가하는 확연한 노화 현상이라 할 수 있다.

Ⅴ. 피부유형별 화장품의 성분 및 적용

신체는 외부의 나쁜 조건으로부터 자신을 스스로 정화할 수 있는 정화능력을 가지고 있으며, 피부 또한 천연 피지막을 가지고 있어 화장품을 사용하지 않더라도 스스로를 외부의 자극으로부터 피부를 보호할 수 있는 능력을 가지고 있다.

인간은 보건 위생상의 청결을 위해서나 건강하고 아름다운 피부를 유지하고 손상된 피부를 회복하기 위하여 화장품을 사용한다. 이제까지 피부의 유연성이나 보습효과만을 강조하는 시대를 지나 현재는 피부유형에 따른 다양한 화장품과 피부의 여러 가지 병리현상, 즉 노화현상, 탈모, 과색소 등을 개선하기 위한 고기능성 화장품의 개발이 활발하다.

피부미용의 과정에는 화장품의 적용이 필수적이다. 피부미용실에서 피부미용사는 다양하고 전문화된 기능성화장품을 사용하여 건강하고 아름다운 피부를 가꾼다. 그러므로 피부미용의 과정이나 홈 케어에 있어서 피부유형에 따른 적절한 화장품 선택이 선행되지 않는다면 올바른 피부미용의 효과를 얻을 수가 없다.

그러므로 올바른 화장품의 선택을 위해서 피부미용사는 화장품의 다양한 성분과 효능에 대한 정확한 지식과 적용방법에 관하여 이해하여야 한다.

1. 정상피부용 화장품

(1) 목적

건강한 피부 상태를 지니고 있으므로 피부 세포의 영양 공급과 유·수분의 균형을 유지시키는 데 목적을 둔다.

(2) 성분

- 알란토인(allantoin) : 다양한 형태의 식물 뿌리에서 얻어지며, 식물에 있는 요산 화합물의 신진대사에서 나온 산물이다. 세포의 생성과 재생을 촉진한다. 상처 치유력과 보습 효과가 뛰어나며, 피부 표피의 흡수력 촉진과 피부각질의 유연성을 준다.
- 콜라겐(collagen) : 성장기 동물의 피부에서 추출하며, 피부의 탄력을 좋게 하여 주름을 방지해 준다. 콜라겐은 피부에 높은 수분인자로 작용하기도 하며 높은 비율의 아미노산을 공급해 주어 조직에 탄탄함과 유연함을 준다. 동물의 뼈, 연골, 피부 등을 구성하는 단백질이다.

- 엘라스틴(elastin) : 콜라겐, 단백질을 가수분해해서 얻어지는 아미노산의 일종으로 피부세포의 구성 성분이다. 피부의 엘라스틴 조직을 튼튼하게 하고 보습력이 뛰어나며 피부의 탄력증진에 기여한다.
- 히아루론산(hyaluronic acid) : 히아로니타제 효소에서 추출한 단백질의 일종으로 히아루론산은 진피층을 구성하는 중요 성분의 하나이며 성인 피부의 뮤코 다당류 50%를 함유하고 있다. NMF(천연보습인자)의 일종으로 보습력이 높고 피부건조 방지와 유연 효과가 있다.
- 알로에 베라(aloe vera) : 알로에 잎에서 추출한 것이다. 보습작용, 유연 작용, 세포 재생 작용이 있다. 진통, 부종 감소, 세포 분열 자극, 상처치유 효과, 항염 효과와 다른 성분의 효능을 증가시켜 주는 기능이 있다. 20여종의 아미노산, 탄화수소, 물로 구성되어 있다.

2. 건성피부용 화장품

(1) 목적

피부 표면의 보습 작용과 피지 분비를 활성화하여 피부의 건조함과 노화를 방지하는 데 목적을 둔다.

(2) 성분

- 올리브유(olive oil) : 올리브의 열매를 냉동 압착하여 추출하며, 에탄올에 잘 용해되고 식물유 중에서 비교적 피부흡수가 좋다. 주로 선탠오일, 에몰리엔트 크림 등에 사용되나 알레르기를 유발할 수도 있다.
- 아보카도유(avocado oil) : 아보카도의 열매를 냉동 압착하여 추출하며 비타민 A, B가 함유되어 있다. 피부친화성이 높고 퍼짐성이 좋다. 에몰리엔트 크림, 샴푸, 헤어린스 등에 사용된다.
- 아몬드유(almond oil) : 아몬드의 씨에서 추출하며, sweet almond oil과 bitter almond oil이 있다. 화장품에 사용된 것은 sweet almond oil이다. 크림·로션의 에몰리엔트제, 마사지 오일 등에 사용된다.
- 살구씨유(apricot kernel oil) : 살구씨(행인)에서 추출하며 감촉이 우수하여 에몰리엔트제로 사용된다.

- 밍크오일(mink oil) : 밍크의 피하조직에서 추출하며, 피부친화성, 퍼짐성 및 에몰리엔트 효과가 좋다.
- 해조 추출물(algae extract) : 미역, 다시마, 우뭇가사리와 같은 해조에서 추출한것으로 보습, 피지분비 억제 작용이 있다.

3. 지성피부용 화장품

(1) 목적

피지 제거 및 피지 분비 조절로 트러블을 감소시키고 불순물에 의한 정체 해소와 피부호흡 개선을 목적으로 한다.

(2) 성분

- 비타민 B_6 : 피리독신(pyridoxine)이라고도 하며 피지분비 억제작용이 있다.
- 레몬 추출물(lemon extract) : 레몬 열매에서 추출된 것으로 수렴, 보습, 세포부활 작용이 있다.
- 쇠뜨기 추출물(horsetail extract) : 쇠뜨기(속새) 줄기에서 추출된 것으로 항염, 지혈, 항알레르기 작용 및 칼슘의 흡수촉진 작용이 있다. 사포닌이 함유되어 있어 여드름이 있는 피부에도 좋고 유기규소를 함유하고 있어 피부와 털에 유연성을 준다.
- 호스 채스트넛 추출물(horse chestnut extract) : 너도밤나무과 낙엽수인 마로니에(marronnier)열매 잎에서 추출된 것으로 주성분은 에스신(escin)이라는 사포닌 성분이다. 항염 작용이 있으며 일광 화상 방지제로도 사용된다. 또한 열을 내리게 하며 수렴효과가 있다.
- 키위 추출물(kiwi extract) : 키위 열매에서 추출된 것으로 수렴, 항염, 지혈작용이 있다.
- 클로로필(chlorophyll) : 식물의 엽록소로 탈취효과와 피부세포에 산소 공급효과가 있으나 일광 알레르기를 유발시킬 수 있다.
- 하마멜리스(harmamelis) : 북미에서 자생하는 하마멜리스나무의 껍질에서 추출한 것으로 식물추출물 중 가장 많이 사용되고 있다. 살균, 소독 및 수렴작용이 있어 여드름과 피부염의 치유에 효과가 좋다. 또한 유해산소 제거와 진정작용이 있고, 약간의 방부작용이 있어 화장품의 부패를 막는데 효과적이다.

4. 여드름피부용 화장품

(1) 목적

피지 분비를 조절하고 청결 및 염증의 완화를 목적으로 한다.

(2) 성분

- 비타민 B_2 : 리보플라빈(riboflavin)이라고도 하며, 입술 주변의 염증, 지루성피부염 등을 예방해 준다. 그러나 많이 사용하게 되면 오히려 광과민증을 유발할 수 있다.
- 글리실리친산(glycyrrhizinic acid) : 감초에서 추출하여 얻은 물질로 소염, 항알레르기 작용이 있다.
- 알로에 추출물(aloe extract) : 알로에 잎에서 추출한 것으로 보습, 미백, 자외선 차단, 화상·상처치유촉진, 항알레르기 작용이 있다.
- 은행잎 추출물(ginkgo extract) : 은행잎에서 추출한 것으로 수면이 부족한 피부에 혈색을 부여하며 유해산소 제거, 혈행 촉진 작용이 있다.
- 유칼립투스 추출물(eucalyptus extract) : 유칼리 나무의 잎에서 추출한 것으로 피부에 시원한 느낌을 주며 살균, 항균, 혈행촉진, 수렴 및 냄새제거 효과가 있다.
- 멘톨(menthol) : 박하에서 추출하여 얻은 물질로 상쾌한 냄새와 청정한 느낌을 준다. 통증과 가려움을 완화시키고 방부, 살균작용이 있다.
- 비사보롤(bisabolol) : 카모마일(chamomile)에서 얻은 물질로 일광화상에 의한 피부염 치유에 효과적이고 홍반을 감소시켜 준다.
- 사포닌(saponin) : 식물성 계면활성제로 유화작용, 가용화 작용, 세정작용, 기포작용, 항염증 작용 등이 있다. 대두사포닌, 인삼사포닌이 대표적이다.

5. 민감성피부용 화장품

(1) 목적

진정 및 충혈 제거와 쿨링(cooling) 효과를 목적으로 한다.

(2) 성분

- 디-판테놀(D-panthenol) : 비타민 B5라고도 하며 세포증식과 보습기능이 뛰어나다. 피부 진정효과가 있어 선탠 제품에 사용되며, 피부자극이 판토텐산보다 적고 피부 흡수가 용이한 장점이 있다.
- 서양박하 추출물(balmmint extract) : 서양박하의 잎에서 추출된 것으로 신경을 진정시키고 경련을 완화시키는 작용이 있다. 또 피부를 진정시키는 효능이 있어 자극 받기 쉬운 피부에 효과가 있다.
- 아줄렌(azulene) : 프랑스 국화와 비슷한 흰색이나 노란색의 카모마일 꽃머리 부분을 증류, 정제하여 얻은 것으로 독특한 진한 청색을 나타낸다. 예민성 피부 진정, 항염증 효과, 부종방지 기능이 있어 진정용 화장품에 많이 함유되어 있다.
- 사이프러스(cypress) : 삼나무의 일종으로 사이프러스의 푸른 열매에서 추출한다. 약리 작용으로 항경련제, 항류마치스 및 정맥류, 울혈로 고통 받는 사람에게 효과가 좋으며 요실금 치료에 이용된다. 탄닌 성분을 함유하고 있어 수렴 작용과 혈관수축 작용, 진정작용이 있다. 과잉세포 액을 조절하므로 셀룰라이트, 부종, 발한에 좋다. 체액 밸런스를 유지하여 수분의 손실을 막는다.
- 쟈스민(jasmin) : '밤의 여왕'이라고 불리는 식물로 인도와 중국이 원산지이다. 쟈스민 꽃을 용매로 추출하거나 수증기를 증류하여 얻는다. 건성, 지성, 민감성피부 모두에 효과적이다. 호르몬 밸런스를 조절하여 피부 상태를 정상화한다. 정신적 안정, 긴장완화 효과 등이 있다.

6. 기능성 화장품

1) 미백 화장품

(1) 목적

멜라닌색소 생성을 억제하고 피부기능을 활성화시켜 맑고 투명한 피부를 가꾼다.

(2) 성분

- 비타민 C 팔미테이트(vitamin C palmitate) : 아스코빌 팔미테이트(ascorbyl palmitate)라고도 하며 콜라겐 합성촉진, 피부미백 등의 효과가 있다. 비타민 C 자체는 수용성으로 쉽게 산화되어 분해되기 때문에 피부 흡수를 촉진하기 위해 에스테르 타입인 비타민 C 팔미테이트가 주로 사용된다.

- 상백피 추출물(mulberry extract) : 뽕나무의 껍질에서 추출된 것으로 항균, 여드름치유, 미백작용이 있다.
- 안젤리카 추출물(angelica extract) : 안젤리카의 잎 또는 줄기에서 추출된 것으로 진정, 진통, 미백작용이 있다.
- 우엉 추출물(burdock root extract) : 우엉 뿌리에서 추출된 것으로 보습, 기미 예방, 혈행촉진 효과가 있으며, 또 땀이 나게 하는 발한작용이 있다.
- 퀸스시드 추출물(quince seed extract) : 마르멜로의 열매에서 추출된 것으로 피부 자극 완화, 수렴, 보습, 일광화상 예방, 기미·주근깨 예방효과가 있고 알레르기성이 있다.
- 태반 추출물(placenta extract) : 소의 태반을 적출하여 저온에서 동결 건조시킨 후 추출한다. 주성분은 수용성 비타민, 아미노산, 세포성장인자 등으로 보습, 세포재생, 미백효과가 있다. 동물 특유의 냄새가 있어 대부분 5% 이하의 농도가 사용된다.
- 감마-오리자놀(γ-oryzanol) : 쌀겨에서 추출하여 얻은 물질로 혈액순환, 피부의 대사촉진, 미백작용이 있고, 약간의 자외선 차단효과를 나타낸다.

2) 노화방지용 화장품

(1) 목적

주름완화, 결체 조직 강화, 새로운 세포의 형성 촉진 및 피부보호를 목적으로 한다.

(2) 성분

- 로즈힙 오일(rosehip oil) : 칠레산 야생 장미의 종자에서 추출한 것으로 화상· 상처치유, 노화억제, 에몰리언트 및 햇볕에 의한 색소 침착 방지효과가 있다.
- 레티놀(retinol) : 레틴산(retinoic acid)의 전구물질로 잔주름 개선효과가 있고, 피부에 대한 자극이 레틴산에 비해 적다. 쉽게 산화되어 불안정해지므로 잘 밀봉해서 보관해야 한다.
- 로얄 젤리 추출물(royal jelly extract) : 여왕벌의 먹이즙인 로얄젤리(일벌의 분비물)에서 추출한다. 수용액의 pH는 3.5~4.5이다. 주성분은 비타민 B 복합체, 아미노산 등으로 보습, 피부면역강화, 세포호흡증진 작용이 있다.

- 태반 추출물(placenta extract) : 소의 태반을 적출하여 저온에서 동결 건조시킨 후 추출한다. 주성분은 수용성 비타민, 아미노산, 세포성장인자 등으로 보습, 세포 재생, 미백효과가 있다. 동물 특유의 냄새가 있어 대부분 5%이하의 농도로 사용된다.
- 흉선 추출물(thymus extract): 소의 흉선으로부터 추출한 것으로 주성분은 펩티드이며, 피부면역 강화, 노화 억제, 세포활성화 작용이 있다.
- 세라마이드(ceramide) : 세포간 지질의 하나로서 피부나 털세포의 응집력을 강화시켜 준다. 동물과 식물 모두에서 추출되며, 화학적으로 합성한 것을 슈도-세라마이드(pseudo-ceramide)라 한다.

3) 자외선차단용 화장품

(1) 목적

자외선을 방어하여 햇빛으로 인한 피부의 손상을 막고 피부를 보호함을 목적으로 한다.

(2) 성분

- 빛의 보호막(light protection filter) : 햇빛으로부터 피부를 보호하며 선탠 효과가 있으며 각질층의 증가나 화상을 방지하는 효과가 있다. 이를 위해 햇빛 보호막은 피부에 손상을 주는 2,800Å~3,100Å 사이의 파장을 흡수해야 한다.
- 아스코르빈산(ascorbic acid) : 비타민 C로 알려져 있는 무색의 결정성 분말로 물에 잘 용해되며 약산성을 나타낸다. 아스코르빈산은 피부의 색소침착을 방지하며 산화되기 쉬우므로 에스테르나 염류 등 비교적 안정된 화합물과 배합하여 사용한다.
- 디-판테놀(D-panthenol) : 비타민 B5, 즉 D-판토텐산(pantothenic acid)의 전구체로 프로비타민 B5 또는 판토테닐 알코올(pantothenyl alcohol)이라고도 한다. 세포증식을 도와주며 글리세린과 달리 끈적이지 않고 뽀송뽀송한 느낌의 보습효과를 준다. 피부 진정효과가 있어 민감성 화장품, 선탠 제품에 사용되며, 피부자극이 판토텐산보다 적고 흡수가 용이한 장점이 있다.

7. 기타 화장품의 적용

1) 탈모예방 화장품

(1) 목적

두피의 정상적인 생리기능과 혈액순환을 촉진하고 적절한 유분과 수분을 공급한다. 모낭의 기능을 향상시킴으로써 건강한 털을 회복시켜 발모·육모 촉진 및 탈모를 방지한다.

(2) 성분

- 사르비아 추출물(salvia extract) : 사르비아의 잎 또는 식물 전체에서 추출한 것으로 살균, 혈행 촉진, 탈모예방, 항알레르기 작용이 있다.
- 생강 추출물(ginger extract) : 생강 뿌리에서 추출한 것으로 혈행 촉진, 탈모 예방 작용이 있다.
- 아르니카 추출물(arnica extract) : 아르니카꽃에서 추출한 것으로 항염증, 자극완화, 혈행 촉진, 탈모예방에 효과가 있다.
- 홉 추출물(hop extract) : 덩굴풀의 열매에서 추출한 것으로 항균, 진통, 진정, 탈모예방, 항알레르기 작용이 있다. 특히 식물성 호르몬이 풍부하여 피부에 신선감을 부여해 목욕할 때 사용하면 더욱 좋다.
- 이노시톨(inositol) : 식물의 씨앗과 곡류에서 추출한 물질로 동물의 성장인자 중 하나이다. 비타민 B 복합체의 하나로 탈모 및 피부질환의 예방 효과가 있다.

2) 혈액순환촉진 화장품

(1) 목적

피부의 혈액순환과 세포재생을 촉진하고 피부기능 조절을 목적으로 한다.

(2) 성분

- 맥아유(wheat germ oil) : 밀배아에서 추출한 것으로 비타민 E를 함유하여 항산화 작용과 혈액순환 촉진효과가 있다. 기초화장품, 메이크업제품, 털 화장품에 광범위하게 사용된다.

- 비타민 E 아세테이트(vitamin E acetate) : 토코페릴 아세테이트라고도 하며 혈행촉진, 노화억제, 유해산소제거 등의 효과가 있다. 비타민 E 자체는 비타민 C와 마찬가지로 쉽게 산화되어 분해되므로 에스테르 타입인 비타민 E 아세테이트를 사용한다.
- 은행잎 추출물(ginkgo extract) : 은행잎에서 추출한 것으로 수면이 부족한 피부에 혈색을 부여하며 유해산소 제거, 혈행촉진 작용이 있다.
- 유칼립투스 추출물(eucalyptus extract) : 유칼리 나무의 잎에서 추출한 것으로 피부에 시원한 느낌을 주며, 살균, 항균, 혈행촉진, 수렴 및 냄새제거 효과가 있다.
- 인삼 추출물(ginseng extract) : 인삼 뿌리에서 추출한 것으로 피부의 대사촉진, 혈행 촉진, 말초혈관 확장, 탈모예방, 피로회복 작용이 있다.

3) 메이크업 화장품

(1) 목적

외모를 아름답게 가꾸는 미적 효과 외에 피부를 보호하고 심리적인 만족감을 준다.

(2) 성분

- 탈크(talc) : 매끄러운 감촉이 풍부하기 때문에 '활석' 이라고도 하며 신장성이나 매끄러움을 좋게 하기 위한 화장품에 사용된다.
- 카올린(kaolin) : 미국 조지아주나 영국의 콘웰에서 생산되는 것이 가장 유명하며 흰색이나 누르스름한 흰색의 덩어리 혹은 가루로 물에 용해되지 않고 흡수하는 힘이 있다. 얼굴의 분을 커버하고 피부에 의해 분비된 지방을 흡수하는 효과가 있다.
- 이산화티탄(titanium dioxide) : 흰 색소와 다른 색소를 더욱 선명하게 만들어 주며 뛰어난 카바력을 지니고 있어 파우더나 화운데이션의 재료로 사용된다.
- 벤토나이트(bentonite) : 미국 중서부, 캐나다 등에서 발견되는 흰색의 점토에서 추출한다. 기름을 유화시키며 얼굴의 기름을 흡수하는 팩으로 많이 사용된다. 로션을 점도있게 하고 메이크업 색조를 유지시키는 데 사용되거나 흰색 색조로 사용된다. 일반적으로 불활성이며 무독성이다.

표 4-15 피부유형별 화장품 적용

피부타입 제품	정상피부	건성피부	지성피부	여드름성 피부
목적	수분보충 보호작용	보습효과 유연회복 피부항염 효과	표피의 수분 레벨 상승, 모공수축 피지분비 정상화 항염효과, 독소제거, 정화기능	청결, 산소공급 진정 및 보호 피지 분비 조절 해독 작용
클렌징	알란토인 글리세린 솔비톨 라임 알몬드	라벤다, 알란토인 레시틴, 카모마일 알로에베라, 라임 스위트 아몬드 오일, 하마멜리스, 레시틴 천연보습 인자 콜라겐	소디움 타우릴 코코넛 오일 오이 추출물 솔비톨, 알몬드 라임	라임블러섬 위치하겔 케퍼니스캄퍼 아줄렌
로션	카모마일 히아루론산 알로에베라 아줄렌	밀크 프로테인, 홉스 카모마일, 파슬리 세이지, 알란토인 히아루론산 알로에베라	캅퍼, 마로니에 히아멜리스, 레몬 사이프러스, 캄퍼 세이지, 아줄렌	쐐기풀 추출물 씨토비올 아이리스 멜라루카 오일 캄퍼, 아줄렌 천연보습인자 (NMF)
피부보호 (데이크림)	스위트 아몬드 오일 아미노산 비타민 복합제 프로테인	밀크 프로테인 호스 체스넛 스위트 아몬드 오일 모이스춰라이징	화이트 네틀 큐 컴버	카모마일, 네홀리 소브 후루트, 바질 큐 컴버
영양공급 (나이트크림)	히아루론산 천연보습인자(NMF) 아보카도오일	콜라겐 아보카도오일 로얄젤리	캄퍼, 레몬 쇠뜨기 추출물 권스시드 추출물	카모마일, 네홀리 소브 후루트, 바질 큐 컴버
앰플	로즈베리 콜라겐	해초농축액, 콜라겐 비타민A, 비타민 E 히아루론산	그레이프 후릇 비타민A 콤플렉스 레몬, 우엉	일랑일랑, 제라늄 월계수 잎 로즈마리 더마줄렌
마스크	마이크로리포좀 알로에 알란토인 아미노산	아보카도 오일 윗점 오일, 알로에 씨위드 콤플렉스 아미노산	레몬, 아미노산 젠틀 수딩겔, 멘톨 그린 클레이, 허브 캄퍼 퓨리화잉 클로로필	씨토비올 아이리스 클로로필, 클레이 세이지 멜라루카 오일

- 유동파라핀(liquid paraffin) : 석유에서 얻어지는 광물성 오일의 하나로 탄화수소 혼합물로 되어 있으며 '미네랄오일(mineral oil)'이라고도 한다. 무색, 무취이며 광물성 오일 중에서 기초 및 메이크업 화장품에 가장 널리 사용된다.
- 밀납(bees wax) : 벌집에서 추출한 왁스를 정제한 것으로 유연한 촉감을 부여한다. 녹는 온도는 60~67℃이다. 크림, 로션, 파운데이션, 아이섀도우, 마스카라 등 화장품의 전반에 걸쳐 널리 사용되나 피부알레르기를 일으킬 수 있다.

Ⅵ. 남성 피부미용

남성도 여성과 마찬가지로 피부미용이 필요하며 피부의 노화나 피부를 각종 트러블 방지를 위해 가꾸고 손질해야 한다. 단순히 자신의 피부미용을 위해서도 필요하지만 남성의 경우 사회적 활동을 많이 하기 때문에 대인 관계를 위해서 자신을 가꾸고 손질하는 것이 필수적이다.

실제로 남성들은 여성처럼 그렇게 세밀하게 피부미용에 신경을 쓰지 않는 경향이 있지만 일상 생활 속에서 수많은 사람을 접하게 되므로 면도를 하거나 이발을 하고 스킨을 바르는 등 자신의 외모에 관심을 갖지 않으면 안된다.

1. 남성 피부의 특성

남성과 여성은 근본적인 피부 특성이 다르다.

첫째, 남성 피부는 여성 피부와는 달리 피지 분비가 많으나 수분량이 여성의 3분의 1 정도밖에 되지 않아 여성 피부보다 더 거칠고, 유분과 수분의 밸런스가 맞지 않는다. 따라서 여성 피부보다 번들거림은 심하나 피부결이 곱지 못하고 푸석거리는 경우가 많다.

둘째, 잦은 면도로 인한 피부 상처로 세균 감염의 우려가 있으며 여성과는 달리 메이크업을 하지 않아 맨 피부로 각종 외부 환경에 노출되기 쉽다.

셋째, 피지 분비가 활발한 관계로 여드름이 나기 쉽고 피부가 비교적 지저분하며 모공이 큰 것이 큰 특징이다.

넷째, 술, 담배, 커피, 스트레스 등으로 인한 피부 트러블과 피부에 대한 소홀한 관리로 여성들보다 더 심각한 피부 상태를 가지고 있다.

다섯째, 여성 피부보다 조직이 두꺼워 자칫 소홀한 관리로 주름이 생기기 쉽고, 한 번 생기면 깊은 주름으로 발생할 확률이 높기 때문에 주름을 제거하기가 상대적으로 힘들다.

여섯째, 학생이나 직장인들은 과음과 과로를 동반한 업무를 여러 날 계속하기가 쉬운데, 이는 건강을 해칠 뿐만 아니라 피부에도 악영향을 끼쳐 피부가 탄력을 잃고 칙칙하게 된다. 특히 요즘은 컴퓨터의 생활화로 하루 종일 장시간 컴퓨터 앞에 있는 경우가 많다. 전자파가 인체에 해롭다는 것은 널리 알려진 사실이며 과도한 컴퓨터의 사용은 눈의 피로는 물론 간접적으로 피부를 거칠게 하며 피부색이 칙칙하게 된다.

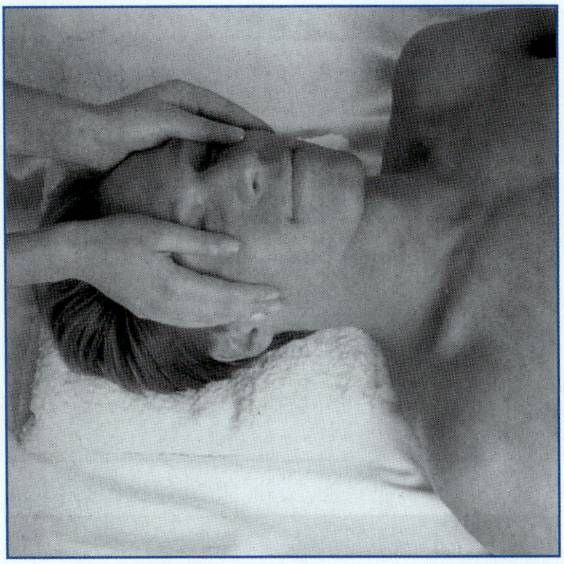

그림 4-13 남성 피부미용

표 4-16 성별에 따른 피부의 차이

구 분		남성	여성
피지선		많음	적음
피지선의 활동		훨씬 규모가 큼	규모가 적음
피지선의 활동 기간		80년 이상	약 50년 정도
두께	표피	두꺼움	얇음
	진피	두꺼움	얇음
	피하조직	얇음	두꺼움
보습력		큼	적음
피부 타입		지성	건성
피부의 외양		지성, 모공이 확장됨	모공이 확장되지않음

흡연과 피부

흡연은 피부 노화를 촉진시켜 주름살이 더 빨리 생기게 한다. 니코틴은 피부의 모세혈관을 수축시켜서 혈액순환을 감소시키는데, 혈액순환이 느려질수록 영양공급과 노폐물 배출이 느려져 전체적으로 혈색이 좋지 고 거칠어 진다.
혈액순환을 자극하기 위해 일주일에 1~2회, 10~15분 동안 얼굴에 스티머로 수분을 공급하고 영양 마사지를 해 준다.

음주와 피부

약간의 술이나 한 잔의 칵테일은 혈관을 팽창시켜 피부에 건강한 홍조를 띠게 한다. 그러나 과음을 하게 되면 알코올은 혈관을 팽창시키고 미세한 혈관파열의 원인이 될 수 있다. 따라서 과다한 알코올 섭취는 얼굴과 몸에 가는 실핏줄이 나타나게 한다. 또한 몸에서 수분을 빼앗아가므로 음주 후 아침에는 갈증을 느끼고 피부가 건조하며 메마른 상태가 된다. 세포조직에서도 수분을 제거시키므로 중성, 지성피부도 각화 현상이 생기고 거칠어진다. 퉁퉁 붓거나 뾰루지가 나기도 한다.

· 과음 후에 수분공급을 하는 것이 중요하므로 다량의 액체-물, 과일주스, 홍차-를 섭취하여 피부에 수분 보충을 한다.
· 10분 동안 스티머로 수분 공급과 각질 연화 작용을 하고 10~15분간 찬물로 헹구어준다.
· 청결 위주의 팩을 해준다.
· 퉁퉁 붓거나 뾰루지가 난 피부는 찬물 세안이나 얼음찜질로 피부를 조여 주는 것이 좋고, 마지막에 소독 효과가 있는 애프터 셰이브 로션(after shave lotion)으로 마무리 해준다.

2. 연령에 따른 남성 피부의 특징 및 관리

1) 청년 피부(18~24세)

인체생리의 움직임은 활발하지만 호르몬의 불균형으로 피부 신진대사가 불안정한 상태이며 피지 분비가 왕성하여 여드름, 뾰루지 등이 생기기 쉽고 피부 끈적임, 번들거림이 심하다.

관리

비누세안을 하루에 2회 이상 실시하고 세안 후 스킨을 발라 피부결을 정돈하여 청결한 클렌징에 주안점을 둔다.

2) 성년 피부(25~35세)

생리리듬은 비교적 안정적으로 성장한 상태이나 잦은 음주, 흡연, 불규칙적인 생활습관, 수면 부족 등으로 피부 상태가 나쁘고 건강에 따라 안정이 쉽게 깨져 각질이 일어나기도 하며, 트러블이 생기기도 한다.

관리

다양한 활동 범위 및 생활 조건의 불균형으로 피부가 불안정하다. 일주일에 2~3회 피부의 신진대사 리듬을 회복할 수 있는 영양 마사지를 한다.

3) 장년 피부(36~40세 이후)

사회 활동, 연령 증가 등으로 심신이 모두 지친 상태이다. 유분과 수분이 모두 감소하며, 피부 자체의 회복 기능이 저하된다. 거칠고 생기가 없으며, 탄력 없이 늘어지며 잔주름이 굵은 주름이 된다.

관리

충분한 수분과 유분을 공급하도록 한다. 세안 후에는 반드시 스킨과 밀크로션을 사용한다. 화장품을 향보다는 연령대에 맞는 스킨케어 제품을 선택한다.

3. 남성피부 기초 관리법

- 따뜻한 타월로 얼굴을 습포한다.
- 비누보다는 페이스 솝(face soap)으로 불리는 세안용 제품을 손바닥에 충분히 거품을 내어 피지분비가 많은 이마, 코 끝부위를 다른 부위에 비해 더욱 꼼꼼하게 손질한 후 미지근한 물로 씻어낸다.
- 찬물로 마무리해 넓어진 모공을 수축시킨다.
- 저자극성의 스킨로션으로 피부를 진정시킨다.
- 피부에 로션을 발라 기본적인 유분을 공급한다.
- 영양 크림을 이용, 피부에 탄력을 준다.

4. 올바른 면도와 마무리

남성들에게 집에서 면도할 때 올바른 방법을 알려주는 것이 중요하다.

1) 전문가적 면도 절차(적시는 방법)

- 항상 물로 먼저 적신 다음 면도한다. 이때 거품 겔 워쉬(gel wash)나 부드러운 브러쉬(brush)와 함께 사용한다(속으로 파고드는 털을 일으켜 세우는데 도움이 된다).
- 샤워 후 뜨거운 물을 적시고 면도날을 사용한다.
- 머리카락이 있는 부위에 모이스춰라이저(moisturizer)를 가볍게 도포한다. 이렇게 함으로써 털을 부드럽게 하면서 윤활 작용을 할 수 있도록 소다 성분을 함유하거나 알칼리 쉐이빙 크림(shaving cream)을 중화시킨다.
- 쉐이빙 크림을 적용하고 천연의 부드러운 브러쉬로 거품을 낸다.
- 너무 힘주지 말고 조심스럽게 면도한다. 양손을 모두 사용하는데, 한 손은 피부를 잡아당기고 다른 한 손은 칼날을 잡는다.
- 물로 충분히 씻어낸 후 거품 워쉬를 사용한다.
- 알코올 프리 토너(alcohol free toner)를 분무한다. 그 다음 피부를 가라앉히고, 피부를 진정시키며, 붉어짐과 자극을 줄이기 위해 애프터 쉐이브(after shave) 진정제를 사용한다.
- 오일 프리(oil free)의 편안한 스킨 로션을 적용한다.

2) 전문적인 면도 절차(Dry electric system)

- 피부를 클렌징하기 위해 거품 겔 워쉬(gel wash)나 바 클린저(bar cleanser)를 천연의 부드러운 브러쉬와 함께 사용한다. 그 다음 스크럽으로 얼굴에서부터 가슴에 이르기까지 1분간 마사지하고 잘 씻어낸 후 건조시킨다.
- 쉽게 미끄러지도록 오일 프리 로션(oil free lotion)을 적용한다.
- 전기 면도기로 면도한다.
- 진정제를 적용하고 오일 프리(oil free) 로션을 적용한다.

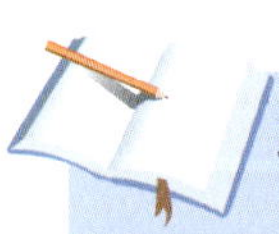

주의

쉐이빙 크림 단계에서 산도가 맞춰진 겔이나 바(bar)를 사용하는 남성은 세 번째 단계에서 완충제를 사용하지 않아도 된다.

5. 남성전용 화장품의 종류

1) 클렌징을 위한 제품

(1) 워쉬 혹은 바(Wash or bar)

피부 표면에 자극을 유발하지 않고 더러운 물질이나 오일을 제거하거나 좀 더 밀착된 면도를 위해서 털을 부드럽게 만드는데 사용된다. 비누처럼 건조 현상과 자극을 유발하지 않으며 하루에 2회 사용하도록 한다.

(2) 스크럽(Scrub)

일주일에 여러 번 스크럽을 사용함으로써 면도할 때 방해가 되는 죽은 세포들을 제거하며, 살로 파고드는 털을 일으켜 세워 준다.

(3) 브러쉬(Brush)

털을 일으켜 세움으로써 밀착된 면도를 위해 워시나 바와 함께 브러쉬를 사용하도록 한다. 물을 적셔 면도하는 것을 좋아하는 고객들에게는 거품을 낼 때 브러쉬를 사용하는 것이 좋다.

2) 면도 후 사용하는 화장품

(1) 애프터 쉐이브 스킨(After shave skin)

애프터 쉐이브 스킨은 남자에게 없어서는 안 될 필수 화장품으로서 면도로 인한 상처를 소독해주고 피부를 정돈하고 수렴효과도 준다.

(2) 애프터 쉐이브 로션(After shave lotion)

애프터 쉐이브 스킨 후 발라주는 제품으로 유분을 피부에 공급한다. 로션을 먼저 바르면 피부가 곪거나 덧나므로 스킨 도포 후 바르도록 한다.

(3) 쉐이브 리페어(Shave repair)

로션 타입으로 면도로 인한 피부 손상을 즉각적으로 진정시켜주며, 피부 세포의 신진대사를 촉진하여 피부 스스로의 방어능력을 강화시킨다. 손가락에 적당량을 덜어서 면도한 부위에 골고루 펴 바른다.

3) 기초 관리를 위한 화장품

(1) 토닉 로션(Tonic lotion)

깨끗하게 세안한 후 자신의 피부에 맞는 스킨을 사용한다. 스킨은 피부를 정돈시켜 주고 피부의 밸런스를 맞춰준다. 세수하고 나서 적당량을 덜어 얼굴과 목 등에 두드리듯이 바른다.

(2) 로션(Lotion)

피지를 조절해 주고 건조한 부분에는 수분을 공급하여 피부를 촉촉하고 탄력 있게 가꾸는데 꼭 필요한 화장품이다. 스킨을 바르고 나서 얼굴과 목에 골고루 펴서 발라준다.

(3) 에센스

피부에 수분과 영양을 공급해 피부를 더욱 건강하고 유연하게 가꿔준다. 보통 에센스는 여자용으로 알고 있으나 남자의 보습에도 큰 도움을 준다. 화장솜을 사용하거나 손으로 얼굴 전체에 두드려 바른다.

(4) 아이 케어 겔(Eye care gel)

남성들의 눈가 민감한 부위에 수분을 공급함으로써 끈적임을 남기지 않으면서 고르게 흡수되는 제품을 선택한다.

(5) 썬 스크린(Sun screen)

여성에 비하여 상대적으로 밖에서 많은 시간을 보내는 남성들에게 오일 프리(oil free) 자외선 차단 제품을 추천한다.

(6) 팩제

일주일에 한 번은 남자도 팩을 한다. 딥 클렌징 마스크나 여드름에 좋은 팩을 한다. 각종 노폐물, 피부 각질, 모공 속 노폐물을 제거하여 즉각적으로 효과를 볼 수 있다. 눈과 입을 제외한 얼굴 전체에 바른다.

6. 남성 피부의 살롱 피부미용

- 스팀을 분사해주면서 클레이(clay) 베이스로 피부를 닦아낸다.
- 스크럽을 겔에 섞어 전기 브러쉬로 털을 일으켜 세우고 클렌저 거품을 내어 닦아낸다.

- 확대경으로 자극과 울혈을 체크하면서 피부를 분석한다.
- 10분 후 디스인크러스테이션 플루이드(disincrustation fluid)를 적용하면서 스팀을 계속한다. 이 과정에서 불순물을 제거하고 혈액의 흐름을 촉진하기 위해 버큠 마사지(vaccum massage)를 한다.
- 여드름을 짜고 불순물을 제거한다.
- 스팀을 쪼이면서 10분 동안 프레셔 포인트 마사지(pressure point massage)를 한다.
- 가슴과 얼굴에 클레이(clay) 성분이 함유된 클렌징 마스크(cleansing mask)를 적용하고, 그 다음 팔, 가슴, 목과 어깨 마사지를 한다.
- 코와 귀의 불필요한 털을 특수 가위로 잘라낸다. 필요하면 눈썹을 다듬거나 빗는다.
- 마스크를 제거하고 피부에 시원한 토너를 분무한다. 알로에와 멘톨 같은 피부에 생기를 주는 리후레쉬(refresh) 성분이 함유된 제품이 좋다.
- 칼날에 의한 자극이나 흠을 치료하기 위해 모이스춰라이저(moisturizer)를 얇게 적용한다. 모이스춰라이저는 산성 성분의 알란토인을 함유한 제품을 추천한다.

남성 화장품의 알코올 성분

남성 피부는 피지가 많아 지저분하고 모공이 큰 것이 특징이다. 그래서 남성 제품은 피지를 조절해주고 넓어져 있는 모공을 수렴해주는 효과가 큰 알코올의 성분 함량이 높은 것이다. 대체로 남성 화장품에는 30~45%의 알코올이 함유되어 있으며 피지 조절, 수렴 작용 외에도 면도로 인한 상처를 소독해 준다. 하지만 민감하거나 건조한 피부에는 오히려 지나친 알코올 성분으로 자극을 주거나 당김 현상이 일어날 수도 있다. 이러한 피부유형에는 알코올 프리(alcohol free) 제품을 사용하는 것이 좋다.

여성용 화장품과 남성용 화장품의 다른 점

남성용과 여성용을 구분하는 것보다는 건성, 지성 등 피부 타입에 따라 구분하는 것이 중요하다. 그러나 근본적인 피부 특성이 다르므로 남성은 남성 전용 제품을 사용하는 것이 바람직하다. 남성 피부는 여성 피부와는 달리 피지 분비는 많지만 피부 수분량이 여성의 3분의 1밖에 안되며, 여성의 피부에 비해 거칠고 유분, 수분의 균형이 맞지 않는다.

또한 여성의 피부보다 번들거림은 심하면서 피부결이 곱지 못하고 푸석거리고 면도로 인한 세균 감염 위험이 높으며, 메이크업을 하지 않아 맨 피부로 각종 외부 질환에 노출되기도 한다. 이러한 피부 특성에 맞게 남성 제품은 보습과 영양에 치중하는 여성 제품과는 달리 피지 제거 성분과 보습 성분이 들어 있다는 것이 특징이다. 또한 면도 후 피부를 진정시켜 주는 진정 성분과 소독 효과가 높은 성분이 들어 있다는 것도 여성 화장품과는 다른 점이다.

피부미용 기초 실기..

제1장
피부미용
실기 개론

Ⅰ. 피부미용의 개요

1. 피부미용실
2. 피부미용사

Ⅱ. 피부미용과 관리실 경영을 위한 카드 작성

1. 전화 메모 카드
2. 전화 상담 일지
3. 물품 입고 및 재고 카드
4. 고객 예약 카드
5. 고객 관리 카드
6. 1일 관리 현황 카드

Ⅲ. 피부미용실에서의 응급처치

1. 피부미용실에서의 응급상황
2. 응급처치법
3. 피부미용실에서 주의해야 할 질병

제1장
피부미용 실기 개론

Ⅰ. 피부미용의 개요

1. 피부미용실

1) 환경 및 조건

- 천장의 높이는 적어도 2.5~3m 정도는 되어야 한다.
- 바닥은 청소와 소독이 용이한 재질을 선택하고 미끄럽지 않도록 한다.
- 실내 천장, 바닥, 벽면은 고객의 휴식과 안정을 위하여 파스텔톤이 좋으며, 피부미용실 내부의 소음을 흡수할 수 있도록 해야 한다.
- 조명은 피부 진단 및 피부미용에 적합한 밝기의 조도 시설이어야 하며 고객에게 편안한 느낌을 주는 색을 선택해야 한다. 휴식과 안정을 위한 간접 조명시설을 갖추어야 한다.
- 냉·난방이 잘 되도록 신경을 쓴다.
- 환기 장치 및 공기 청정기를 설치하여 쾌적한 환경이 되게 한다.
- 채광 및 광선 조절이 잘 되도록 한다.
- 화장실은 항상 청결하게 유지한다.

2) 기구 및 도구류 위생

미용 기구나 도구류 등은 오염원의 제거를 위해 세척한 후 살균, 소독한다.

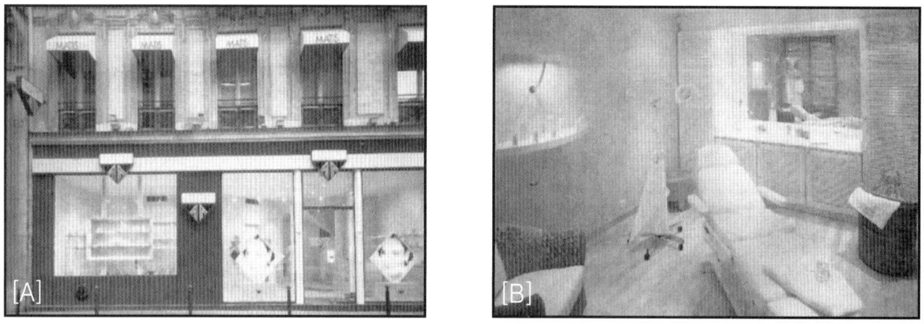

그림 1-1 피부미용실 전경[A], 피부미용실 내부 구조[B]

- 미용 기기의 부속품은 세제를 푼 미온수로 세척 후 70% 알코올로 소독한 후 자외선 소독기에 보관한다.
- 각종 보올(bowl), 붓, 스파튤라 종류는 세척 후 자외선 소독기에 소독한다.
- 쪽집게, 핀셋, 여드름 짜는 도구류는 70% 알코올에 20분 이상 담근 후 사용하고 미온수로 세척한 다음 자비소독 한다.
- 확대경, 우드 램프, 관리용 베드, 정리대, 사용 물품은 사용 전·후에 70% 알코올로 적신 솜으로 닦고, 미용 기기 등은 먼지가 끼지 않게 잘 닦고 덮개를 씌워 보관한다.
- 화장솜, 해면(스펀지), 면봉, 베드커버, 터번 등은 1회용을 사용하는 것이 가장 바람직하다.
- 수건이나 고객 가운은 매일 끓는 물에 소독 후 완전히 건조시킨다.

2. 피부미용사

피부미용에 들어가기 전에 피부미용사는 먼저 피부미용실이 잘 정돈되어 있는지, 모든 도구들과 물품들이 사용하기에 편리하게 잘 배치되어 있는지를 확인해야 한다. 피부미용사는 어떠한 경우에서도 능률적이며 효과적으로 일을 처리해 나가야 한다. 관리를 준비하는 동안에는 고객이 편안하면서도 만족감을 느낄 수 있는 분위기를 만들어 주는 것이 중요하다. 터번을 하거나 클렌징을 하는 등 관리를 하기 전에 그 관리에 대한 효과를 고객에게 설명해 주어야 한다. 예를 들면, 고객의 머리에 터번을 할 때, 피부미용사는 "머리카락을 보호하기 위해 지금 터번을 하려고 합니다. 머리를 조금 들어올리겠습니다. 고맙습니다. 편하십니까?"라고 반드시 말해 주어야 한다.

모든 과정에 있어서 신뢰감을 가질 수 있도록 하는 것이 가장 중요하며, 피부미용사의 자신감있는 태도는 고객으로 하여금 신뢰감을 느낄 수 있게 한다.

1) 외 모

- 관리사 가운은 단정하고 심플한 디자인을 선택한다.
- 관리사의 가운 색깔은 깨끗한 흰색이나 밝은 파스텔톤으로 온화한 느낌을 주도록 한다.
- 귀걸이, 반지, 목걸이 등의 액세서리는 피하도록 한다.
- 화장기 없는 맨 얼굴은 피하며 가벼운 메이크업으로 자신의 이미지를 연출하도록 한다.
- 손톱은 짧게 깎아 고객에게 피부 자극을 주지 않도록 하고 손은 늘 부드럽고 따뜻하게 유지한다.
- 실내화는 소리가 나지 않는 편안한 형태를 선택한다.

2) 자 세

- 동작이나 자세는 차분하고 침착하게 하고 행동은 절도있게 보여야 한다.
- 말씨는 표준말을 구사하고 목소리의 크기도 일정하며 손님 앞에서 잡담을 하거나 경박하게 웃지 않도록 한다.
- 고객의 사생활 보호의 의무를 다하도록 한다.
- 고객의 이름을 기억하며 친근감이 가도록 해야 한다.
- 동료 직원과 협조하며 서로 높임말를 사용하도록 한다.

3) 위 생

- 피부미용사는 위생과 관리 방법에 대한 교육과 책임의식을 가져야 하며 건강한 신체를 유지하여야 한다.
- 피부미용실의 환경위생, 사용 기기, 기구, 비품 등의 위생관리를 철저히 해야 한다.
- 완벽한 개인 위생상태의 유지를 위하여 체취, 구취를 주의(구강위생 철저)하고, 청결하고 단정한 모발을 유지한다. 손톱은 짧게 깎고 관리 전에 항상 손을 닦고 소독하여 손과 손톱을 청결하게 한다.
- 복장은 밝은 색으로 항상 깨끗하게 유지한다.
- 건강하고 아름답게 보이도록 피부미용사 스스로의 체형관리와 내적 건강에 힘쓴다.

4) 전문가로서의 능력

- 피부관리에 들어가기 전에 손님과 상담을 하게 되는데 대화의 주도권을 잡고 일관성있는 상담을 하여 문제점을 파악해야 한다.
- 질문에 정확한 답변을 해야 하고 정확하게 답변하지 못한 내용은 반드시 다음 기회에 보충해 주어야 한다.
- 이론만으로 손님을 설득하려 하지 말고 경험과 느낌을 토대로 설득하여야 한다.
- 피부미용실에서의 관리 내용을 간단히 설명하여 고객에게 확신과 자신감을 심어준다.
- 가정에서의 피부 손질법을 자세히 메모해 주고 설명해 준다.
- 부단한 연구와 경험으로 자신의 성장을 추구해 나가야 한다.

Ⅱ. 피부미용과 관리실 경영을 위한 카드 작성

1. 전화 메모 카드

관리실에 전화가 왔을 경우, 통화하고자 하는 사람이 부재중일 때는 누가, 누구에게, 언제, 어떤 내용으로 전화가 왔는지 등을 적을 수 있는 아래와 같은 메모카드를 준비하여 사용하도록 한다.

전화메모카드

To :	Date :
From :	Time :
Rw. No. :	받은 사람 :
Message :	

2. 전화 상담 일지

피부미용을 받고자 하는 고객에게 전화가 왔을 경우 이름, 연락처, 상담 내용 등을 적은 전화상담일지를 사용한다.

전화상담일지

20 . . . am, pm 시 분

이름		나이	
키/체중		관리 희망 부위	
관리 경험		실패 이유	
희망 금액		상담 예약	
본인의 문제점		상담자 상담 내용	
주소			
전화		상담 관리사	
의견			
결재			

3. 물품 입고 및 재고 카드

관리에 필요한 모든 물품은 구입하는 즉시 제품명, 용량, 개수, 가격 등을 카드에 정리하고 재고량을 체크하여 물품 현황을 정확하게 파악할 수 있도록 한다.

물품입고카드

고유번호	제품명	용량(ml)	개수	단가(원)	소비자가	회사명	비고

재고정리카드

고유번호	제품명	용량(ml)	개수	단가(원)	소비자가	회사명	비고

4. 고객 예약 카드

피부미용 시간 및 관리를 원활하게 하기 위하여 예약을 반드시 하도록 하며 고객 예약 카드를 작성하는 것이 중요하다.

5. 고객 관리 카드

피부 분석 카드를 통하여 고객에 대한 여러 가지 정보를 세심하게 기록하고 파악함으로써 정확한 관리 프로그램을 계획할 수 있다. 그 밖에 홈케어에 대한 조언, 적절한 화장품 선택에 활용할 수 있다.

6. 1일 관리 현황 카드

1일 관리 고객 숫자와 수입, 지출에 관한 내용 등을 내역별로 기록한다.

고객예약카드

피부미용사 / 시간						
08 : 30						
09 : 00						
09 : 30						
10 : 00						
10 : 30						
11 : 00						
11 : 30						
12 : 00						
12 : 30						
13 : 00						
13 : 30						
14 : 00						
14 : 30						
15 : 00						
15 : 30						
16 : 00						
16 : 30						
17 : 00						
17 : 30						
18 : 00						
18 : 30						
19 : 00						
19 : 30						
20 : 00						

기호	의미
(빈 칸)	예약가능시간
(사선 한 줄)	관리중인 고객
C	예약 취소
(X 표시)	관리가 끝난 고객
DNA	Did Not Attend 예약하고 안 온 고객

피부분석카드

고객번호 No :	피부미용사 :
고객성명 :	성별 : 여 남 생년월일 : 년 월 일
주소 :	
연락처 :	핸드폰 :

방문동기	·광고□ ·아는 사람 소개로□ ·기타□			
개선시키고 싶은 피부 문제점	·건성/각질화□ ·지성 □ ·모세혈관 확장증□ ·노화/검버섯□ ·화이트헤드□ ·블랙헤드□ ·잔주름/진한주름□ ·여드름□ ·예민□ ·기타□			
병력 medical history	·알레르기□ ·피부병□ ·당뇨병□ ·고혈압□ ·천식□ ·밀실공포증□ ·심장기능부전□ ·간질병□ ·켈로이드 keloid □ ·기타□			
생리 주기 menstration cycle		콘텍트렌즈 사용 유무 contact lens		임신여부 pregnancy	
현재 복용약 current medication	·항생제□ ·항히스타민제□ ·호르몬제□ ·피임약□ ·이뇨제□ ·변비약□ ·기타□			
이전 피부 관리 previous treatments	·필링 peeling□ ·레틴A□ ·피부암수술□ ·성형수술□ ·기타□			
생활습관 life style	·운동여부□ ·다이어트□ ·음주【 번 / week 】□ ·흡연【 Y / N 】□ ·수면시간【 시간 / day 】□			
피부결 skin texture	·얇다 fine□ ·정상 normal□ ·거칠다 thick□			
모공의 크기 ostiums	·거의 보이지 않음 invisible□ ·약간 보임 slightly visible□ ·크게 보인다 visible open□			
피지 분비 sebaceous secretion	·건성 dry□ ·중성 normal□ ·지성 oily□ ·화농성 여드름 acne□ ·작은 여드름 comedonal□ ·질식된 피부 asyphyxic□			
여드름 acne	·화이트헤드 white head□ ·블랙헤드 black head□ ·구진 papule□ ·농포 pustule□ ·결절 nodule□ ·낭종 cyst□			
수분상태 hydration	·피부표면의 수분부족 superficial dehydration□ ·진피층의 수분부족 deep dehydration□			
혈액순환 circulation	·홍반 erythosis□ ·모세혈관 확장증 couperose□ ·주사비 rosacea□			
예민도 sensitivity	·정상 normal□ ·예민 sensitive□ ·과민 very sensitive□			
색소 pigmentation	·주근깨 freckles□ ·기미 chloasma□ ·검버섯 seborrheic keratosis□ ·저색소침착 hypopigmentation□			
탄력도 elasticity	·좋음 good□ ·보통 average□ ·나쁨 poor□			
주름 wrinkles	·깊은 주름 deep wrinkles□ ·잔주름 fine lines□			

사용 화장품(제품 브랜드명과 타입)	
클렌징(cleansing)	
토너(toner)	
딥 클렌징(deep cleansing)	
팩(pack)	
세럼, 에센스, 앰플	
영양 크림	
썬 프로텍션(SPF)	
아이 크림(eye cream)	
파운데이션(foundation)	
기타	

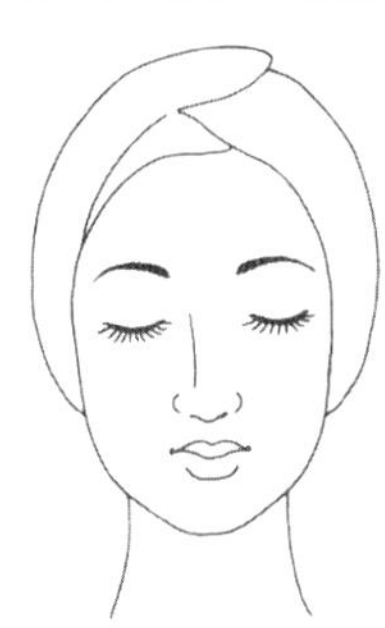

피부관리카드

관리일자 :			관리횟수 :			피부미용사 :		
다음 관리 날짜 next appointment								
관리목적 purpose of treatment								
관리계획 treatment plan								
패치 테스트 patch test								
관리단계 treatment process	사용제품 products				사용기기 및 비품 equipment			
	제품명	함유성분	방법	시간	기기명	목적	방법	시간
포인트 메이크업 클렌징 point make up cleansing								
클렌징 cleansing								
딥 클렌징 deep-cleansing								
필링 peeling								
여드름 추출 comedo extract								
앰플 ampoule								
마사지 massage								
1차 마스크/팩 mask or pack								
2차 마스크/팩 mask or pack								
특수관리 special treatment								
썬 프로텍션 sun protection								
시술 후 소견 comment								
홈 케어 어드바이스 home care advice								
관리후 피부 변화 상태	·피부외관상의 변화 ·투명감 ·감촉 ·탄력감 ·피지 분비 상태 ·화장 상태 ·가려움증 ·홍반 ·각질발생 ·피지분비 증가 ·염증 발생 ·건조함 ·색소 침착							
before 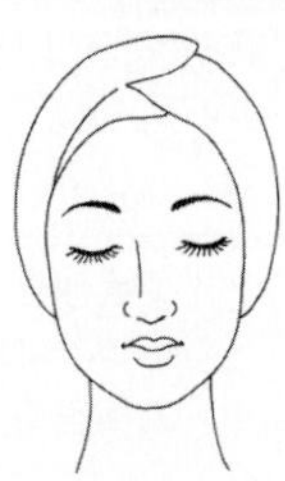				after 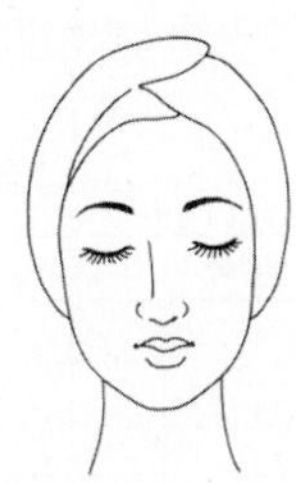				
판매제품 selling product								

Treatment Record(관리기록표)

월 일 요일 결산	실 장	원 장

【관리 손님】

순번	성명	관리	회차	내용
1				
2				
3				
4				
5				
6				
7				
8				
9				
10				
11				
12				
13				
14				
15				
16				
17				
18				
계				

【티켓 손님】

신/재	성명	관리	횟수	금액	미수금

【수입 및 지출】

회사명	제품명	금액	비고

【수입 및 지출】

수입내용	금액	비고

지출내용	금액	비고

지출내용		
지출합계		
차액		

Ⅲ. 피부미용실에서의 응급처치

1. 피부미용실에서의 응급상황

피부미용사는 피부미용실에서 종종 일어날 수 있는 우발적 사고나 예상치 못한 상황에 대처하기 위해서 응급처치에 관한 기본적인 지식이 필요하다. 또 심한 통증, 의식불명 혹은 과다 출혈 같은 심각한 손상에 대해서는 전문 자격이 있는 응급 구조원이나 의사 혹은 간호사의 치료를 받기 전까지 위급한 상황에 대처하기 위해서 간단한 응급조치를 할 수 있어야 한다. 예를 들어 상처로 인해 부어오르는 현상을 방지하기 위해서는 아이스 팩을 사용하고 개방된 상처를 다룰 때는 1회용 장갑을 착용하여 B형 간염이나 에이즈 같은 질병을 예방하도록 하여야 한다. 구급상자는 쉽게 사용할 수 있게 보관하여야 한다.

구급상자

구급상자의 물품은 응급상황에 신속히 대처할 수 있도록 구비되어야 한다.
구급상자에 구비해야 할 물건들

- 응급 구조 카드
- 다양한 크기의 무균 치료용품
- 무균 아이패드
- 족집게
- 외과용 접착 테이프
- 눈 세척제
- 크레이프 붕대
- 약솜
- 반창고
- 붕대
- 가위
- 안전핀
- 소독용 클렌징 제품
- 거즈
- 항 히스타민 크림

2. 응급 처치법

각 증상별 간단한 응급처치법은 표 1-1과 같다.

표 1-1 증상별 응급처치법

증 상	선행 조치	응급 조치
작게 베인 상처	지혈	소독솜을 이용하여 눌러주고 손에 피가 묻지 않도록 한다.
심하게 베인 상처	지혈	가능하면 1회용 장갑을 끼고 전문 구조원이 도착할 때까지 깨끗한 타올을 얹어 눌러준다.
전기적 쇼크	전원을 제거함	전기공급이 중단될 때까지 만지지 말고 호흡이 멎은 상태면 인공호흡을 하고 앰뷸런스를 부른다.
현기증	머리의 혈액공급을 원활히 함	무릎 사이로 머리를 숙이게 한 다음 옷을 느슨하게 한다.
기절	머리의 혈액공급을 원활히 함	발목을 높게 하여 눕힌다.
코피	지혈	머리를 앞으로 숙이고 앉게 한 다음 목 주위의 옷을 느슨하게 한다. 출혈이 멈출 때까지 콧망울을 강하게 집어주고 이때는 입으로 호흡하도록 한다. 30분 이상 출혈이 멈추지 않으면 의학적 처치를 받도록 한다.
화상	피부를 차게 하고 물집이 터지지 않게 함	통증이 없어질 때까지 화상부위를 흐르는 찬물에 씻어준다. 심각한 화상은 무균 드레싱을 하고 의학적 치료를 받도록 한다.
간질	자해를 막고 당황하지 않게 함	발작하는 동안 강제적으로 막지 말고 스스로 자해하지 않도록 주의한다. 기도를 확보하고 입의 거품을 닦아낸다.
눈의 이물질	눈의 손상 없이 이물질제거	이물질이 들어간 부위를 노출하고 젖은 면솜을 꼬아서 눈의 안쪽 구석으로 이물질을 밀어낸다. 잘 제거되지 않으면 눈 전용 세정액으로 다시 닦아낸다.
낙상	척추손상이 있는지 확인하고 낙상이 심하지 않으면 상처를 치료함.	등이나 목의 통증을 호소한다면 움직이지 못하게 한다. 따뜻한 담요를 덮고 의료 처치를 즉시 받도록 한다. 심한 낙상이 아니면 멍, 벤 상처, 염좌 혹은 찰과상에 적절한 치료를 한다.
타박상	통증과 부종을 감소시킴	얼음 주머니나 찬물에 적신 타올로 30분간 냉습포한다. 습포를 붕대 대신 사용하고 건조되면 갈아준다.
찰과상	상처를 닦고 감염을 예방함	소독솜으로 상처부위 중앙에서 바깥쪽으로 부드럽게 닦아주고 치료 후에는 상처를 보호하기 위해 비접착성 형태의 무균 거즈로 드레싱을 해준다. 찰과상 부위에 먼지나 이물질이 침입한 경우에는 의사에게 보여야 하며 파상풍 주사를 맞도록 한다.
염좌	부종을 감소시킴	염좌 부위에 냉습포를 하고 피해 관절을 붕대로 단단하게 지지한 다음 의사의 치료를 받도록 한다.

3. 피부미용실에서 주의해야 할 질병

1) AIDS(Acquired Immune Deficiency Syndrome)

AIDS는 인체 면역결핍 바이러스(HIV)에 감염되어 생기는 질병이다. AIDS 바이러스는 인간의 신체 면역체계에 영향을 미치고 다른 질병에 감염이 잘되게 하여 결정적으로 사망하게 한다. HIV 양성인 사람은 AIDS의 증상이 없이 다른 사람에게 바이러스를 감염시킨다. HIV는 벤 상처나 찢어진 피부를 통해 혈액이나 조직액으로 다른 사람에게 전염될 수 있다. 바이러스 자체는 신체 외부에서 오랜 시간동안 살아갈 수가 없다.

2) B형 간염

B형 간염은 감염된 혈액과 조직액을 통해 바이러스(HBV)에 의해 전염되는 질병이다. 이 바이러스는 저항력이 있으며 신체 외부에서 오랫동안 살아갈 수 있다. B형 간염 감염 시 질병이 장기화되고 신체가 약해져서 사망하게 된다. 철저한 위생을 통해 피부미용실의 B형 간염의 확산을 방지할 수 있다.

제2장
얼굴 마사지

제2장 얼굴 마사지 Facial Massage

Ⅰ. 얼굴관리를 위한 준비 (Preparation for Facial Massage)

고객을 맞이할 때는 고객이 마음을 편안하게 갖도록 하는 것이 중요하다. 고객의 옷을 보관할 수 있는 옷장과 소지품을 챙겨 놓을 수 있는 선반을 마련하고, 옷장은 고리가 여러 개 달린 옷걸이가 적당하다. 고객의 귀중품은 따로 보관하도록 한다.

여성고객은 어깨 끈이 없는 가운을 착용하여 앞가슴이 노출될 수 있도록 하고, 남성고객일 경우에는 잠옷 형태의 가운을 입도록 한다. 가운은 산뜻하고 깨끗해 보이면서 구김이 가지 않는 옷감이 적당하다. 또한 고객은 신발을 벗고 실내화로 갈아 신도록 한다.

1. 침대 및 정리대 준비

1) 침대 정리

- 침대 규격에 맞는 침대보를 씌운다.
- 깨끗한 큰 타올이나 1회용 위생 시트지를 깐다.
- 관리하는 동안 피부미용사가 사용할 수 있는 작은 타월을 침대 오른쪽에 걸쳐둔다.
- 침대머리 부분에 터번을 준비한다.
- 가슴 부위를 정리할 타월 1장을 준비해 둔다.
- 신체 보온을 위하여 담요를 준비한다.
- 필요시에 사용할 수 있도록 베개를 준비한다.

2) 정리대 준비

- 스파튤라(spatula) : 크림 등의 화장품을 사용할 때 덜어 쓰는 도구이다.
- 화장솜(cotton) : 화장수를 바르거나 팔리쉬를 제거할 때 사용한다.
- 거즈(gauze) : 마스크 및 팩 적용 시 사용한다.
- 면봉(swab) : 부분 화장을 지울 때나 국소용 제품을 도포할 때, 여드름을 제거할 때 사용한다.
- 여드름 압출기(comedo extractor) : 여드름을 제거할 때 사용한다.
- 보울(bowl) : 해면을 물에 적셔 사용할 때나 팩 재료를 혼합할 때 사용한다.
- 팩 브러쉬(pack brush) : 팩제 등을 도포할 때 사용한다.
- 호일, 랩(hoil, wrap) : 관리 목적에 따라 또는 팩의 효과를 높이기 위해서 사용한다.
- 핀셋(forceps) : 화장솜 등을 위생적으로 잡기 위해 사용한다.
- 해면(sponge) : 피부의 잔여 노폐물을 피부에 자극 없이 제거하는 데 사용한다.
- 화장품(cosmetics) : 피부유형과 피부미용의 목적에 따라 전문화장품을 준비한다.
- 가위(scissors)
- 티슈(tissue)
- 스팀 타올(steam towel)
- 눈썹 수정용 도구 및 왁스
- 쓰레기통(dust box)
- 고객 카드(client card)

3) 기본 기기

- 확대경(magnifying lamp) 또는 우드램프(wood lamp)
- 스티머(facial vaporizer)
- 피부 pH 측정기
- 유·수분 측정기
- 흡입 및 스프레이 머신(suction and spray machine)
- 브러싱 머신(brushing machine)
- 아이오노스(ionos) 또는 갤바닉 기계(galvanic machine)
- 적외선 등(infrared lamp)
- 온장고(hot box) 또는 타월스팀기(towel warmer)

- 자외선 소독기(UV sanitizer)
- 멸균기(dry / cabinet sanitizer)
- 고주파 전류기(high frequency machine)
- 피부측정기(skin scanner)
- 림프 마사지기
- 제모기기

얼굴 피부미용 단계

고객방문(client visit) → 상담(counselling) → 피부분석(skin analysis) → 고객카드(client card) 작성 → 관리프로그램(treatment program) 작성 → 관리(treatment) 실시 → 홈케어 프로그램(home care program)

Ⅱ. 얼굴의 근육(Muscles of the Face)

1. 머리근육(두부의 근, Muscles of the head)

머리뼈(두개골)를 싸고 있는 근육은 크게 표정을 만드는 얼굴 근육(안면근)과 음식물의 저작에 관여하는 씹기 근육(저작근)으로 구분할 수 있다. 얼굴근육은 두개골과 건, 건막 혹은 피부자체에서 시작하여 대부분 피부에서 정지한다. 얼굴의 피부 운동을 주도하여 감정을 표현하는 데 관여하므로 표정근(muscle of expression)이라고 하며 얼굴신경(안면신경)의 지배를 받는다.

1) 얼굴근육(안면근, the face)

(1) 두개표근(Muscles of the scalp)

머리뼈를 싸고 있는 피부 중 이마와 두피 부분의 중요한 근이다.

- 이마힘살(전두근, frontalis) : 눈썹을 위로 당겨 놀란 표정을 만들고 이마에 주름을 만든다.
- 뒤통수힘살(후두근, occipitalis) : 두피를 뒤로 당긴다.
- 관자마루근(측정두정근, temporopatietalis) : 머리덮개널힘줄을 옆으로 당긴다.

(2) 눈 근육(Muscles of the eye)

눈가의 주름을 형성하는 데 관여하는 근들로서 눈둘레근(안륜근), 눈썹주름근(추미근), 미모하체근(눈썹내림근) 등이 있다.

- 눈둘레근(안륜근, orbicularisoculi) : 눈을 꼭 감게 하거나 윙크할 때와 같이 눈을 살짝 감게 한다.
- 눈썹주름근(추미근, corrugator superilii) : 눈썹을 내·하방으로 잡아당기며, 미간에 주름을 만든다.
- 미모하체근(눈썹내림근, depressor supercilii) : 눈썹을 밑으로 당긴다.

(3) 코 근육(Muscles of the nose)

- 코근(비근, nasalis) : 콧구멍의 크기를 조절한다.
- 비중격하체근(비중격내림근, depressor septi nasi) : 콧구멍의 크기를 조절한다.

(4) 입 근육(Muscles of the mouth)

- 입둘레근(구륜근, orbicularis oris) : 입을 닫고 입술을 오므린다. 휘파람을 불거나 촛불을 끌 때 입 모양을 만든다.
- 볼근(협근, buccinator) : 입안의 압력을 유지하고 성난 표정을 만든다.
- 큰광대근(대관골근, zygomaticus major) : 구각을 외·상방으로 당겨 웃는 표정을 만든다.
- 작은광대근(소관골근, zygomaticus minor) : 윗입술을 당겨 부정적인 표정을 만든다.
- 윗입술올림근(상순거근, lavator labii superioris) : 윗입술 외측부를 위로 당겨 싫은 표정을 만든다.
- 윗입술콧방울올림근(levator labii superioris alaeque nasi) : 윗입술을 위로 당기며 코에 주름을 만든다.
- 입꼬리올림근(구각거근, levator anguli oris) : 구각을 위로 당긴다.
- 입꼬리당김근(소근, risorius) : 구각을 외방으로 당겨 볼에 보조개를 만든다.
- 입꼬리내림근(구각하체근, depressor anguli oris) : 구각을 하방으로 당겨 슬픈 표정을 만든다.
- 아래입술내림근(하순하체근, depressor labii inferioris) : 아랫입술을 하·내방으로 당겨 입을 삐죽 내밀게 만든다.
- 턱끝근(이근, mentalis) : 턱 피부에 주름을 만든다.

2) 씹기근육(저작근, Muscles of mastication)

- 깨물근(교근, masseter) : 하악골을 위로 당긴다.
- 관자근(측두근, temporalis) : 하악골을 상·후방으로 당긴다.
- 안쪽날개근(내측익돌근, medial pterygoid) : 하악골을 상·외측으로 당긴다.
- 가쪽날개근(외측익돌근, lateral ptergyoid) : 하악골을 앞으로 당기며 턱을 연다.

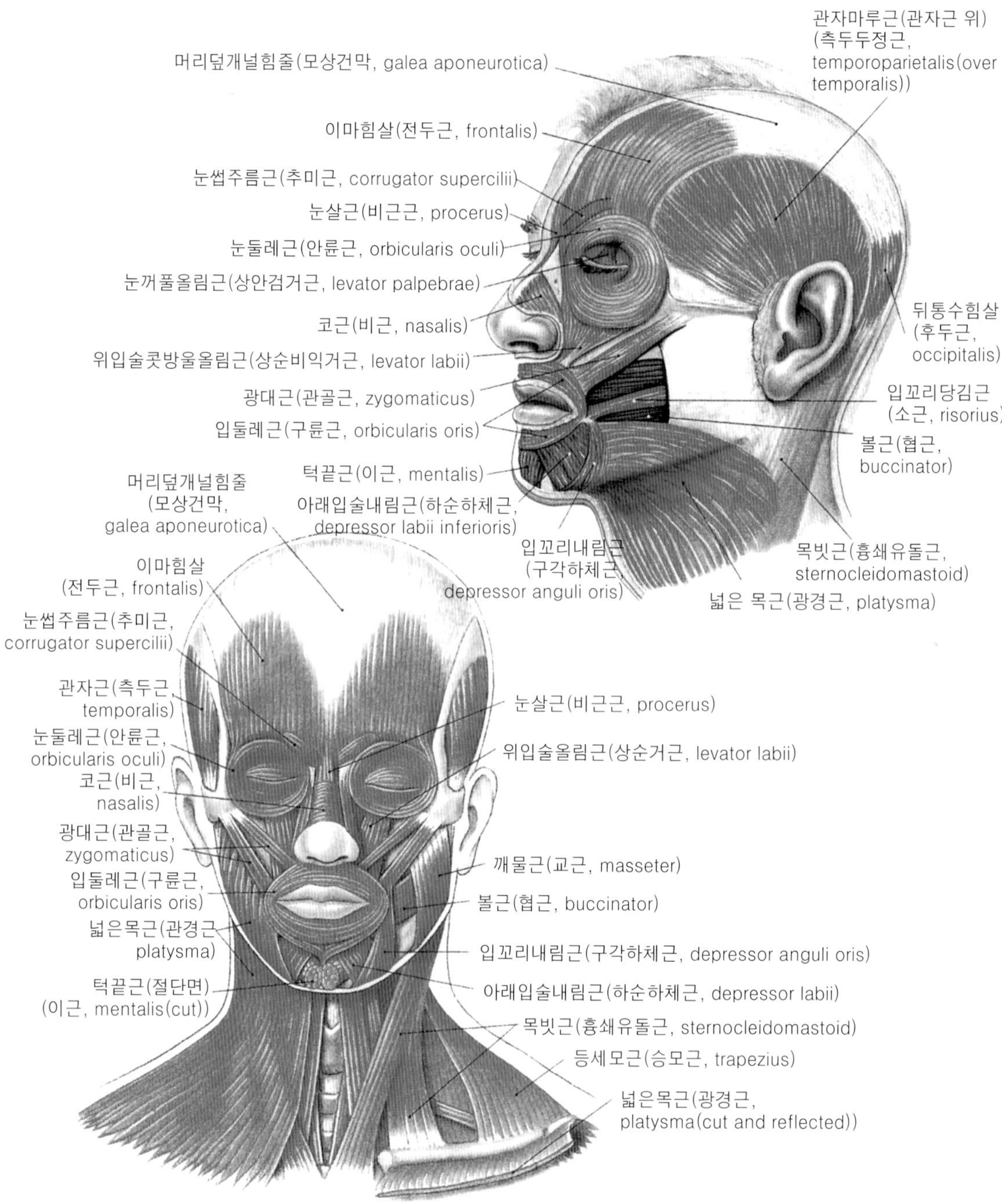

그림 2-1 머리와 얼굴의 근육

2. 목근육(경부의 근, Muscles of the neck)

목근육(경부의 근)은 피부 밑 목근육, 옆목근육, 앞목근육 및 뒷목근육 등으로 구성된다.

- 넓은 목근(광경근, platysma) : 목의 전면과 외측면 결쳐서 피하에 넓게 퍼져 있는 얇은 1쌍의 근으로 목의 주름을 잡고 구각을 하방으로 당겨 슬픈 표정을 만든다.
- 목빗근(흉쇄유돌근, sternocleidomastoid) : 좌·우측 어느 한쪽 근육만 수축하면 얼굴을 반대편으로 돌리며 턱을 올리고, 양쪽이 동시에 수축하면 얼굴이 위로 향하게 된다. 목의 앞쪽에 있는 근육들이 보조적으로 작용하면 목을 굴곡시킨다.

III. 주요 경혈점

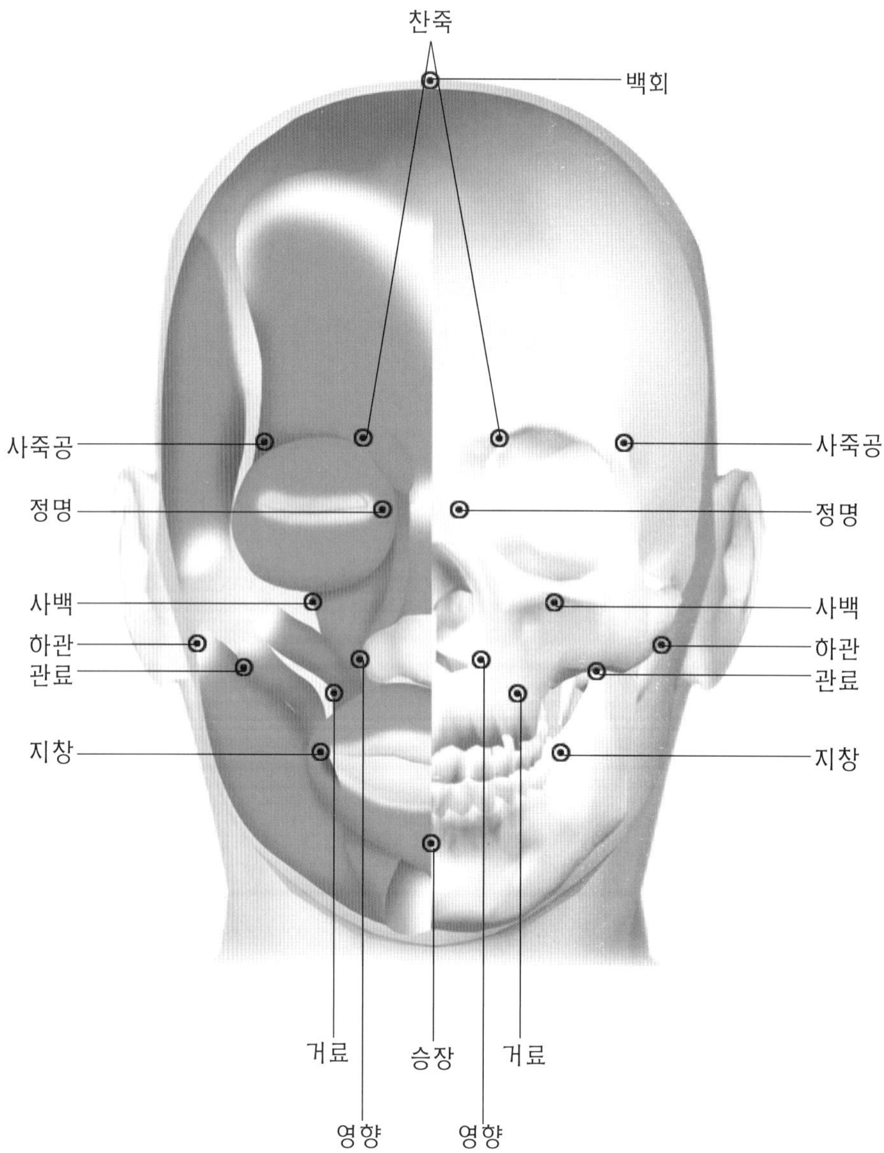

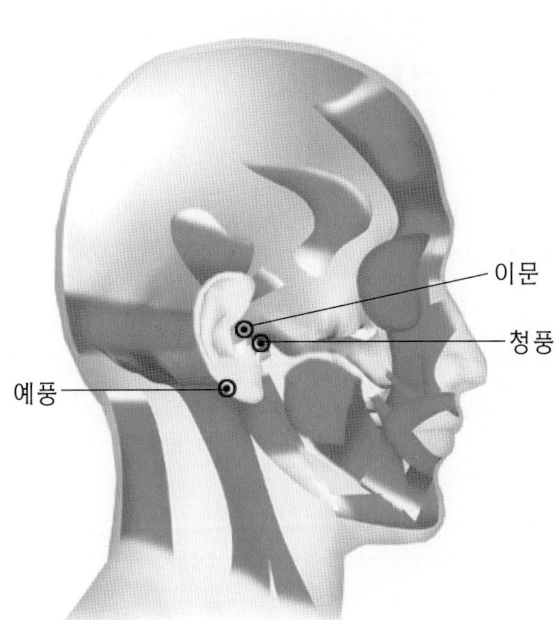

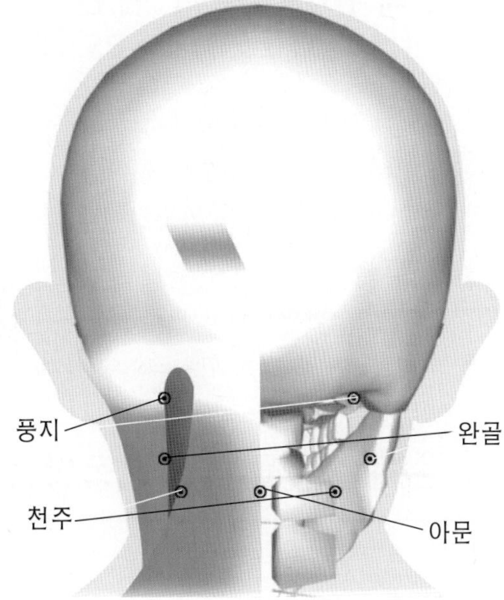

주요 경혈점의 미용중

- 찬죽 : 눈가주름완화, 눈의 떨림, 눈이 부을 때
- 정명 : 눈가주름완화, 눈을 맑게 함, 눈이 부을 때
- 사죽공 : 안면근육의 경직, 눈섭 끝단의 모공확대
- 사백 : 안면근육의 경직, 눈꺼풀 떨림, 눈가주름완화, 눈가 늘어짐
- 영향 : 여드름, 피지과다, 입냄새, 코 주변의 여드름
- 하관 : 얼굴근육뭉침 방지, 볼의 늘어짐
- 거료 : 볼 처짐방지
- 관료 : 얼굴의 근육문침, 리프팅, 안면주름
- 지창 : 입술이 헐거나 갈라질 대, 입꼬리 처짐 방지
- 승장 : 안면의 경직, 턱부위의 불균형
- 아문 : 두통, 퇴충혈
- 천주 : 어깨 근육의 경직, 코가 마를 때, 신경성 여드름
- 풍지 : 어깨부위가 단단해짐, 감기로 인한 얼굴의 붉어짐, 안면부종
- 완골 : 얼굴부종, 안면신경의 이상, 턱선의 늘어짐, 어깨의 경직
- 백회 : 도통, 머리카락 윤기, 탈모방지, 전신의 미용
- 이문 : 피부색, 안면근육의 경직, 턱선의 비대
- 청궁 : 안면주름, 얼굴측면의 여드름, 광대뼈 돌출 방지
- 예풍 : 여드름, 얼굴근육의 경직, 모낭각화, 볼부위 여드름, 안면신경의 경직

Ⅳ. 피부미용사를 위한 손운동 (Hand Exercises for the Esthetician)

피부미용사의 손은 마사지의 도구이다. 따라서 마사지에서 요구되는 어떠한 동작이나 압력도 잘 표현되도록 힘이 있어야 하며 유연하고 매우 섬세하게 단련시켜야 한다. 마사지를 행할 때는 가능하면 손과 손목이 유연하게 이용되어야 하는데 이는 손의 힘을 개선시키고 손가락이나 손목의 관절염을 예방하는 방법이기도 하다.

손의 힘을 단련시키고 피부미용사의 건강을 유지하는데 도움을 주는 몇 가지 손 운동 방법을 알아보기로 한다.

1. 손과 손목을 위한 운동방법

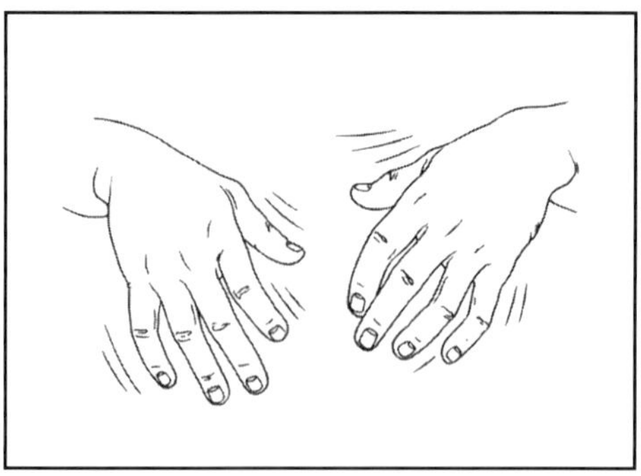

1. 손과 손목의 힘을 빼고 흔들기 - 10초 정도

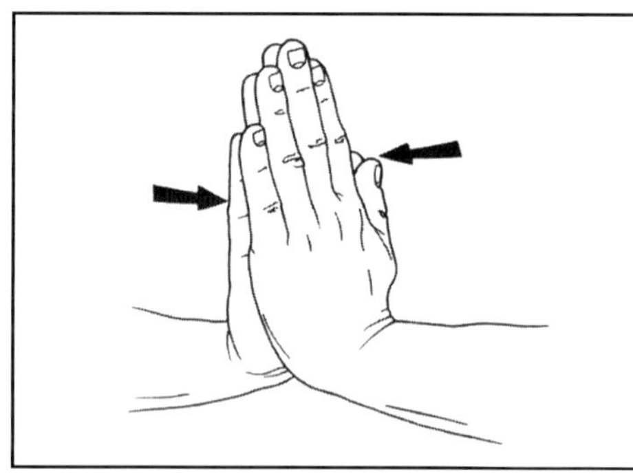

2. 기도하듯이 손을 모아 안쪽으로 힘을 가하기 - 10초 정도

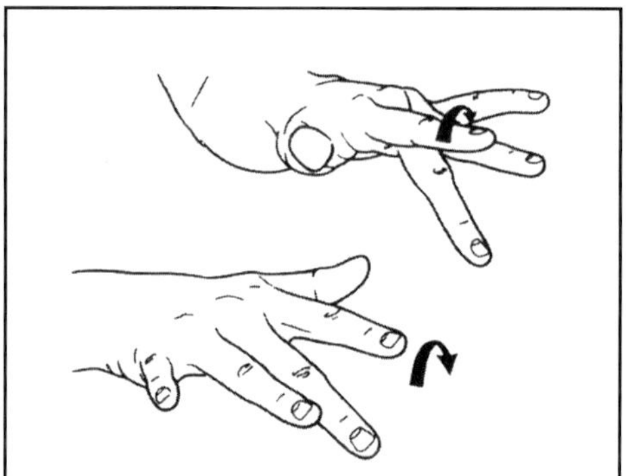

3. 손가락을 하나씩 번갈아가며 시계방향과 시계 반대방향으로 돌리기 - 30초 정도

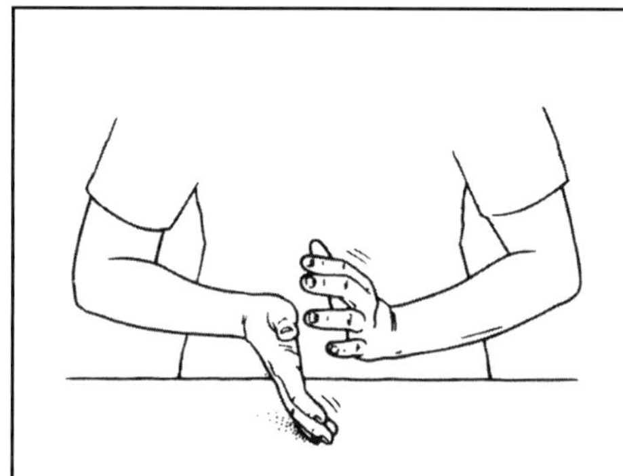

4. 손가락과 손목의 힘을 빼고 손의 측면을 사용하여 두드리기

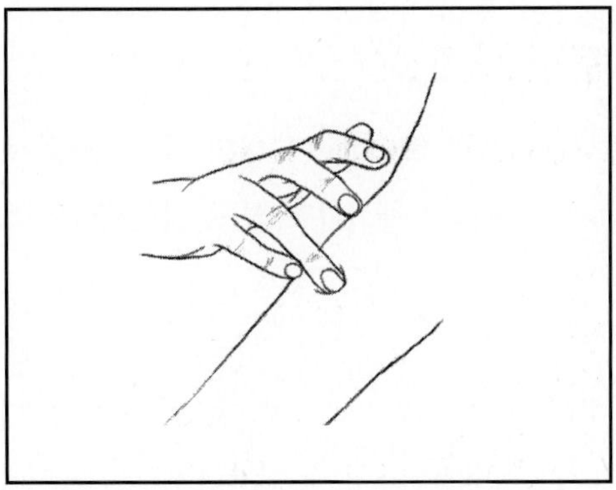

5. 팔의 전완부위를 손가락의 힘을 빼고 하나씩 번갈아가며 올라갔다 내려오기 - 30초 정도

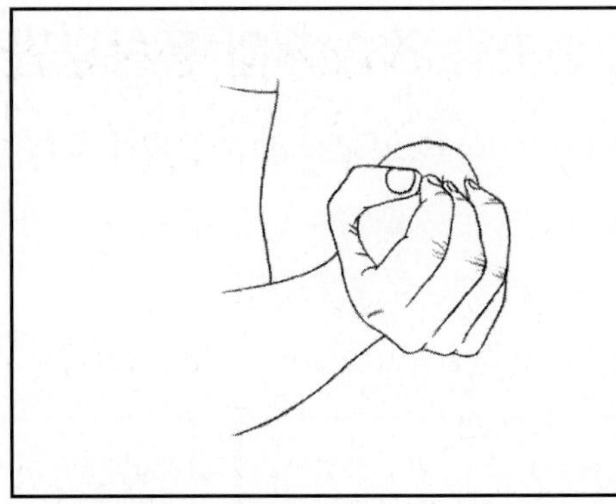

6. 고무공을 한 손에 쥐고 눌렀다 놓았다 반복 - 한 손마다 30초 정도

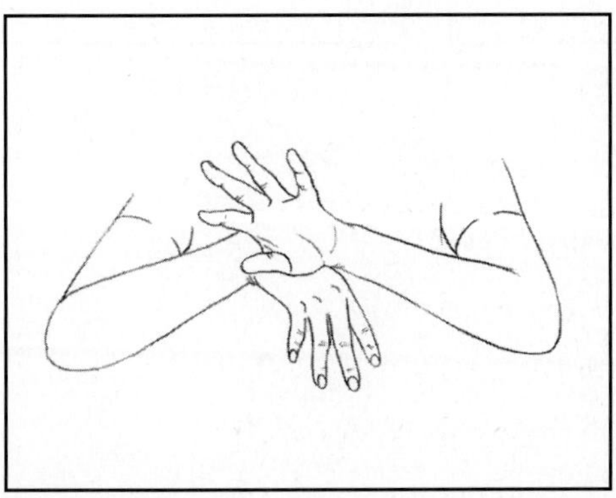

7. 양손의 등을 맞대고 손가락을 편 후 둥글리듯 원그리기 - 10초 정도

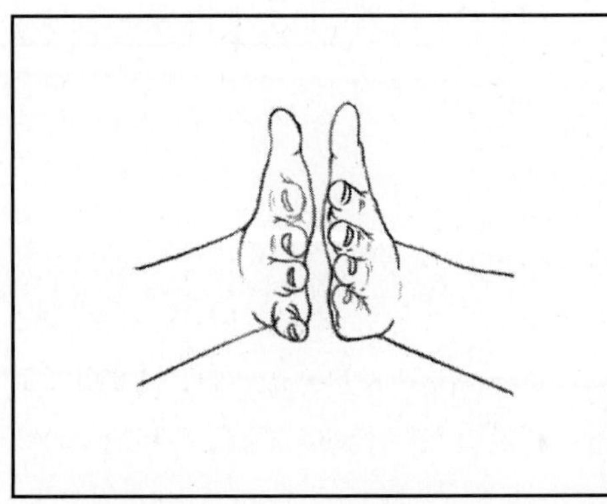

8. 양손바닥을 마주치지 않을 정도로 하여 최대한 가까이 하기 - 10초 정도

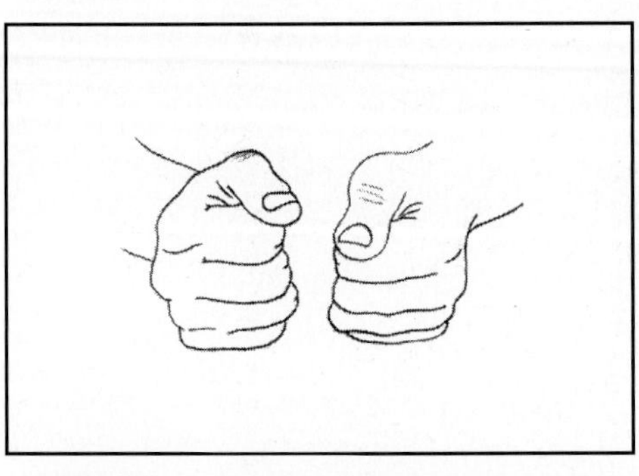

9. 엄지를 빼고 주먹쥔 형태로 2~3초 정도 힘을 준 상태로 있다가 힘빼기 - 10회 반복

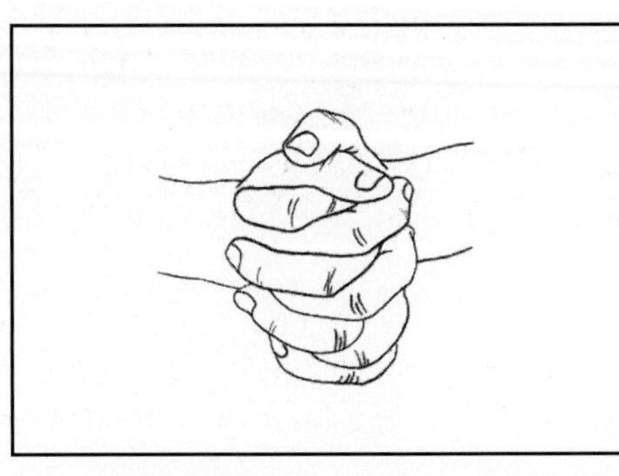

10. 손가락을 서로 깍지 끼워 힘을 주었다 빼기 - 10회 반복

2. 손가락 연습 후의 운동방법

손가락 연습 후에는 마무리 운동으로 10초 정도 손을 쫙 펴고, 그 뒤 다시 10초정도 힘있게 손을 꽉 쥔다. 그 후 다시 손가락 마디를 구부린 채 10초 정도 있는다. 이러한 과정을 적절히 반복한다.

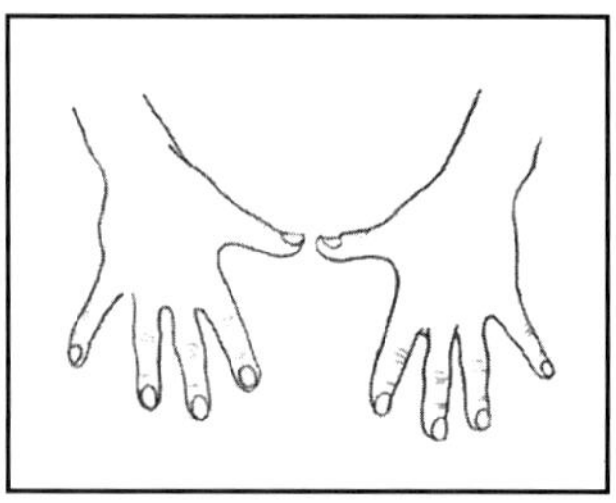

① 손가락 펴기

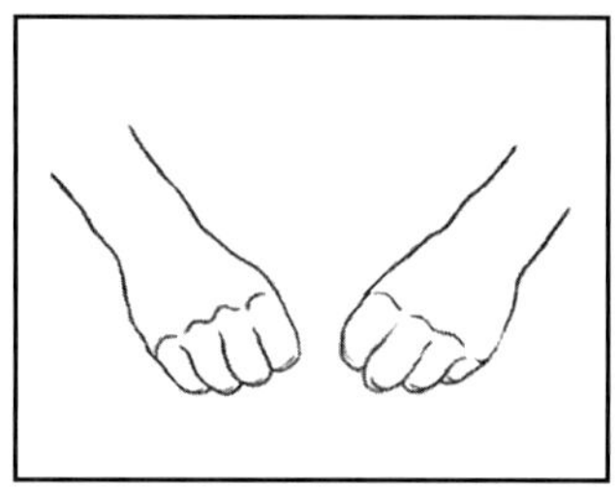

② 주먹 쥐기

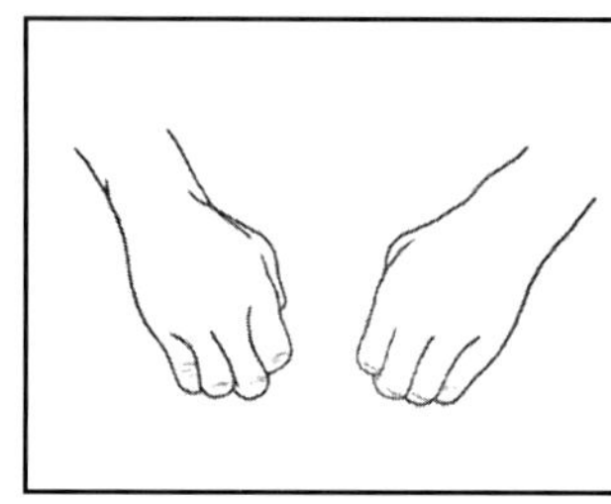

③ 손가락 구부리기

피부미용사를 위한 손건강 유지방법

1. 손이 피곤하고 통증이 올 경우 : 10~15분 정도 얼음찜질을 하고 하루 정도 쉰다.
2. 수치료법 : 목욕탕이나 뜨거운 욕조에 들어가거나 따뜻한 물에 손을 담근다.
3. 손과 손가락 관절염 예방 : 손의 힘을 증대시키기 위해 몸무게를 이용한다. 마사지를 할 때 몸 전체를 기울여 몸무게의 힘을 부드럽게 손에 실으면 손에 힘도 덜 들어가고 등뼈에도 무리가 가지 않는다.
4. 손 마사지 : 일주일에 한번 정도 수분공급을 위해 핸드크림이나 영양크림을 바르고 면장갑을 낀 후 가능한 한 오랜 시간 놓아둔다. 이때 꼭 끼는 장갑은 피하는 게 좋으며 저녁시간을 이용하여 그대로 잠을 자는 것이 좋다.
5. 손과 손가락의 혈액순환을 돕는 방법 : 손가락을 가늘게 유지하고 손을 부드럽게 하기 위하여 지압쿠션이 있는 브러쉬를 사용, 손과 손가락을 마찰해준다. 혈액순환 증가에도 도움이 되어 혈관이 약해지는 것을 예방해 준다.

Ⅴ. 클렌징(Cleansing)

클렌징은 피부미용에 있어 가장 먼저 시행되는 과정이다. 클렌징의 목적은 피부표면에 있는 메이크업, 먼지 등의 더러움과 피부 자체에서 분비되는 노폐물 및 피지 등을 제거하여 피부 위생을 유지하게 하며, 다음 단계의 피부미용 효율성을 높여주는 데 있다.

얼굴관리 순서

포인트 메이크업 클렌징(point make-up remove) → 클렌징(cleaning) → 화장수 바르기(toning) → 피부 분석(skin analysis) → 딥 클렌징(deep cleaning) → 앰플(ampoule) → 마사지(massage) → 마스크(mask) → 보호(protection)

1. 준비물

1) 정리대

- 화장솜
- 스파튤라
- 아이메이크업 리무버
- 면봉(젖은 상태로 준비한다)
- 보올
- 클렌저
- 토닉 로션
- 티슈
- 해면

2) 고객에 대한 준비

- 액세사리는 제거하여 손님이 보관하도록 한다(분실 시 책임 문제)
- 가운으로 갈아입는다.
- 앞가슴을 노출시킨다.
- 침대에 누운 후 머리카락이 보이지 않도록 터번으로 정리한다.
- 중간 타올을 이용하여 가슴 위를 정리한다.
- 슬리퍼를 정리한다.

2. 포인트 메이크업 클렌징(Point make-up cleansing)

클렌징의 첫 번째 단계로 젖은 화장솜에 아이메이크업 리무버를 묻혀 섀도우, 눈썹, 마스카라, 아이라인, 입술 순서로 화장을 지운다.

화장솜 쥐는 법

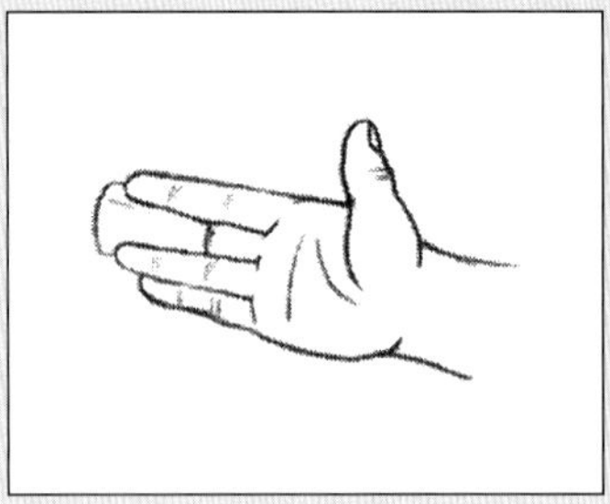

중지에 손톱이 보이지 않을 정도로 화장솜을 끼워서 사용한다.

면봉 쥐는 법

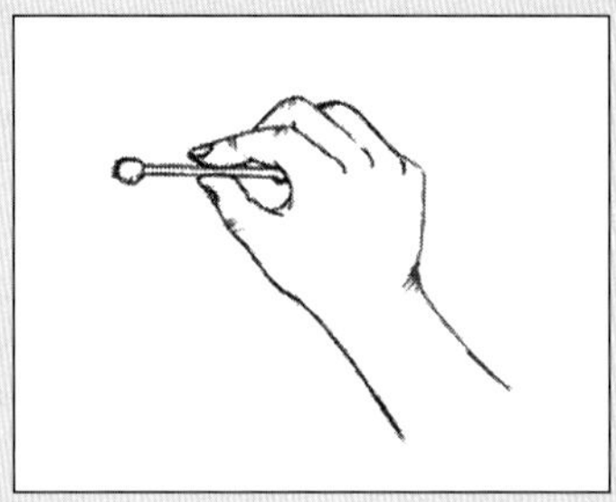

엄지와 검지를 사용하여 면봉의 중간 정도를 잡고 눈 위에서 사용시 뉘어서 사용한다.

티슈 접는 법

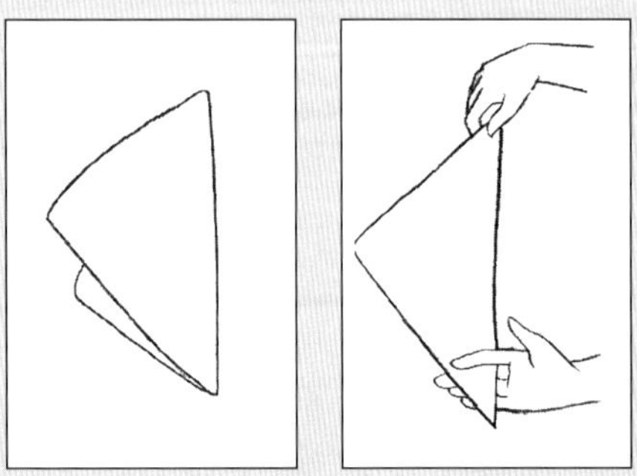

① 티슈를 삼각형으로 접어 한 손의 검지와 중지 사이에 끼운다.

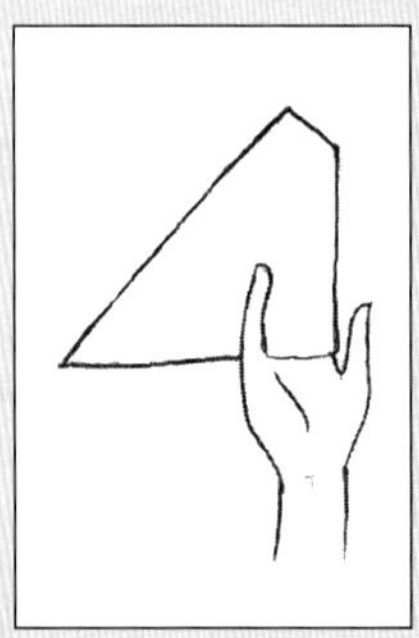

② 손가락을 감싸서 돌린다.

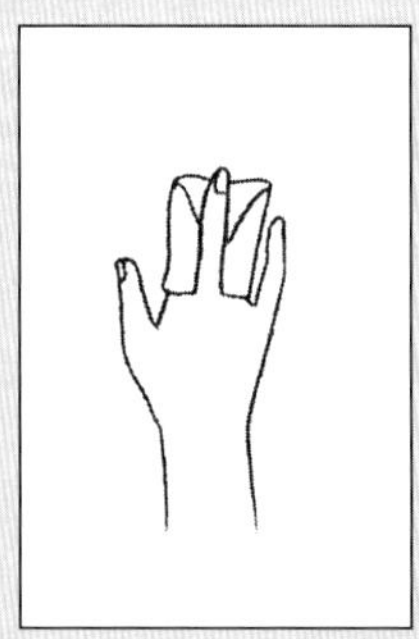

③ 티슈의 여분을 정리하여 중지로 누른다.

3. 클렌징 동작

1) 포인트 메이크업(Point make-up) 클렌징 동작

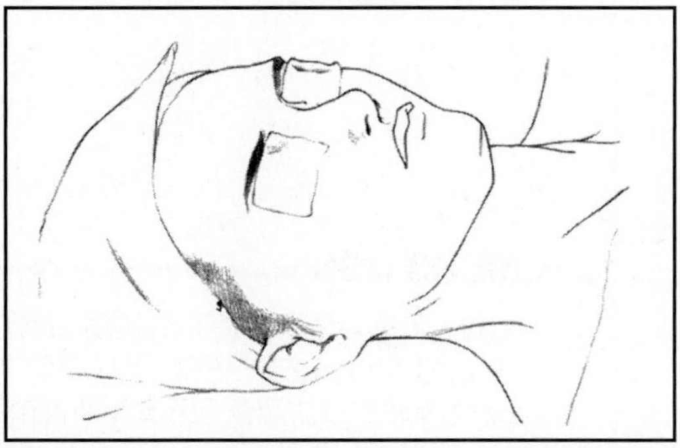

1. 눈에 화장솜 올려 놓기

눈에 아이메이크업 리무버를 묻힌 화장솜을 올려 놓는다.

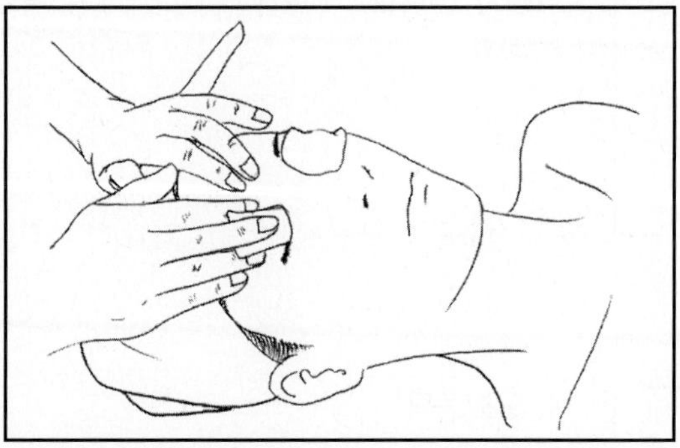

2. 섀도우 클렌징

화장솜을 끼운 중지를 이용하여 눈꺼풀 안쪽을 지그시 누른 후 눈꼬리 쪽으로 닦아낸다(눈밑도 동일한 방법으로 지운다).

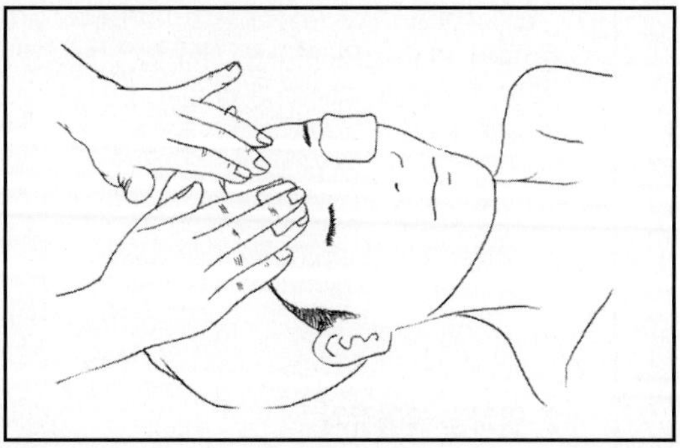

3. 눈썹 화장 클렌징

화장솜 뒷면을 이용하여 눈썹 머리쪽에서 꼬리쪽으로 닦아 낸다(다른쪽 눈의 섀도우와 눈썹도 동일한 방법으로 지운다).

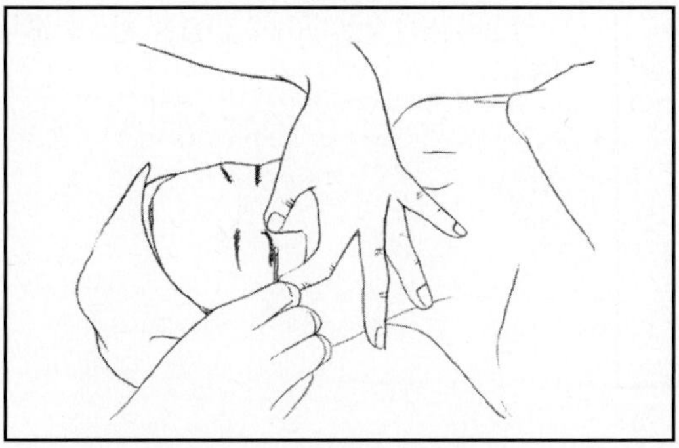

4. 마스카라 클렌징

아이 메이크업 리무버가 묻은 화장솜 한 장을 반으로 나누어 눈썹 아래에 놓고 면봉을 이용하여 마스카라를 위에서 아래로 지운다.

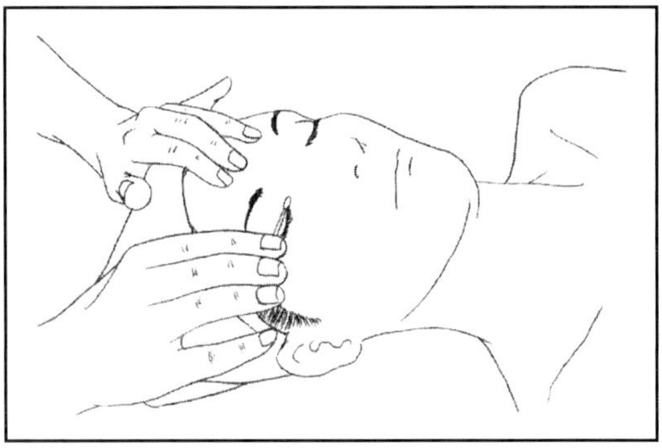

5. 아이라인 클렌징

면봉을 이용하여 위쪽의 아이라인은 안에서 밖으로 아래쪽의 아이라인은 밖에서 안으로 지운다(남겨 놓은 화장솜 반을 이용하여 다른 쪽 눈도 동일한 방법으로 지운다).

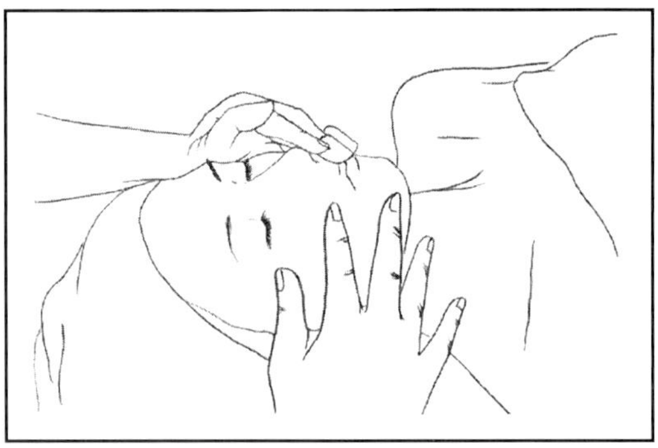

6. 입술 화장 클렌징

검지와 중지를 이용하여 구각 바깥쪽을 고정한 후 윗입술과 아래 입술을 가로로 먼저 지운 후 화장솜의 깨끗한 다른 면을 이용하여 윗입술은 위에서 아래로, 아랫입술은 아래에서 위로 지운다.

2) 클렌징(cleaning) 동작

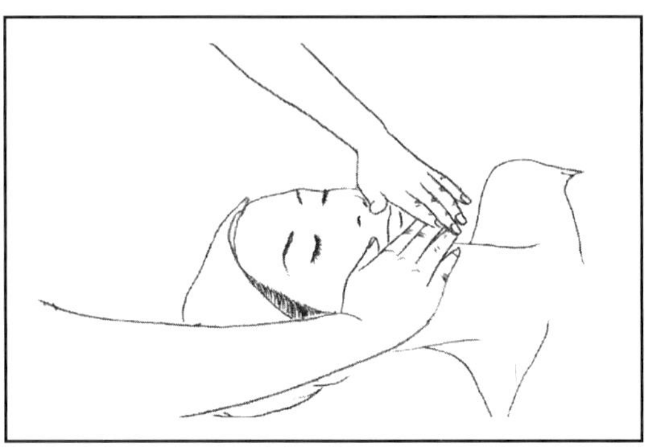

1. 도포 동작

손에 클렌징제를 적당량 덜어 비벼준 뒤 양손을 턱에 대고 코와 이마를 지나 뺨을 쓰다듬고 내려가서 목에서 가슴까지 펴 바른다.

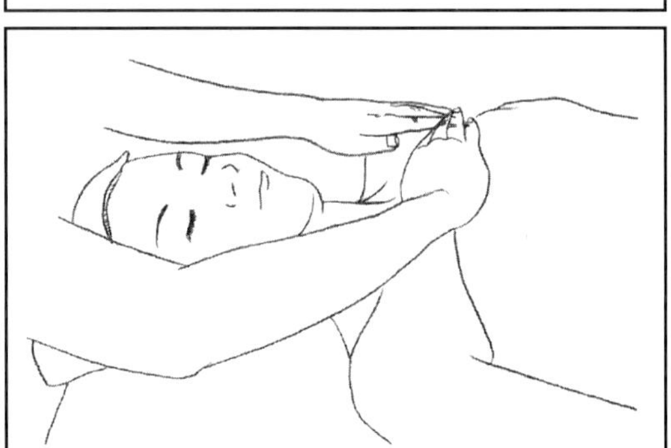

2. 앞가슴 쓸어주기

양손바닥을 좌우 교대로 가슴을 횡으로 쓸어 준다.

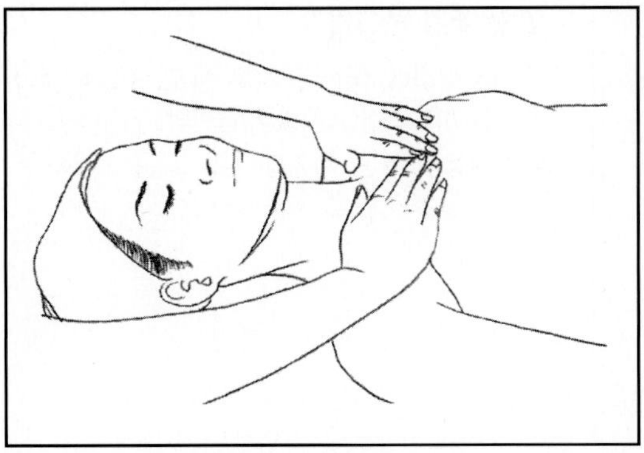

3. 앞가슴 마찰하기

네 손가락을 이용하여 가슴 중앙에서 액와 부위까지 수영 방향으로 원을 그리면서 마찰한다.

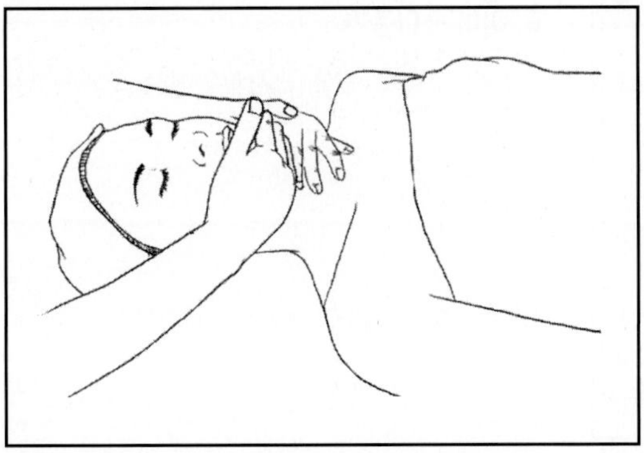

4. 목 쓸어 올리기

목의 좌측면에서 우측면까지 아래에서 위로 부드럽게 쓸어 올린다.

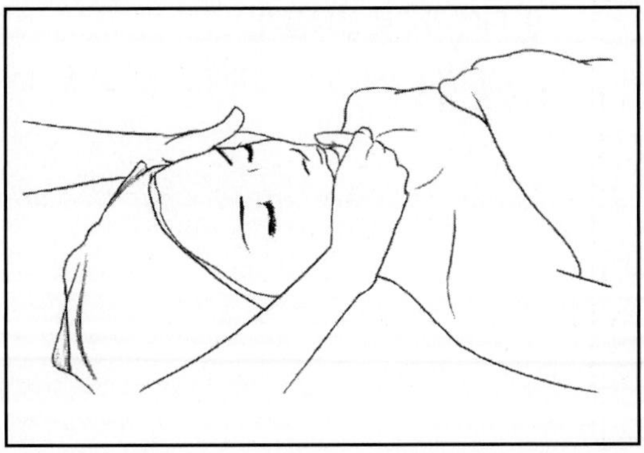

5. 턱 쓰다듬기

양손을 하악각에 고정하고 좌·우 교대로 턱밑을 쓸어준다.

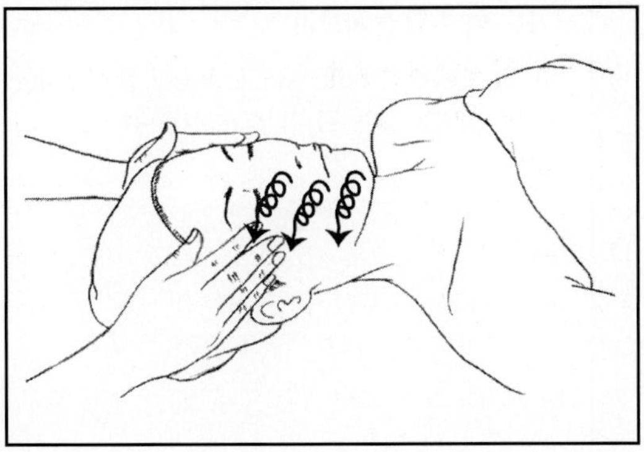

6. 세 부위로 나누어 마찰하기

양손을 수영반대 방향으로 원을 그리면서 승장-하악각, 지창-청궁, 영향-관자놀이까지 문지른다.

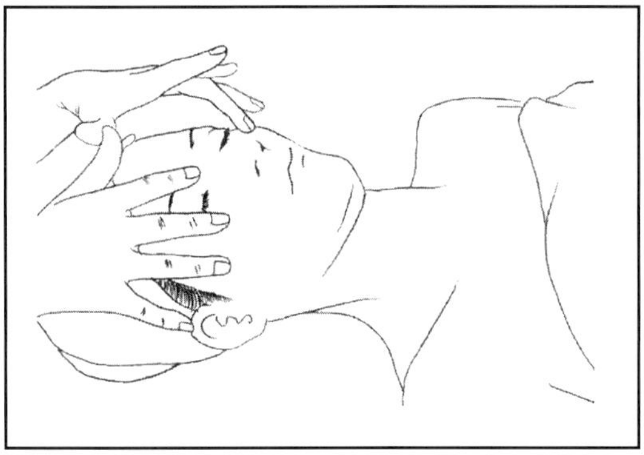

7. 눈 주위 원 그리기

관자놀이에 양손 중지를 놓고 눈밑을 돌아 관자놀이에 2, 3, 4지로 지압한다.

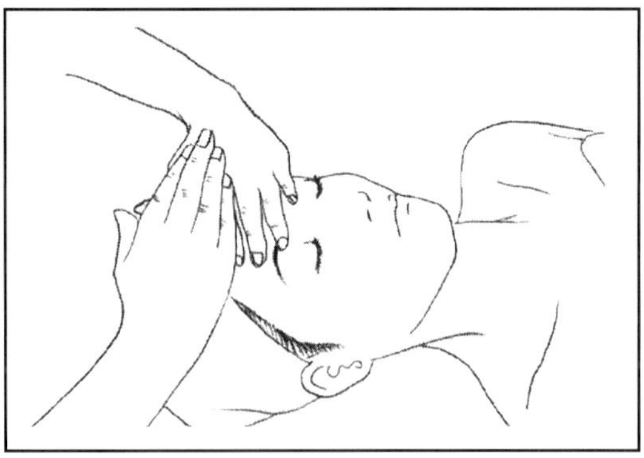

8. 이마 쓰다듬기

양손 교대로 왼쪽 관자놀이에서 오른쪽까지 이마를 아래에서 위로 부드럽게 쓸어 올린다.

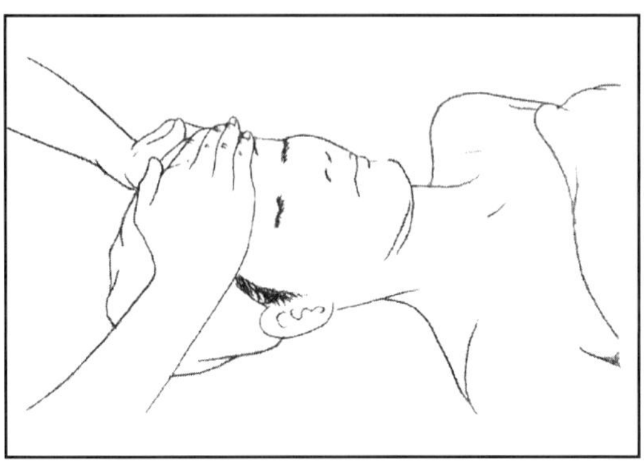

9. 이마 가로로 쓰다듬기

왼손부터 양손 교대로 이마를 횡으로 쓸어준다.

10. 턱 주위 문지르기

턱 주위를 엄지로 원을 그리듯이 문지른다(윗입술 사이도 같은 방법으로 문지른다).

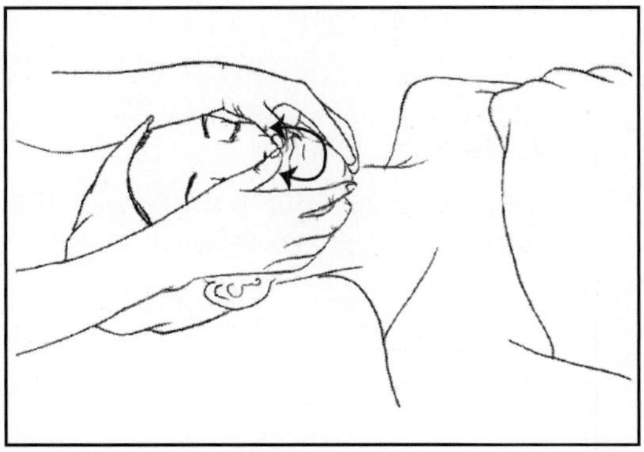

11. 입둘레근(구륜근) 주위 문지르기

입둘레근 주위를 엄지로 원을 그리듯이 문지른 후 빼낸다.

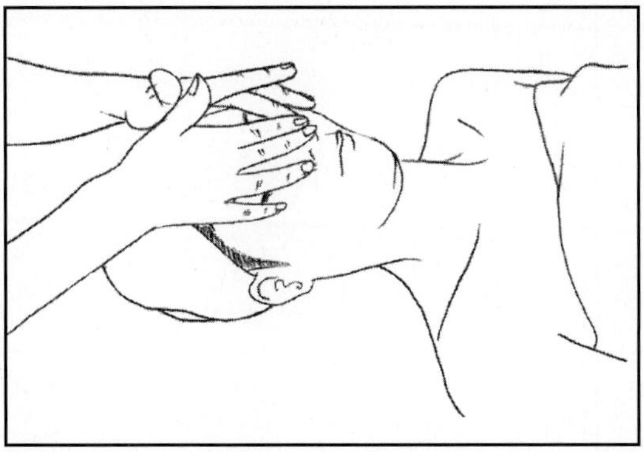

12. 콧방울 문지르기

중지로 콧볼을 수영 반대 방향으로 원을 그리면서 문지른다(코피지가 있는 부분은 약간 힘을 준다).

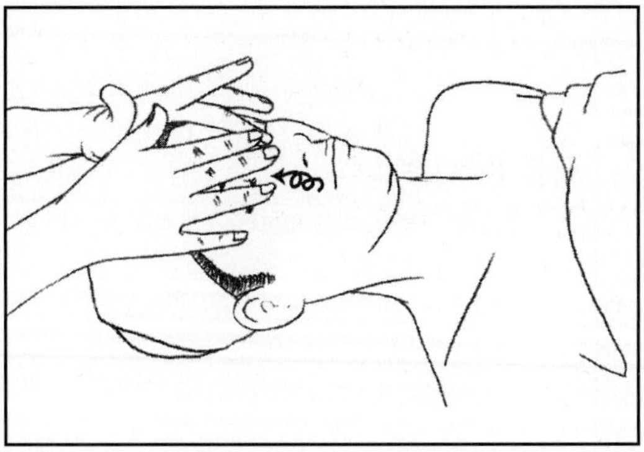

13. 코벽, 콧등 문지르기

양손 중지로 코벽과 콧등을 원을 그리면서 문지른다.

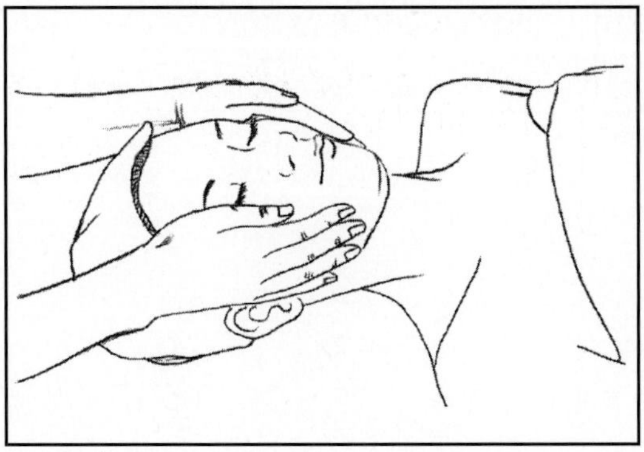

14. 얼굴 감싸기

양손으로 얼굴을 감싸고 클렌징이 끝났음을 알린다.

마무리 동작

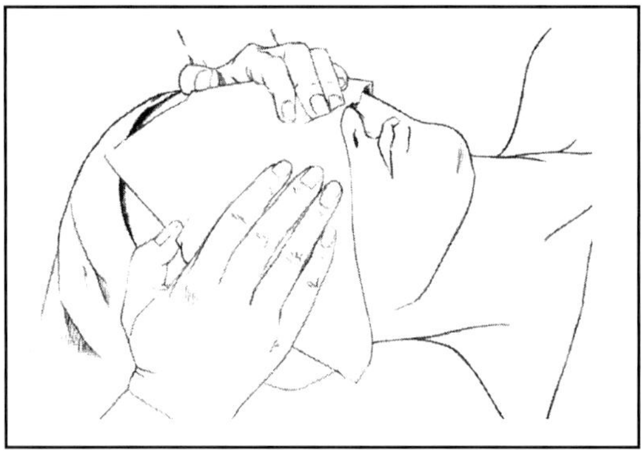

1. 얼굴 티슈로 닦기

티슈를 반으로 접어 윗부분을 눌러 닦고 깨끗한 다른 면으로 아래부분을 눌러서 닦는다.

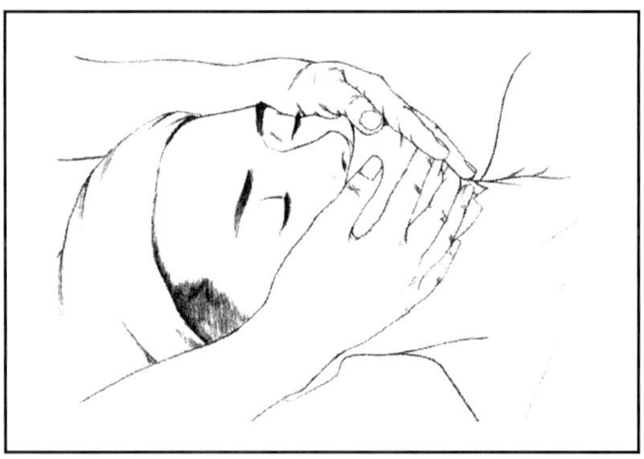

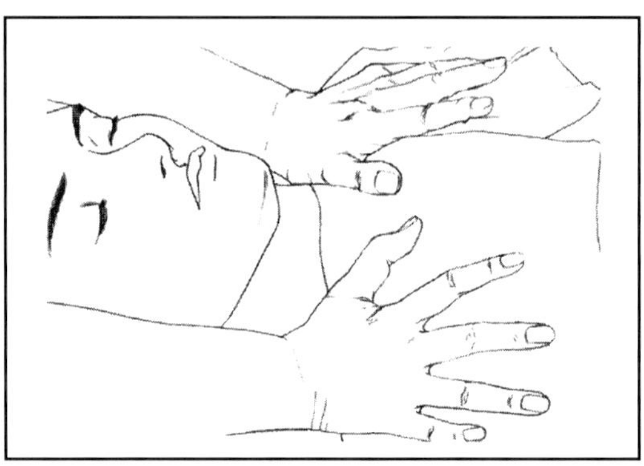

2. 앞가슴 닦기

앞가슴 부분을 티슈 2장으로 눌러서 닦는다.

4. 해면(Sponge)

흡착성이 뛰어난 해면의 특성을 이용하여 클렌징이나 마사지 후 남아 있는 잔여물을 제거하기 위하여 사용한다.

1) 해면 사용시 유의점

해면은 재 사용해야 하므로 중성 세제로 깨끗이 세척한 뒤 자외선 소독기에 넣어 소독한다. 사용할 때는 미리 보울(bowl)에 넣어 물을 흡수시킨 다음 사용한다.

2) 해면 닦기 동작

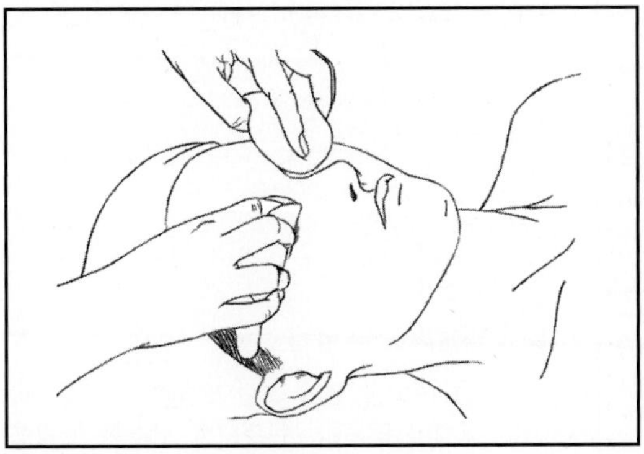

1. 눈 위 닦기

양손으로 눈 안쪽을 살짝 끌어올려 눈머리에서 눈꼬리까지 닦는다.

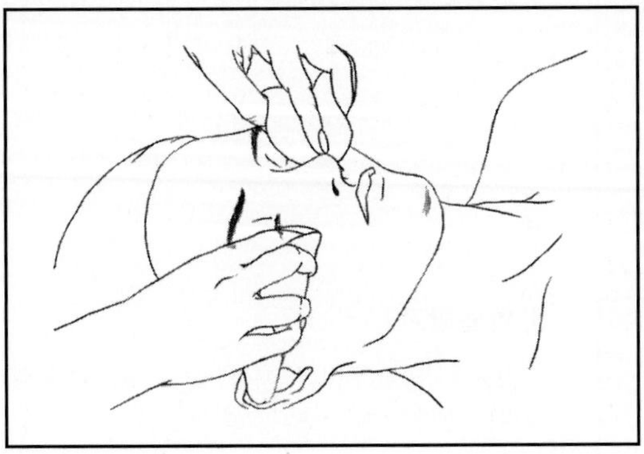

2. 눈 아래 닦기

양손으로 눈 안쪽을 살짝 끌어올려 눈 밑을 눈머리에서 눈꼬리까지 닦는다.

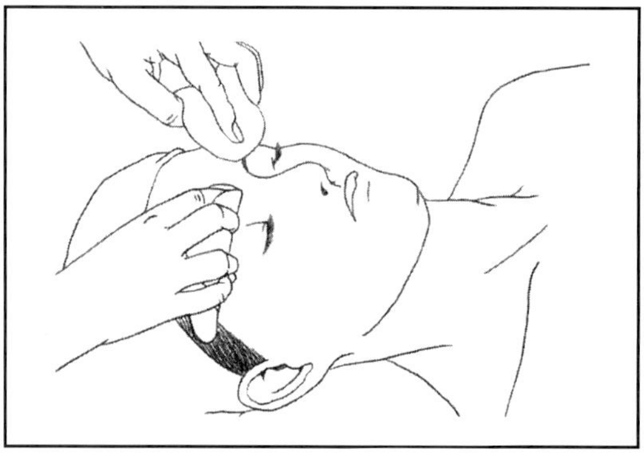

3. 눈썹 닦기

눈썹을 양손으로 닦아준다.

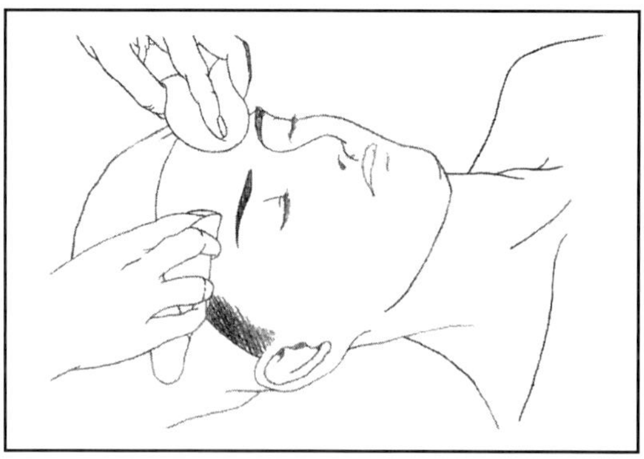

4. 이마 닦기

이마를 2등분하여 아래쪽을 양손으로 이마 중앙에서 관자놀이까지 닦는다. 이마의 나머지 부분을 같은 방법으로 닦는다.

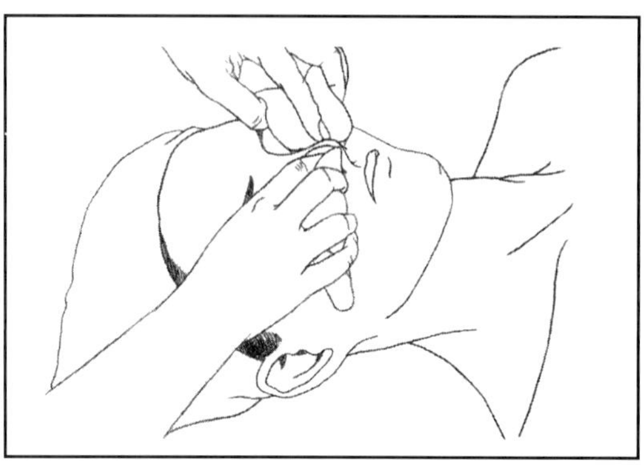

5. 콧방울과 코벽 닦기

양손을 콧방울 옆에 놓고 오른손으로 콧등과 왼쪽 코벽을 닦는다. 왼손으로 오른쪽 코벽을 닦고 양손 동시에 콧볼에서 귀문 앞까지 닦는다.

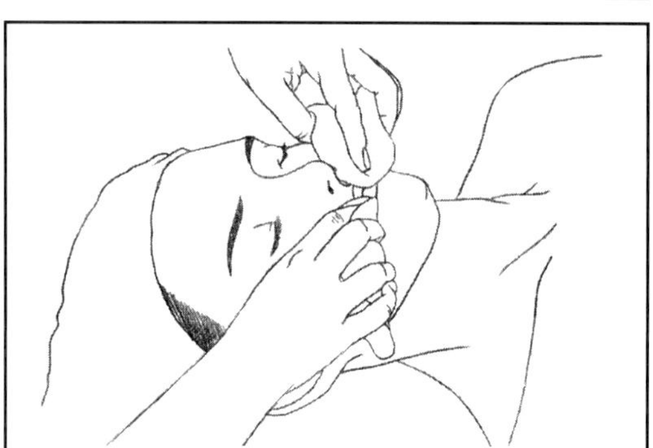

6. 입술 닦기

양손을 입술꼬리 부분에 놓고 오른손으로 윗입술, 왼손으로 아랫입술을 닦는다.

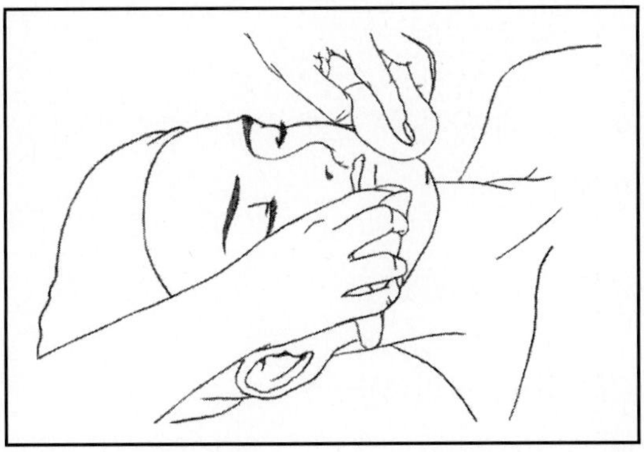

7. 턱 닦기

턱 중앙을 오른손, 왼손 교대로 한번씩 닦은 뒤 양손 동시에 귀밑까지 닦는다.

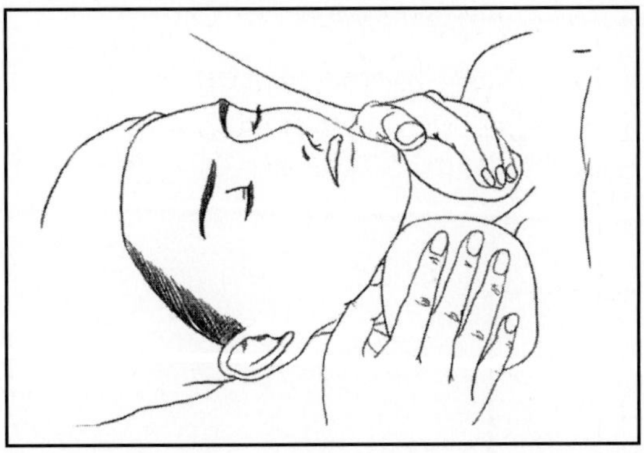

8. 목 닦기

목 위쪽을 양손 교대로 아래에서 위로 왼쪽 귀밑에서 오른쪽 귀밑까지 닦는다.

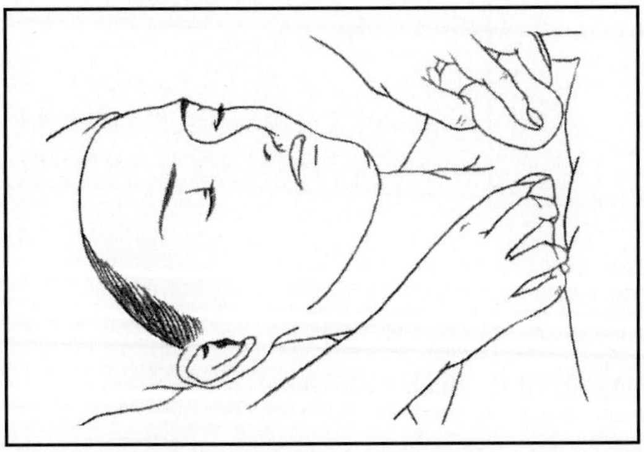

9. 가슴 닦기

양손 교대로 목에서 가슴까지 횡으로 닦은 뒤 어깨를 감싸고 귀까지 올라와 귀밑에 고정한다.

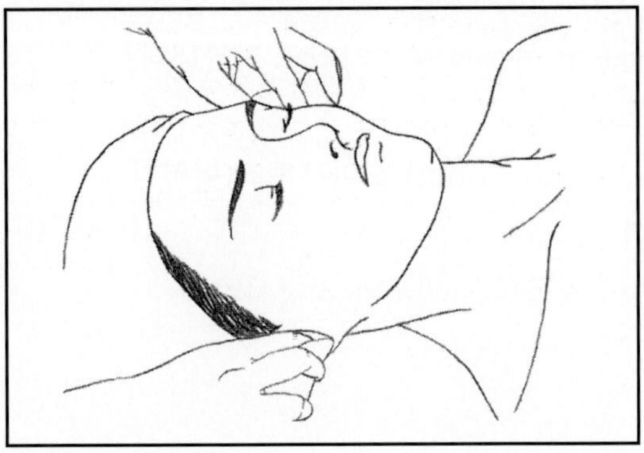

10. 귀 닦기

양손으로 귀 뒤쪽을 닦고 귀 안쪽골이 있는 부분을 닦는다.

VI. 눈썹 정리

고객이 눈썹 수정을 원하거나 눈썹모양이 고르지 않을 때 고객의 얼굴형과 현재 눈썹 상태, 눈의 위치, 취향을 고려하여 수정한다.

1) 준비물

눈썹 수정가위, 족집게, 눈썹 브러시, 진정화장수, 아이패드

2) 실습 과정

클렌징 → 티슈정리 → 해면 → 스팀타월 → 화장수 정리 → 눈썹 수정 → 진정

3) 눈썹 수정 순서

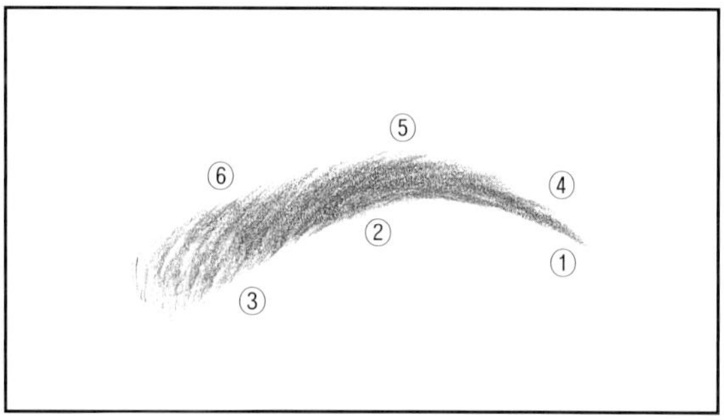

① 아이브라우 브러시를 이용하여 눈썹 털을 가지런히 정리한다.
② 아이브라우 펜슬을 이용하여 원하는 눈썹 형을 얼굴형에 맞게 좌우 대칭으로 그린다.
③ 원하는 형에서 벗어난 눈썹 밑의 불필요한 부분을 수정가위로 잘라낸다.
④ 눈썹 위의 불필요한 부분을 수정가위로 잘라낸다.
⑤ 긴 눈썹의 커팅은 아이브러시 콤(Eye Brush Comb)을 이용해 커팅한다.
⑥ 짧은 털은 눈썹 칼로 깨끗하게 제거한다.
⑦ 커팅이 끝나면 수렴화장수로 패팅 하여 자극받은 피부를 진정시킨다.
⑧ 원하는 눈썹 형태로 정리한다.

Ⅶ. 딥 클렌징

딥 클렌징은 각질층 깊은 곳과 모낭 속까지 클렌징을 해준다는 의미와 피부층의 흡수장벽을 단화하여 화장품의 피부흡수를 돕는다는 의미의 두가지 중요한 뜻을 갖는다.

딥 클렌징은 일반 클렌징 작업이 끝난 뒤, 특히 심한 지성피부나 부분적으로 피부심층 깊이까지 클렌징해 줄 필요가 있다고 판단되는데 피부에 대해서 특별한 세정 트리트먼트를 시행한다.

딥 클렌징 화장품에는 스크럽(scrub) 제품, 고마쥬(gommage), 크림(cream), 효소(euzyme) 제품이 있으며, 피부 유형에 따라 선택하여 적용한다.

Ⅷ. 습포(Steam towel)

피부미용 과정 중 잔여물을 닦거나 각 단계마다 필요할 때 사용할 수 있으며 온습포와 냉습포가 있다.

1. 온습포

따뜻한 습포를 말한다. 모공을 확장하여 피부 표면의 노폐물과 노화된 각질의 제거를 용이하게 하며 혈액순환을 원활하게 해준다.

1) 효과

- 죽은 각질 제거
- 모공 확장
- 적절한 수분 공급
- 혈액 순환 촉진
- 피지선 자극

2) 유의점

- 지나치게 뜨거운 습포 사용을 금한다.
- 모세혈관 확장 피부, 염증이 있는 피부, 민감한 피부에는 사용하지 않는다.
- 탈모 후나 필링 후 자외선에 의해 자극 받은 피부에는 사용하지 않는다.

2. 냉습포

차가운 습포를 말하며 모공을 수축하고 피부를 진정시켜 준다.

1) 효과

- 모공 수축
- 혈관 수축
- 염증 완화
- 탄력 유지
- 가려움증

2) 유의점

- 민감한 피부, 모세혈관 확장 피부에는 가급적 사용하지 않는다.
- 반드시 소독한 타월을 사용한다.
- 피부미용 마지막 단계에서 사용하면 효과적이다.

습포 사용시 주의사항

- 습포는 접어서 깨끗한 물에 적신 후 꼭 짜서 온장고에 넣어 둔다.
- 온장고에서 꺼낼 때는 집게를 이용하고 손목 안쪽에 대어 온도를 확인할 후 사용한다(모든 동작은 침대 옆에서 실시한다).
- 습포 사용시 타월의 깨끗한 면을 골고루 사용하도록 하고 밀착감있게 실시한다.
- 귀 뒤, 액와 부위 등 세심하고 깨끗하게 닦아 잔여물이 남지 않게 한다.
- 습포를 건낼 때는 손님이 누운 침대 위로 던지거나 하지 않는다.

습포 접는 법

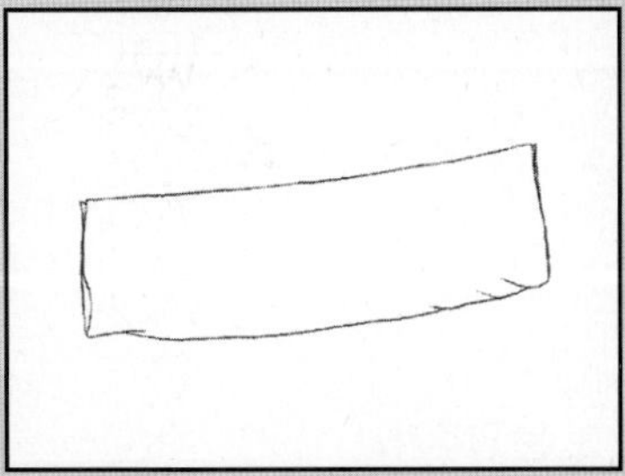

1. 타월을 길이로 반을 접는다.

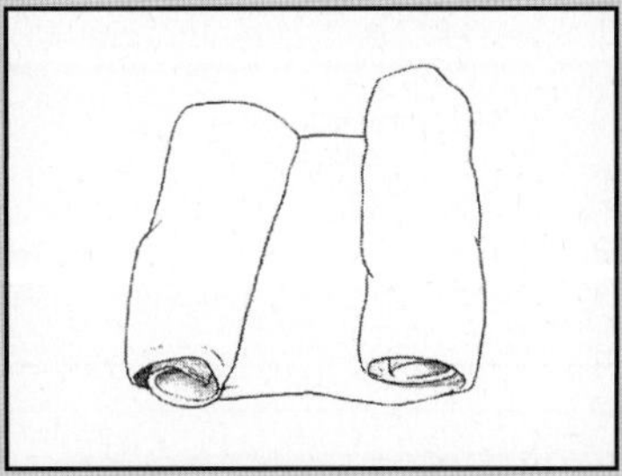

2. 양쪽 가장자리에서 안쪽으로 타월을 만다.

3. 습포 동작

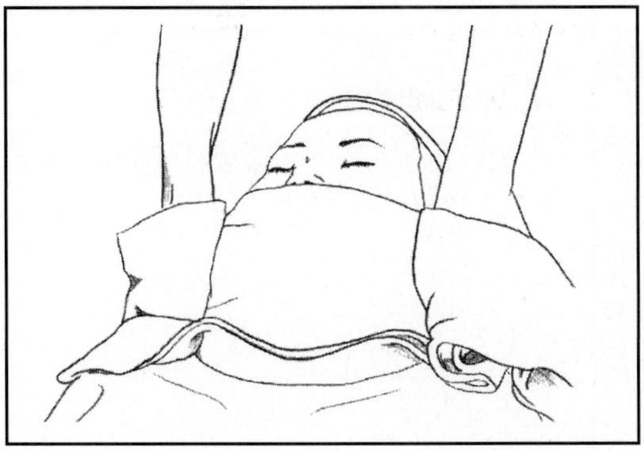

1. 습포 얹기

코밑에 습포를 놓고 수직으로 잡아 당기고 양 귀 쪽으로 잡아당긴 후 코를 제외한 얼굴 전면을 삼각형으로 완전히 덮는다.

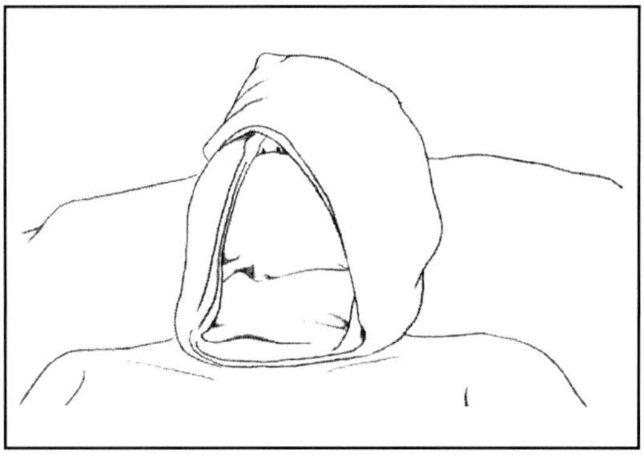

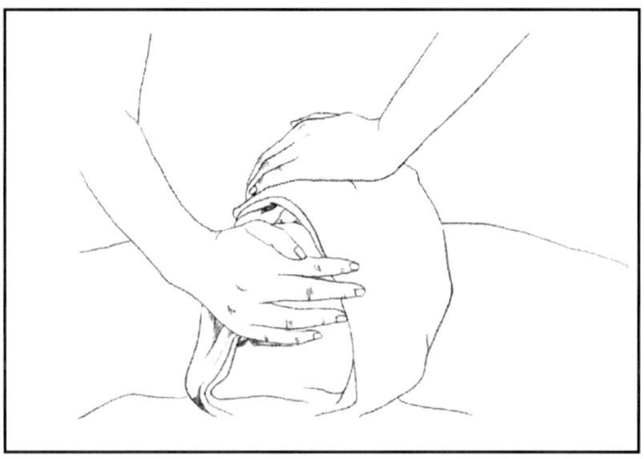

2. 수직압 주기

왼손은 이마에, 오른손은 아래턱을 감싸 수직압을 준 뒤 빰을 감싸 지그시 압을 준다.

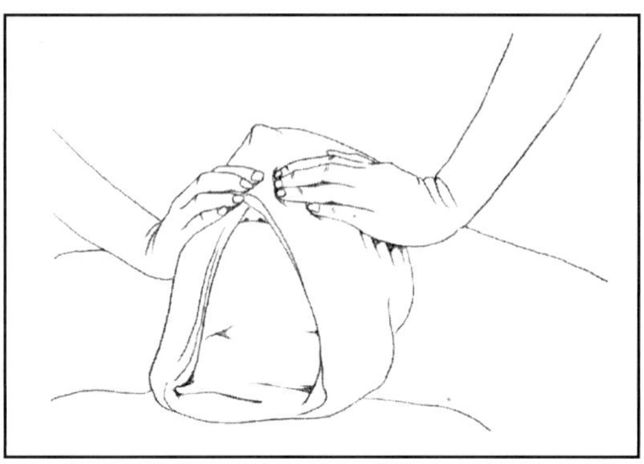

3. 눈 압주기

양손을 횡으로 하여 눈동자 위를 지그시 누른다.

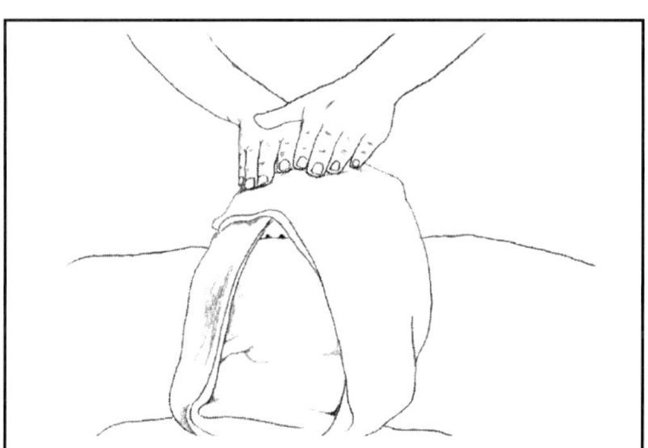

4. 이마 눌러주기

손바닥으로 이마 중앙에서 관자놀이까지 차례로 지그시 눌러 준다.

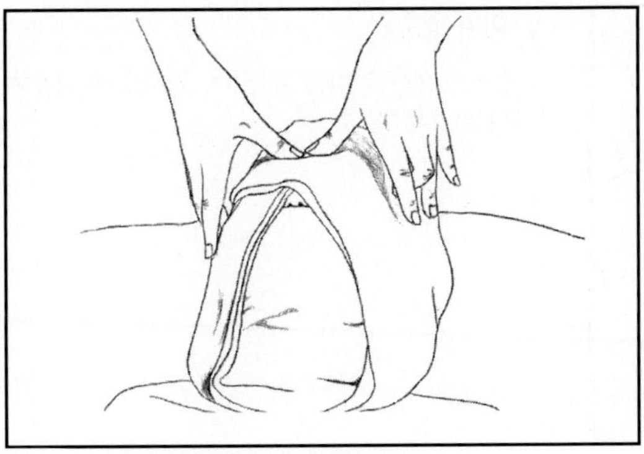

5. 이마 압주기

엄지를 이용하여 이마의 중앙선과 헤어라인을 눌러준다.

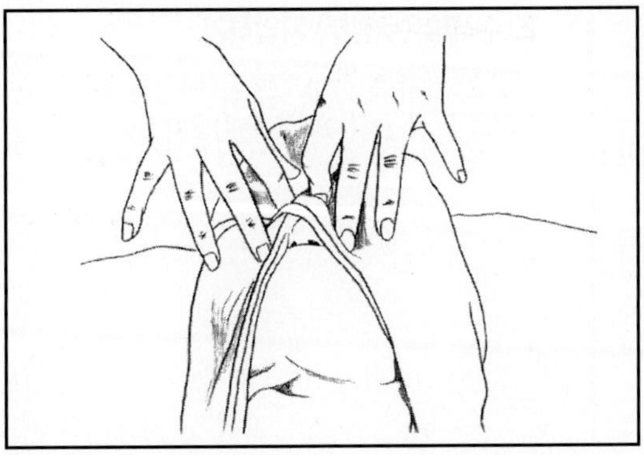

6. 지압점 차례로 압주기

엄지는 찬죽에, 검지는 정명, 중지는 영향, 엄지를 겹쳐 인중을 지압한다.

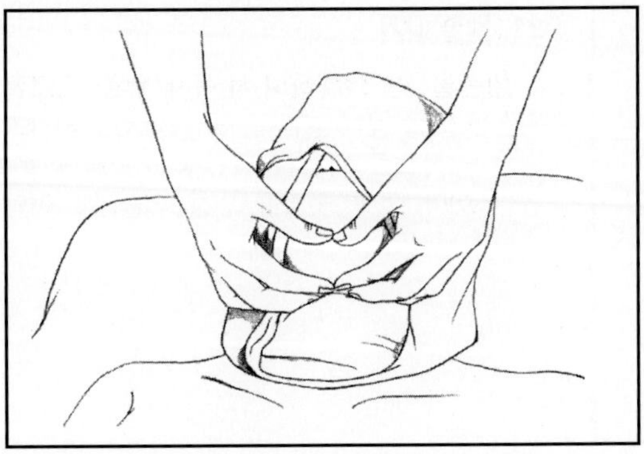

7. 입 주위 압주기

네 손가락으로 턱 밑을 바치고 엄지를 이용하여 인중에서 지창까지 지압한 뒤 승장에서 지창까지 다시 지압한다.

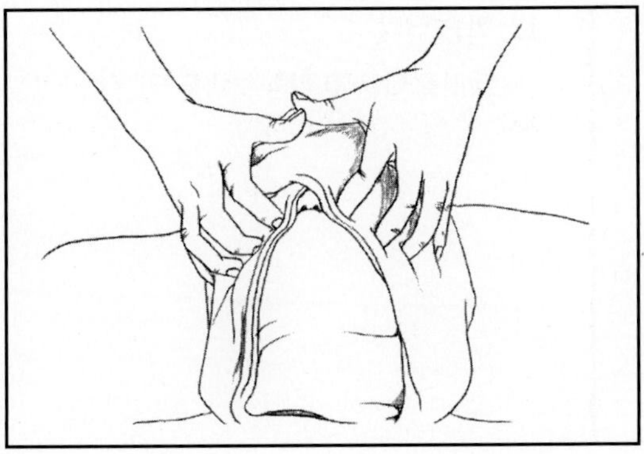

8. 광대뼈(협골) 당기기

검지로 영향을 짚고 세 손가락으로 광대뼈를 위로 당겨준 후 손목 부위로 관자놀이에 대고 지긋이 눌러준다.

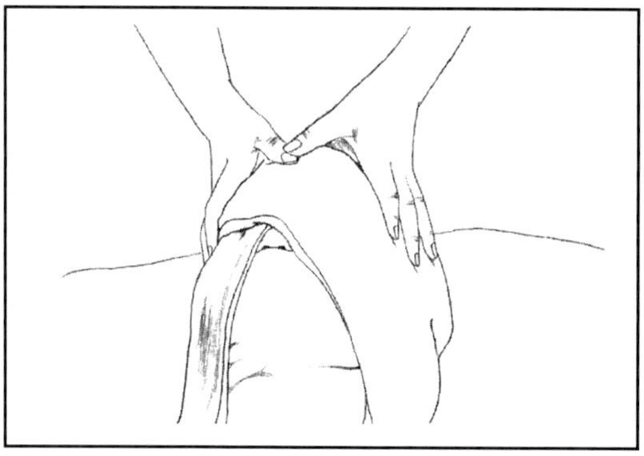

9. 이마 압주기

중지로 관자놀이를 누른 후 엄지로 헤어라인 3부위를 지압한다.

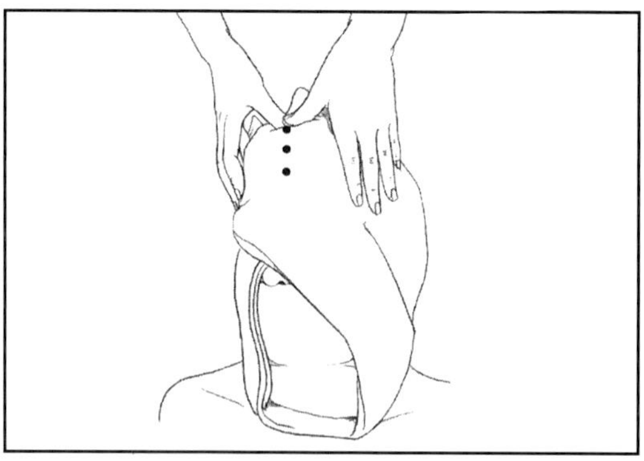

10. 마루부(두정부) 지압하기

양손 엄지로 상성, 전정, 백회를 눌러주고, 중지로 다시 관자놀이를 눌러준다.

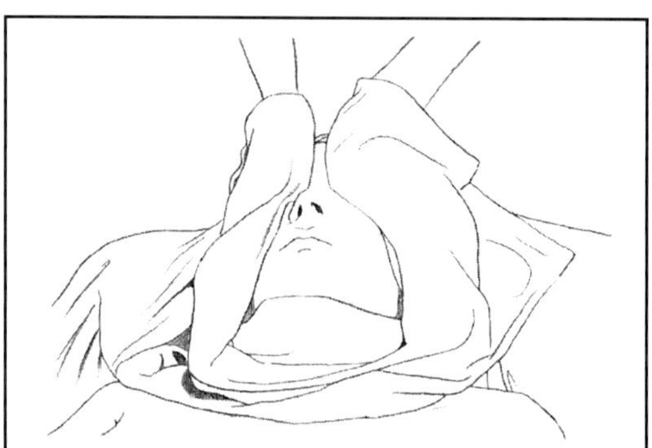

11. 얼굴 닦기

얼굴에 덮은 타월을 떼서 목 부위로 내린 뒤 양손을 타월 끝에 넣는다. 양손 엄지로 해면과 같은 방식으로 타월을 약간씩 이동하며 눈, 눈썹, 이마, 코벽, 콧방울, 인중, 입술, 뺨, 턱의 순으로 닦는다.

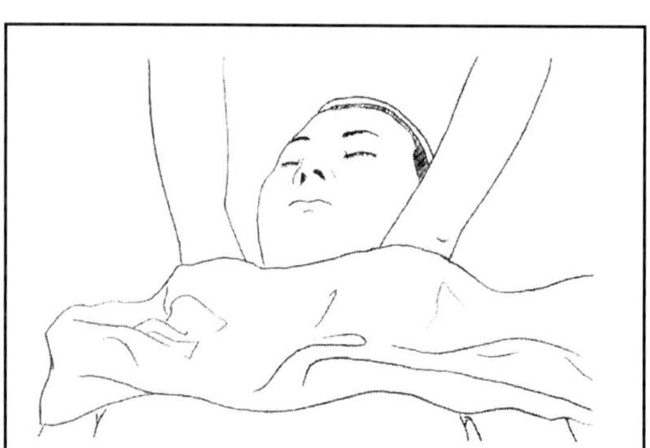

12. 가슴 닦기

턱 아래를 닦은 후 가슴 부위를 닦는다.

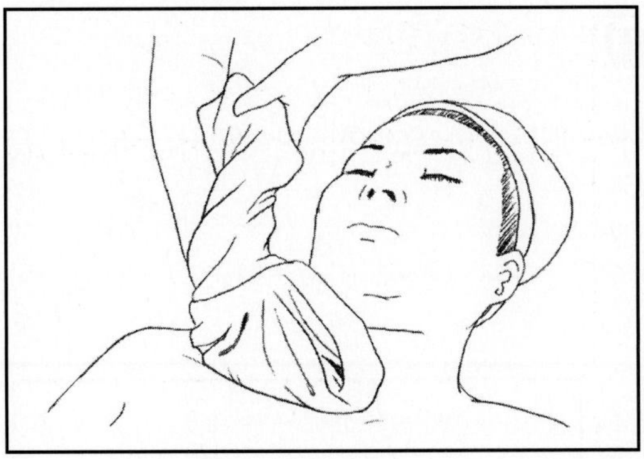

13. 접어 닦기

수건을 반으로 접어서 오른손에 끼고 턱, 목, 가슴, 어깨를 닦고 오른쪽 귀를 닦는다(왼쪽도 같은 방법으로 실시한다).

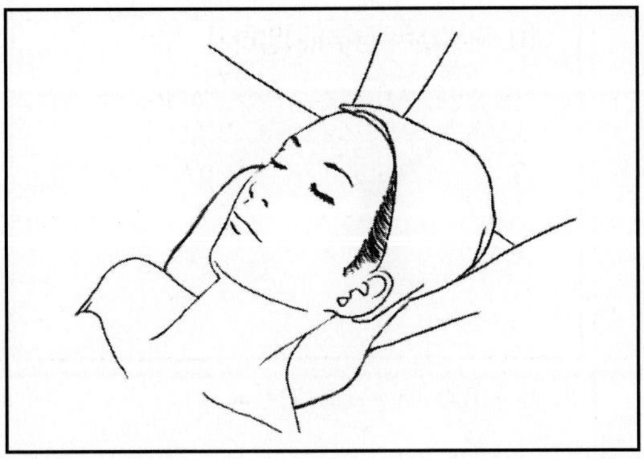

14. 목후면(후경부) 닦기

왼손으로 머리를 받치고 오른손에 수건을 감싸 목후면을 주무른 후 닦는다.

Ⅸ. 화장수 바르기(Toning)

화장수를 바를 때 클렌징 단계에서는 닦아내듯이 바르고 영양단계에서는 두드리듯이 바르는 것이 좋다.

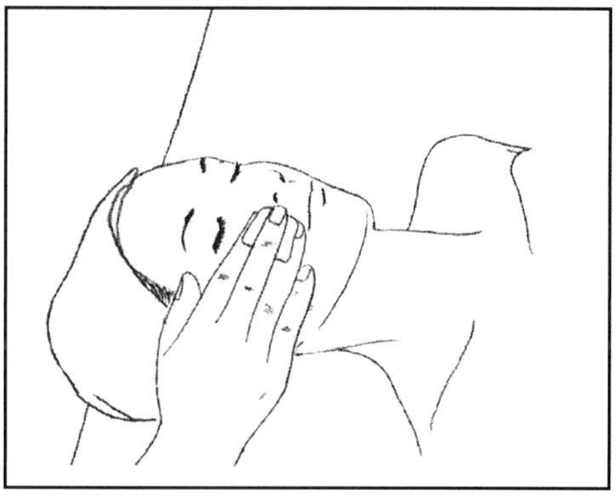

1. 중지에 화장솜을 끼워 얼굴 중앙에서 바깥쪽으로 바른다.

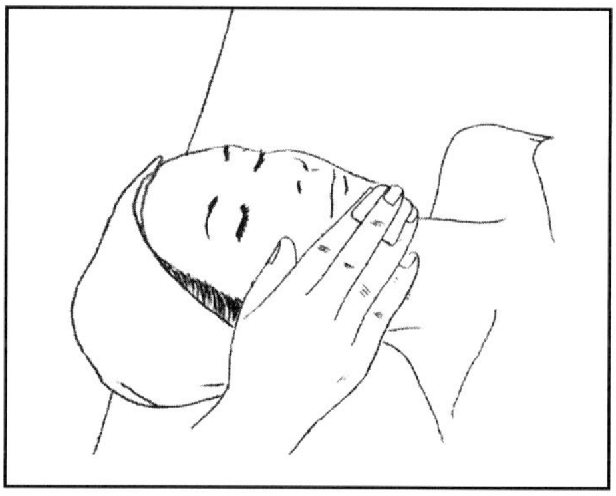

2. 입 주위와 턱 부위를 바른다.

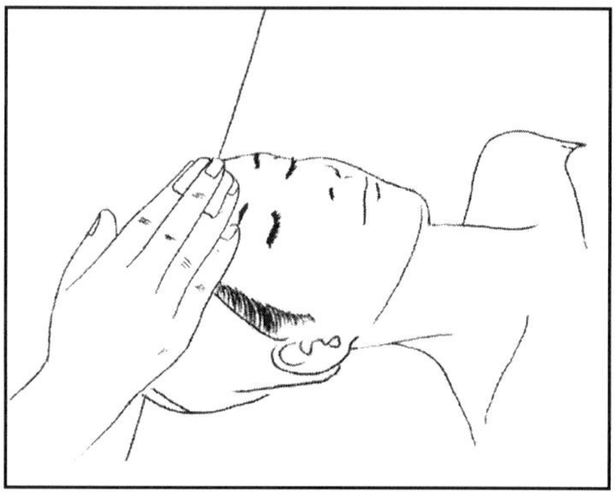

3. 이마와 코 부위를 바른다.

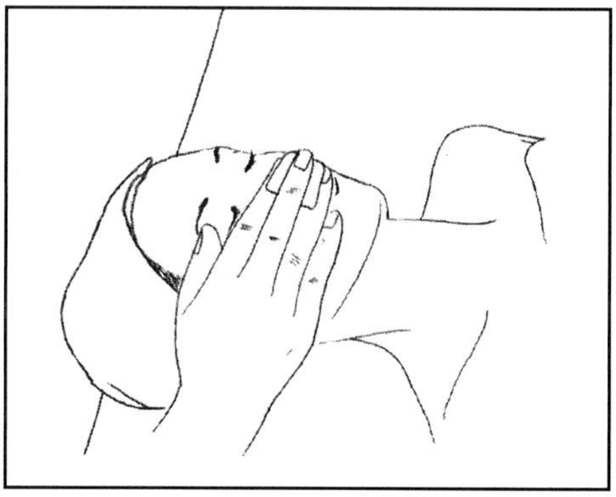

4. 콧방울 부위를 바른다.

Ⅹ. 얼굴 마사지(Facial Massage)

얼굴 마사지는 얼굴, 목, 데콜테를 대상으로 일정한 수기법을 적용하여 물리적 자극을 줌으로써 신체조직의 기능을 회복시키는 과학적인 방법이다. 동작의 속도, 강약, 적용시간 등은 피부의 상태 및 유형, 고객의 연령에 따라 달라진다.

마사지 동작

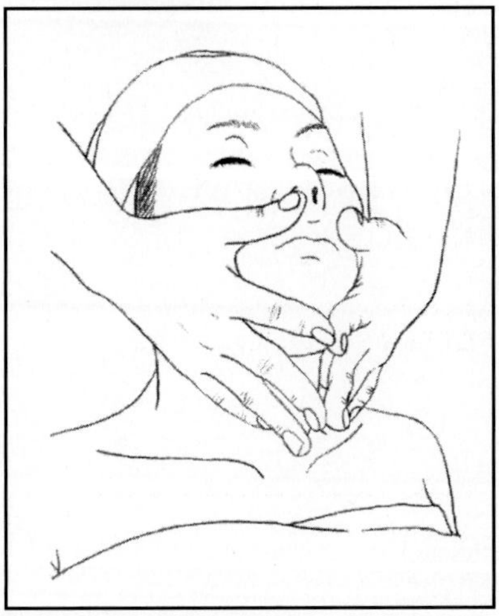

1. 도포동작

손에 크림을 적당량 덜어 문지른 뒤 얼굴 전체에 도포하고 목에서 가슴까지 차례로 펴 바른다.

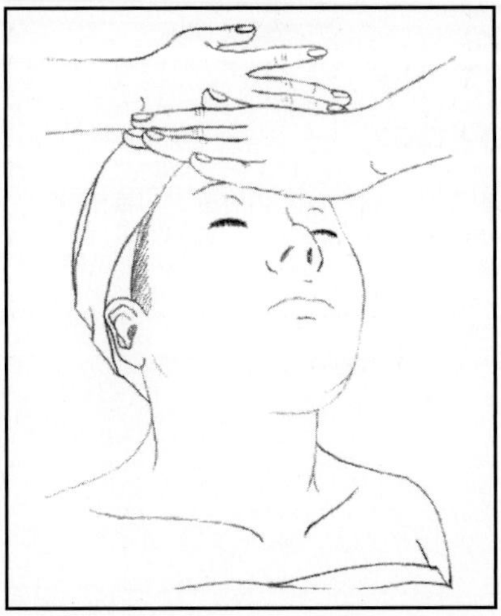

2. 이마 쓰다듬기

양손 교대로 이마를 쓰다듬는다.

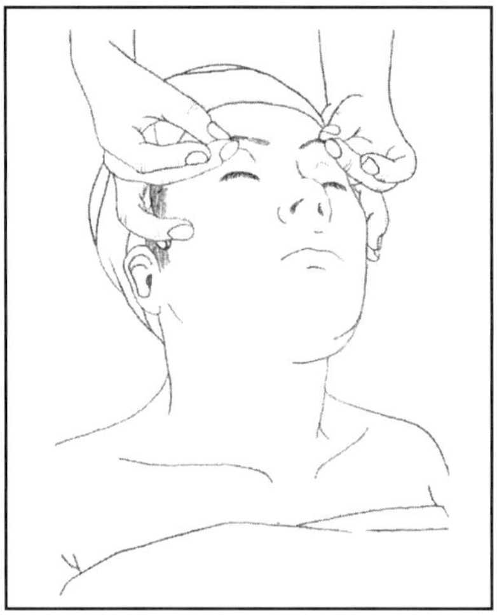

3. 눈썹 집어주기

중지로 눈 밑을 돌아 눈썹머리에서 꼬리까지 검지와 중지를 이용하여 집어준다.

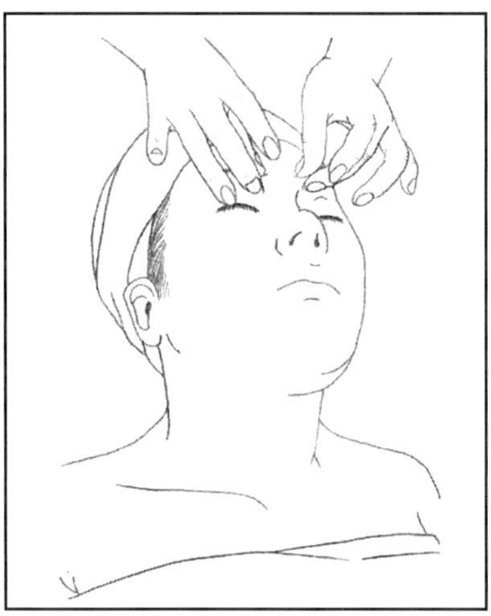

4. 눈썹 쓰다듬기

중지로 눈 밑을 돌아 눈썹을 검지와 중지 사이에 끼우고 눈썹머리에서 꼬리까지 쓰다듬는다.

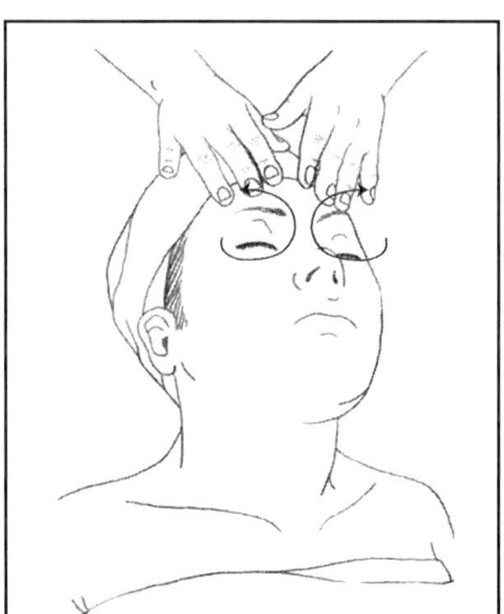

5. 눈밑 돌아 이마 쓰다듬기

중지로 눈밑을 돌아 네 손가락으로 이마를 쓰다듬는다.

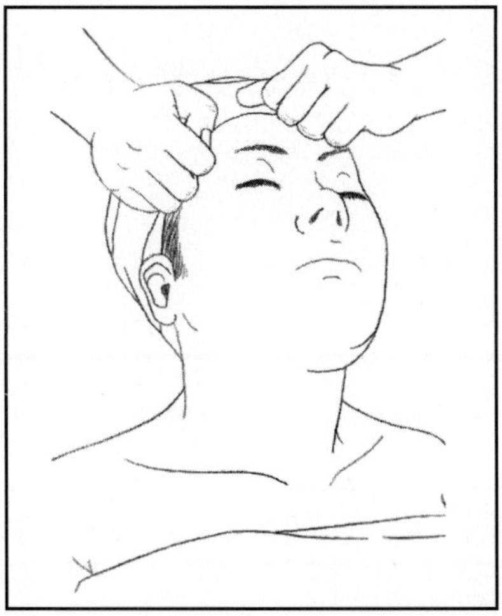

6. 이마 다림질

양손을 주먹 쥐어 관자놀이에 고정한 뒤 손등 부분으로 이마 중앙에서 관자놀이까지 다림질하듯 쓰다듬는다.

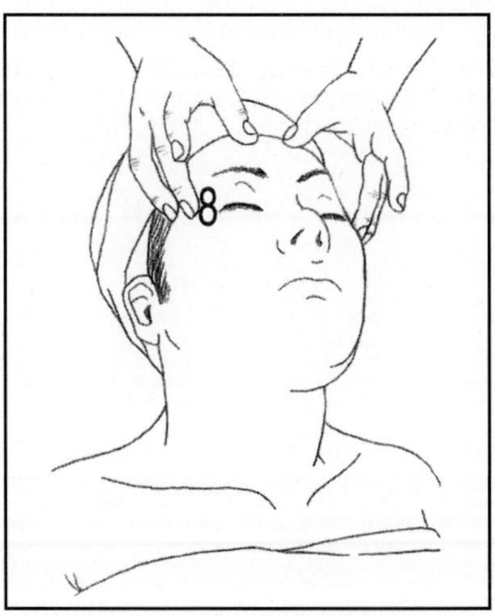

7. 눈옆 8자 그리기

눈꼬리 부분을 중지로 8자를 그린다.

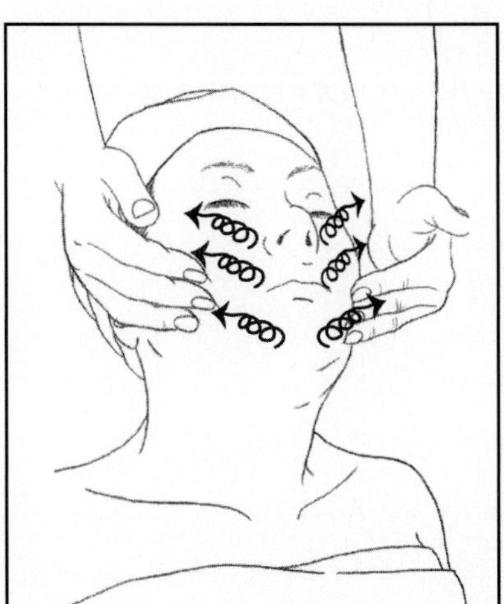

8. 마찰하기

승장-하악각, 지창-청궁, 영향-관자놀이의 세 부위를 수영반대 방향으로 문지르고 하악각, 청궁, 관자놀이에 압을 준다.

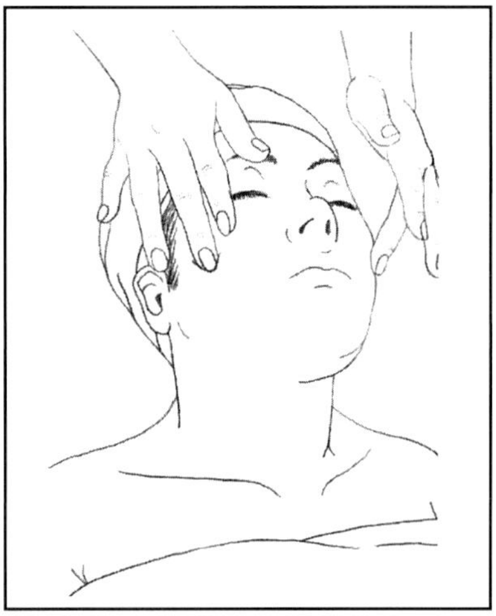

9. 두드리기

이마-뺨-턱의 순으로 네 손가락 지두를 이용하여 가볍게 두드린다.

10. 꼬집기

뺨-턱의 순으로 엄지와 중지를 이용하여 튕기듯이 꼬집어준다.

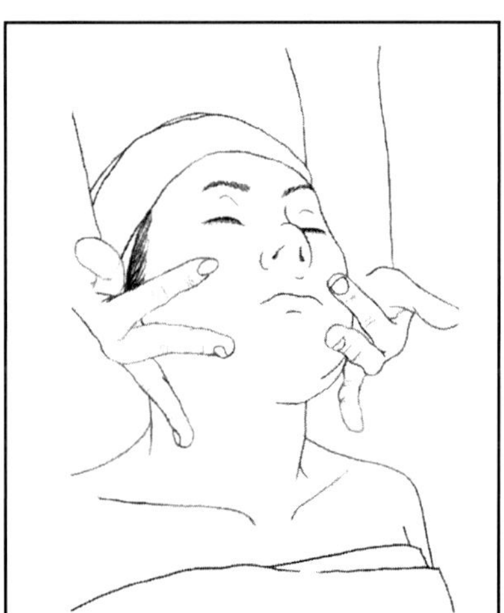

11. 떨어주기

양손 네 손가락을 이용하여 양볼을 탄력있게 튕겨준다.

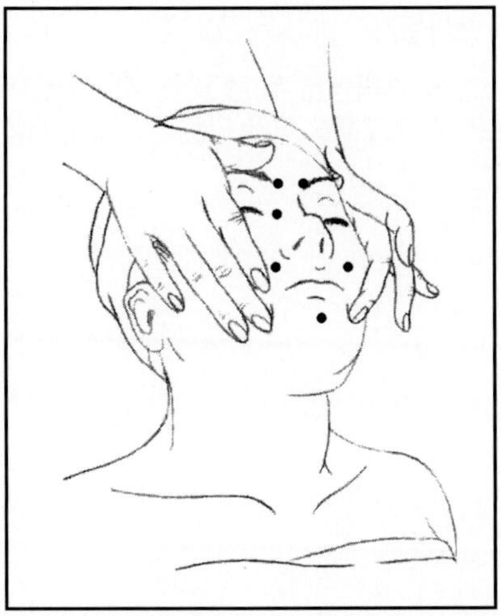

12. 진정 동작

승장, 지창, 영향, 정명, 찬죽, 관자놀이를 중지를 이용하여 차례로 지압한다.

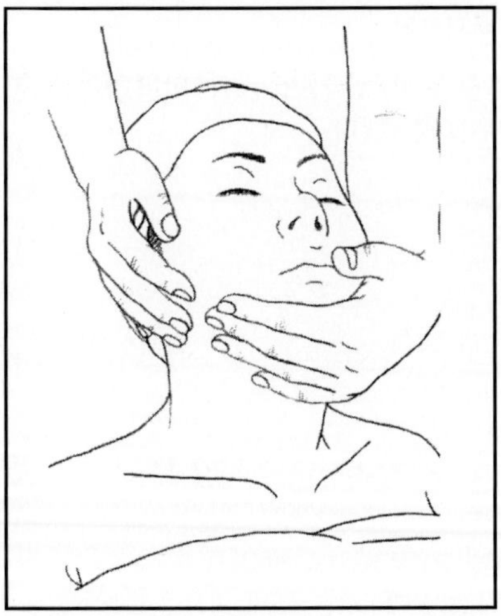

13. 턱 쓰다듬기

양손을 하악각에 고정하고 양손 교대로 오른쪽 하악각에서 왼쪽 하악각까지 쓰다듬는다(양손을 번갈아가며 실시한다).

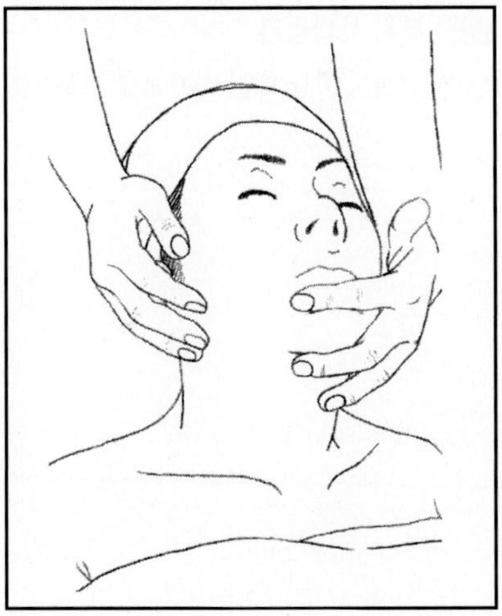

14. 턱 고랑파기

양손을 하악각에 고정한 후 턱끝을 검지와 중지 사이에 끼우고 양손 교대로 쓰다듬는다.

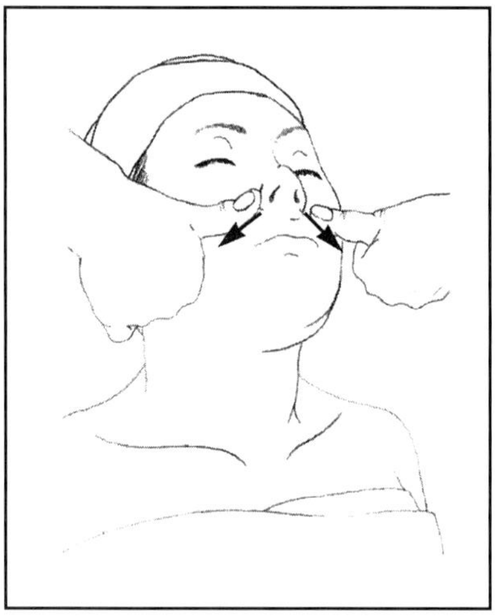

15. 광대뼈(협골) 쓰다듬기

양손으로 턱과 뺨을 쓰다듬은 뒤 손을 반대로 뒤집어 엄지로 영향을 누른 후 광대뼈를 따라 귀문 앞까지 엄지로 쓰다듬는다.

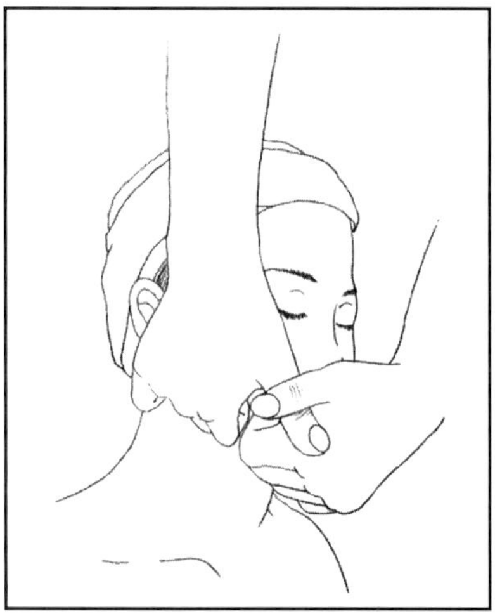

16. 게걸음으로 문지르기

양손 엄지를 걸고 네 손가락 등을 이용하여 게가 기어가듯이 턱 부위를 문지른다.

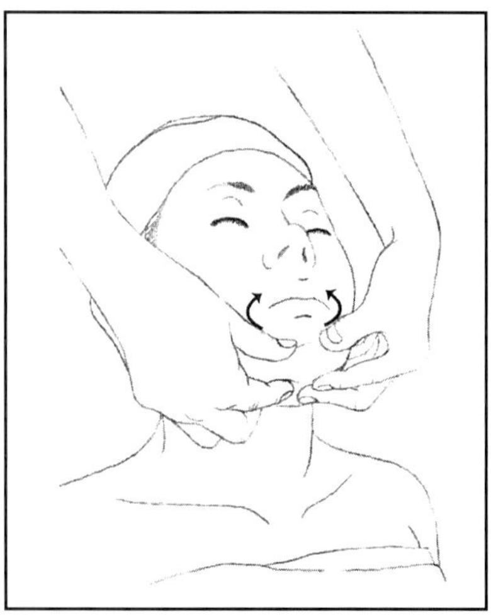

17. 입둘레근(구륜근) 부위 쓰다듬기

네 손가락을 턱밑에 고정하고 엄지로 승장에서 인중까지 원을 그린다.

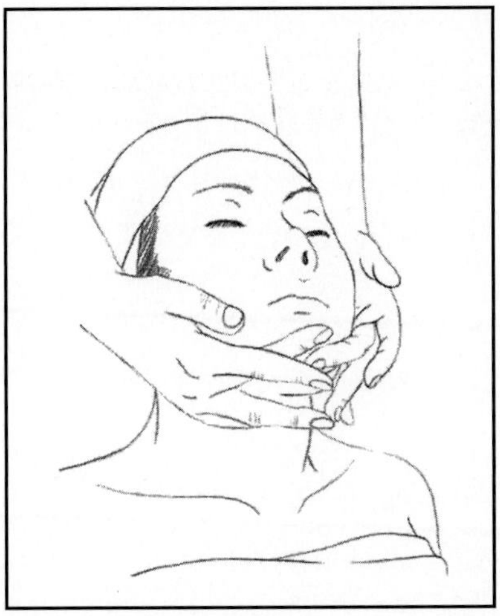

18. 턱 엇갈려 문지르기

중지를 서로 교차하며 턱끝의 근육을 비틀어준다.

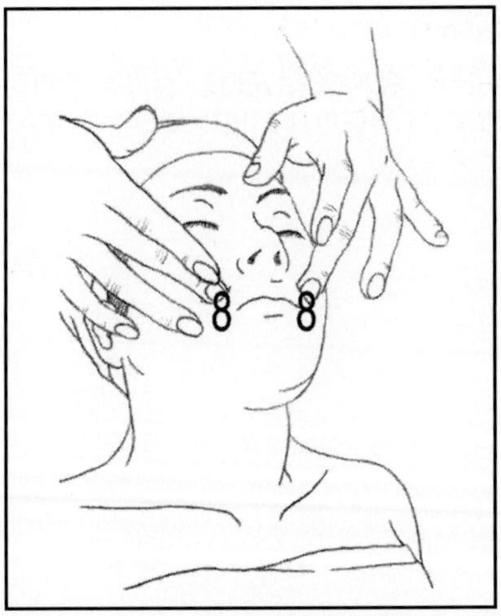

19. 입가 8자 그리기

중지로 지창 바깥 부위에 8자를 그려준다.

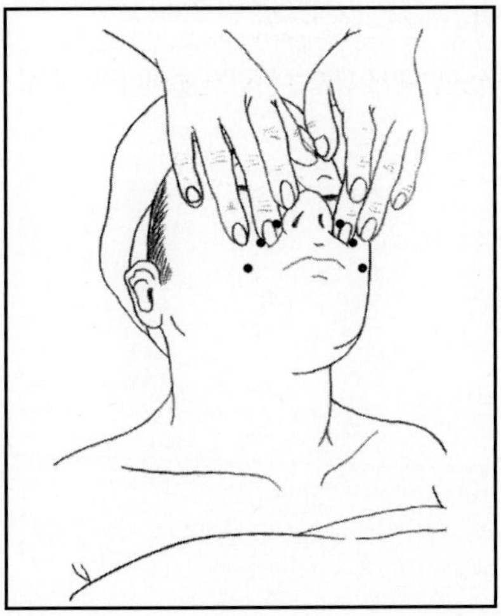

20. 팔자주름 부위 지압하기

지창에서 영향까지 네 점으로 나누어 중지를 수영반대 방향으로 제자리에서 돌린 후 지그시 압을 준다.

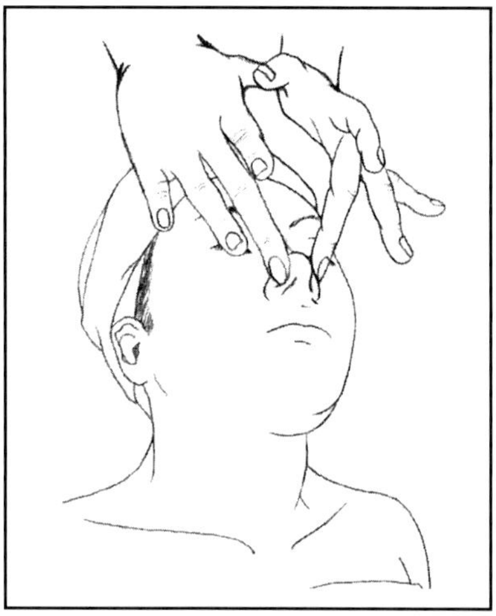

21. 코 8자 그리기

양손 엄지를 교차시킨 상태에서 중지를 이용하여 코볼과 코벽에 8자를 그린다.

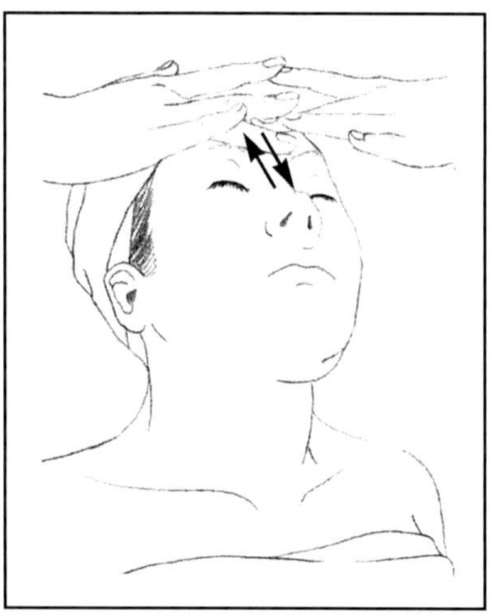

22. 코와 이마 쓰다듬기

중지로 찬죽에 압을 주고 양쪽 중지를 손가락 한마디 반정도 겹쳐서 이마에서 코끝까지 가볍게 내려간 뒤 다시 이마까지 압을 주면서 끌어올린다.

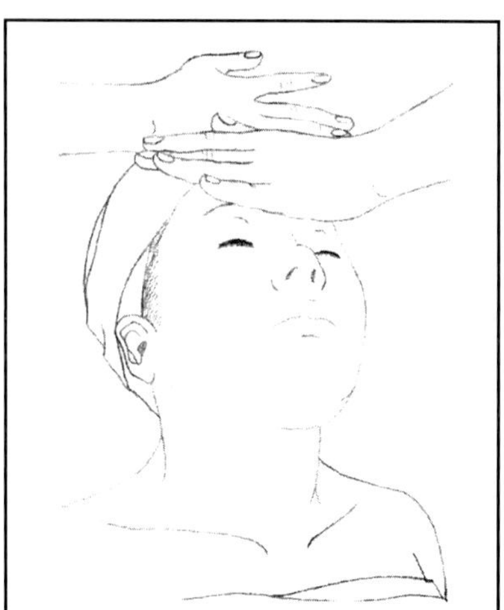

23. 이마 쓰다듬기

양손 교대로 이마 중앙에서 관자놀이까지 쓸어올린다.

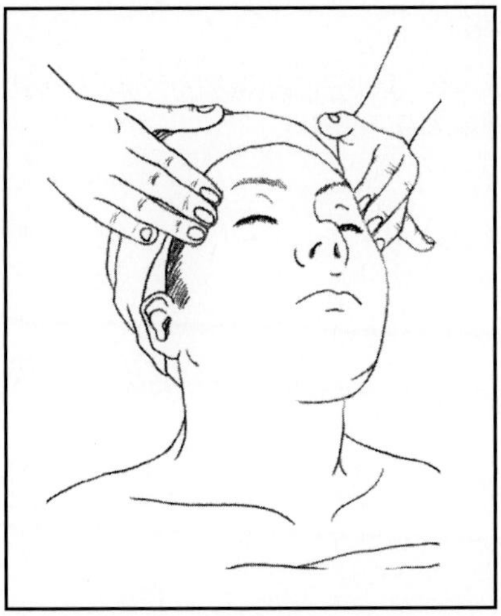

24. 지압하기

동자료-관자놀이까지 세 손가락을 이용하여 동시에 지압한다.

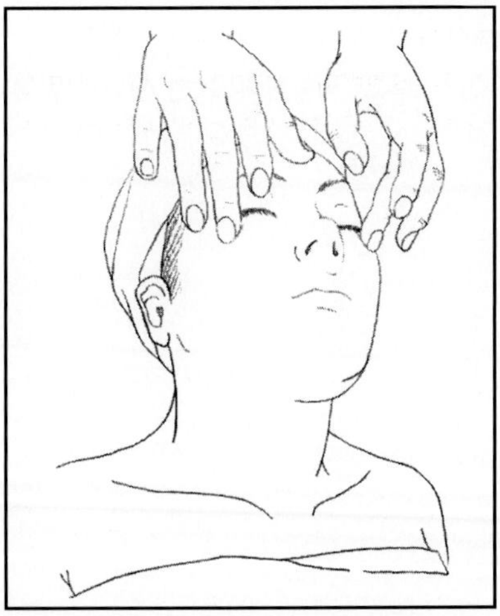

25. 눈주위 압주기

양손의 중지로 눈밑을 지압하며 돌아와 눈썹 부위에서는 엄지와 중지를 이용하여 집어준다.

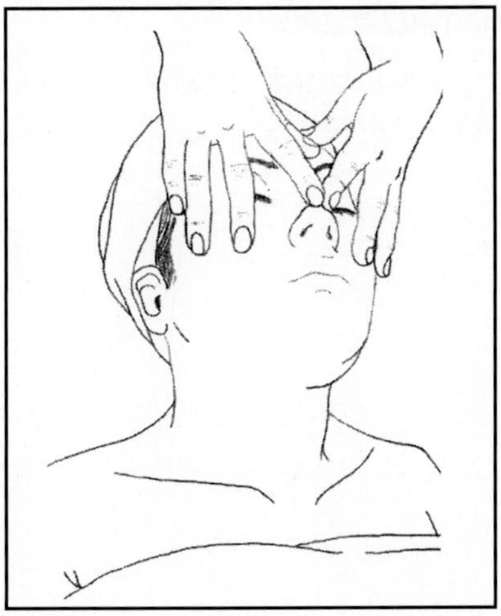

26. 얼굴 감싸 쓰다듬기

양손 엄지는 이마에 나머지 손가락을 얼굴 위에 놓은 다음 관골 부위를 쓰다듬어 내려와 풍지에 압을 준다.

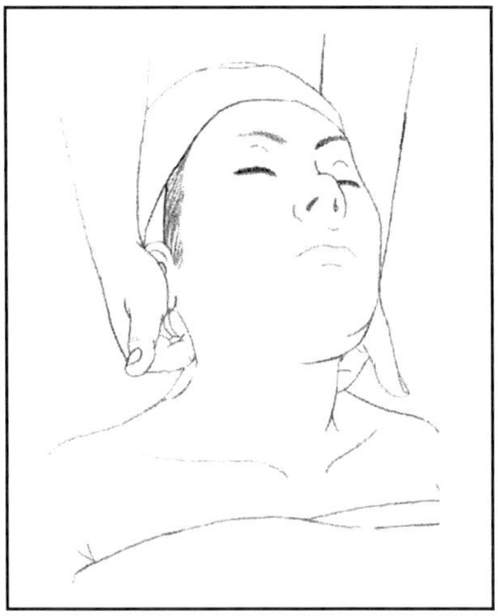

27. 목 측면 마찰하기

양손을 주먹쥐고 목의 목빗근(흉쇄유돌근)을 따라 수영 방향으로 문지른 후 풍지를 지압한다.

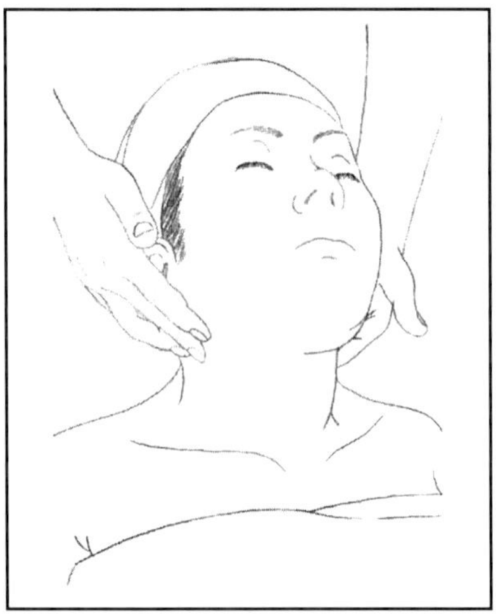

28. 목 측면 문지르기

손가락을 펴고 2, 3, 4지를 이용하여 27번 동작과 같은 방법으로 실시한다.

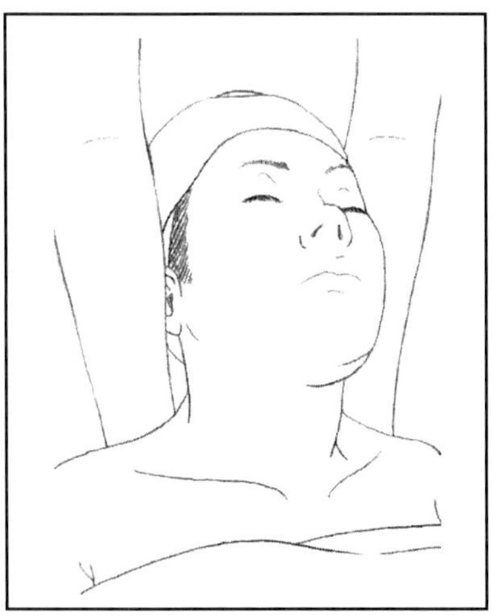

29. 등세모근(승모근) 부위 주무르기

양손을 등뒤로 넣어 척추 기립근 부위를 중지로 압을 주면서 올라온 뒤 등세모근을 주물러준 후 천주를 지압한다.

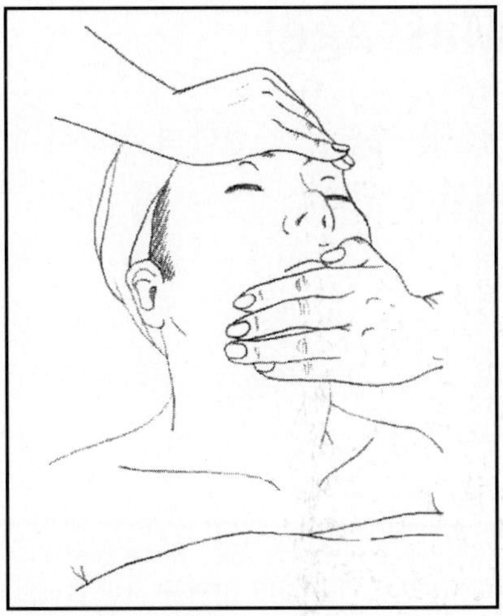

30. 얼굴 감싸기

한 손은 턱에 한 손은 이마에 올려놓고 수직압을 준 후 양손으로 뺨을 감싸 지그시 누른다.

마무리 동작

1. 티슈로 닦기

2. 온습포로 닦기

ⅩⅠ. 앞가슴 마사지(Decollete Massage)

얼굴 마사지 시 신체조직의 긴장완화와 노폐물 배설을 촉진하기 위하여 실시하며 얼굴 마사지와 병행하거나 앞가슴 마사지만 따로 실시할 수 있다.

마무리 동작

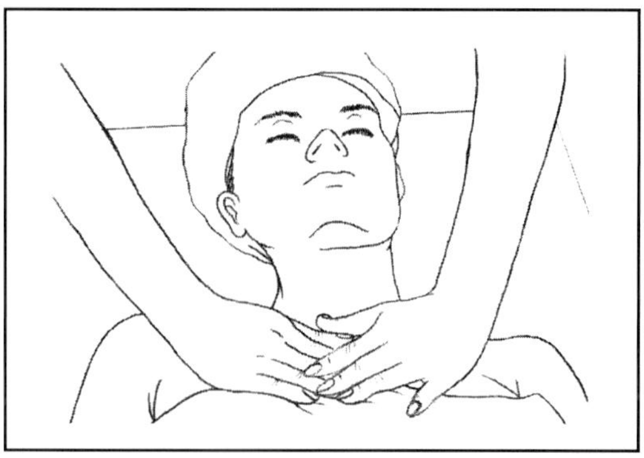

1. 쓰다듬기

가슴 중앙에 양손바닥을 놓은 후 액와 부위로 쓰다듬어 내려가 압을 주고 견봉을 감싸 올라와 천주 부위를 당겨준다.

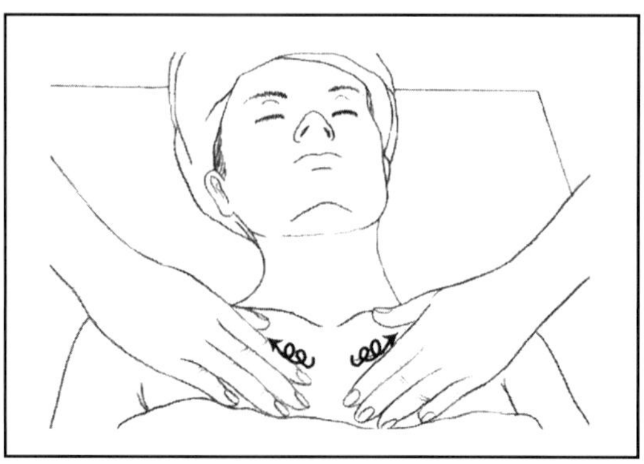

2. 수영 방향으로 문지르기

양손바닥을 이용하여 가슴 중앙에서부터 수영 방향으로 문지른 후 압을 주고 견봉을 감싸 올라와 천주 부위를 당겨준다.

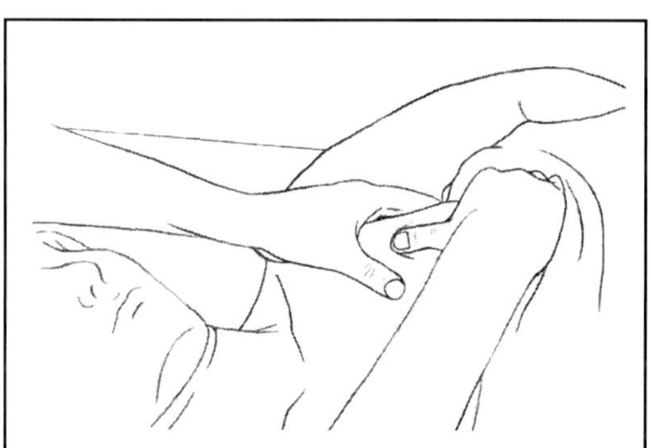

3. 큰가슴근(대흉근) 부위 반죽하기

양손의 엄지와 네 손가락을 이용하여 큰가슴근 부위를 반죽하듯이 주무른다(그 다음 반대편 큰가슴근 부위도 같은 방법으로 실시한다).

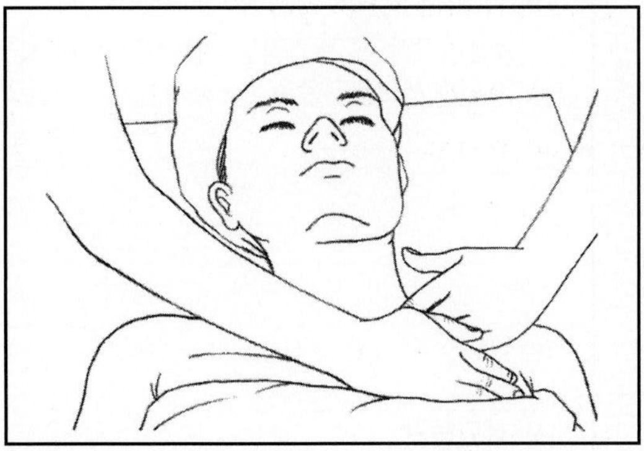

4. 양손으로 쓰다듬기

양손을 이용하여 앞가슴 부위를 양손 교대로 쓰다듬어 준다.

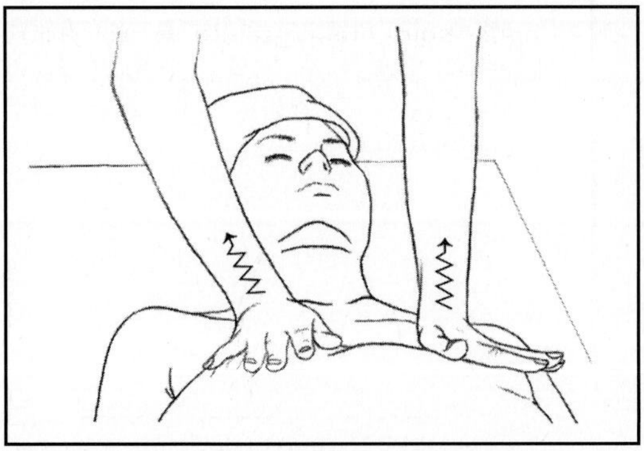

5. 떨어주기

가슴 윗부분에 양 손바닥을 올려놓은 다음 진동을 주면서 쇄골 사이로 빼낸다.

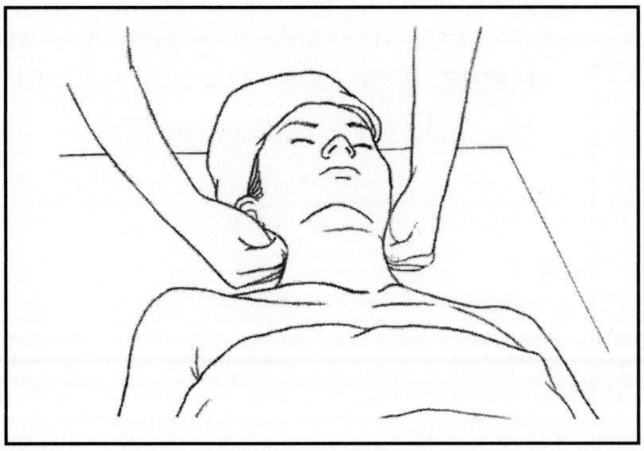

6. 목 측면 마찰하기

양손을 살짝 주먹 쥔 상태에서 목 측면을 마찰한다.

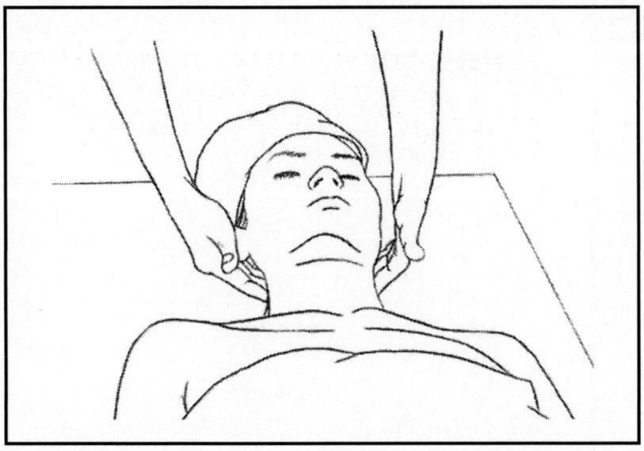

7. 목후면(후경부) 마찰하기

양손의 네 손가락을 사용하여 목후면을 마찰한다.

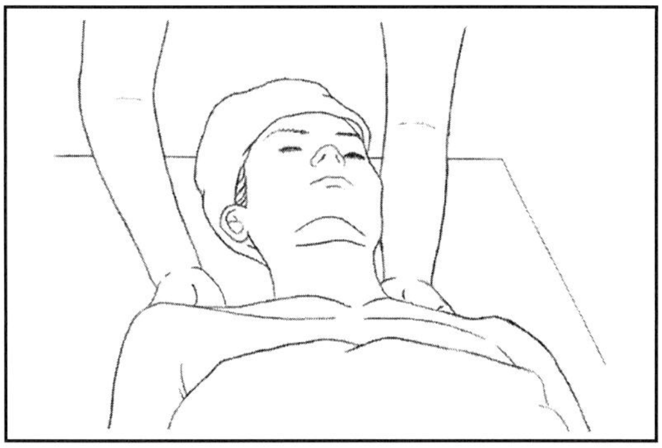

8. 등세모근(승모근) 부위 주무르기

양손바닥과 네 손가락을 이용하여 등세모근 부위 어깨 부분까지 주물러준다.

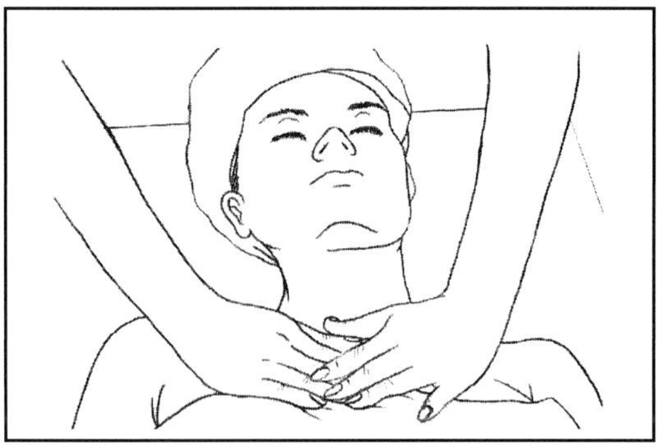

9. 쓰다듬기

1번과 같은 방법으로 실시한다. 가슴 중앙에 양손바닥을 놓은 후 액와 부위로 쓰다듬어 내려가 압을 주고 견봉을 감싸 올라와 천주 부위를 당겨준다.

마무리 동작

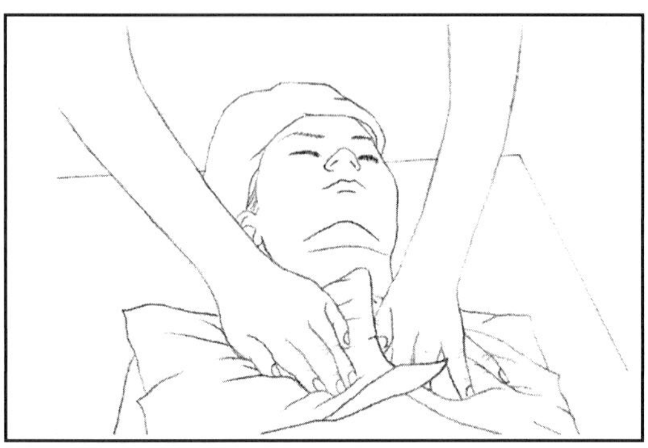

1. 티슈로 닦기

티슈 2장으로 누르듯이 닦아낸다.

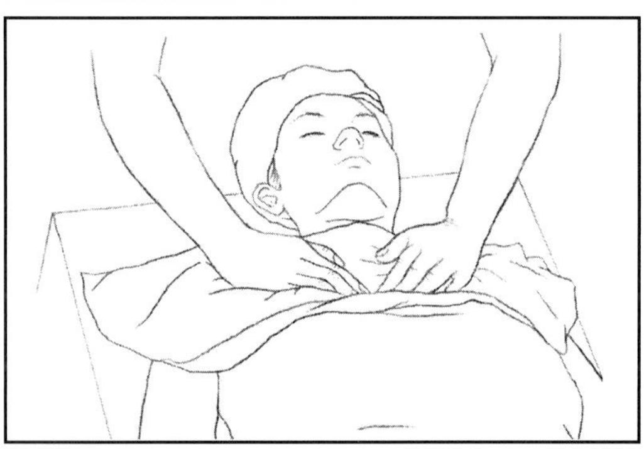

2. 온습포 동작

1) 양손바닥을 이용하여 앞가슴 부위를 한 손씩 액와까지 눌러준다.

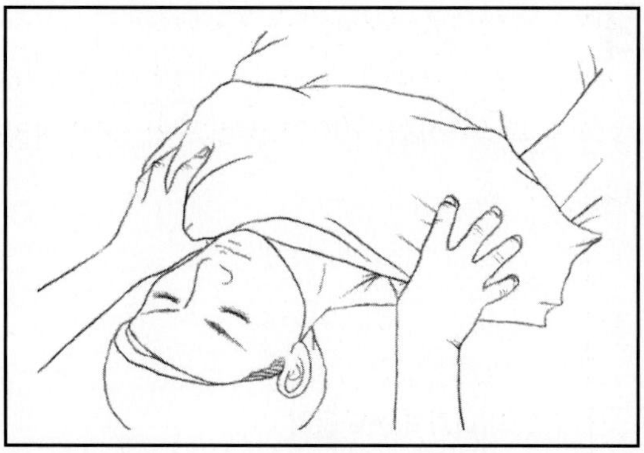

2) 양손 엄지로 견정 부위를 눌러준다.

3) 양손바닥을 이용하여 견봉을 감싼 후 한 손씩 압을 준다.

3. 닦 기

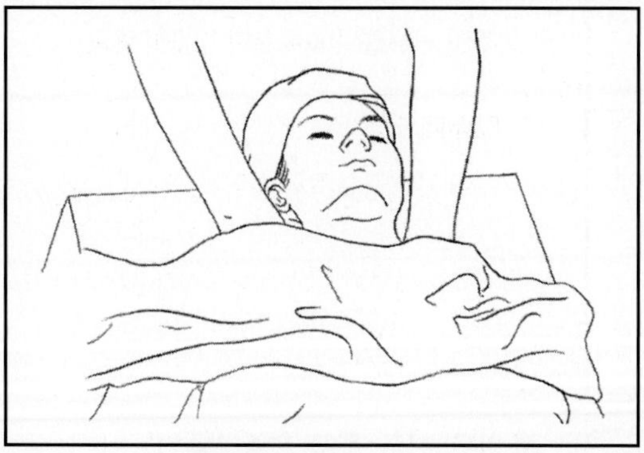

1) 양손바닥을 이용하여 가슴 중앙에서부터 바깥쪽으로 닦는다.

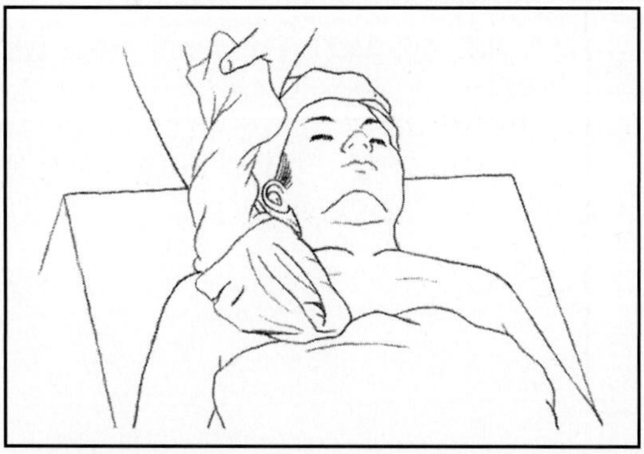

2) 습포를 반으로 접어 그 사이에 손바닥을 끼운 후 다른 손으로 습포를 잡은 다음 굴곡진 부분을 깨끗이 닦아낸다.

4. 바디전용 로션이나 화장수(Tonic lotion)로 마무리한다.

XⅡ. 피부미용 후의 마무리

장시간의 피부미용 과정을 통하여 긴장된 근육을 이완시키고 관리서비스에 대한 고객 만족도를 최대화하기 위하여 실시한다.

마무리 동작

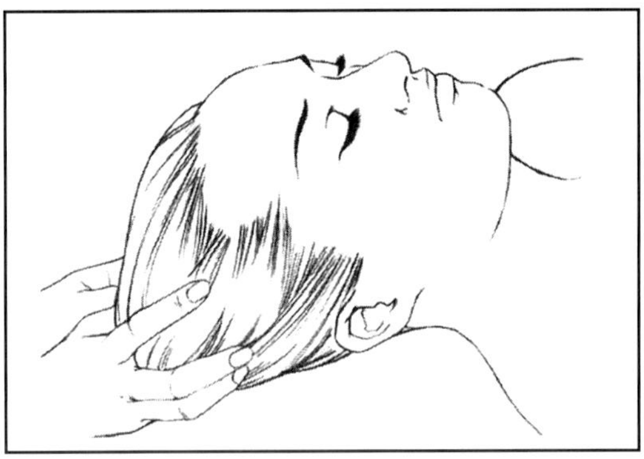

1. 머리카락 쓰다듬기

고객의 터번을 푼 후 지두 부분이 두피에 닿을 수 있도록 모발 끝까지 쓸어 내려준다.

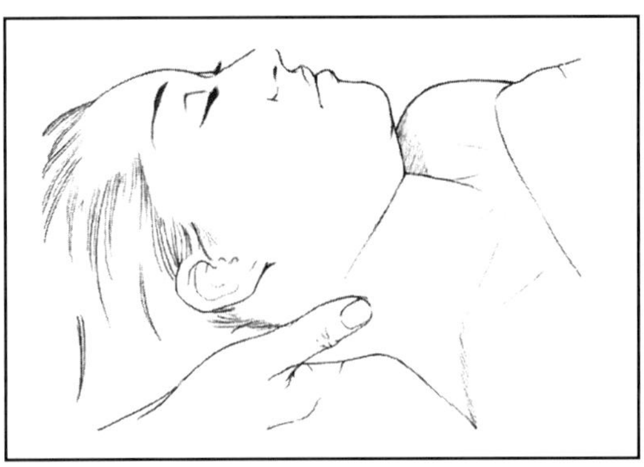

2. 목후면(후경부) 반죽하기

목후면 부위를 반죽하듯이 주물러 준다.

3. 아문, 천주, 풍지, 완골 압주기

아문, 천주, 풍지, 완골 부위에 차례로 압을 준다.

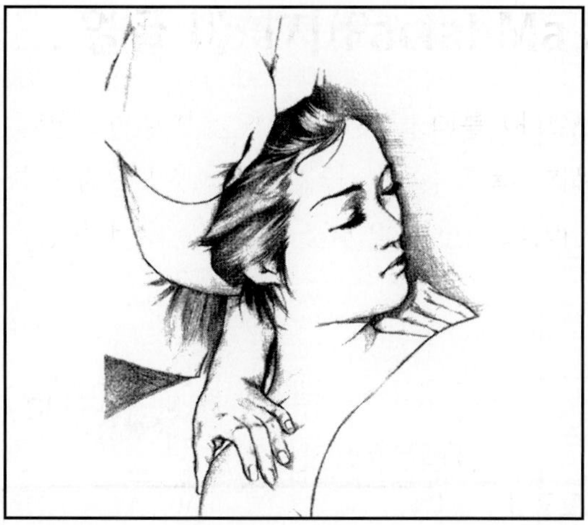

4. 목, 어깨 스트레칭

오른쪽 손은 왼쪽 어깨 위에, 왼쪽 손은 오른쪽 어깨 위에 올려놓고, 양손 끝을 살짝 올리면서 지렛대의 힘을 이용하여 견갑상부를 올려준다.

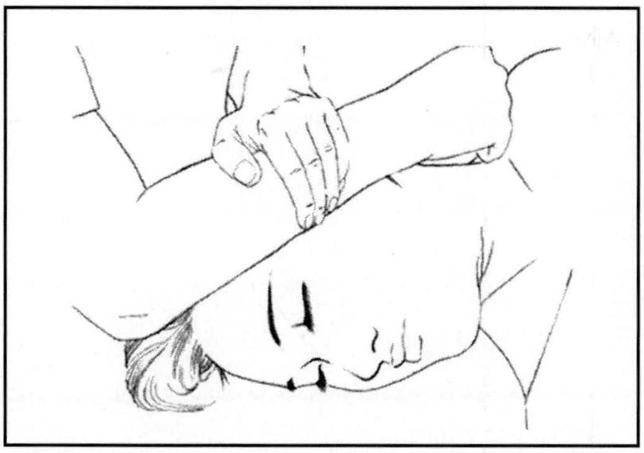

5. 얼굴 측두부 누르기

고개를 옆으로 돌려 측두부에 한쪽 팔을 얹어 놓고 다른 쪽 손으로 눌러준다.

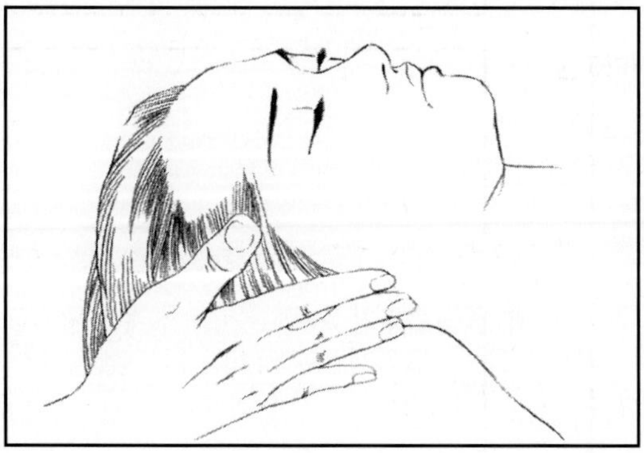

6. 귀 비벼주기

검지와 중지 사이에 귀를 끼운 후 상하로 비벼준다.

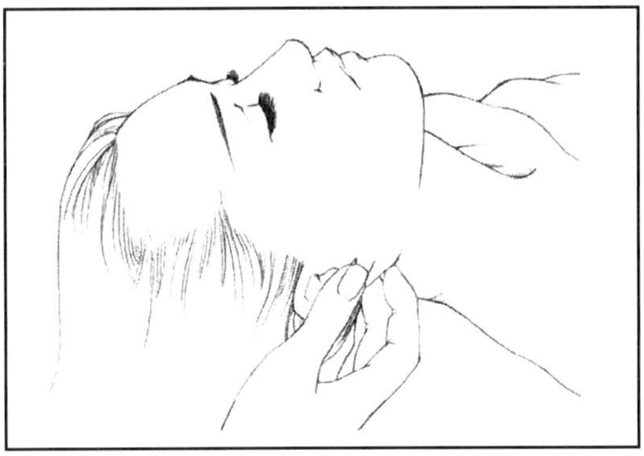

7. 귓볼, 귓바퀴 문지르기

귓볼에서 귓바퀴까지 수영 방향으로 돌려 가면서 문지른다.

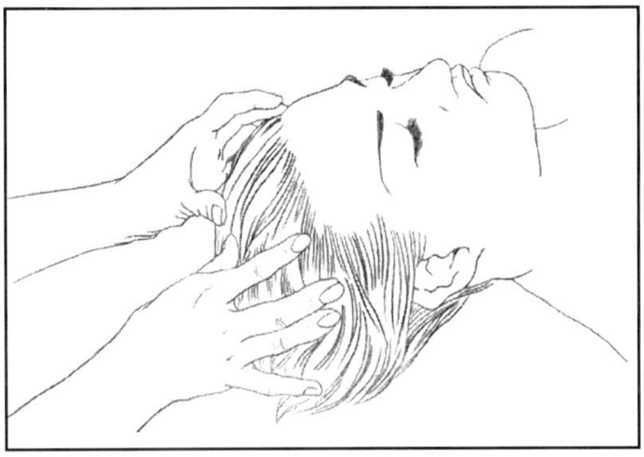

8. 마루부(두정부) 압주기

마루부를 세 부분으로 나누어 가볍게 지압한 후 백회를 강하게 엄지로 압을 준다.

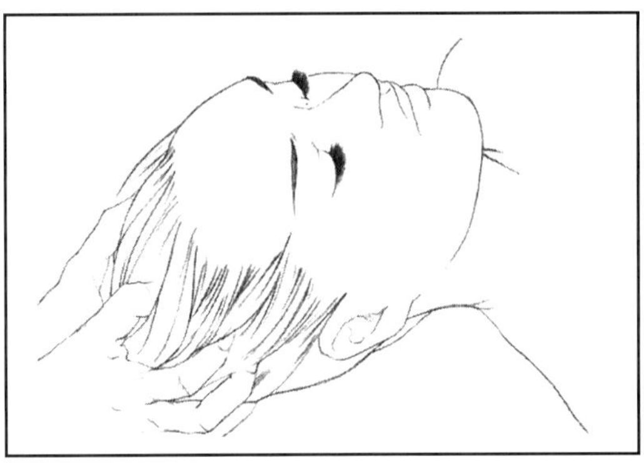

9. 두피 튕기기

손가락 지두 부위를 이용하여 두피를 전체적으로 튕겨준다.

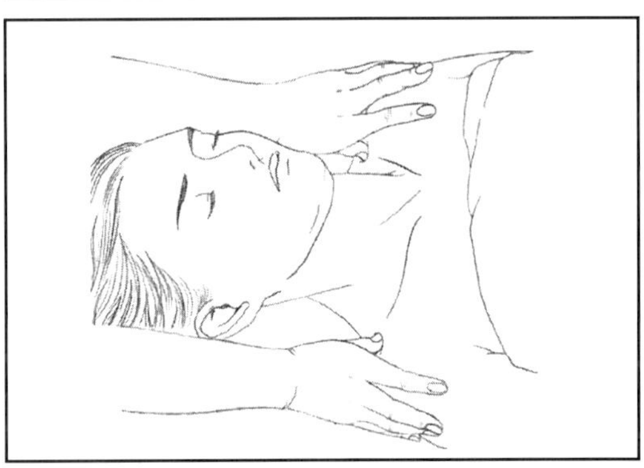

10. 견정 압주기

견정을 엄지로 번갈아 가면서 압을 준다.

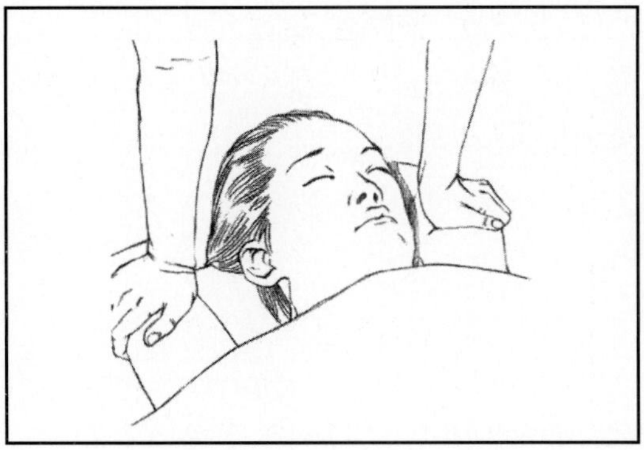

11. 상완 부위 누르기

상완 부위를 세 부분으로 나누어 무게를 실어 지그시 눌러준다.

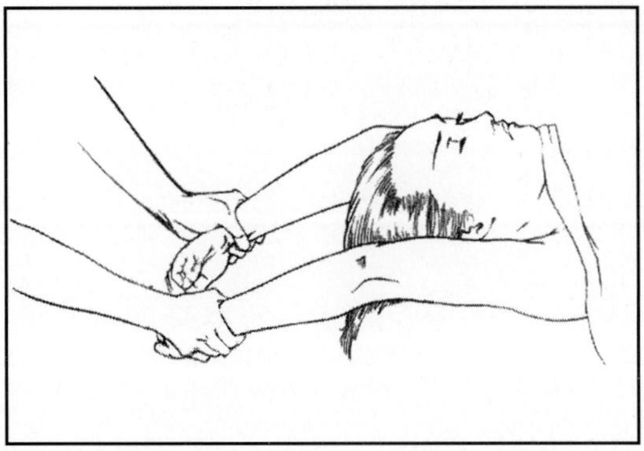

12. 팔 스트레칭

고객의 손목을 잡고 시술자 방향으로 잡아당긴다.

13. 팔 흔들기

고객의 손목을 잡고 힘을 뺀 상태에서 흔들어 준 후 앞으로 던진다.

제3장
전신 마사지

제3장 전신 마사지 Body Massage

Ⅰ. 전신마사지를 위한 준비 (Preparation for Body Massage)

안면 피부를 제외한 신체 모든 부위를 대상으로 하는 피부미용의 관리영역으로 신체 부위 전체를 대상으로 관리함을 목적으로 한다.

1) 환 경

- 전신 마사지실은 긴장감을 이완시키고 안정감을 주는 분위기를 조성한다.
- 커튼이나 블라인드로 관리실 공간을 분리하여 손님의 프라이버시를 보호한다.
- 조용한 음악, 아로마향 등을 이용하여 실내 분위기를 편안하게 한다.

2) 준비물품

- 대타월, 중타월
- 해면
- 마사지용 오일
- 티슈
- 온습포
- 바디스크럽
- 바디 전용 로션이나 토닉
- 헤어밴드

3) 피부미용사의 올바른 자세

마사지를 하는 동안에는 좋은 자세를 유지하여야 한다. 피로를 방지하고 손님에게 유익한 관리를 제공하기 위하여 마사지의 과정 동안 올바른 자세를 유지할 필요가 있다.

올바른 자세의 예

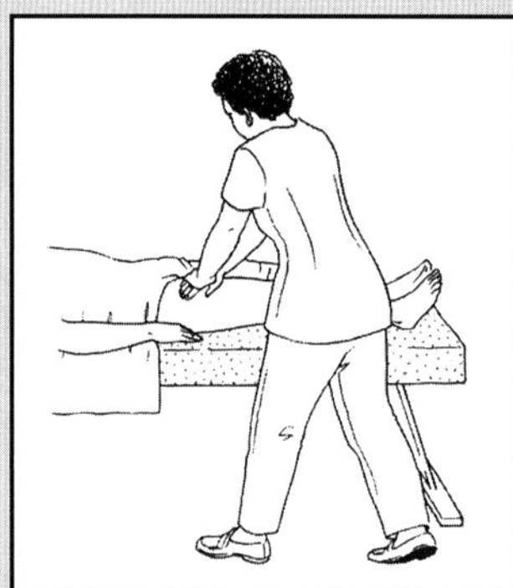

- **바로선 자세** : 마사지 시 등을 곧게 하고 자세를 바르게 한 상태에서 관리를 하며, 압을 줄 때는 관리사의 체중을 이용하는 것이 효과적이다.

- **낮은 자세** : 발을 어깨 넓이로 벌리고 등을 편 상태에서 무릎을 굽힌다.

Ⅱ. 전신 근육과 골격(Muscles & Bones of Body)

1. 머리뼈(두개골, Skull)

인체의 골격은 총 206개의 뼈로 구성되어 있으며 이들 골격은 관절을 형성하여 서로 연결되어 하나의 계통을 이루기 때문에 골격계(skeletal system)라고 한다. 이러한 골격계는 골(bone), 연골(cartilage), 관절(joint) 및 인대(ligament)를 총칭한다.

성인의 머리뼈는 15종 23개의 뼈로 구성되어 있으며, 뇌와 평형·청각기를 수용하고 있는 뇌머리뼈(뇌두개)와 비강, 안와 및 구강의 기초를 이루며 얼굴을 형성하는 얼굴머리뼈(안면두개)로 이루어진다.

1) 뇌머리뼈(뇌두개, Cranial bone)

- 이마뼈(전두골, frontal bone) : 이마를 이루고 안와 및 비강의 상벽을 구성하는 뼈로서 중심부에서 전두 봉합으로 결합한다.
- 마루뼈(두정골, parietal bone) : 좌·우 1쌍의 사각판상의 편평골로서 4연과 4각을 볼 수 있으며, 다른 머리뼈들과 봉합을 이루어 두개관을 형성한다.
- 뒤통수뼈(후두골, occipital bone) : 두 개의 후저부을 구성하는 마름모꼴의 뼈로서 전면은 접형골, 바깥쪽은 측두골, 상면은 두정골과 결합한다.
- 나비뼈(접형골, sphenoid bone) : 두개 저부의 중앙에 위치하며 중두개와를 형성하는 나비모양의 뼈이다.
- 벌집뼈(사골, ethmoid bone) : 비강과 비중격 및 전두개와의 중앙부를 구성하는 함기성이 강한 입방형의 뼈이다.
- 관자뼈(측두골, temporal bone) : 두개의 측방과 저부를 형성하는 구조가 복잡한 뼈로서 평형·청각기의 주요 부분을 수용한다.

2) 얼굴머리뼈(안면두개, Facial bone)

- 코뼈(비골, nasal bone) : 상악골의 전두돌기 사이에 위치하는 1쌍의 얇은 장방형의 뼈로서 중앙에서 융합하여 비강의 전상벽을 이룬다.
- 눈물뼈(누골, lacrimal bone) : 안와 안쪽벽 앞쪽에 있는 1쌍의 손톱 모양의 얇은 골판으로서 이마뼈, 벌집뼈, 위턱뼈 및 하비갑개와 접하고 있다.
- 광대뼈(관골, 협골, zygomatic bone) : 안와의 바깥쪽 및 하벽의 일부를 형성하는 뼈로 볼의 튀어나온 부위를 이룬다.

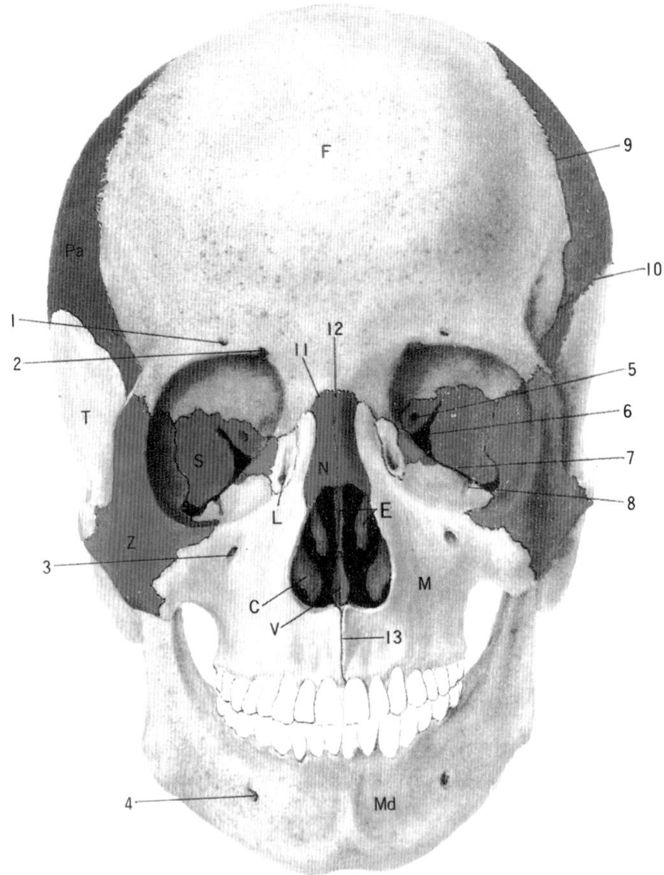

C. 아래코선반(하비갑개, Inf. nasal concha)
E. 벌집뼈(사골, Ethmoid bone)
F. 이마뼈(전두골, Frontal bone)
L. 눈물뼈(누골, Lacrimal bone)
M. 위턱뼈(상악골, Maxilla)
Md. 아래턱뼈(하악골, Mandible)
N. 코뼈(비골, Nasal bone)
Pa. 마루뼈(두정골, Parietal bone)
S. 나비뼈(접형골, Sphenoid bone)
T. 관자뼈(측두골, Temporal bone)
V. 보습뼈(서골, Vomer)
Z. 광대뼈(관골, Zygomatic bone)

1. 눈확위구멍(안와상공, Supraorbital foramen)
2. 이마뼈패임(전두절흔, Frontal notch)
3. 눈확아래구멍(안와하공, Infraorbital foramen)
4. 턱끝구멍(이공, Mental Foramen)
5. 시각신경관(시신경관, Optic canal)
6. 위눈확틈새(상안와열, Sup. orbital fissure)
7. 아래눈확틈새(하안와열, Inf. orbital fissure)
8. 눈확아래고랑(안와하구, Infraorbital groove)
9. 마루모서리(관상봉합, Coronal stuture)
10. 비늘봉합(인상봉합, Squamous suture)
11. 이마코뼈봉합(Frontonasal suture)
12. 코뼈사이봉합(Internasal suture)
13. 위턱사이봉합(Intermaxillary`suture)

[A] 앞면

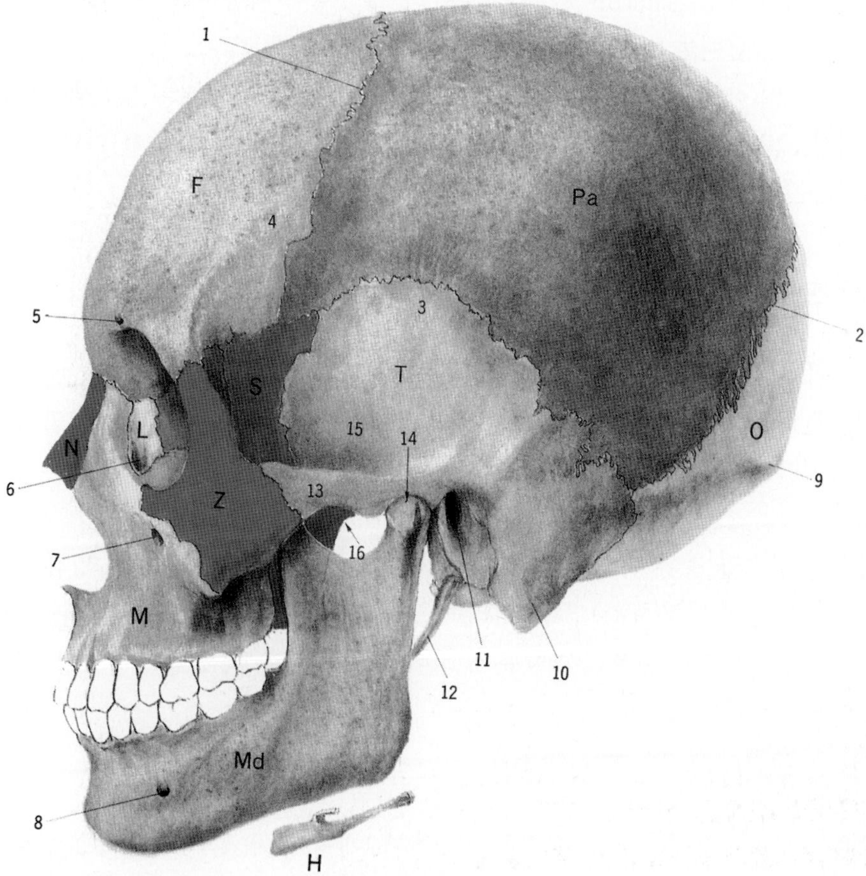

F. 이마뼈(전두골, Frontal bone)
H. 목뿔뼈(설골, Hyoid bone)
L. 눈물뼈(누골, Lacrimal bone)
M. 위턱뼈(상악골, Maxilla)
Md. 아래턱뼈(하악골, Mandible)
N. 코뼈(비골, Nasal bone)
O. 뒤통수뼈(후두골, Occipital bone)
Pa. 마루뼈(두정골, Parietal bone)
S. 나비뼈(접형골, Sphenoid bone)
T. 관자뼈(측두골, Temporal bone)
Z. 광대뼈(관골, Zygomatic bone)
1. 마루모서리(관상봉합, Coronal suture)
2. 람다봉합(시옷자봉합, Lambdoid suture)
3. 비늘봉합(인상봉합, Squamous suture)
4. 위관자선(상측두선, Sup. temporal line)
5. 눈확위구멍(안와상공, Supraorbital foramen)
6. 눈물주머니오목(누낭와, Lacrimal fossa)
7. 눈확아래구멍(안와하공, Infraorbital foramen)
8. 턱끝구멍(이공, Mental foramen)
9. 바깥뒤통수뼈융기(외후두융기, Ext. occipital protuberance)
10. 꼭지돌기(유양돌기, Mastoid process)
11. 바깥귀길(외이도, External acoustic meatus)
12. 붓돌기(경상돌기, Styloid process)
13. 광대활(협골궁, Zygomatic arch)
14. 턱관절(악관절, Temporomandibular joint)
15. 관자오목(측두와, Temporal fossa)
16. 관자아래오목(측두하와, Infratemporal fossa)

[B] 측면

그림 3-1 머리뼈

- 위턱뼈(상악골, maxilla) : 위턱뼈는 좌·우 1쌍이 결합하여 위턱을 형성하며 대부분의 얼굴뼈들이 접하고 있는 안면 중앙의 뼈이다.
- 아래턱뼈(하악골, mandible) : 아래턱을 이루는 아래턱뼈는 얼굴뼈(안면골) 중 가장 크며 단단한 말굽 모양의 뼈로서 아래턱뼈 몸통와 아래턱뼈 가지 2부분으로 구분한다.

2. 척주(Vertebral column)

머리뼈와 다리이음뼈(골반)를 연결하여 체간의 지주를 이루고 척수를 보호하며, 각종 근육들의 부착구가 되는 26개의 추골과 각 추골 사이에서 충격흡수를 위해 존재하는 섬유연골은 23개의 추간 원판으로 구성되는데, 그 길이가 성인은 약 60~70cm가 된다.

척추는 성인의 경우 목뼈(경추) 7개, 가슴우리의 후부를 이루는 등뼈(흉추) 12개, 허리를 만드는 허리뼈(요추) 5개, 다리이음뼈의 후벽을 이루는 엉치뼈(천골) 1(5)개, 그리고 척추의 마지막 부분을 이루는 꼬리뼈(미골) 3~5개 등으로 이루어진다.

3. 가슴우리(흉곽, Thorax)

깔때기 모양이 가슴우리는 후벽을 이루는 12개의 등뼈(흉추), 전·외측벽을 이루는 12쌍의 갈비뼈(늑골), 그리고 전벽을 이루는 1개의 복장뼈(흉골, sternum)로 구성된다. 이들로 둘러싸인 내부의 공간이 흉강이며 심장, 폐, 식도, 기관 등의 장기들이 수용되어 있다.

갈비뼈(늑골)는 신체 전면의 복장뼈(흉골)와 후면의 가슴뼈(흉추)를 연결하여 가슴우리(흉곽)의 바깥쪽 벽을 구성하는 12쌍의 편평골로 제 1~7 갈비뼈를 참갈비뼈(진늑골)라고 하며, 직접 관절하지 못하는 나머지 제 8~12 갈비뼈는 거짓갈비뼈(가늑골)이라고 한다. 가늑골 중 제 11~12 갈비뼈는 관절이 없이 떠 있으므로 뜬 갈비뼈(부유늑골)이라고 한다.

4. 팔, 다리뼈(사지골격, Appendicular skeleton)

부대골격은 양팔과 다리를 만들고 이들을 몸통에 연결시키는 뼈들로 팔뼈(상지골)와 다리뼈(하지골)를 말한다.

1) 팔뼈(상지골, Upper limb)

팔뼈는 64개의 뼈로 구성되는데, 비교적 움직임이 덜하고 팔을 움직이는 많은 근육들의 부착부가 되어 팔을 체간에 결합시키는 역할을 한다.

팔이음뼈(상지대, pectoral girdle)는 빗장뼈(clavicle)와 어깨뼈(견갑골, scapula)로 팔뼈를 몸통에 붙이는 역할을 한다.

팔뼈는 위팔, 아래팔, 손목, 손으로 구성되고 위팔은 어깨와 팔꿈치 사이의 구역으로 위팔뼈(상완골, humerus)를 포함하며 어깨뼈와 아래팔(전완, forearm)의 뼈들과 관절을 이루고 있다.

아래팔(전완, forearm)은 팔꿈치와 손목까지의 구역으로 노뼈(요골, radius), 자뼈(척골, ulna)로 구성된다.

손목은 아래팔과 손 사이의 8개의 손목뼈(수근골, carpals)로 구성되며 힘줄과 신경이 이곳을 통하여 손으로 연결된다.

손허리뼈(중수골, metacarpals)는 손목뼈에 붙어서 손바닥을 형성하고 손가락은 엄지를 제외하고는 3개의 손가락뼈(지골, phalanges)로 구성된다.

2) 다리뼈(하지골, Lower limb)

다리뼈는 총 62개의 뼈로 구성되는 데 그 중 다리이음뼈(골반)의 전·외측을 형성하며 다리를 체간에 연결시키는 좌·우 볼기뼈(관골, coccyx)와 엉치뼈(sacrum)를 다리이음뼈(하지대, pelvic girdle)라고 한다.

다리뼈는 넓적다리, 종아리, 발목, 발로 구성되는데, 볼기와 무릎사이 구역인 넓적다리(대퇴, thigh)는 하나의 넙다리뼈(대퇴골, femur)를 갖고 있다. 무릎뼈(슬개골, patella)는 넙다리네갈래근(대퇴사두근)의 건속에 형성된 인체 최대의 종자골로 넙다리골의 슬개면에 얹혀 있다.

무릎과 발목 사이의 종아리는 정강뼈(경골, tibia)와 종아리뼈(비골, fibula)로 구성되고, 정강뼈는 종아리 무게의 대부분을 지탱한다.

발목뼈(족근골, tasals)는 7개의 발목뼈로 구성되고, 발바닥뼈는 5개의 발허리뼈(중족골, metatarsals) 및 14개의 발가락뼈(지골, phalanges)가 손가락뼈와 같은 방식으로 배열하고 있다.

발뒤꿈치뼈(종골, calcaneus)는 발목뼈 중에서 가장 큰 뼈로 종골융기가 돌출되어 발뒤꿈치를 형성하고 서 있거나 걸을 때 체중 유지의 중심이 된다.

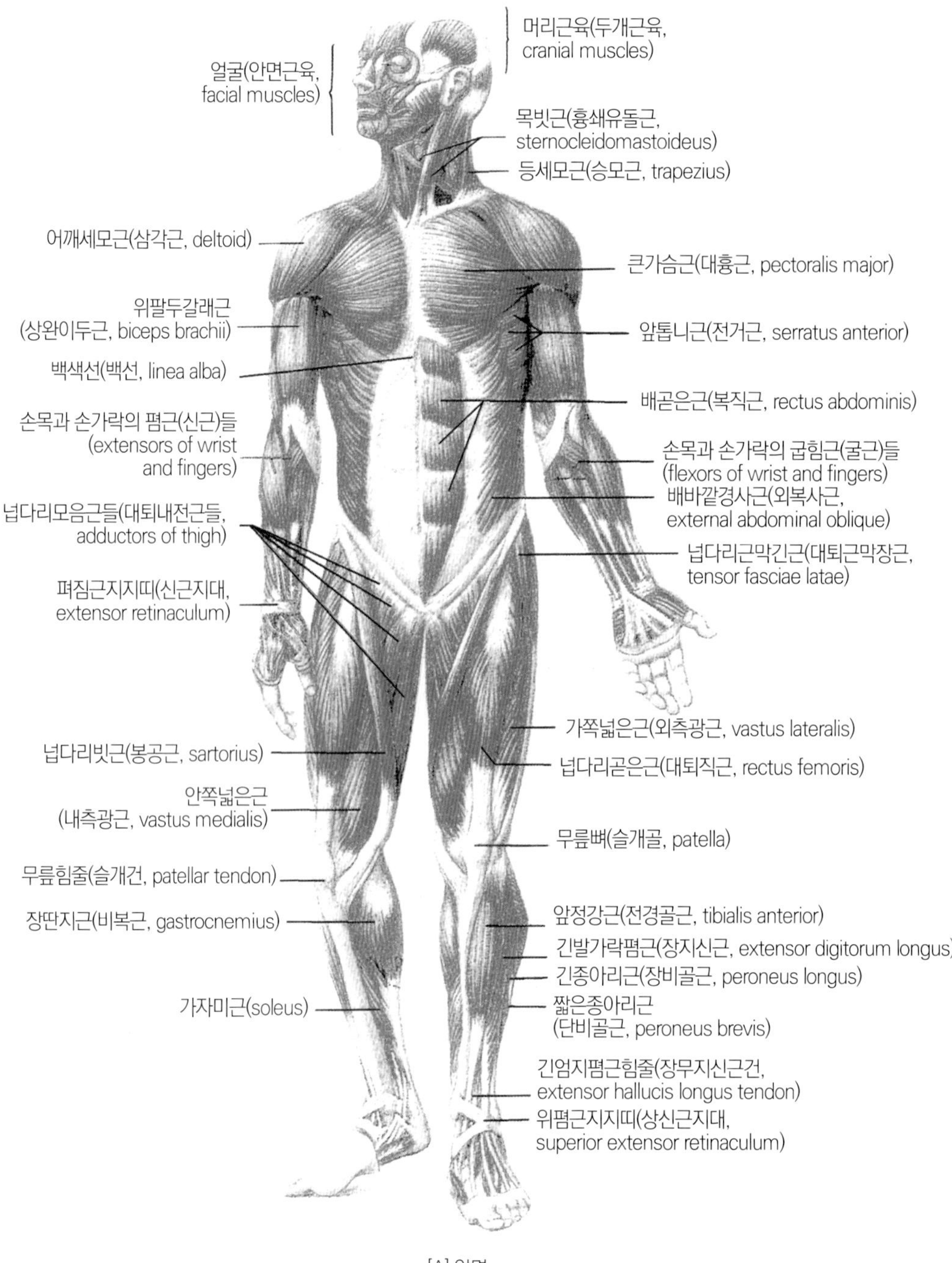
머리근육(두개근육,
cranial muscles)
얼굴(안면근육,
facial muscles)
목빗근(흉쇄유돌근,
sternocleidomastoideus)
등세모근(승모근, trapezius)
어깨세모근(삼각근, deltoid)
큰가슴근(대흉근, pectoralis major)
위팔두갈래근
(상완이두근, biceps brachii)
앞톱니근(전거근, serratus anterior)
백색선(백선, linea alba)
배곧은근(복직근, rectus abdominis)
손목과 손가락의 폄근(신근)들
(extensors of wrist
and fingers)
손목과 손가락의 굽힘근(굴근)들
(flexors of wrist and fingers)
배바깥경사근(외복사근,
external abdominal oblique)
넙다리모음근들(대퇴내전근들,
adductors of thigh)
넙다리근막긴근(대퇴근막장근,
tensor fasciae latae)
폄근지지띠(신근지대,
extensor retinaculum)
가쪽넓은근(외측광근, vastus lateralis)
넙다리빗근(봉공근, sartorius)
넙다리곧은근(대퇴직근, rectus femoris)
안쪽넓은근
(내측광근, vastus medialis)
무릎뼈(슬개골, patella)
무릎힘줄(슬개건, patellar tendon)
앞정강근(전경골근, tibialis anterior)
장딴지근(비복근, gastrocnemius)
긴발가락폄근(장지신근, extensor digitorum longus)
긴종아리근(장비골근, peroneus longus)
가자미근(soleus)
짧은종아리근
(단비골근, peroneus brevis)
긴엄지폄근힘줄(장무지신근건,
extensor hallucis longus tendon)
위폄근지지띠(상신근지대,
superior extensor retinaculum)

[A] 앞면

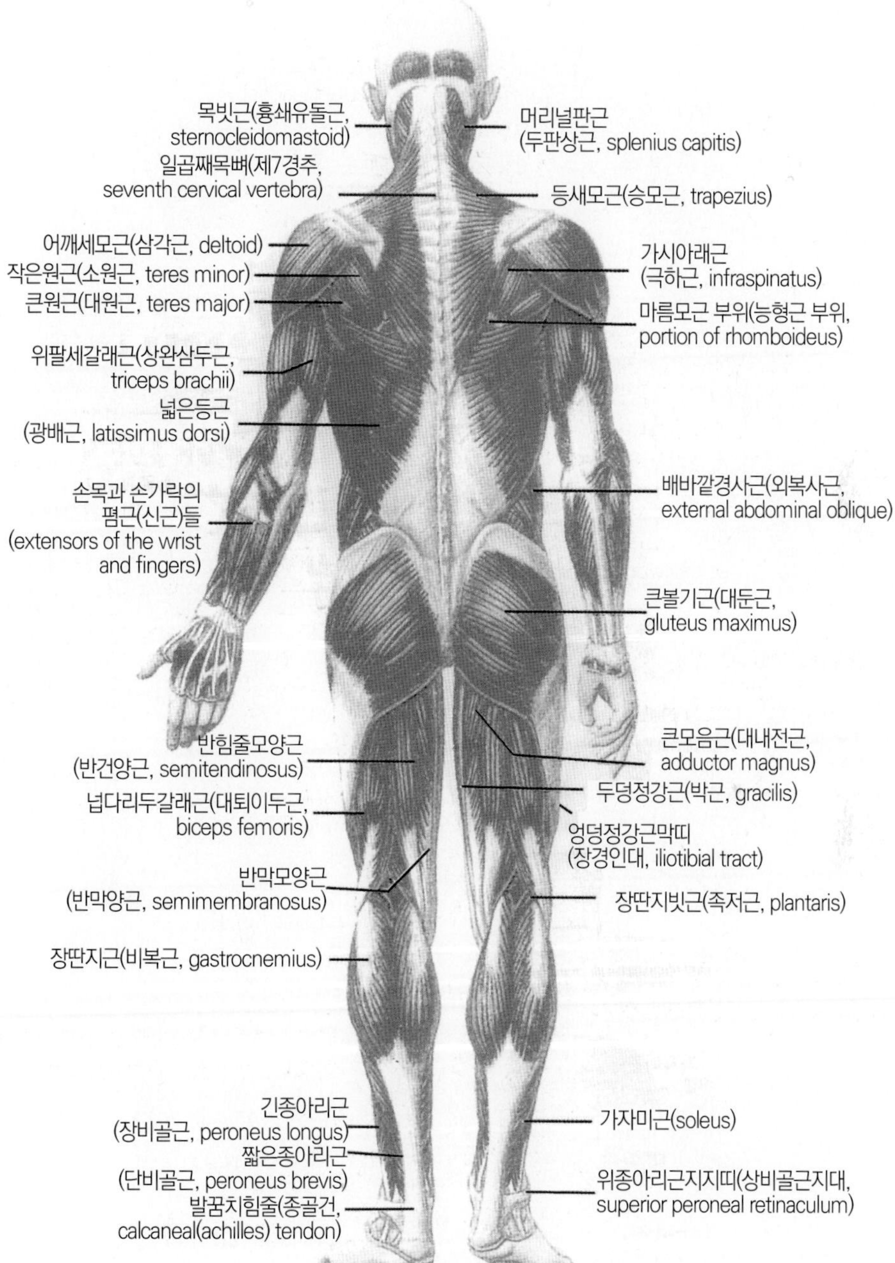

[B] 뒷면

그림 3-2 전신근육

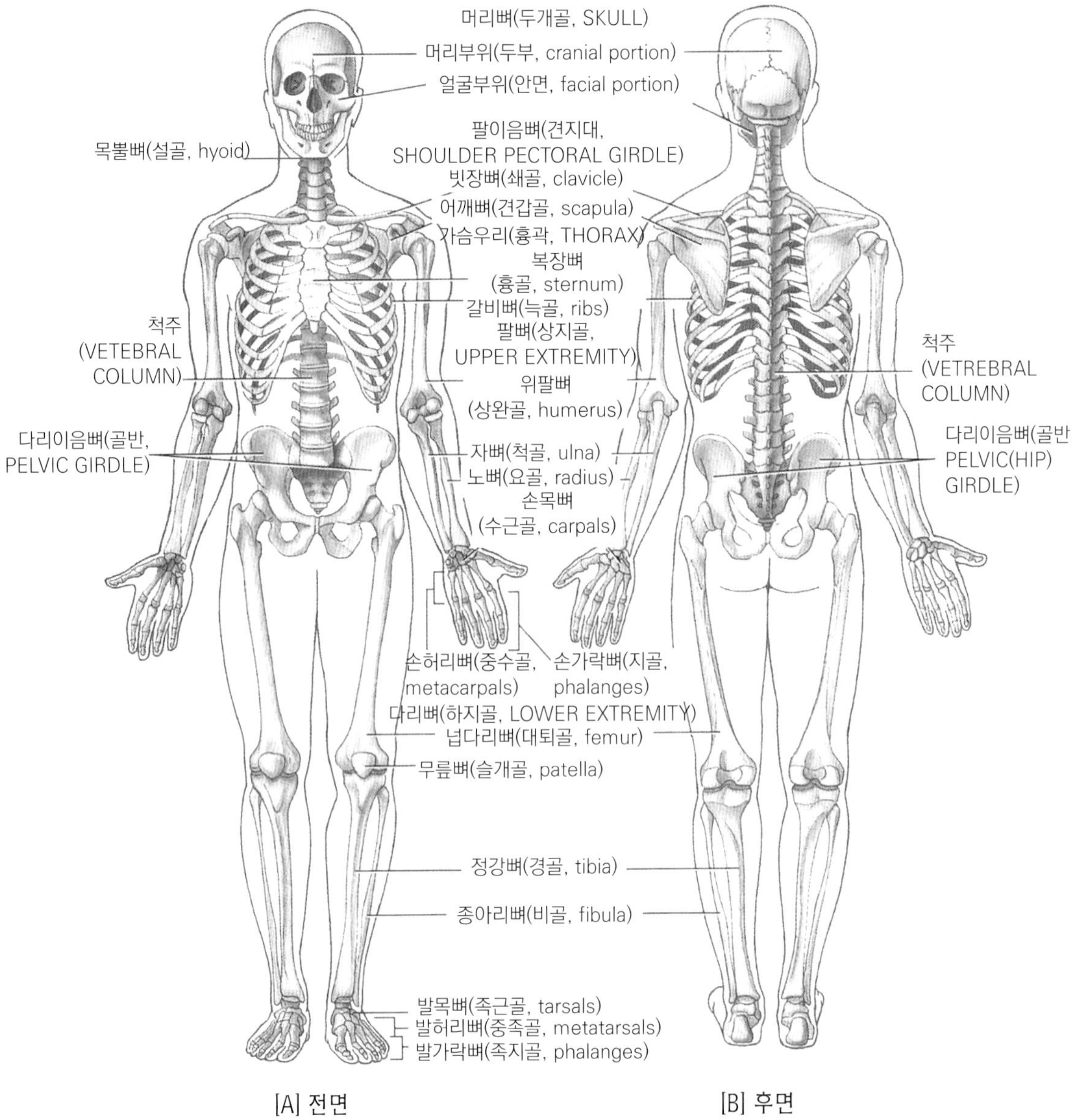

그림 3-3 인체의 뼈대(골격)

Ⅲ. 팔의 근육(상지의 근, Muscles of upper limb)

팔 근육(상지의 근)은 어깨의 근육(견부의 근), 위팔의 근육(상완의 근), 아래팔(전완)및 손의 근육으로 구분한다.

1) 어깨의 근육(견부의 근, Muscles of shoulder)

- 어깨세모근(삼각근, deltoideus) : 어깨관절(견관절)의 굴곡, 신전 및 외전을 주관하며, 예 방주사와 상지의 근육 주사 부위로 자주 이용되는 근이다.
- 가시아래근(극하근, infraspinatus) : 위팔(상완)의 바깥쪽 회전 및 신전에 관여한다.
- 큰원근(대원근, teres major) : 위팔(상완)의 내전 및 안쪽 회전에 관여한다.
- 작은원근(소원근, teres minor) : 위팔(상완)의 내전 및 바깥쪽 회전에 관여한다.

2) 위팔의 근육(상완의 근, Muscles of the arm)

- 위팔근(brachialis) : 아래팔(전완)의 굴곡에 관여한다.

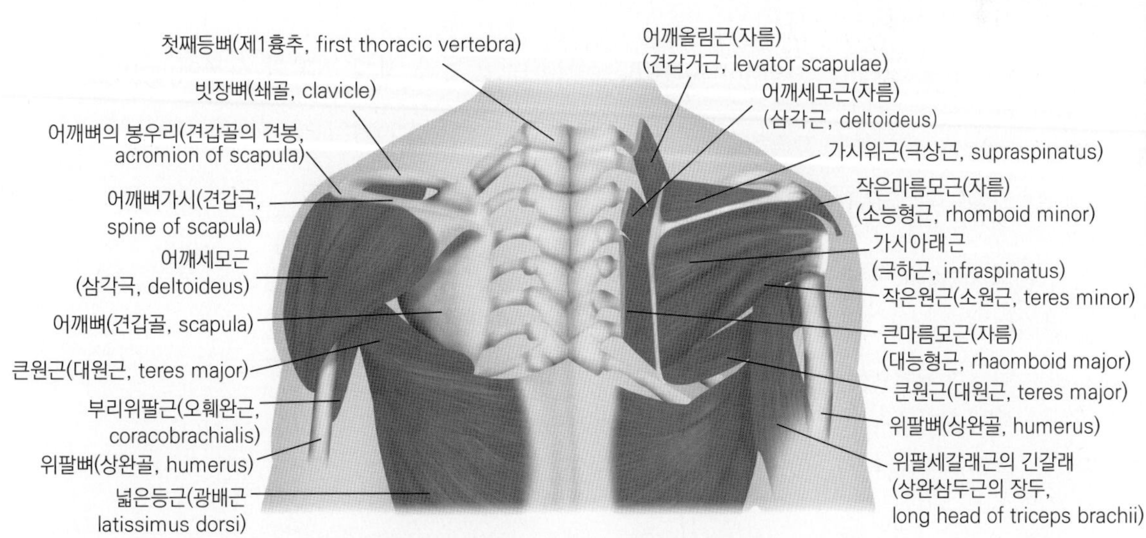

그림 3-4 어깨뼈부위의 근육(견갑부의 근)

- 위팔두갈래근(상완이두근, biceps brachii) : 위팔(상완)의 굴곡 및 내·외전, 아래팔(전완)의 굴곡 및 회외에 관여한다.
- 위팔세갈래근(상완삼두근, triceps brachii) : 위팔(상완) 및 아래팔(전완)의 신전에 관여한다.

3) 아래팔의 근육(전완의 근, Muscles of the forearm)

손목과 손가락의 운동에 관여하는 근육으로 총 19개로 구성되어 있으며, 전면의 굴근과 후면의 신근으로 구분한다.

- 요골쪽 손목굽힘근(요측수근골근, flexor capri radialis) : 아래팔(전완)이 굴곡과 손목의 외전에 관여한다.
- 긴손바닥근(장장근, palmaris longus) : 손목의 굴곡에 관여한다.
- 얕은손가락굽힘근(천지굴근, flexor digitorum superficialis) : 제2~5지의 굴곡에 관여한다.
- 자쪽손목굽힘근(척측수근굴근, flexor capri ulnaris) : 손목의 굴곡과 내전에 관여한다.
- 위팔요골근(brachioradialis) : 주관절을 굴곡시키고 아래팔(전완)의 회내, 회외 혹은 회전에 관여한다.
- 긴노쪽손목폄근(장요측수근신근, extensor capri radialis longus) : 손목의 신전과 외전에 관여한다.
- 손가락폄근(지신근, extensor digitorum) : 손목과 제 2~5지의 신전에 관여한다.

4) 손의 근육(Muscle of hand)

손의 근육은 주로 손바닥의 안쪽 및 바깥쪽에 분포하는 작은 근육들로 구성되는데, 엄지손가락 부위, 새끼손가락 부위 및 손바닥 부위의 근육군이 있다.

- 엄지두덩근(무지구근, thenar muscles)
- 새끼손가락두덩근(소지구근, hypothenar muscles)
- 손허리근(중수근, intermediate muscles)

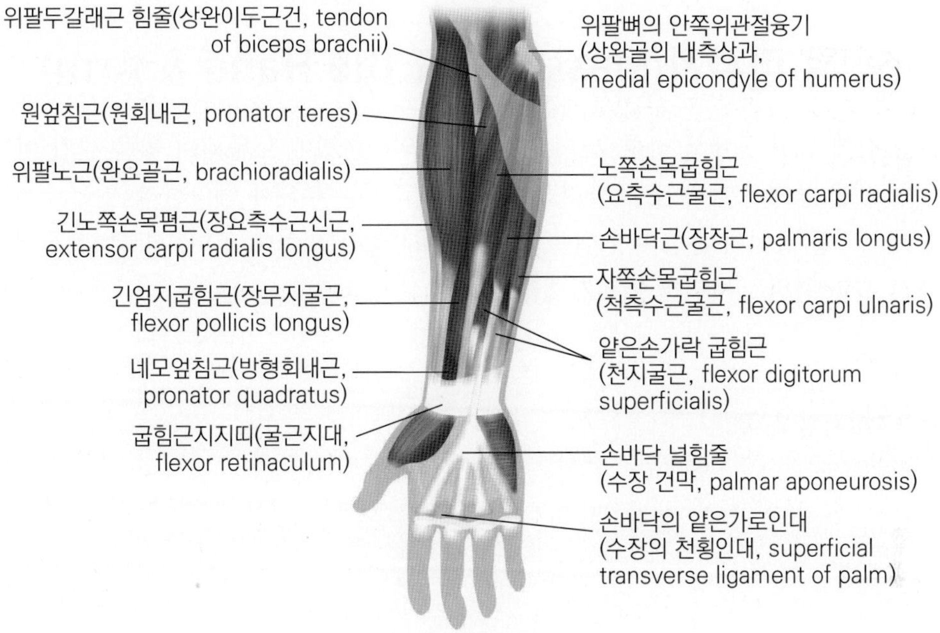

[A] 얕은근육무리(천군근)

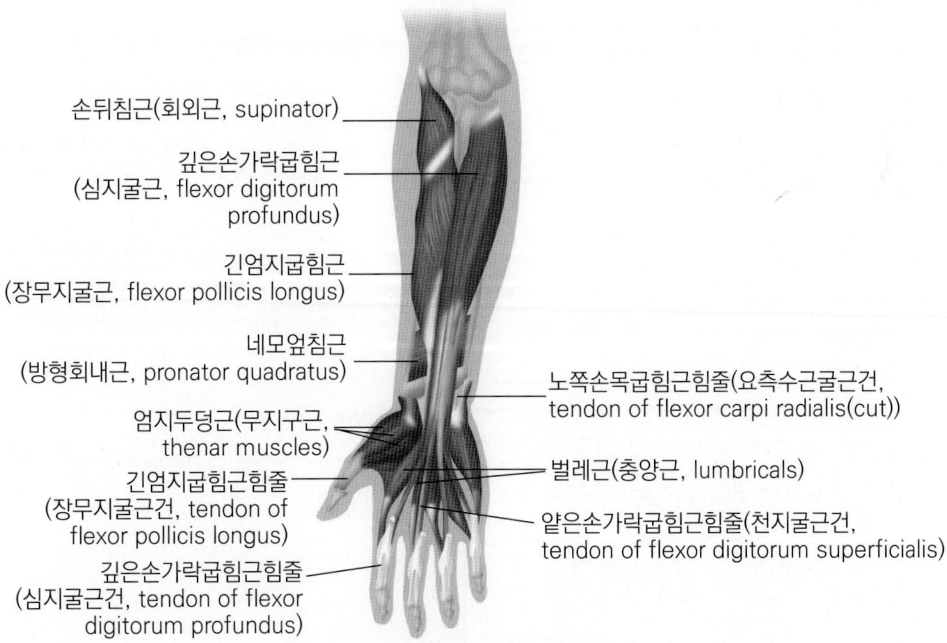

[B] 깊은근육무리(심근군)

그림 3-5 아래팔의 굽힘근(전완의 굴근)

Ⅳ. 손, 팔 마사지(Massage of the Hand & Arm)

손은 신체 부위 중에서 하루 24시간 동안 늘 외부한경에 노출되어 있을 뿐만 아니라 일상 생활 중에서 가장 많은 물리적 활동을 지속하는 부위에 해당한다.

손 마사지를 통하여 손상되기 쉬운 손·팔의 피부를 관리하여 주며, 피부미용실에서는 주로 관리 서비스 차원에서 실시해준다.

마사지 전 준비

손, 팔 마사지 전 품클렌징이나 스크럽이 들어 있는 클렌저를 사용하여 깨끗이 한 다음 온습포로 닦아낸다. 온습포는 전신 마사지시 클렌징 이후나 마사지 후 마무리 단계에서 필요에 따라 사용한다.

마사지 동작

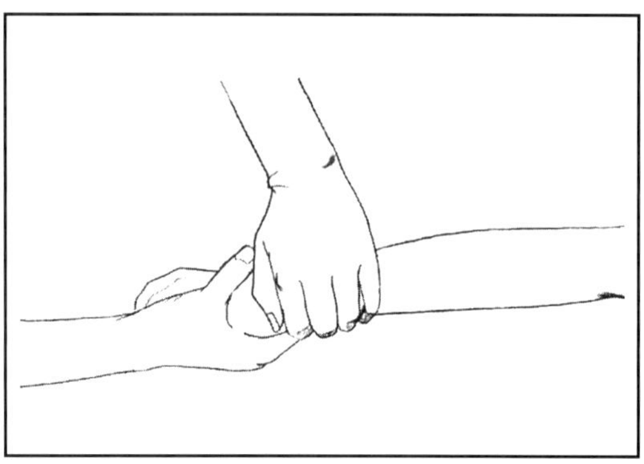

1. 팔 전체 쓰다듬기

한 손으로 팔목을 잡고 다른 손으로 팔 안·밖을 쓰다듬는다.

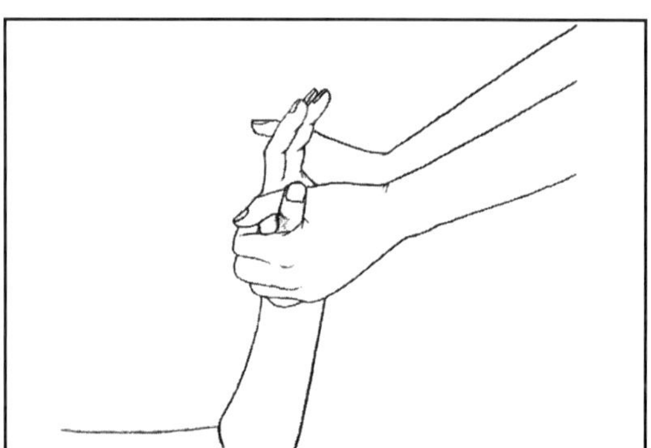

2. 손 전체 비벼주기

엄지와 소지사이에 손가락을 끼운 후 압을 뺀 후 비벼준다.

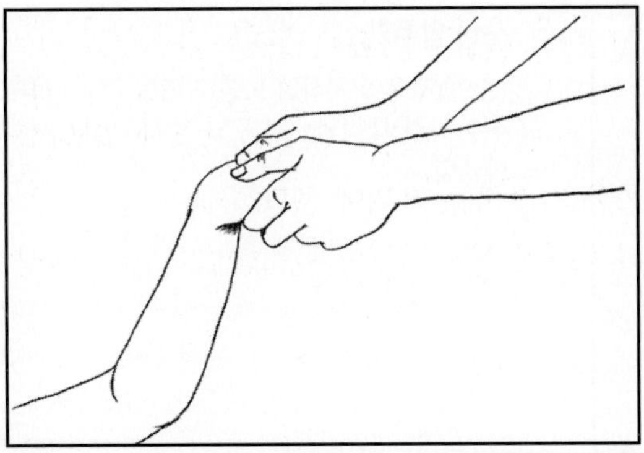

3. 손등 쓰다듬기

양손의 엄지두덩부를 이용하여 손등을 쓰다듬어 준다.

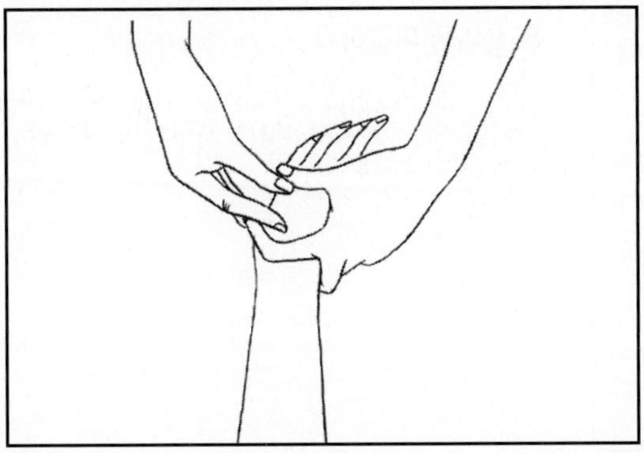

4. 손허리뼈(중수골) 사이 쓰다듬기

손목에 검지와 중지를 끼운 후 엄지를 이용하여 손허리뼈 사이를 아래에서 위로 쓰다듬어 준다.

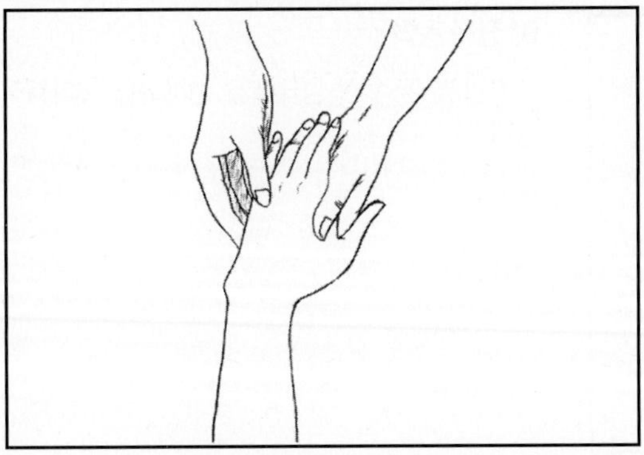

5. 손허리뼈(중수골) 사이 마찰하기

엄지의 측면을 이용하여 손허리뼈 사이를 수영 방향으로 마찰하여 올라갔다 쓰다듬어 내려온다.

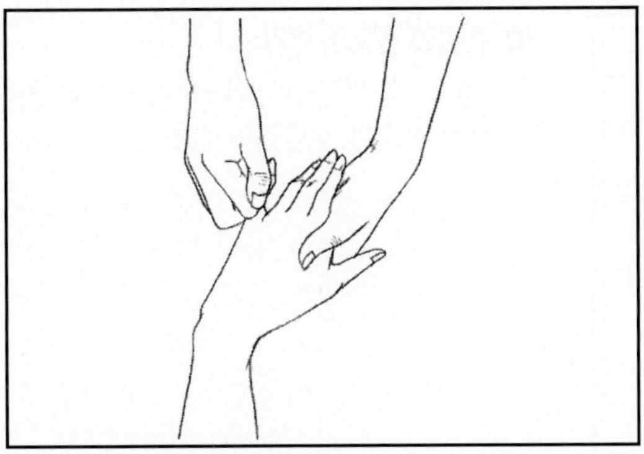

6. 손가락 접어주기

검지와 중지를 구부려서 손가락을 집어준 후 훑어서 빼낸다.

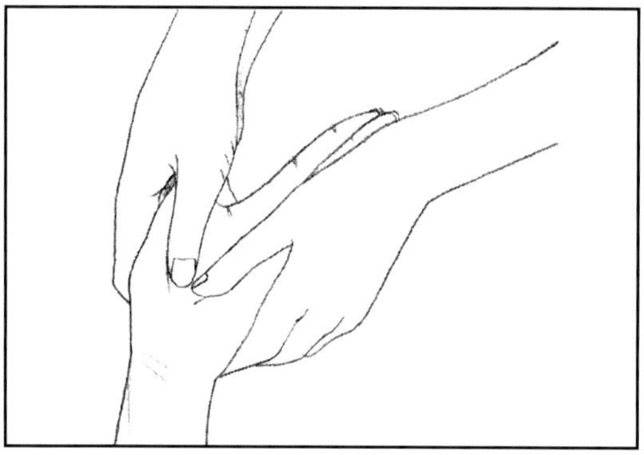

7. 노궁 압주기

양손 엄지를 이용하여 노궁에 압을 준 후 하트 모양을 그려 내려와 소지구와 엄지두덩부 사이로 빼낸다.

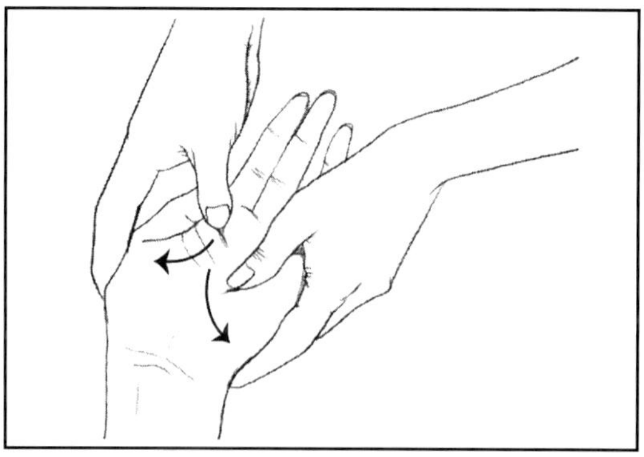

8. 손바닥 마찰하기

양손 엄지를 이용하여 중지 시작부분에서부터 가지를 치듯이 올라갔다 소지구와 엄지두덩부 사이로 내려온다.

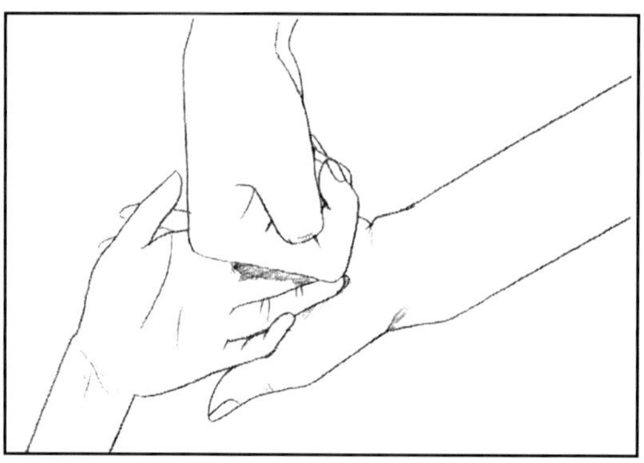

9. 진정 동작

가볍게 주먹 쥔 상태에서 손바닥을 쓰다듬어 준다.

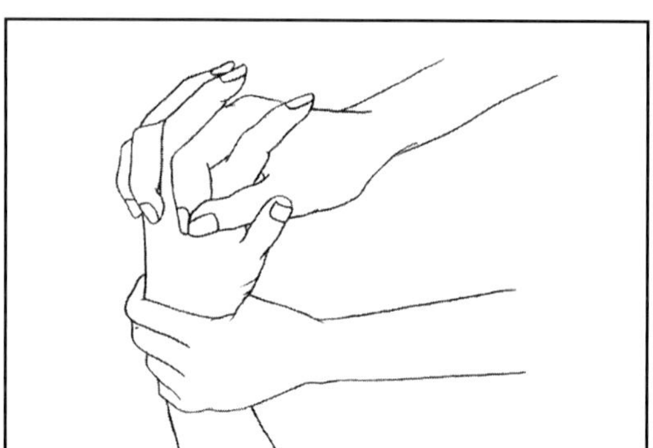

10. 손가락 흔들어 빼기

한 손은 손목을 잡고 다른손으로 깍지를 끼운 상태에서 힘을 뺀 후 흔들어 빼낸다.

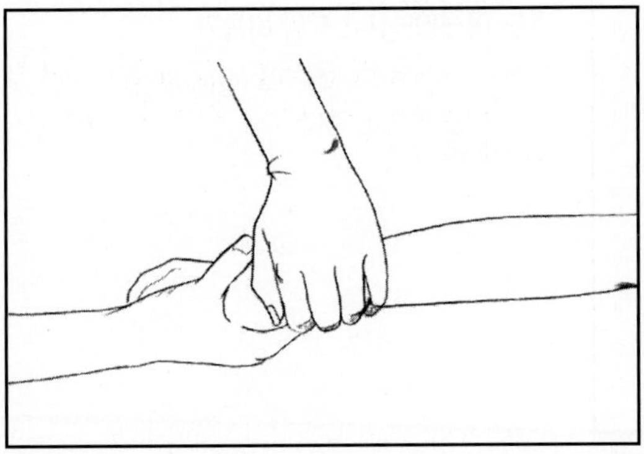

11. 팔 전체 쓰다듬기

한 손으로 팔목을 잡고 다른 손으로 팔 안·밖을 쓰다듬는다.

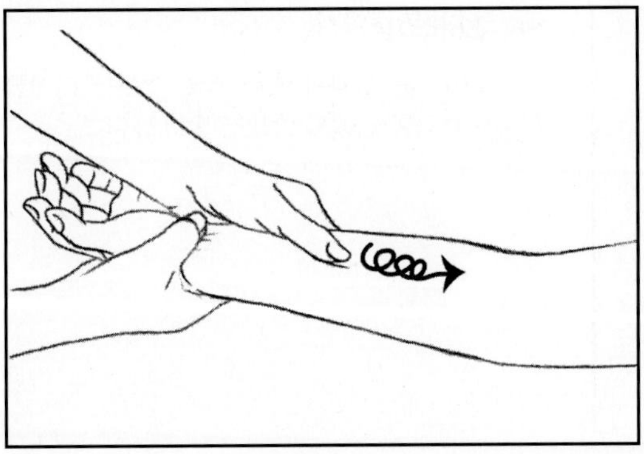

12. 팔 안·밖 마찰하기

한 손으로 손목을 잡고 다른 손의 엄지와 네 손가락을 이용하여 팔의 안과 밖을 수영방향으로 마찰하여 준 후 쓰다듬어 내려온다.

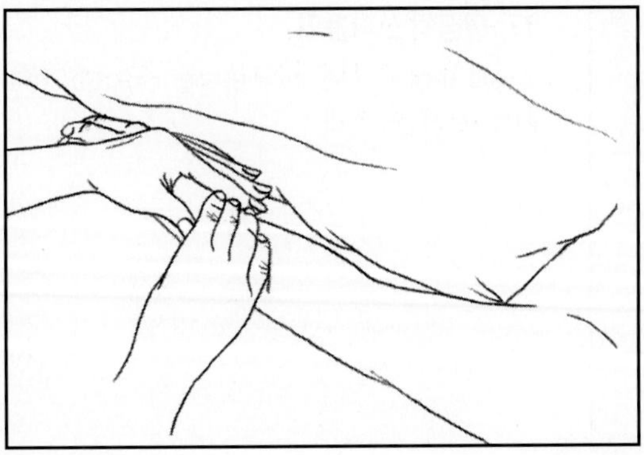

13. 반죽하기

아래팔(상완) 부위는 한 부분으로 위팔(상완)부위는 두 부분으로 나누어 양손엄지와 네 손가락을 이용하여 반죽하여 준다.

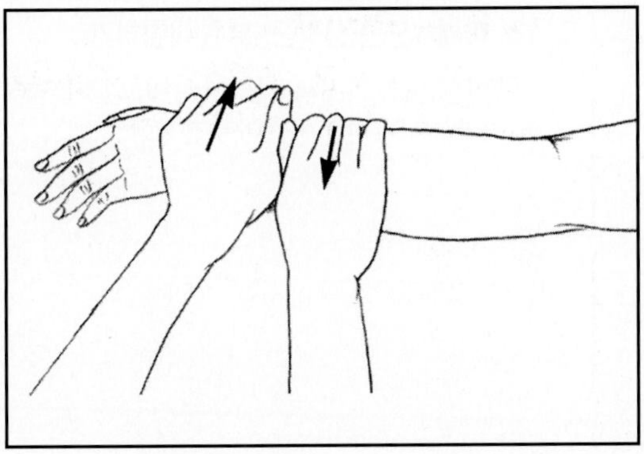

14. 손바닥으로 밀어주기

양손바닥을 이용하여 팔 전체를 엇갈리듯이 밀어준다.

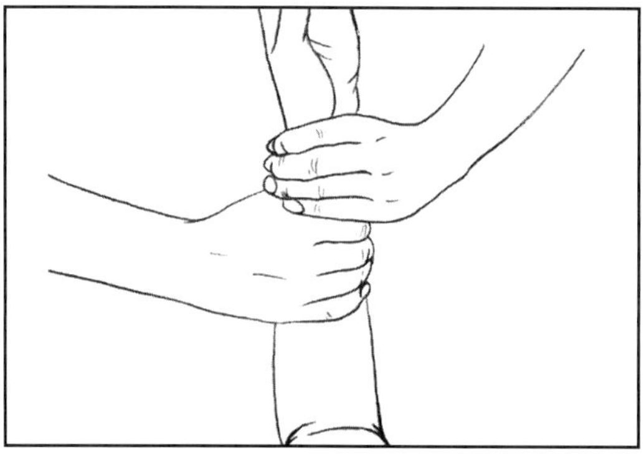

15. 아래팔(상완) 부위 비틀기

팔꿈치를 굽혀 세운 후 양손바닥을 이용하여 아래팔을 비틀어 준다.

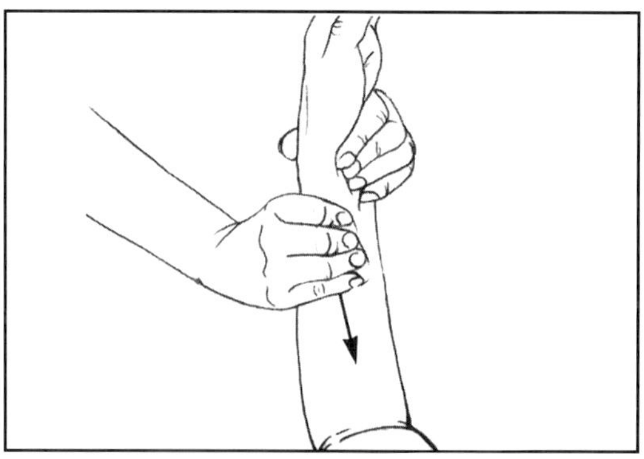

16. 훑어주기

양손바닥을 이용하여 한 손씩 교대로 아래팔(상완) 부위를 위에서 아래로 훑어 내린다.

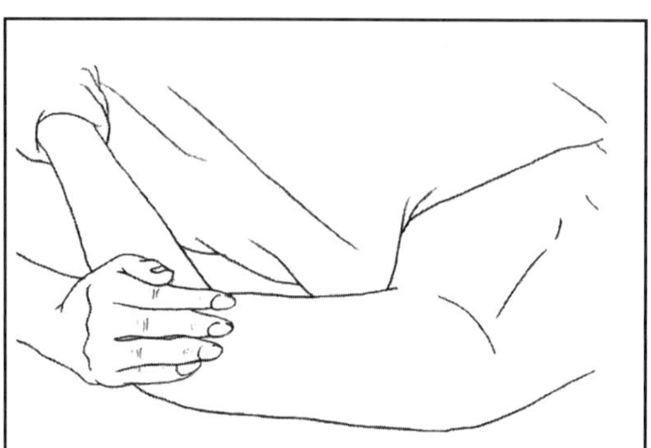

17. 팔꿈치 쓰다듬기

팔을 내려놓은 후 한 손바닥을 이용하여 팔꿈치를 쓰다듬어 준다.

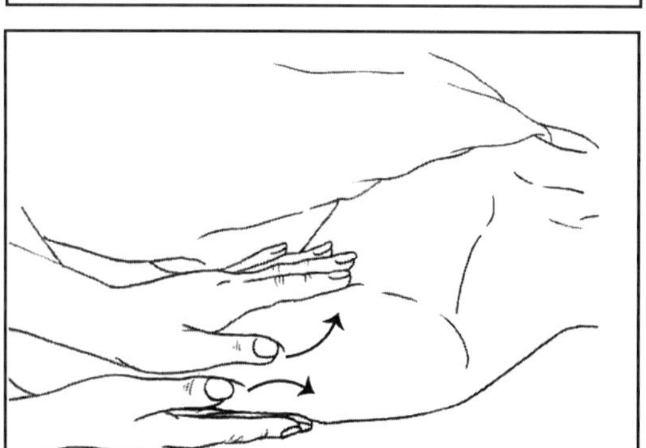

18. 어깨세모근(삼각근) 부위 마찰하기

위팔(상완)의 어깨세모근을 양손의 엄지두덩부를 이용하여 가지를 치듯이 마찰한다.

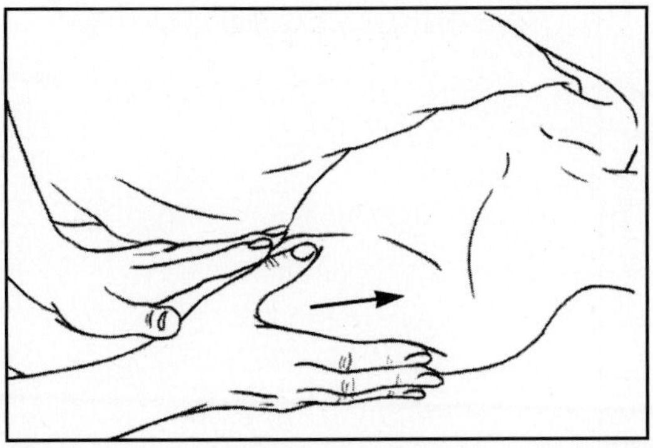

19. 위팔(상완) 쓰다듬기

양손바닥으로 교대로 위팔 부위를 아래에서 위로 쓰다듬어 준다.

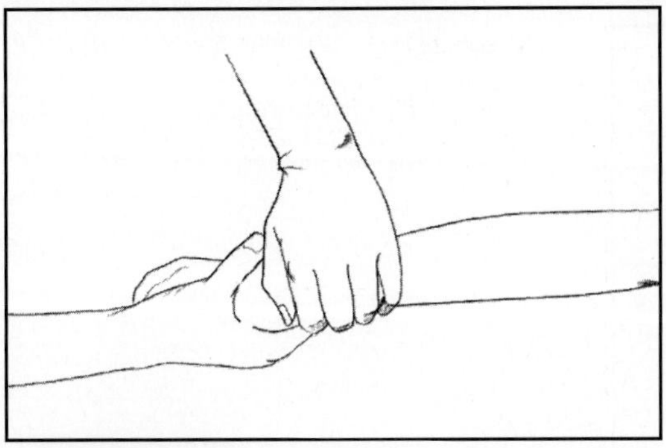

20. 팔 전체 쓰다듬기

한 손으로 팔목을 잡고 다른 손으로 팔 안·밖을 쓰다듬는다.

마무리 동작

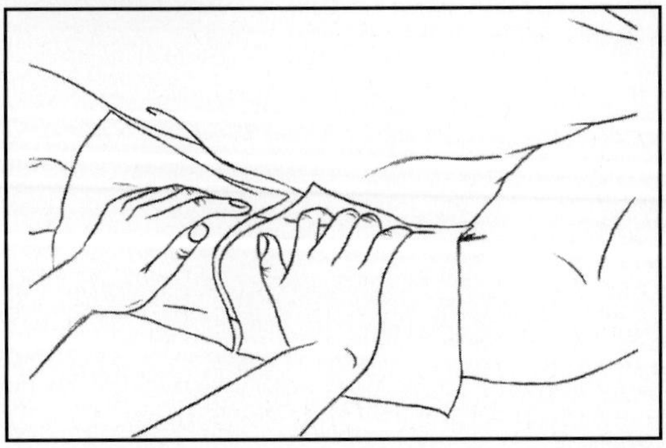

1. 티슈로 닦기

티슈 2장으로 누르듯이 닦아낸다.

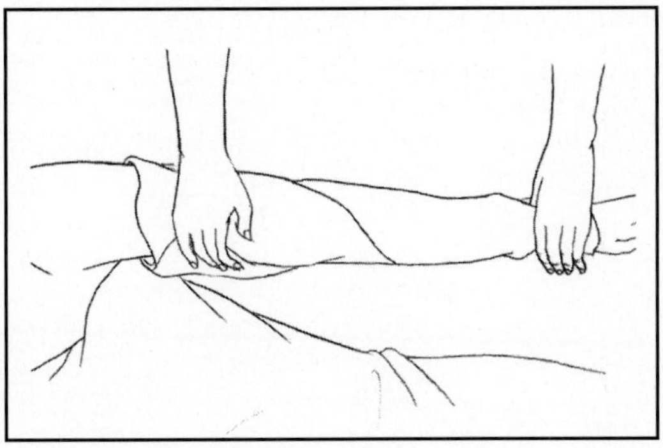

2. 온습포 동작

1) 한 손으로 손목을 잡고 다른 손을 이용하여 어깨에서부터 눌러준다.

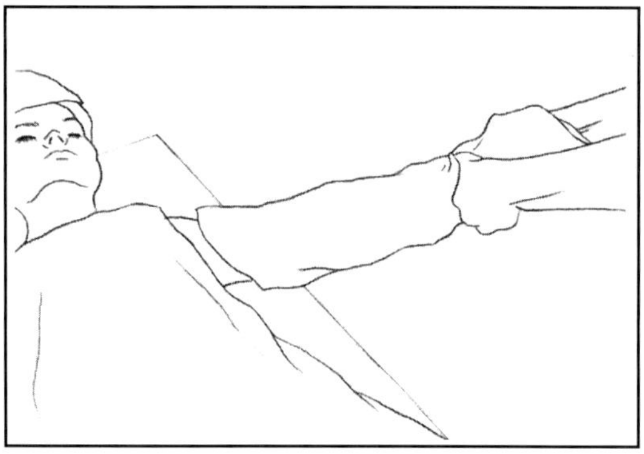

2) 손목을 잡고 팔을 잡아당긴다.

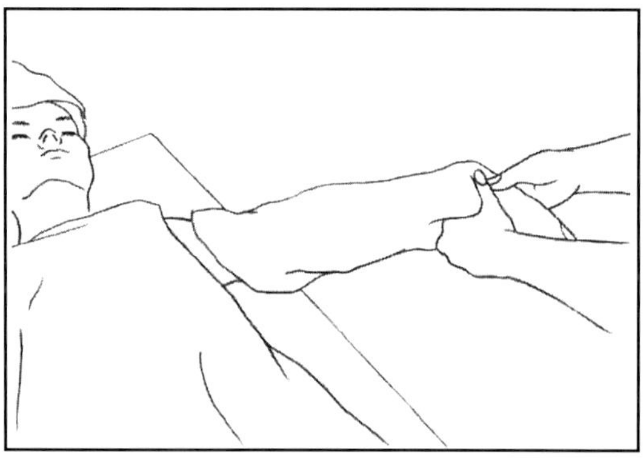

3) 양손 엄지로 손허리뼈(중수골) 사이사이를 눌러준다.

3. 팔 전체를 깨끗이 닦는다.

4. 바디전용 로션이나 토너로 마무리한다.

Ⅴ. 등 근육(배근, Muscles of the back)

등 근육(배근)이란 신체의 등 쪽에 있는 근육들로서 척추와 상지를 연결하여 상지의 운동에 관여하는 얕은 등근육(천배근), 그리고 척추와 머리뼈 및 다리이음뼈를 연결하여 척추의 굴신과 회전운동을 돕는 깊은 등근육(심배근)으로 구분한다.

1) 얕은 등 근육(천배근, Deep back muscles)

- 등세모근(승모근, trapezius) : 어깨뼈(견갑골)의 회전, 내림, 올림, 머리의 회전에 관여한다.
- 넓은등근(광배근, latissimus dorsi) : 큰가슴근(대흉근)과는 길항적으로 위팔(상완)의 내전과 안쪽 회전에 관여한다. 팔을 힘차게 내뻗어 휘젓게 하므로 수영선수의 근이라고 한다.
- 작은마름모근(대능형근, rhomboid minor) : 어깨뼈(견갑골)을 내·상방으로 당긴다.

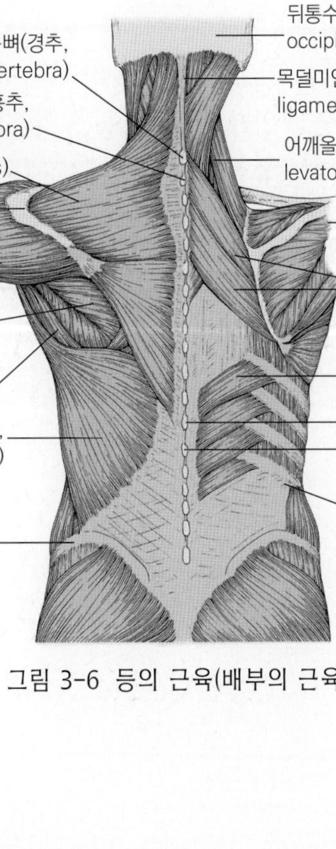

그림 3-6 등의 근육(배부의 근육)

- 큰마름모근(대능형근, rhomboid major) : 어깨뼈(견갑골)을 내·상방으로 당긴다.
- 어깨올림근(견갑거근, levator scapulae) : 어깨뼈(견갑골)을 위로 당긴다.

2) 깊은 등근육(심배근, Deep dorsal muscle)

등쪽의 깊은 곳에 위치하는 근육들로서 등뼈와 갈비뼈(늑골)에 걸쳐 있으며 호흡운동에 관여하는 뒤톱니근(후거근), 주로 척추운동을 주도하는 고유 등근육들인 널판근(판상근), 척추세움근(척추기립근) 및 가로돌기가시근육(횡돌극근)으로 구분한다.

- 뒤톱니근(후거근, serratus posterior muscle) : 흉강의 용적을 조절하여 호흡에 관여한다.
- 널판근(판상근, splenius) : 두경부의 신전에 관여하는 근들로서 위치에 따라 머리널판근과 경판상근으로 구분한다.
- 가로돌기가시근육(횡돌극근, transversospinalis) : 판상근과 척추세움근(척추기립근) 밑에 있는 길이가 짧은 근으로서 단배근이라고 부르는데 척추세움근을 도와주는 작용을 한다.
- 척추세움근(척추기립근, erector spinae) : 척추세움근은 척추의 극돌기와 횡돌기 그리고 갈비뼈 사이에 위치하며 심배근 중 길이가 비교적 길기 때문에 장배근이라 한다. 척추를 중심으로 가장 바깥쪽의 장늑근, 중간의 최장근, 가장 안쪽에 위치한 극근의 3종으로 구성 된다. 이들 근육은 척주를 지지하고 신전 시켜 자세를 정상적으로 유지하는데 주동적으로 관여하기 때문에 자세유지근이라고 한다. 또한 장늑근과 최장근은 갈비뼈에 부착되어 있기 때문에 갈비뼈를 하방으로 당기는 역할을 한다.

Ⅵ. 등마사지(Back Massage)

등 부위는 인체에서 가장 넓은 부위이며, 신경 계통이 등 뒤로부터 인체의 모든 영역으로 퍼져나가기 때문에 매우 중요한 부위라 할 수 있다.

우리 몸의 기둥과 같은 역할을 하는 척추가 있어 연결 근육을 풀어 주는 것만으로도 스트레스 해소와 피로회복, 장기능 작용을 도와줄 수 있다.

마사지 동작

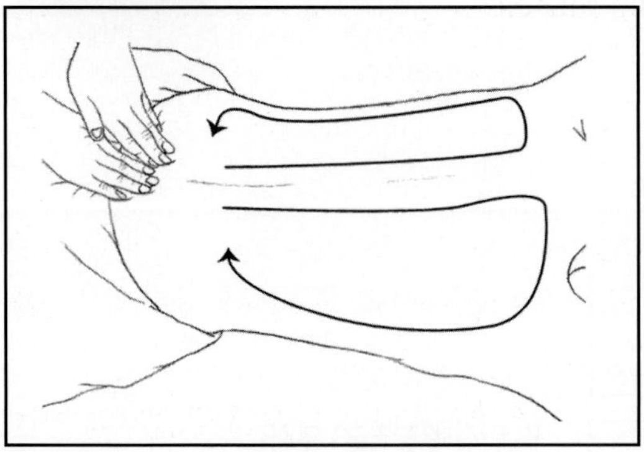

1. 척추세움근(척추기립근) 따라 쓰다듬기

양손 바닥을 이용하여 허리뼈(요추) 끝에서 일곱째목뼈까지 척주세움근 따라 올라간 후 어깨뼈(견갑골)을 쓰다듬고 옆구리를 감싸면서 내려온다.

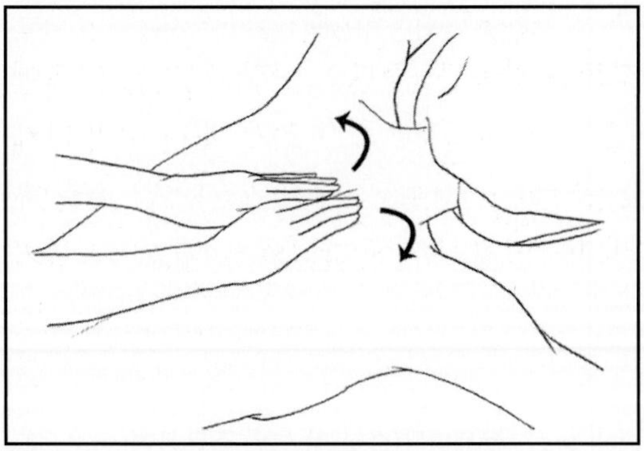

2. 수영방향으로 쓰다듬기

등을 어깨에서 허리까지 세부위로 나누어 손을 오목하게 하여 수영방향으로 마찰한다.

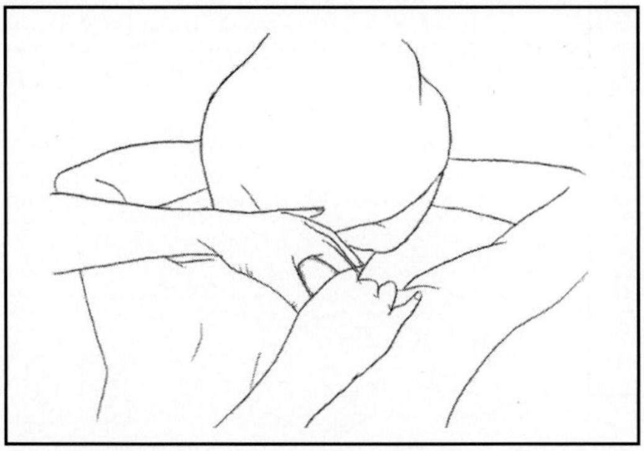

3. 수평방향으로 반죽하기

오른쪽 어깨에서 왼쪽 허리까지 지그재그로 촘촘히 반죽한다.

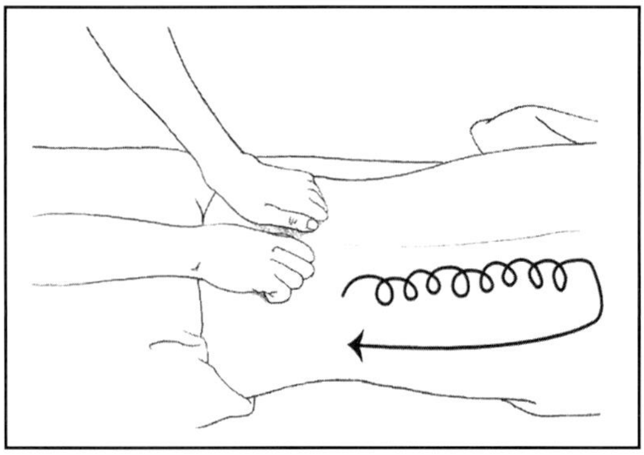

4. 척추세움근(척추기립근) 따라 문지르기

주먹을 쥐고 네 손가락을 이용하여 수영방향으로 문지르면서 올라간 뒤 양손바닥으로 쓰다듬고 내려온다.

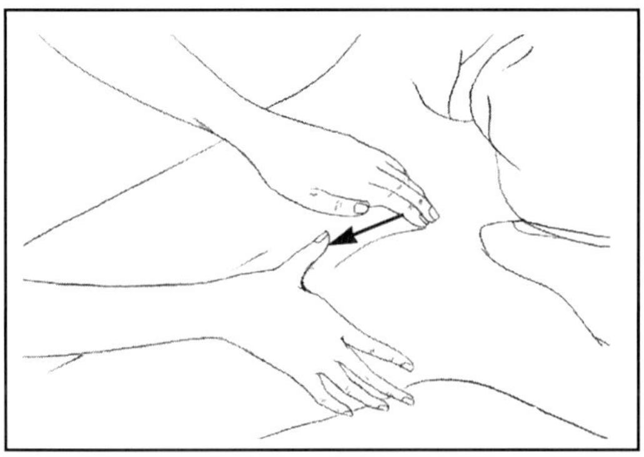

5. 엄지로 어깨뼈(견갑골) 쓰다듬기

엄지로 어깨뼈를 쓰다듬어 내리고 반대 손바닥으로 쓰다듬는다.

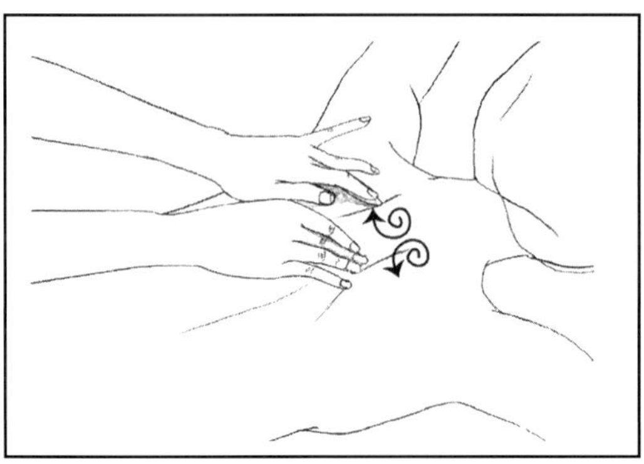

6. 어깨뼈(견갑골) 문지르기

양손 중지로 어깨뼈 따라 마찰한다.

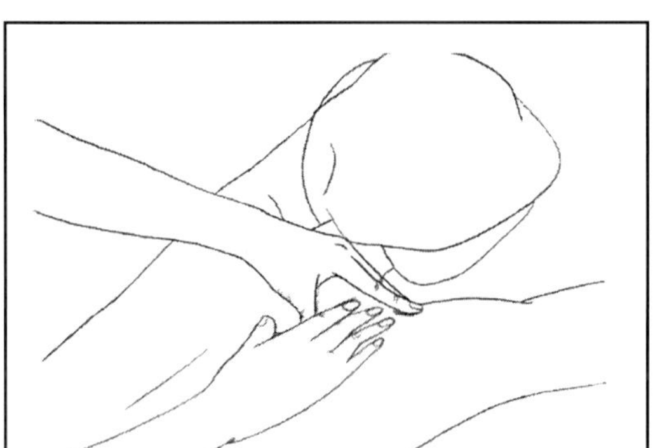

7. 등세모근(승모근) 부위 주무르기

양손으로 등세모근 부위를 반죽하듯이 주무른다.

제3장 전신 마사지

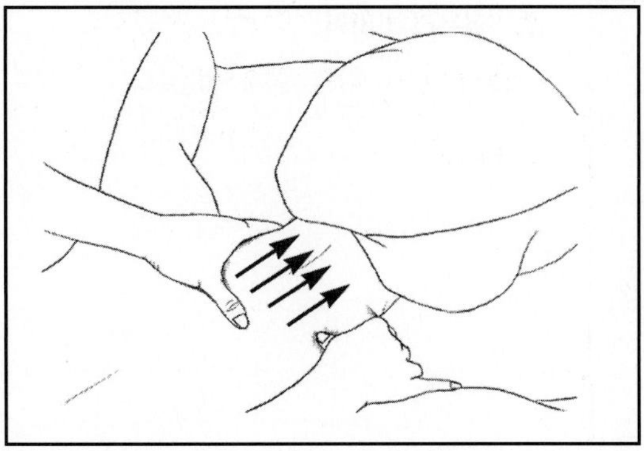

8. 엄지로 목후면(후경부) 쓰다듬기

양손 엄지를 교대로 아래에서 위로 쓰다듬는다.

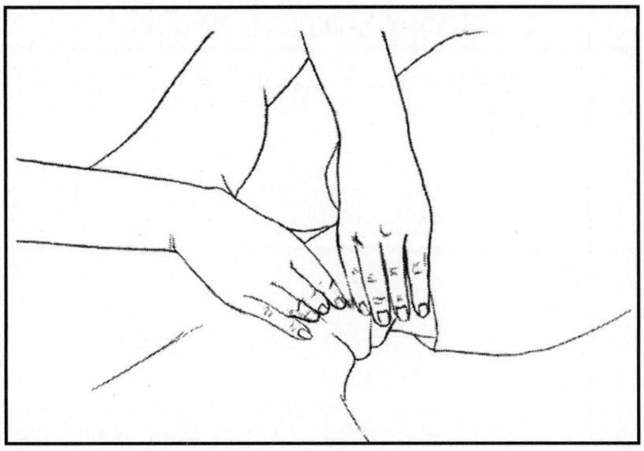

9. 목후면(후경부) 주무르기

양손으로 목후면 근육을 감싸듯이 주무른다.

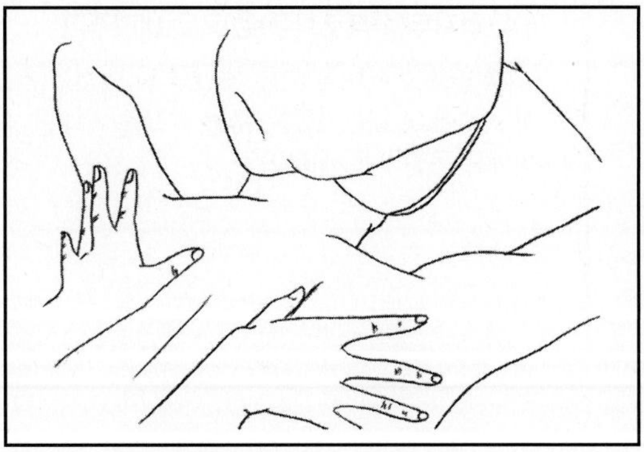

10. 엄지두덩부(모지구)로 쓰다듬어 내리기

어깨뼈(견갑골)에서 갈비뼈끝까지 세 부위로 나누어 양손 엄지두덩부로 쓰다듬어 내린다.

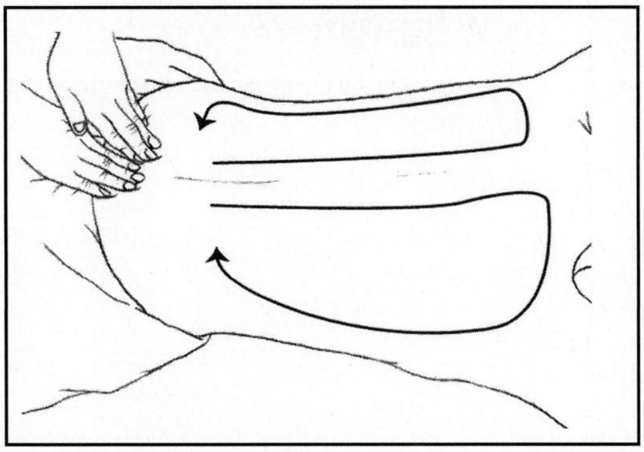

11. 척추세움근(척추기립근) 따라 쓰다듬기

양손 바닥을 이용하여 허리뼈(요추) 끝에서 제7목뼈까지 척주세움근을 따라 올라간후 어깨뼈(견갑골)을 쓰다듬고 옆구리를 감싸면서 내려온다.

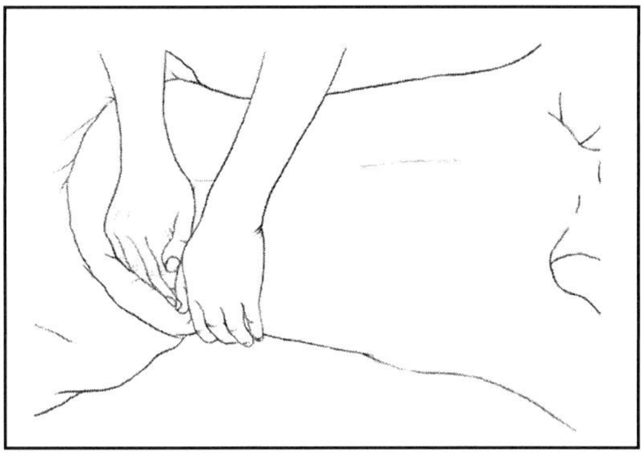

12. 옆구리 비비기

양손바닥으로 허리측면을 비벼준다.

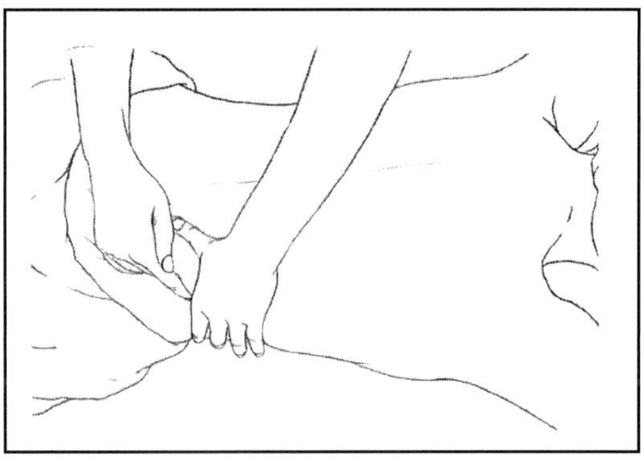

13. 옆구리 반죽하기

양손으로 허리측면을 반죽한다.

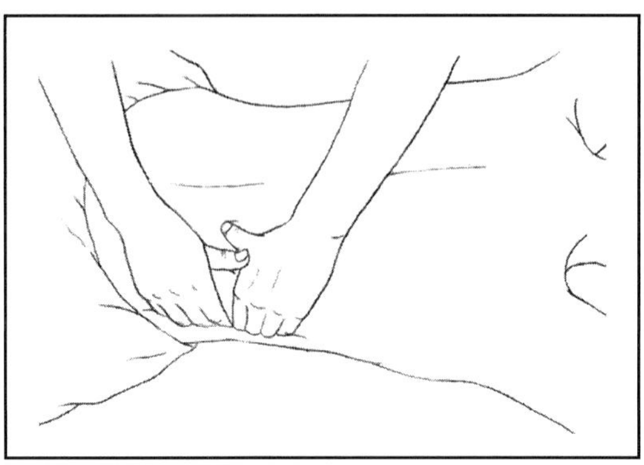

14. 엄지두덩부(모지구)로 근육 내려주기

4지로 허리측면 근육을 올려준 뒤 엄지두덩부로 쓰다듬어 내린다(12~14번 동작을 반대편 부위에도 동일하게 해준다).

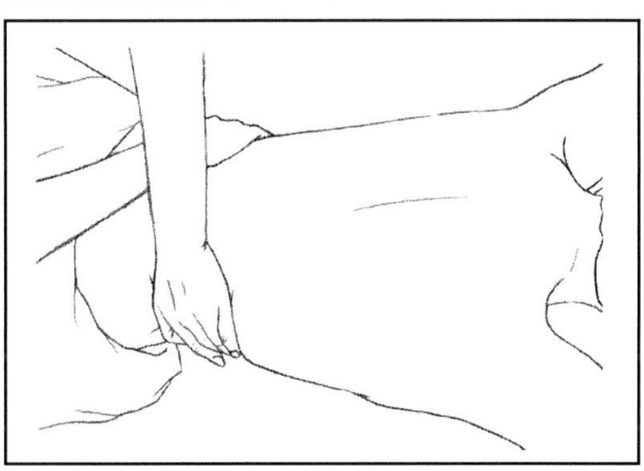

15. 손 엇갈려 떨기

양손을 엇갈려서 허리측면 근육을 떨어준 뒤 튕겨준다.

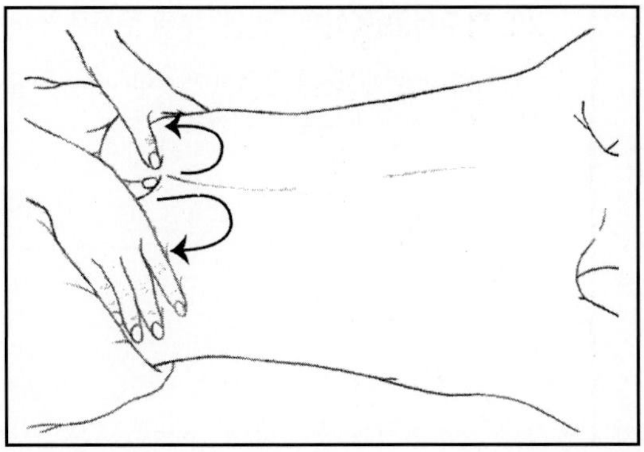

16. 허리뼈(요추)부위 쓰다듬기

엄지로 허리뼈 부위를 수영방향으로 문지른다.

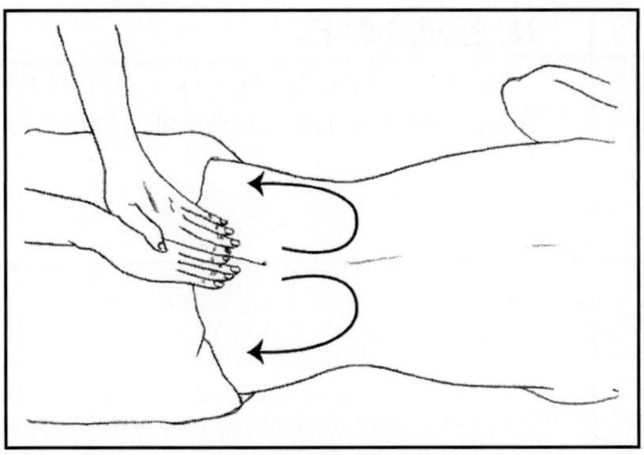

17. 엉덩이 쓰다듬어 올리기

양손바닥으로 큰볼기근(대둔근) 부위를 수영방향으로 올리듯이 모아준다.

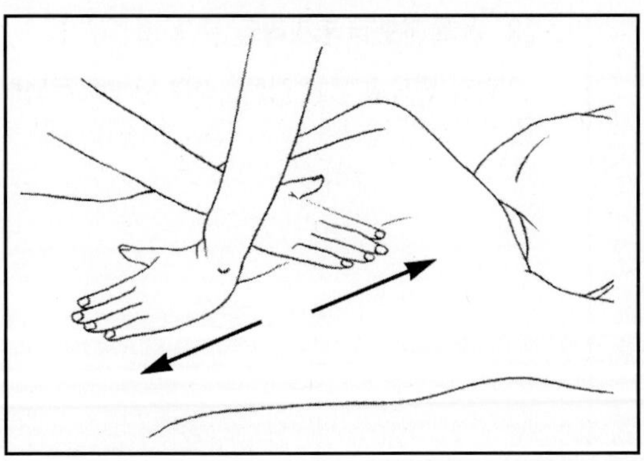

18. 손 엇갈려 밀어주기

양손을 엇갈려서 등 중앙부터 직선, 양 사선방향으로 차례로 밀어준다.

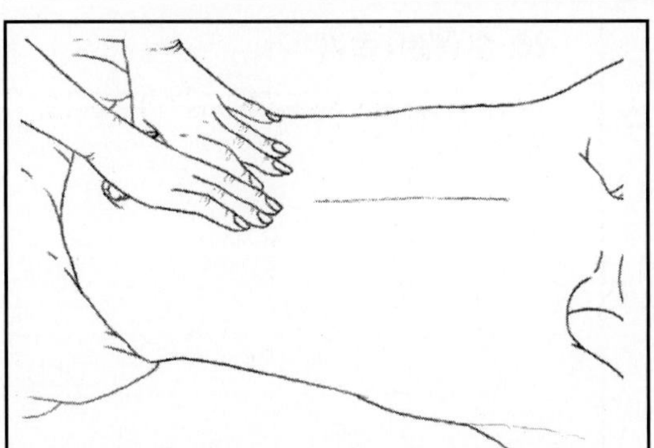

19. 척주세움근(척추기립근) 따라 올라가기

양손 엄지로 허리뼈(요추) 끝에서 제 7목뼈까지 압을 주면서 게걸음으로 올라간 후 양손바닥으로 쓰다듬어 내려온다.

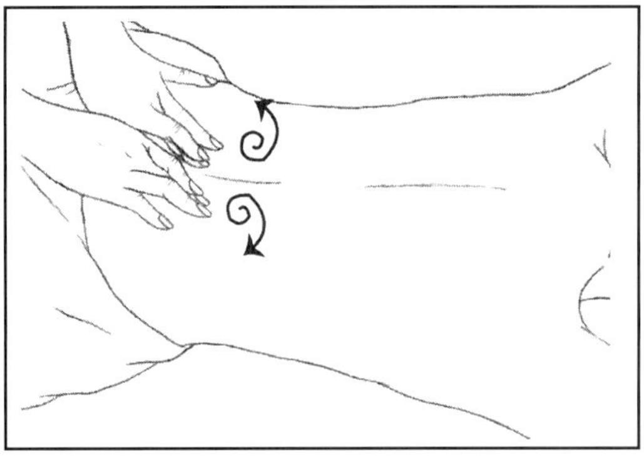

20. 척주세움근(척추기립근) 부위 문지르기

중지로 허리뼈(요추) 끝에서 제7목뼈까지 마찰하고 올라간 뒤 쓰다듬어 내려온다.

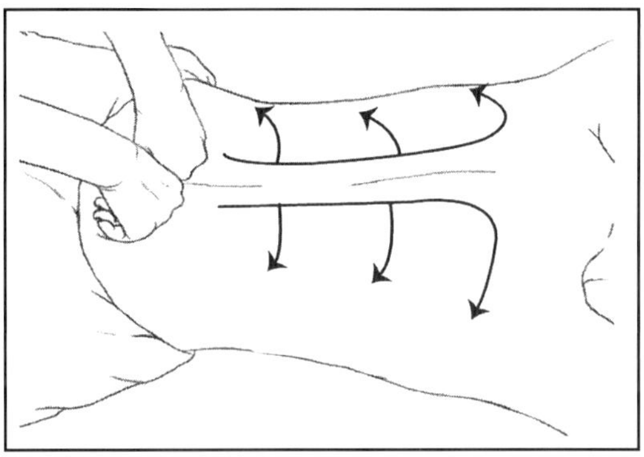

21. 손등으로 쓰다듬기

손등으로 척주세움근(척추기립근) 따라 올라간 뒤 손바닥으로 어깨뼈, 갈비뼈부위, 허리까지 차로 쓰다듬어 준다.

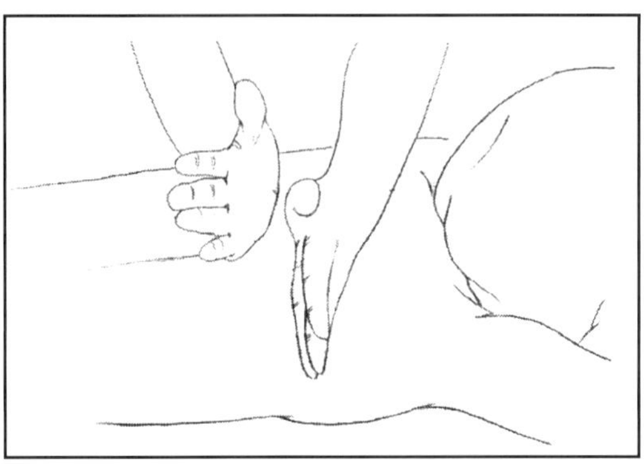

22. 손 측면으로 두드리기

양손 측면으로 등을 이등분하여 차례로 두드린다.

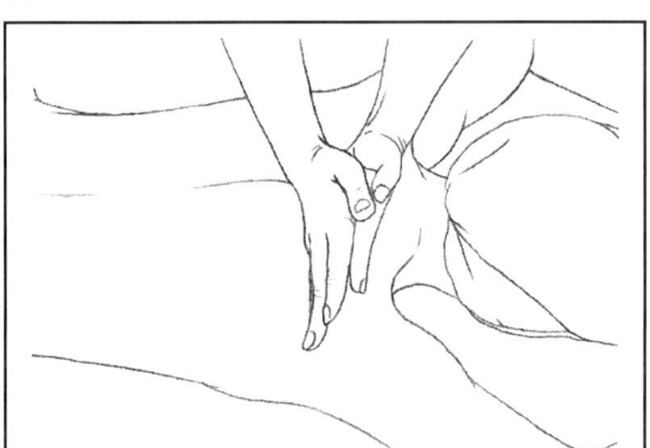

23. 손 측면으로 비비기

양손 측면으로 등을 이등분하여 비벼준다.

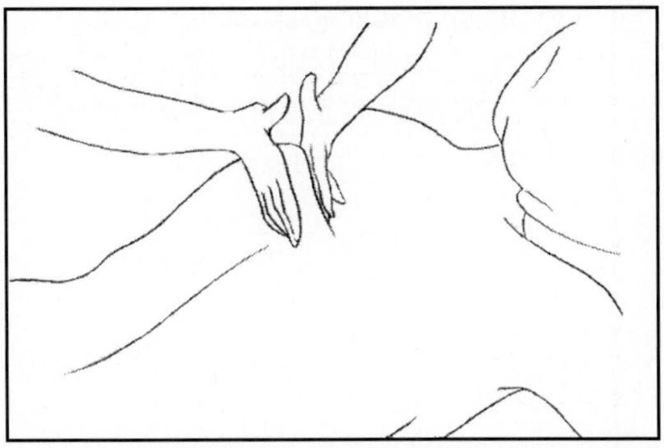

24. 등 근육 집어 올리기

양손 네 손가락으로 근육을 집듯이 모아 올려 준다.

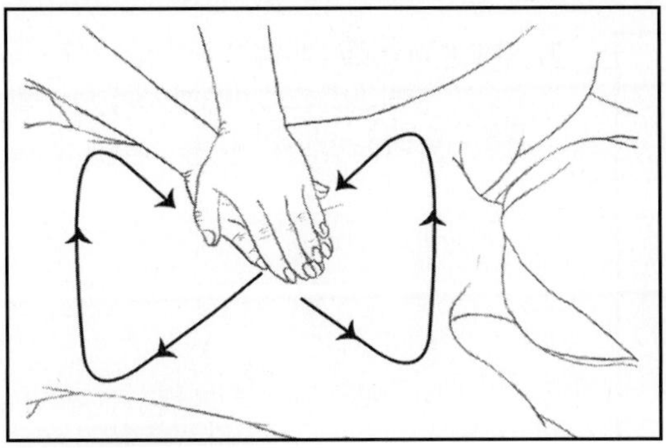

25. 8자 그리기

두손을 겹쳐 척추 중앙에서 시작하여 등 전체를 8자를 그리며 쓰다듬는다.

마사지 동작

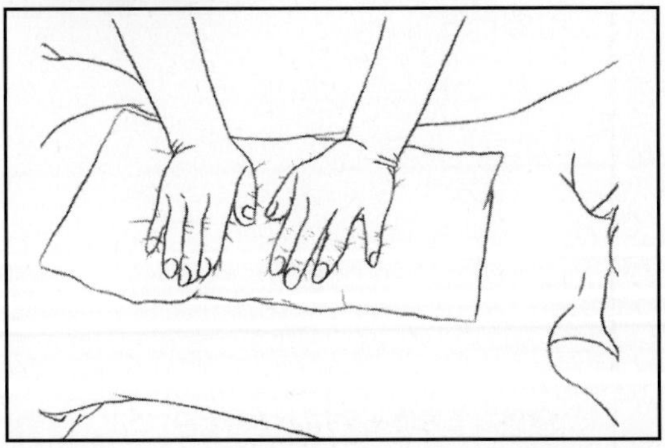

1. 티슈로 닦기

티슈 2장으로 누르듯이 닦아낸다.

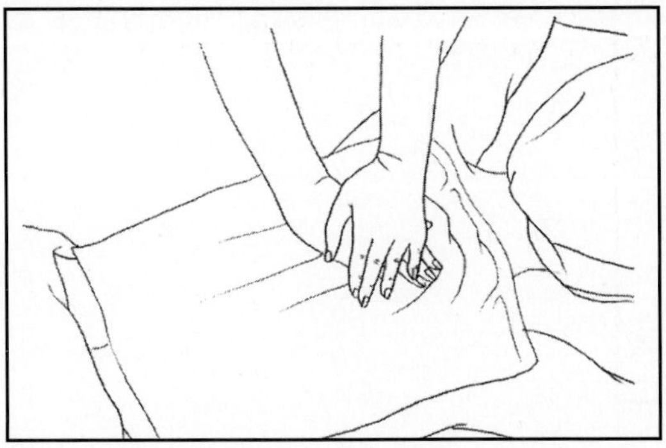

2. 온습포 동작

1) 척추따라 장압주기
   양손을 겹쳐 제7목뼈에서 허리뼈(요추) 끝까지 수직압으로 눌러준다.

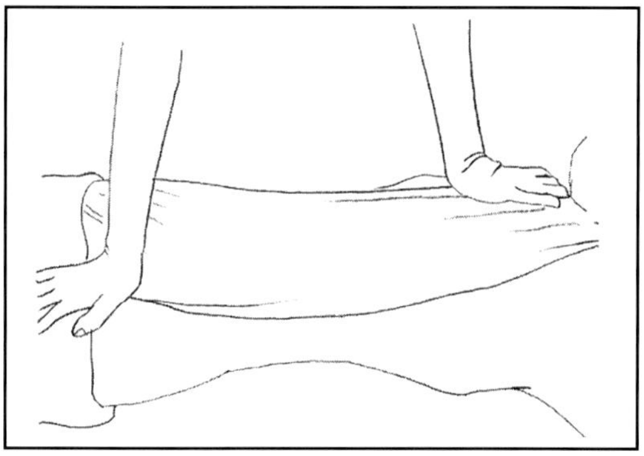

2) 어깨와 엉덩이 엇갈려 누르기
한손은 어깨에 다른손은 엉덩이에 대고 양손 교대로 바깥쪽으로 압을 주며 눌러준다.

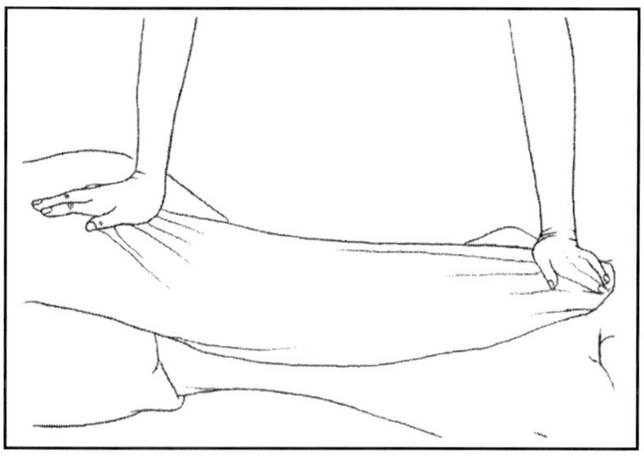

3) 목뼈(경추)와 허리뼈(요추) 끝부위 누르기
한손은 목뼈, 다른손은 허리뼈 위에 대고 바깥쪽으로 압을 주며 눌러준다.

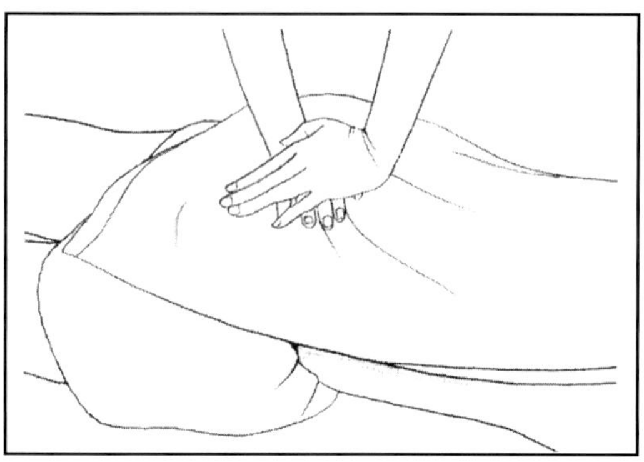

4) 엉치뼈(천골)부위 장압주기
엉치뼈 부위에 양손을 겹쳐놓고 수직압으로 눌러준다.

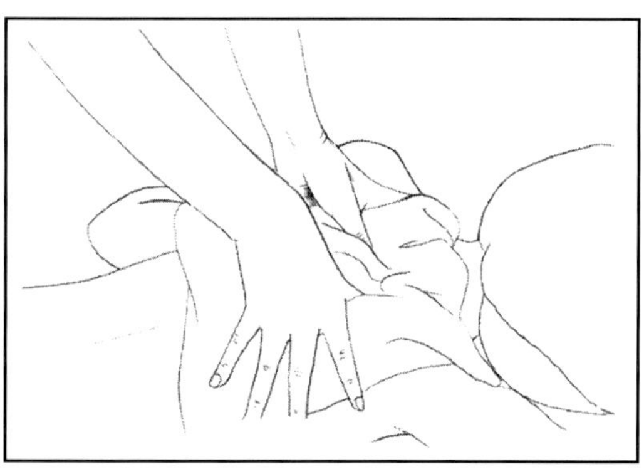

5) 엄지로 척주세움근(척추기립근) 따라 압주기
위에서 아래로 척주세움근 따라 양엄지로 눌러준다.

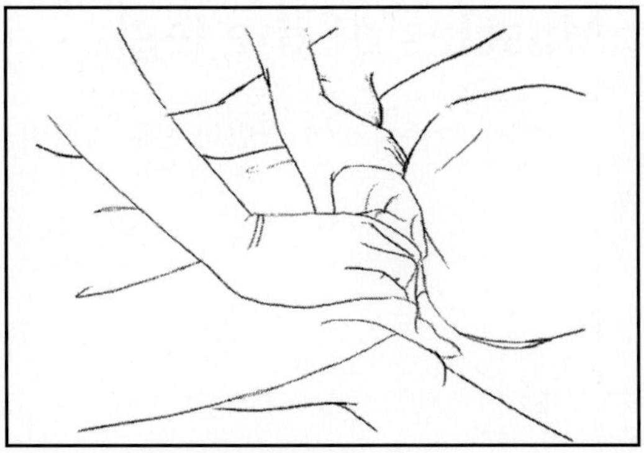

6) 등세모근(승모근) 부위 주무르기
양손으로 등세모근 부위를 반죽하듯이 주무른다.

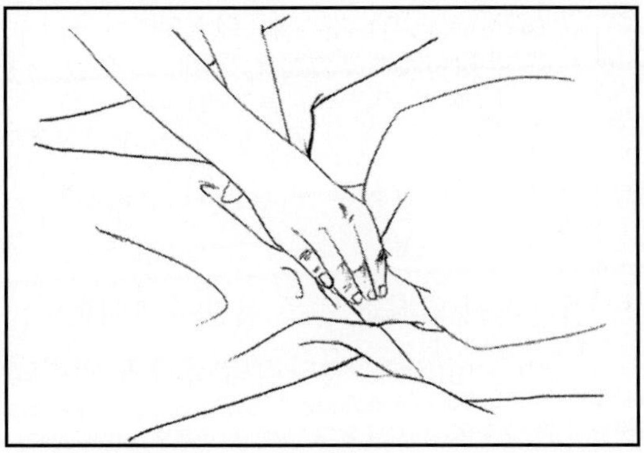

7) 목후면(후경부) 주무르기
양손으로 목후면을 반죽하듯이 주무른다.

3. 등을 전체적으로 깨끗이 닦는다.

4. 바디전용 로션이나 토너를 발라준 뒤 마무리한다.

Ⅶ. 다리의 근육(하지의 근, Muscles of the leg)

다리근육(하지근)은 몸무게를 유지하고 지상에서 활동하기에 적합하도록 엉덩이, 넓적다리, 종아리, 발에 위치하는 강한 근들이다.

1) 엉덩부 근육(내관골근)

- 큰허리근(대요근, psoas major)
- 엉덩근(장골근, iliacus)

2) 볼기근육(외관골근)

- 큰볼기근(대둔근, gluteus maximus) : 넙다리의 신전과 바깥쪽회전에 관여한다.
- 중간볼기근(중둔근, gluteus medius) : 넙다리의 외전과 안쪽 회전에 관여한다.
- 넙다리근막긴근(대퇴근막장근, tensor fasciae latae) : 넙다리의 굴곡과 외전에 관여한다.

3) 넙다리 근육(대퇴근)

- 넙다리빗근(봉공근, sartorius) : 넙다리 및 하퇴의 굴곡, 넙다리의 바깥쪽회전에 관여한다.
- 넙다리네갈래근(대퇴사두근, quadriceps femoris)
- 넙다리곧은근(대퇴직근, rectus fermoris) : 하퇴의 신전과 넙다리의 굴곡에 관여한다.
- 가쪽넓은근(외측광근, vastus lateralis) : 하퇴의 신전에 관여한다.
- 안쪽넓은근(내측광근, vastus medialis) : 하퇴의 선전에 관여한다.
- 중간넓은근(중간광근, vastus intermedius) : 하퇴의 선전에 관여한다.
- 반힘줄모양근(반건양근, semitendinosus) : 고관절의 신전과 넙다리의 내전에 관여한다.
- 넙다리두갈래근(대퇴이두근, biceps femoris) : 고관절의 신전, 슬관절의 굴곡 및 하퇴의 바깥쪽회전에 관여한다.
- 반막모양근(semimembranosus) : 슬관절의 굴곡과 하퇴의 안쪽에 관여한다.

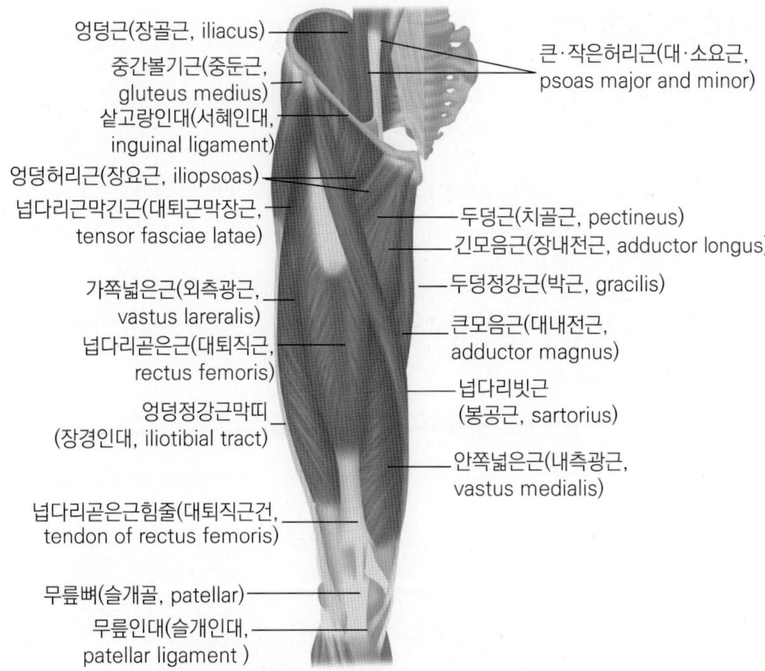

그림 3-7 앞넙다리근(전대퇴근), 모음근(내전근)

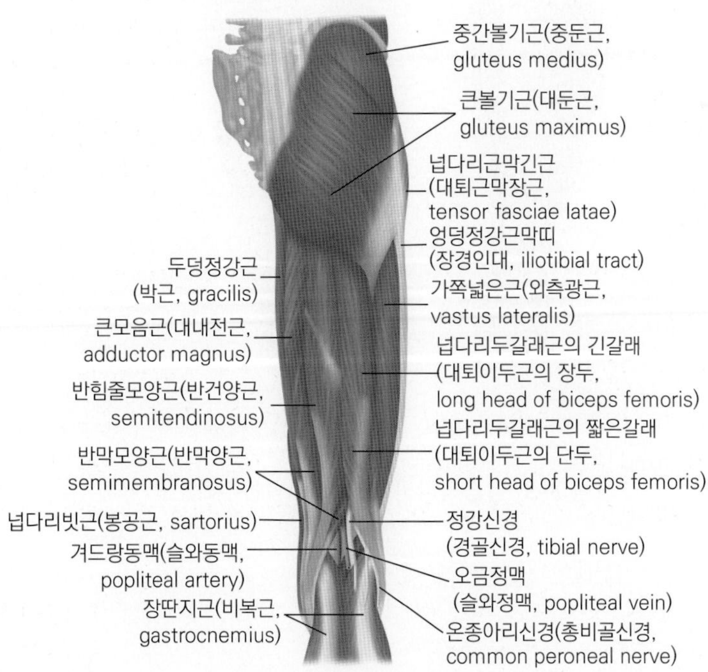

그림 3-8 뒤넙다리근(후대퇴근)

5) 종아리근육(하퇴근)

- 긴발가락폄근(장지신근, extensor digitorum longus) : 제 2~5지의 신전, 발의 배굴과 외번에 관여한다.
- 앞정강근(전경골근, tibialis anterior) : 발의 배굴과 내번에 작용한다.
- 긴종아리근(장비골근, peroneus longus) : 발의 외번과 족척 굴곡에 작용한다.
- 장딴지근(비복근, gastrocnemius) : 종아리를 형성하는 강대한 근으로 가자미근과 합쳐져 강인한 아킬레스건이 되어 종골 융기에 정지한다. 발의 족척굴과 슬관절의 굴곡에 작용한다.
- 가자미근(soleus) : 발의 족척굴과 슬관절의 굴곡에 작용한다.

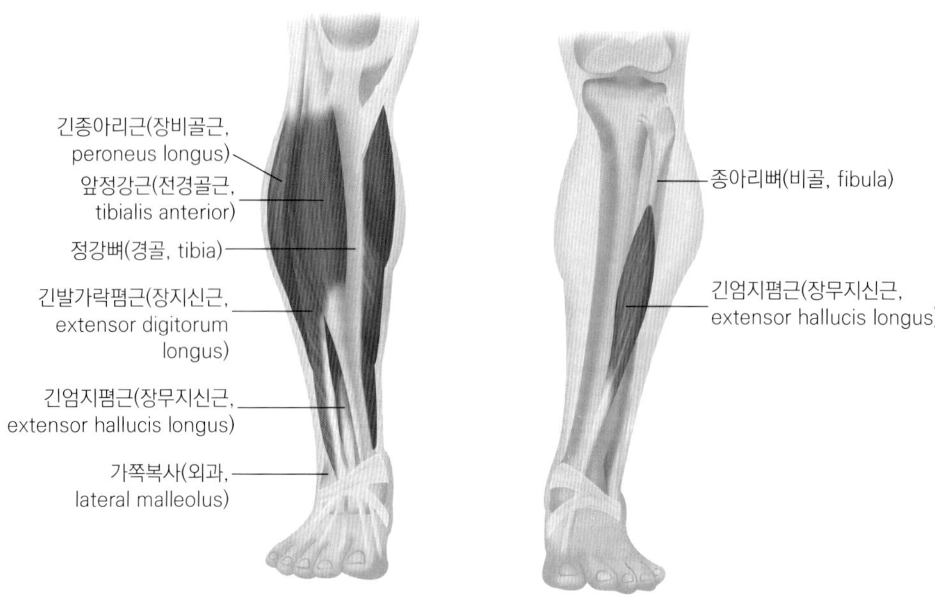

그림 3-9 앞종아리근(전하퇴근(폄근무리))

Ⅷ. 발, 다리 마사지(Massage of the Feet & Legs)

사람의 발과 다리 부위는 아래쪽에 위치하기 때문에 신체기관 중에서도 가장 힘든 체중 지탱의 임무를 맡고 있다. 발, 다리 마사지는 각 기관의 기능을 정상적으로 회복시켜주고 예방하는 건강 관리적 측면에 이르는 매우 광범위한 영역을 포함한다. 또한 다리 부분에 정체되어 있는 혈액순환을 도와줄 뿐만 아니라 림프 배농의 효과도 볼 수 있다.

앞면 마사지 동작

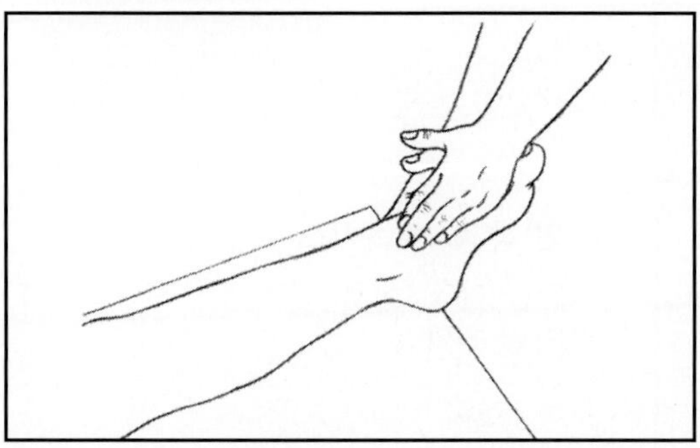

1. 전체 쓰다듬기

양손으로 발목에서 넙다리부(대퇴부)까지 올라가서 후면을 쓰다듬어 장딴지근(비복근) 사이로 내려온다.

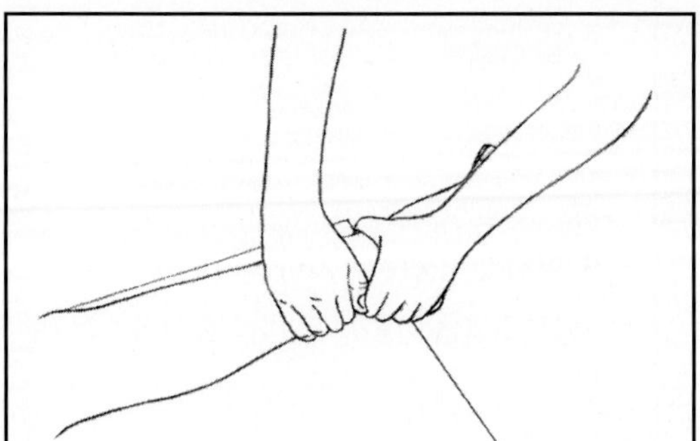

2. 안에서 밖으로 쓰다듬기

한손으로 발목을 잡고 다른손으로 안에서 밖으로 쓰다듬어 내려온다.

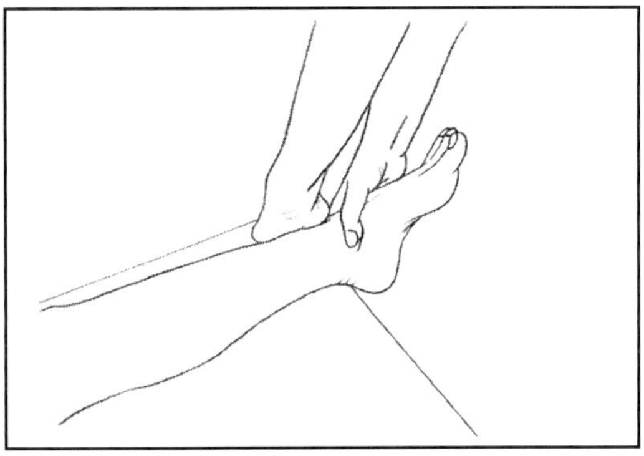

3. 밖에서 안으로 쓰다듬기

한손으로 발목잡고 다른손으로 밖에서 안으로 쓰다듬어 내려온다.

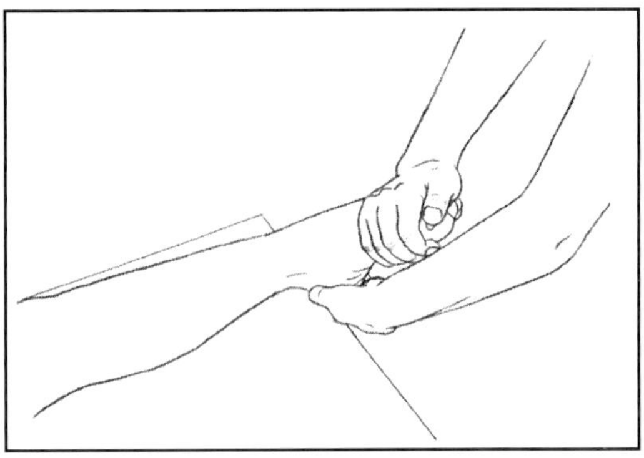

4. 발등과 발바닥 쓰다듬기

한손은 발가락 끝, 다른손은 발뒤꿈치에 대고 엇갈려서 반대방향으로 쓰다듬는다.

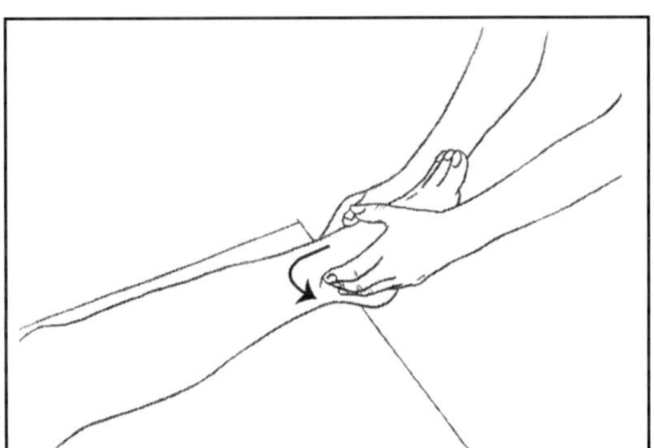

5. 안·밖 복사뼈 문지르기

네 손가락의 지두를 이용하여 안·밖 복사뼈 주위를 문지른다.

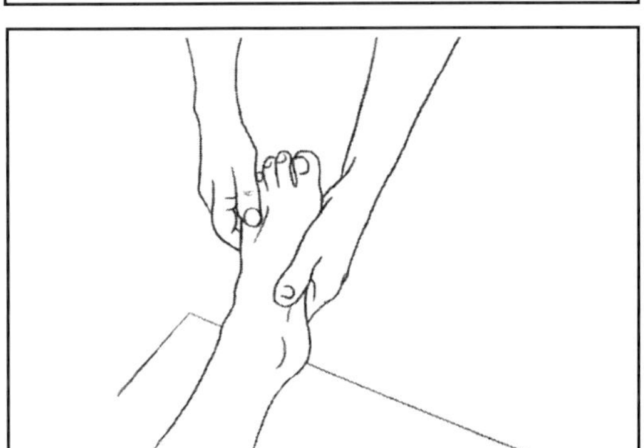

6. 발허리뼈(중족골) 사이 문지르기

엄지 요측을 이용하여 발허리뼈 사이를 문지른다.

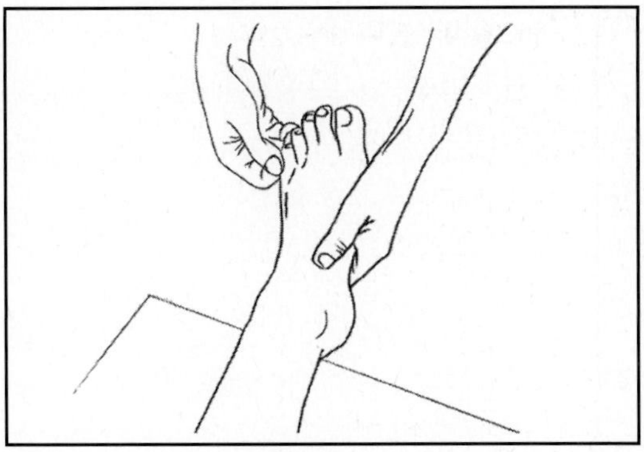

7. 발가락 마찰하기

엄지와 검지를 이용하여 수영방향으로 마찰한 뒤 발가락 끝을 튕기듯 뺀다.

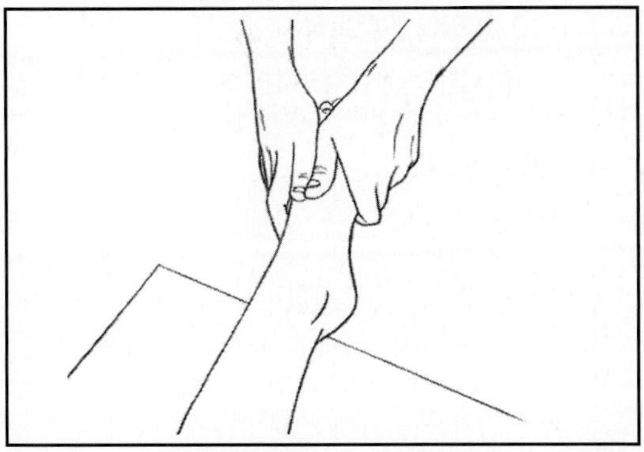

8. 발등 쓰다듬기

양손 엄지두덩부(모지구)를 이용하여 발등 전체를 쓰다듬는다.

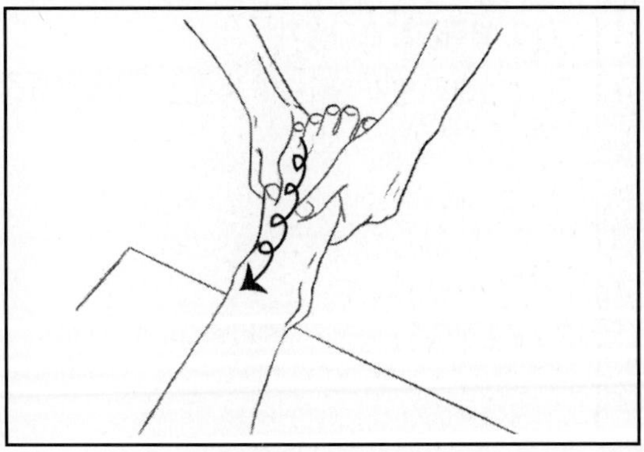

9. 발 바깥쪽 근육 마찰하기

엄지와 검지를 집게처럼 만들어서 발바깥쪽 근육을 집어주듯 마찰한다.

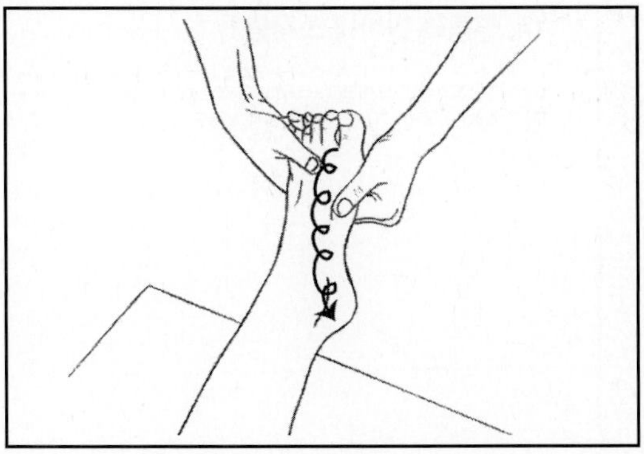

10. 발 안쪽 근육 마찰하기

엄지와 검지를 집게처럼 만들어서 발안쪽 근육을 집어주듯 마찰한다.

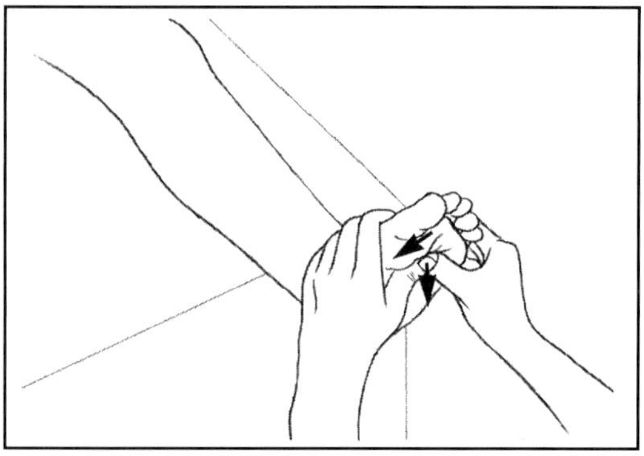

11. 발바닥 쓸어 내리기

양손 엄지를 겹쳐서 용천을 압을준 뒤 지두 부위로 발바닥을 가지를 치듯이 쓸어내린다.

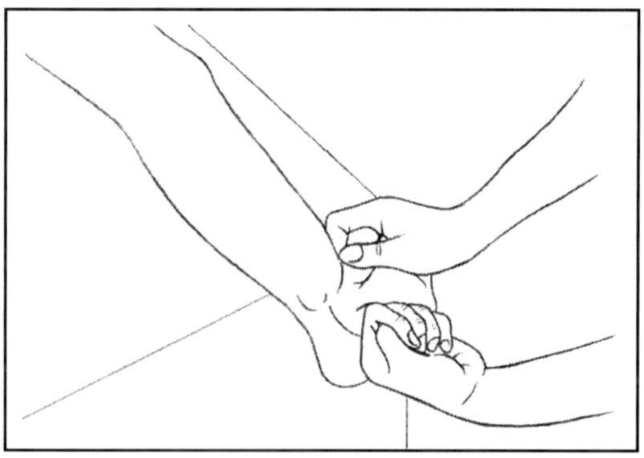

12. 발바닥 진정동작

한손으로 발가락을 뒤로 젖힌 후 다른손은 살짝 주먹을 쥐고 손등으로 내려가서 손바닥으로 쓸어 올린다.

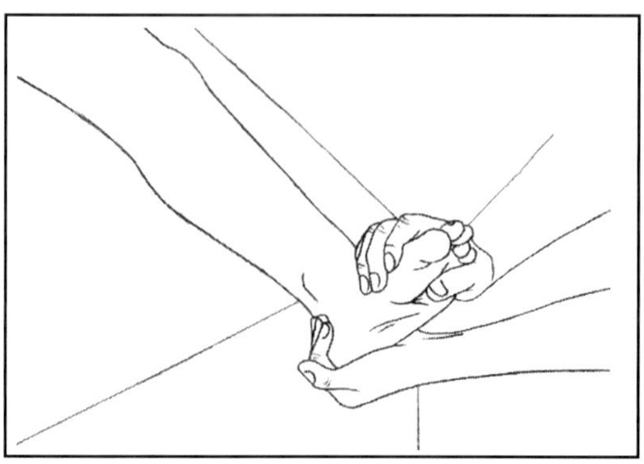

13. 발뒤꿈치 쓰다듬기

한손으로 발가락을 잡고 다른손으로 발뒤꿈치를 쓰다듬는다.

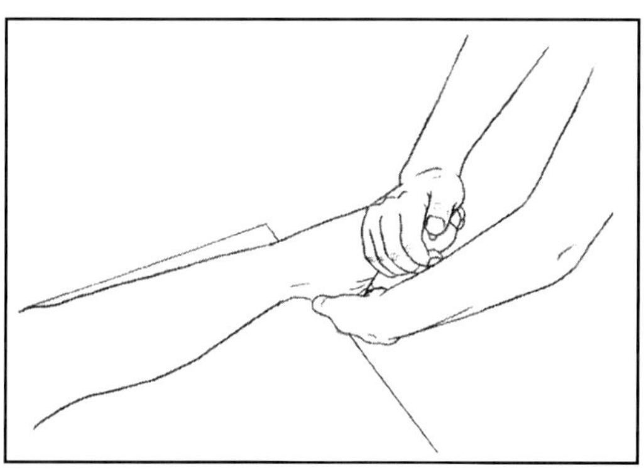

14. 발등과 발바닥 쓰다듬기

한손은 발가락끝, 다른손은 발뒤꿈치에 대고 엇갈려서 반대방향으로 쓰다듬는다.

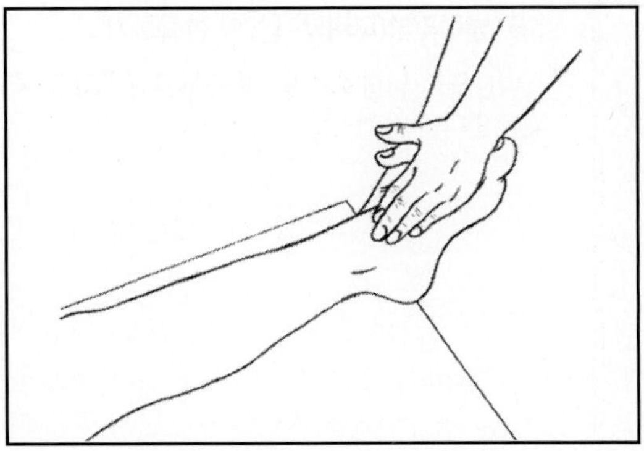

15. 전체 쓰다듬기

양손으로 발목에서 넙다리부(대퇴부)까지 올라가며 후면을 쓰다듬어 장딴지근(비복근) 사이로 내려온다.

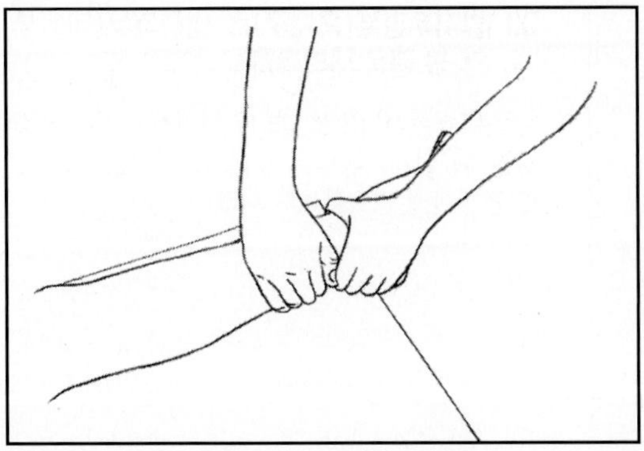

16. 안에서 밖으로 쓰다듬기

한손으로 발목잡고 다른손으로 안에서 밖으로 쓰다듬어 내려온다.

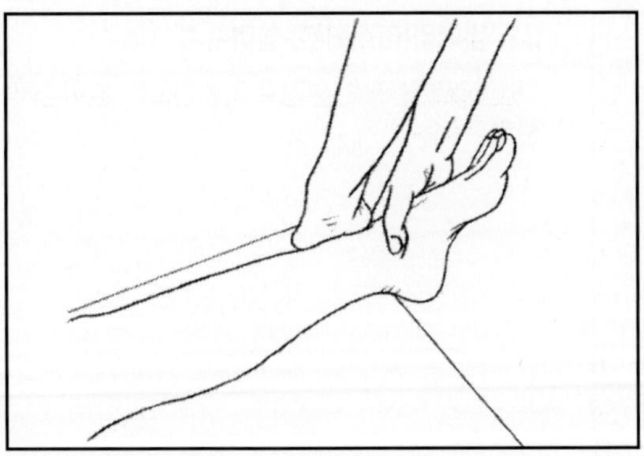

17. 밖에서 안으로 쓰다듬기

한손으로 발목잡고 다른 손으로 밖에서 안으로 쓰다듬어 내려온다.

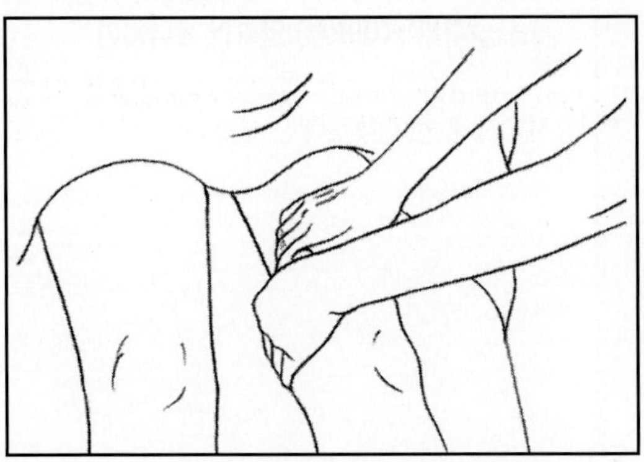

18. 넙다리부(대퇴부) 안·밖 비비기

양손바닥으로 넙다리부 안·밖 근육을 비벼준다.

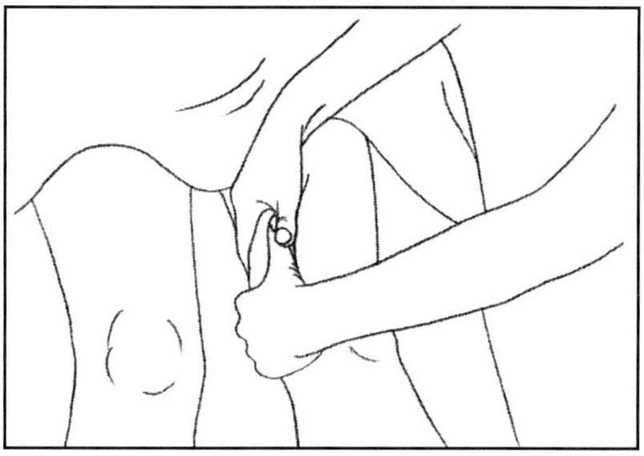

19. 넙다리부(대퇴부) 안·밖 반죽하기

양손으로 넙다리부 안·밖 근육을 반죽하듯 주물러준다.

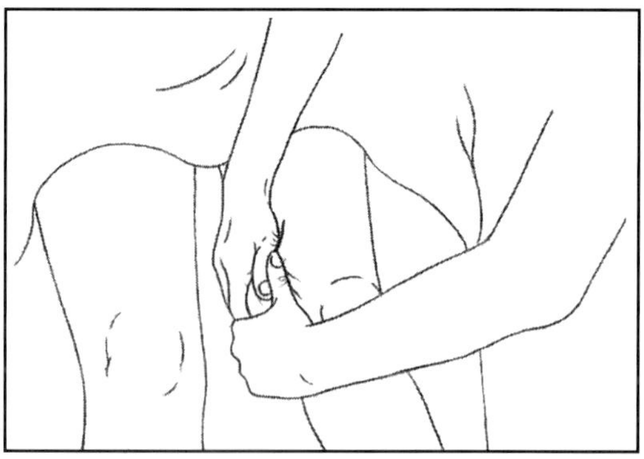

20. 엄지두덩부(모지구)로 넙다리부(대퇴부) 안·밖 근육 내려주기

양손 네손가락으로 넙다리부 안쪽근육을 쓸어 올린 뒤 엄지두덩부로 밀어 내려준다(바깥쪽면도 동일한 방법으로 실시한다).

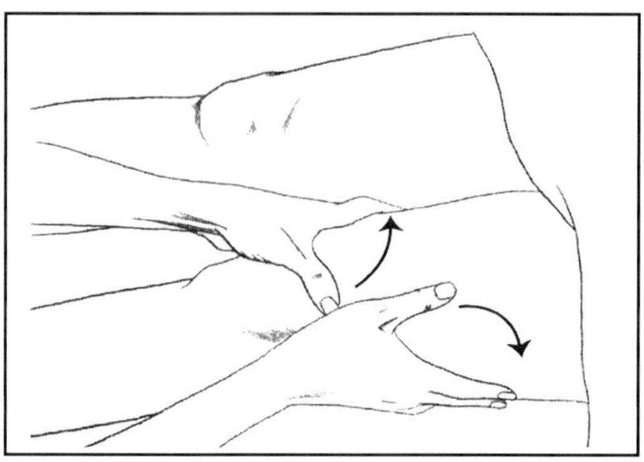

21. 넙다리부(대퇴부) 쓸어주기

넙다리부를 양손 엄지로 가지치듯이 쓸어 올려준다.

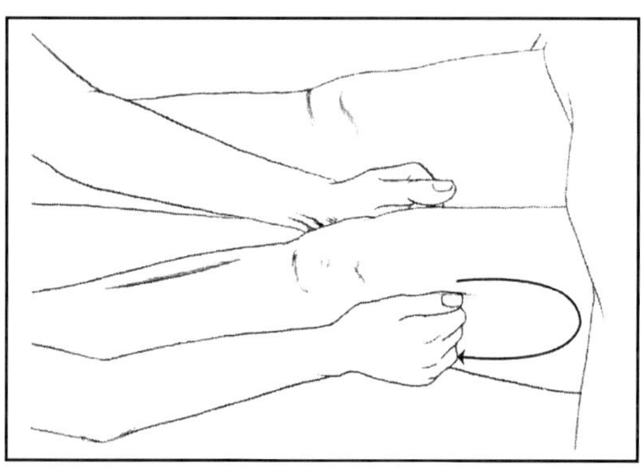

22. 넙다리부(대퇴부) 양측면 쓰다듬기

주먹쥐고 넙다리부 양측면을 쓸어 올린 뒤 손바닥으로 쓸어 내린다.

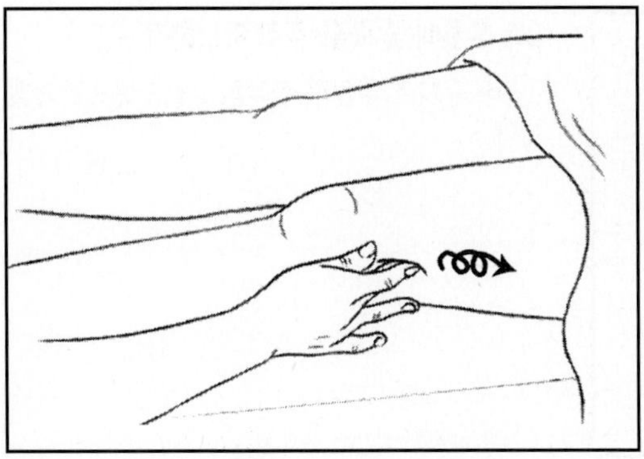

23. 엉덩정강근막띠(장경인대) 부위 마찰하기

중지로 엉덩정강근막띠 부위를 수영방향으로 마찰한다.

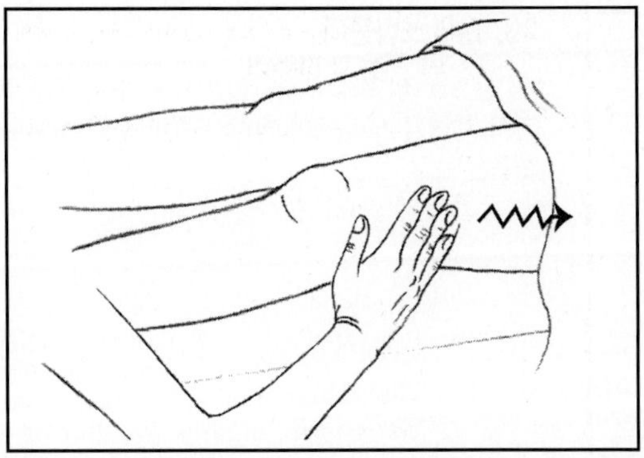

24. 넙다리부(대퇴부) 바깥쪽 떨어주기

한손으로 넙다리부 바깥쪽을 떨어서 튕겨준다.

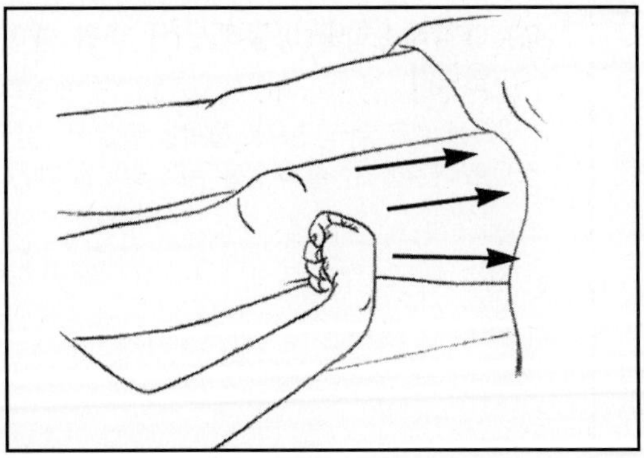

25. 넙다리부(대퇴부) 진정작용

한손으로 주먹을 쥐고 넙다리부를 3부위로 나누어 가볍게 서혜부로 밀어준다.

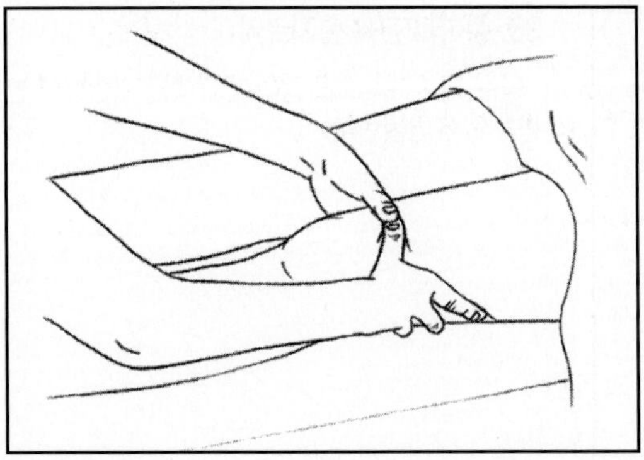

26. 무릎뼈(슬개골) 주위 쓰다듬기

양손 엄지로 무릎뼈 주위를 원을 위·아래로 쓰다듬는다.

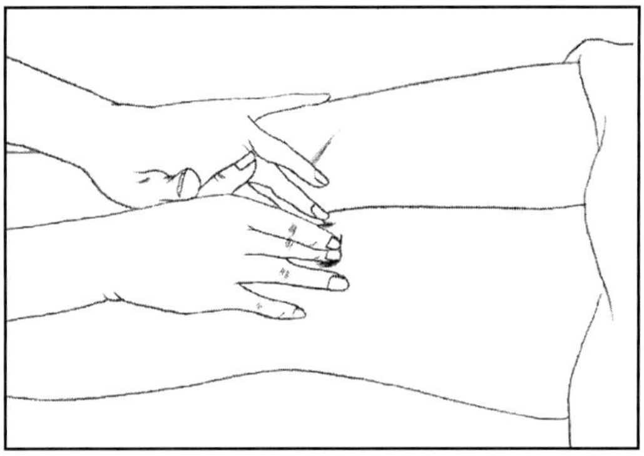

27. 무릎뼈(슬개골) 주위 마찰하기

양손 중지로 무릎뼈 주위를 수영방향으로 마찰한다.

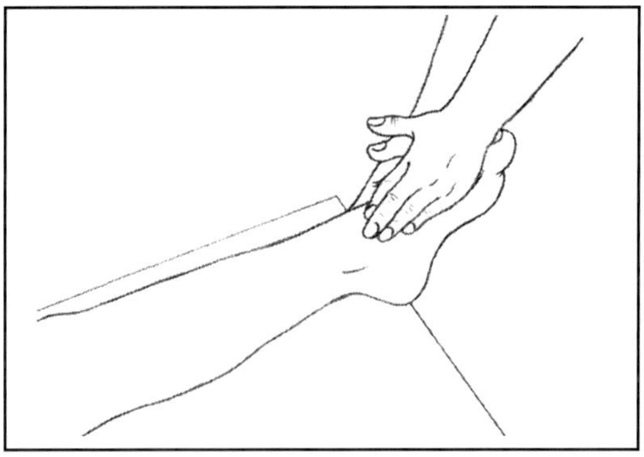

28. 전체 쓰다듬기

양손으로 발목에서 넙다리부(대퇴부)까지 올라가서 후면을 쓰다듬어 장딴지근(비복근) 사이로 내려온다.

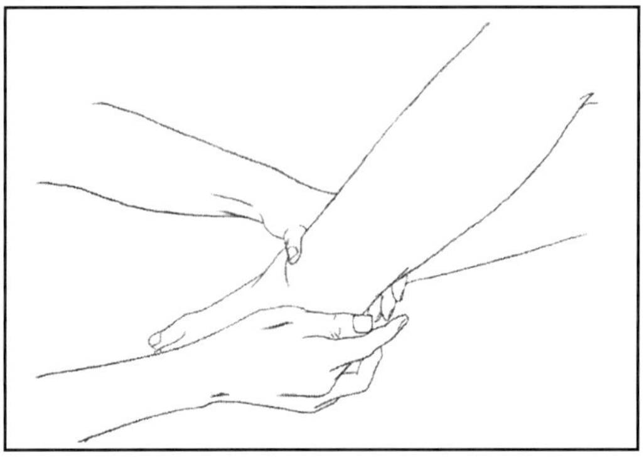

29. 아킬레스힘줄(아킬레스건) 주위 쓸어 올리기

다리를 세운 뒤 양손으로 발목을 잡고 네 손가락으로 아킬레스힘줄 부위를 위로 쓸어 올린다.

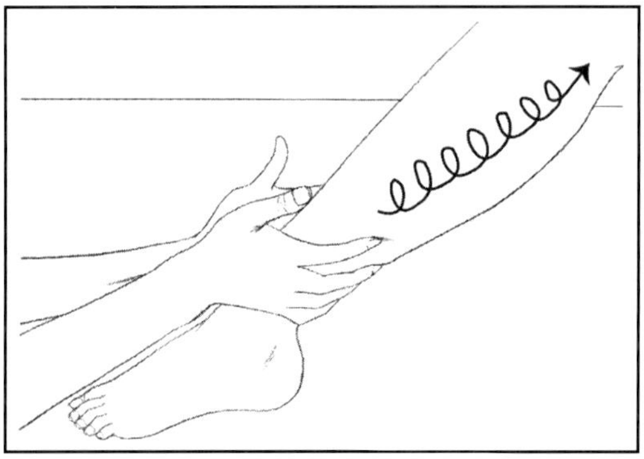

30. 종아리 근육 문지르기

양손 네손가락으로 종아리 근육을 수영반대 방향으로 쓸어올린다.

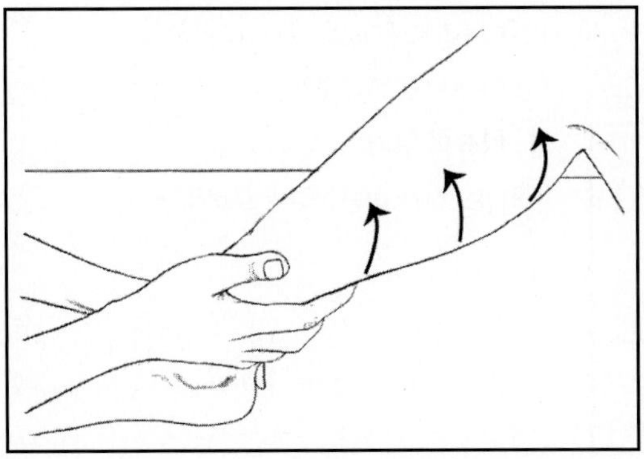

31. 장딴지근(비복근) 부위 훑어주기

한손은 발목을 잡고 다른손은 네손가락으로 장딴지근 부위를 훑어준다.

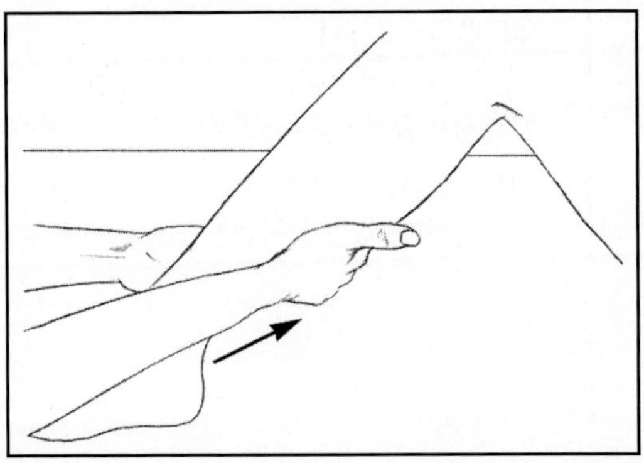

32. 종아리 쓸어 올리기

양손바닥 교대로 발목에서 무릎뼈(슬개골) 후면까지 쓸어올린다.

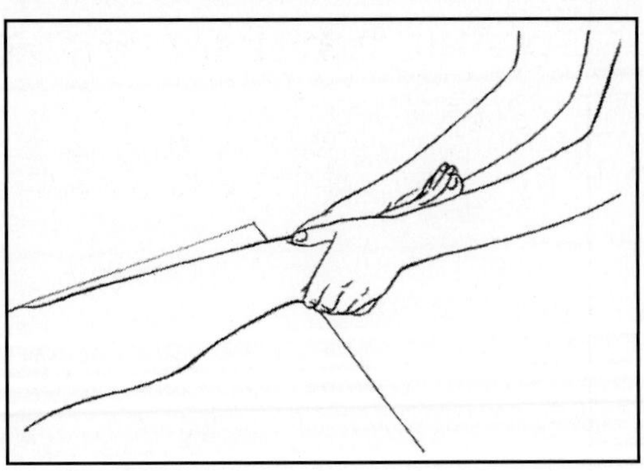

33. 발목잡고 떨어주기

양손으로 발목을 잡아당기면서 떨어준다.

마무리 동작

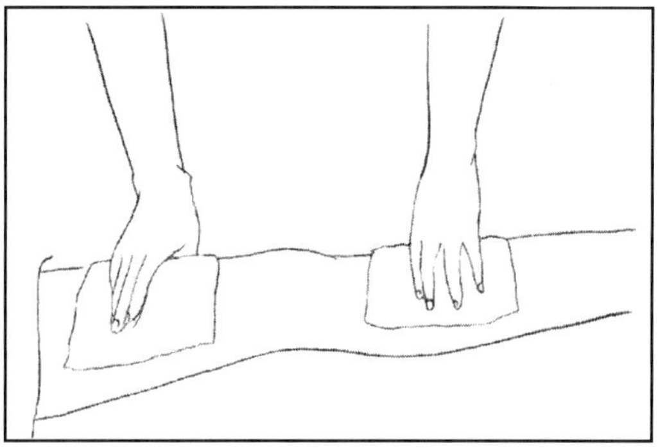

1. 티슈로 닦기

티슈 2장을 이용하여 누르듯이 닦는다.

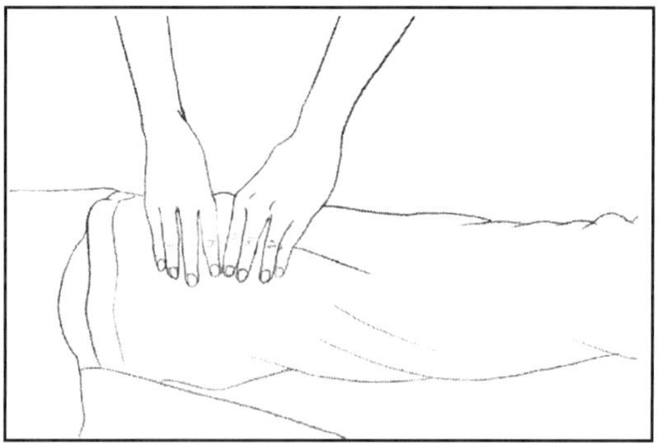

2. 온습포 동작

1) 다리근육 집어주기

온습포를 덮고 양손으로 다리 근육 전체를 집어준다.

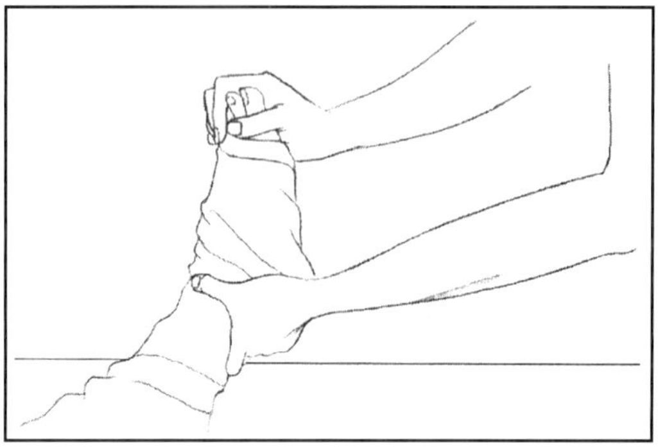

2) 발목 돌려주기

한손은 발목을 잡고 다른손은 발가락 끝을 잡고 돌려준다.

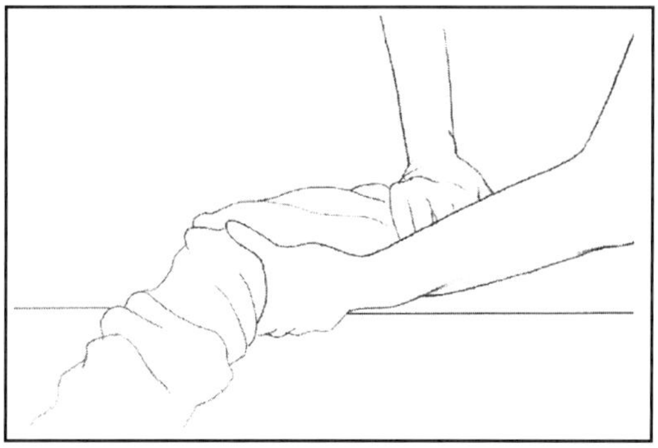

3) 발 안쪽으로 눌러주기

한손은 발목을 잡고 다른손은 발가락 끝을 잡고 안쪽으로 눌러준다.

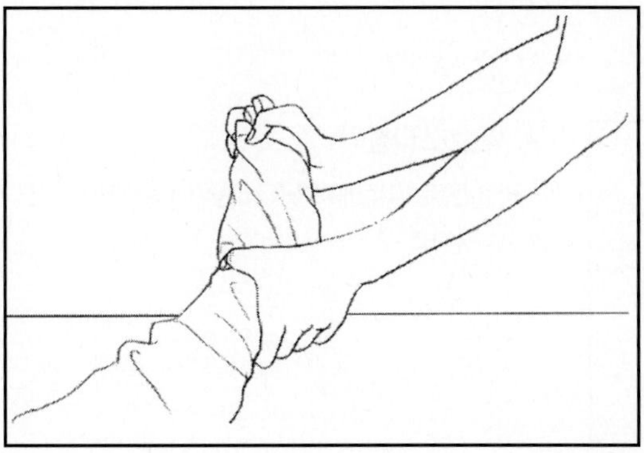

4) 발 바깥쪽으로 눌러주기
한손은 발목을 잡고 다른손은 발가락 끝을 잡고 바깥쪽으로 눌러준다.

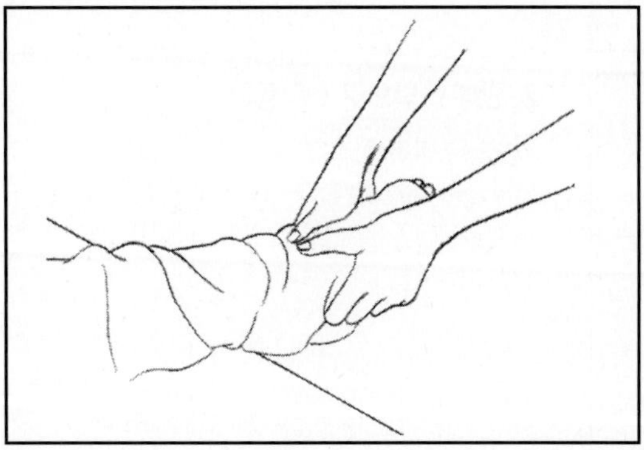

5) 발허리뼈(중족골) 사이 눌러주기
양손 엄지로 발허리뼈 사이를 눌러준다.

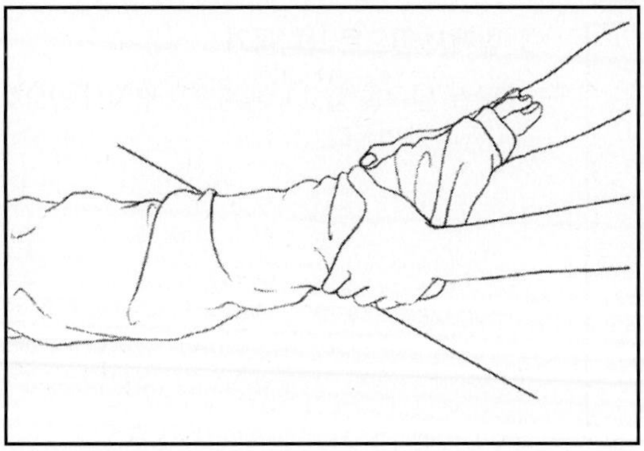

6) 발목잡고 떨어주기
양손으로 발목을 잡고 떨어준다.

후면 마사지 동작

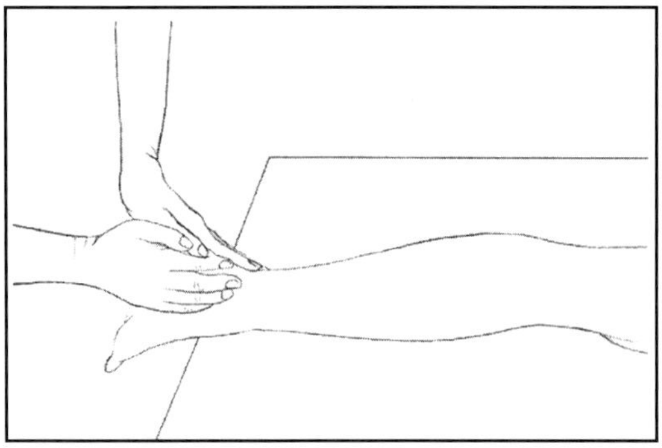

1. 양손 쓰다듬기

양손으로 발목에서 넙다리부(대퇴부)까지 쓰다듬고 내려온다.

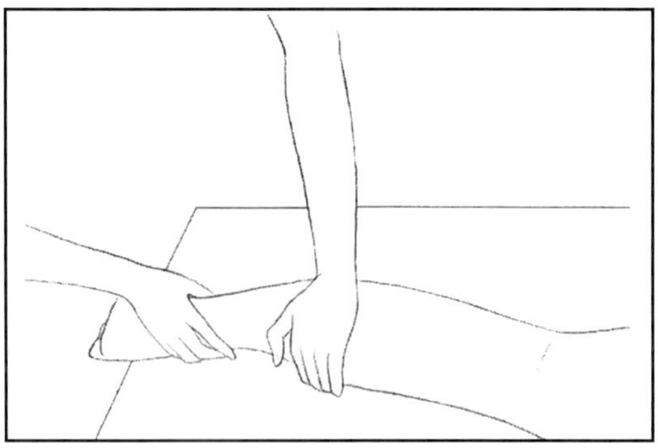

2. 안에서 밖으로 쓰다듬기

한손은 발목을 잡고 다른손으로 안에서 밖으로 쓰다듬어 내려온다.

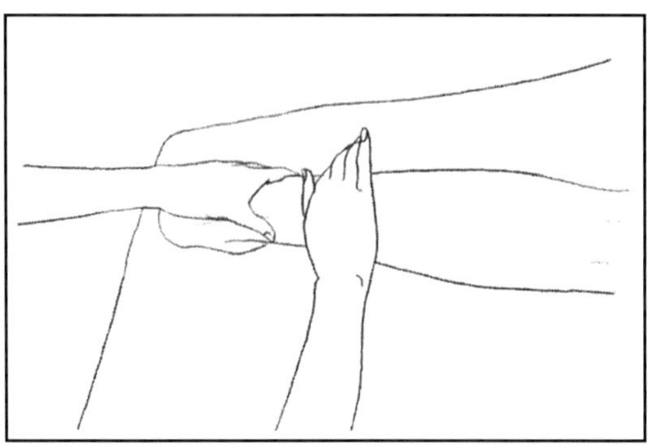

3. 밖에서 안으로 쓰다듬기

한손은 발목을 잡고 다른손으로 밖에서 안으로 쓰다듬어 내려온다.

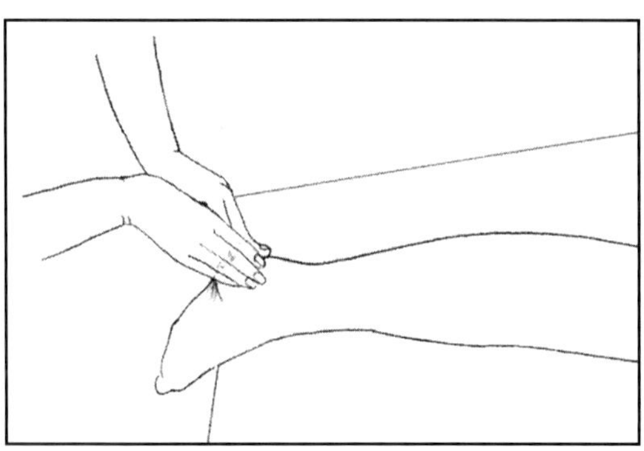

4. 발뒤꿈치 쓰다듬기

양손 네손가락으로 발뒤꿈치를 수영반대 방향으로 쓰다듬는다.

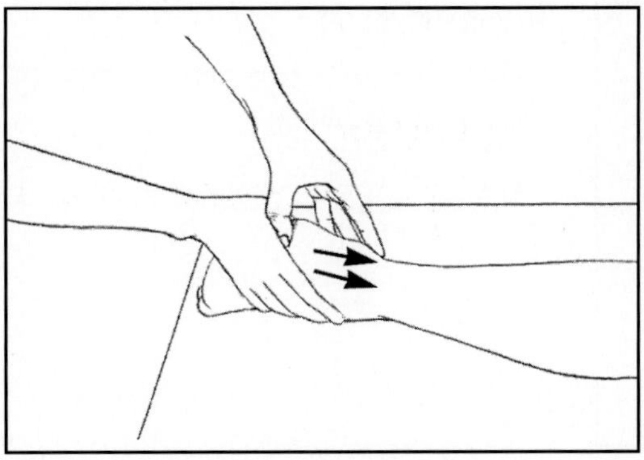

5. 엄지로 쓰다듬기

양손 엄지로 발뒤꿈치를 아래에서 위로 쓰다듬는다.

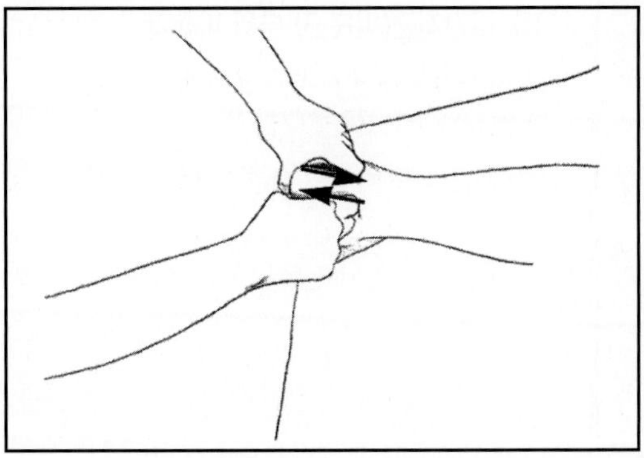

6. 아킬레스힘줄(아킬레스건) 부위 문지르기

양손을 가볍게 주먹 쥔 상태에서 검지를 이용하여 아킬레스힘줄부위를 위아래로 문지른다.

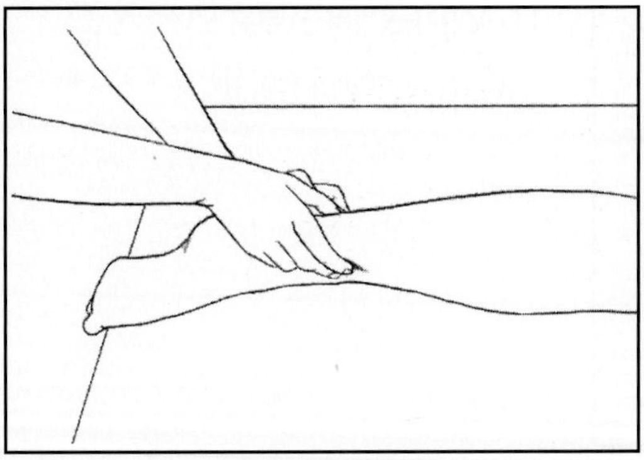

7. 종아리근육 마찰하기

한손으로 발목을 잡고 아킬레스힘줄에서부터 종아리근육 전체를 엄지와 네손가락으로 집어주듯이 마찰한다.

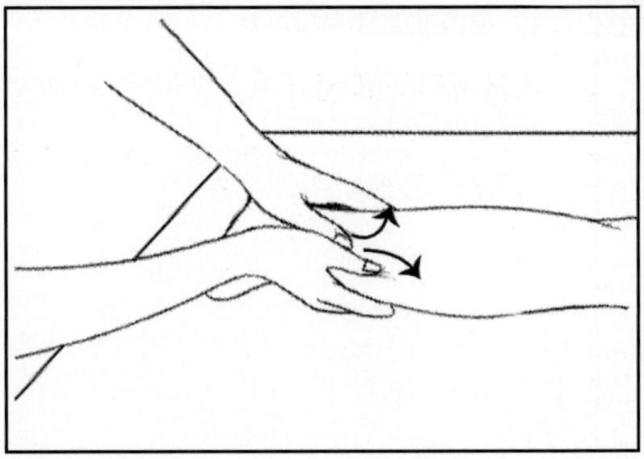

8. 장딴지근(비복근) 부위 마찰하기

엄지두덩부(모지구)를 이용하여 장딴지근 사이를 가지치듯 마찰한다.

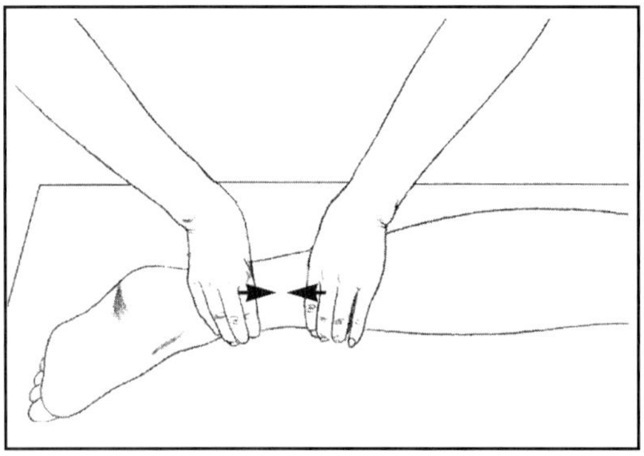

9. 안쪽으로 모으기

양손을 마주보듯이 하여 안쪽으로 발목에서부터 종아리근육을 모아준다.

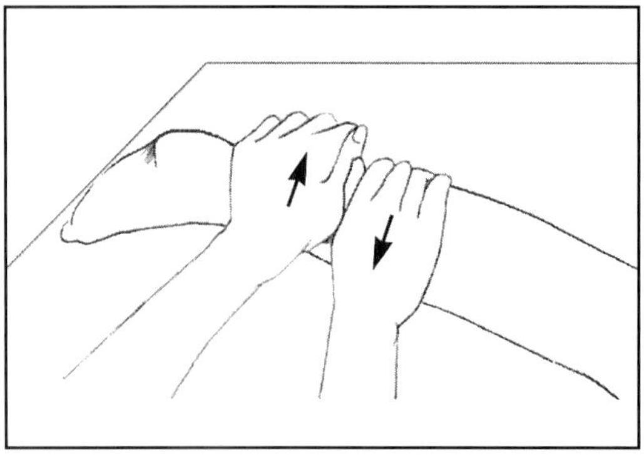

10. 장딴지근(비복근) 부위 비틀기

양손으로 장딴지근 부위를 비틀어준다.

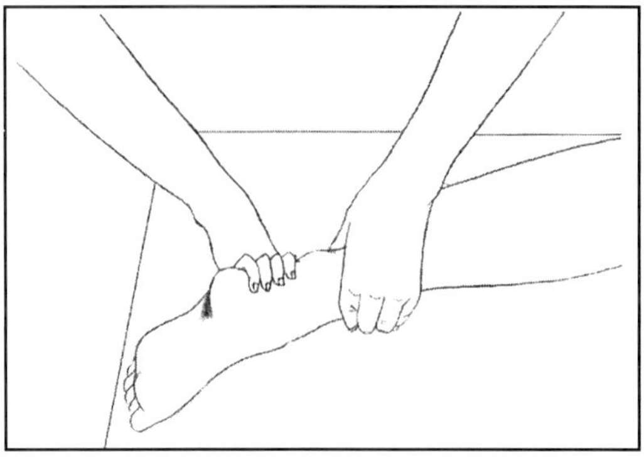

11. 장딴지근(비복근) 부위 모아주기

양손을 교차하면서 장딴지근을 중앙으로 모아준다.

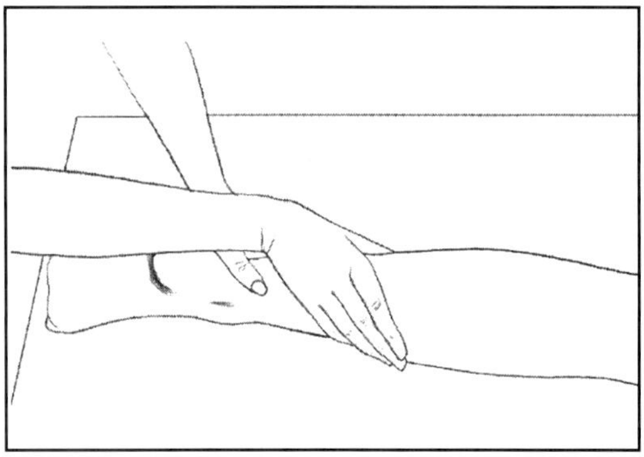

12. 종아리 근육 쓰다듬기

양손 교대로 종아리 근육을 발목부터 모으듯이 쓰다듬어 준다.

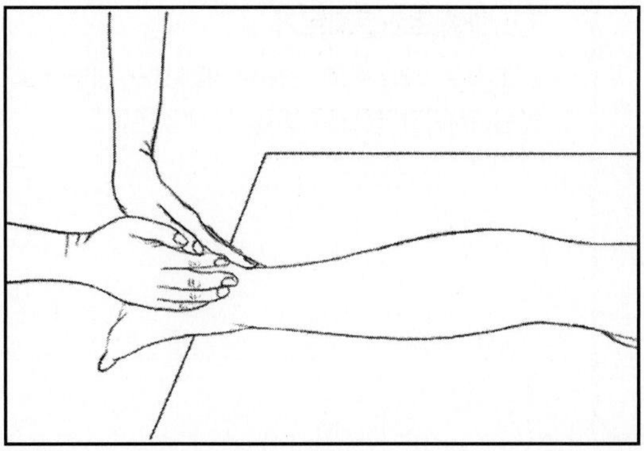

13. 전체 쓰다듬기

양손 교대로 발목에서 넙다리부(대퇴부)까지 쓰다듬어 내려온다.

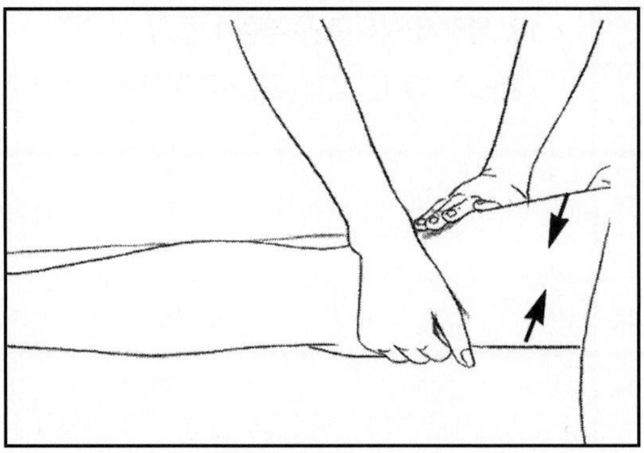

14. 넙다리부(대퇴부)근육 안쪽으로 모으기

넙다리부근육을 양손을 마주하듯이 잡아 안쪽으로 모아준다.

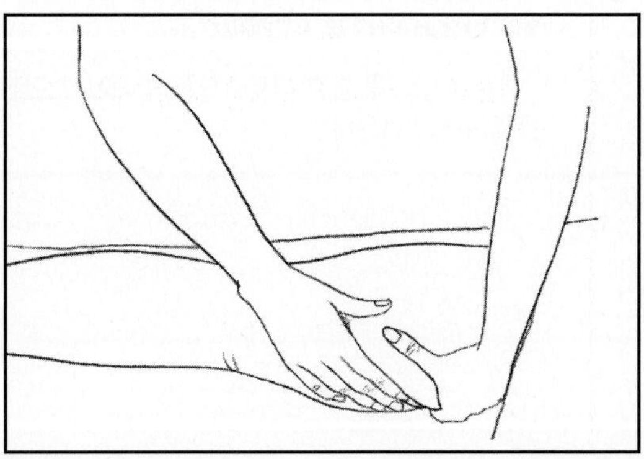

15. 비틀기

넙다리부(대퇴부)근육을 2등분하여 안쪽부터 양손으로 비틀어준다.

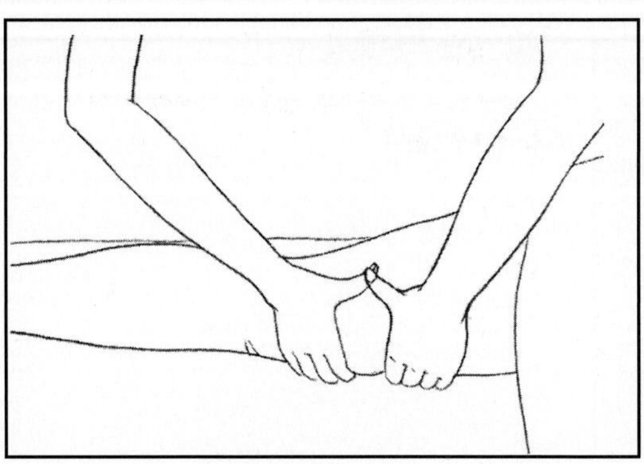

16. 모아주기

넙다리부(대퇴부) 근육을 양손의 네 손가락으로 잡아준 후 엄지와 엄지두덩부(모지구)를 이용하여 쓸어 내린다.

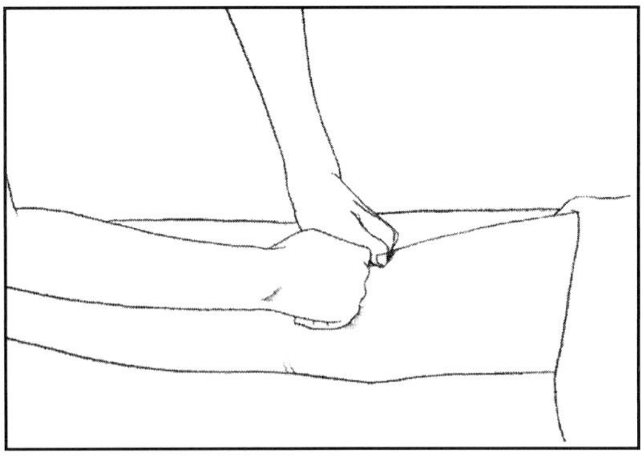

17. 양손으로 문지르기

양손을 가볍게 주먹쥐어 아래에서 위로 쓸어 올린 뒤 손바닥으로 쓰다듬어 내려온다.

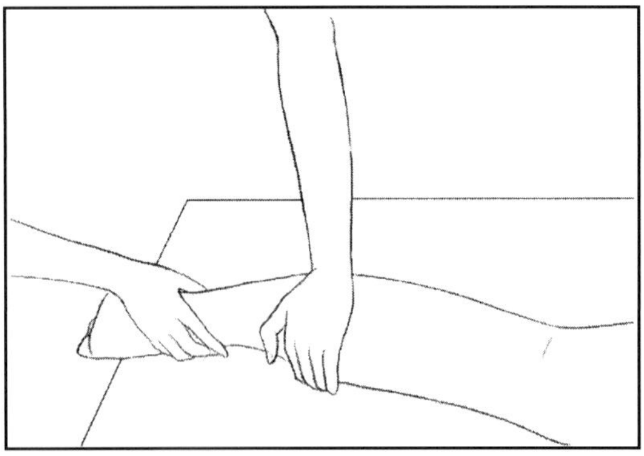

18. 안에서 밖으로 쓰다듬기

한손은 발목을 잡고 다른손으로 안에서 밖으로 쓰다듬고 내려온다.

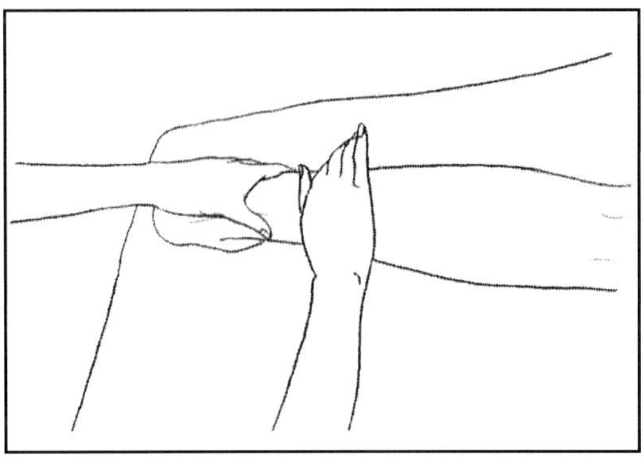

19. 밖에서 안으로 쓰다듬기

한손은 발목을 잡고 다른손으로 밖에서 안으로 쓰다듬어 내려온다.

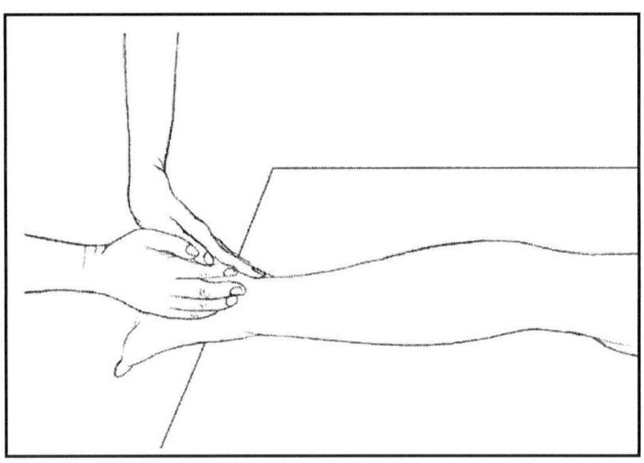

20. 양손 쓰다듬기

양손으로 발목에서 넙다리부(대퇴부)까지 쓰다듬어 내려온다.

마무리 동작

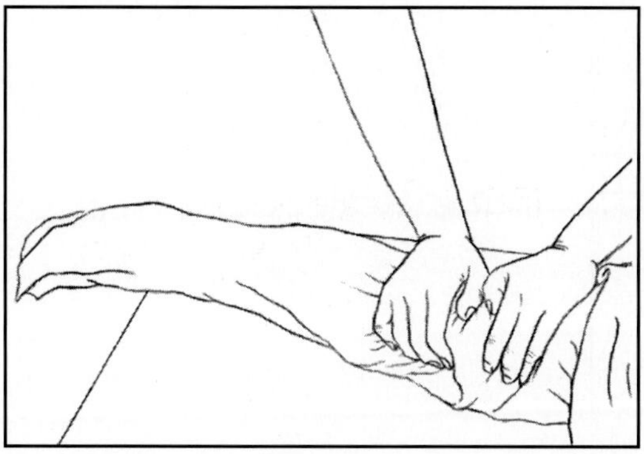

2. 온습포 동작

1) 양손으로 다리전체를 눌러준다.

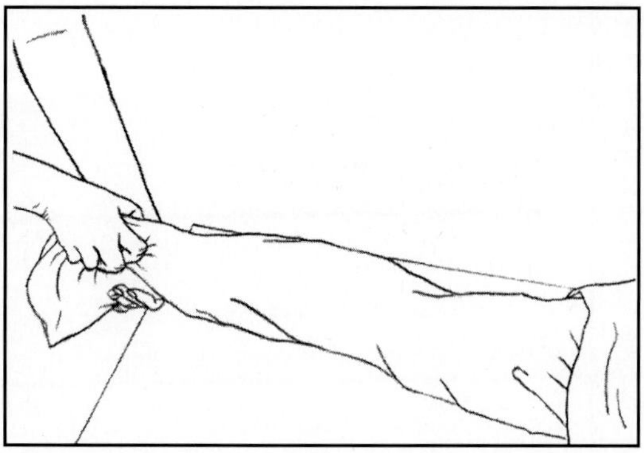

2) 아킬레스힘줄 부위를 엄지와 중지로 눌러준다.

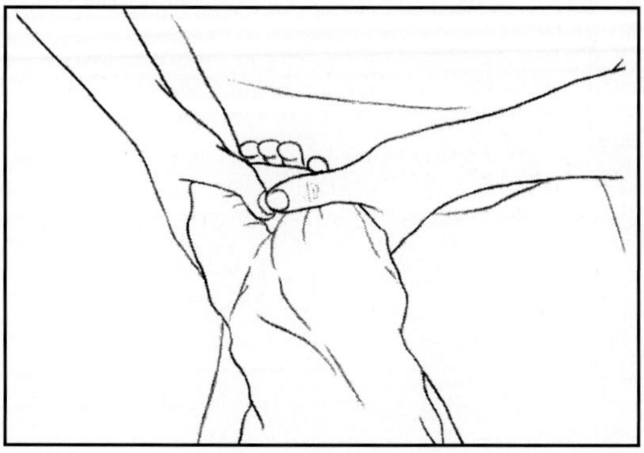

3) 용천을 양손 엄지로 눌러준다.

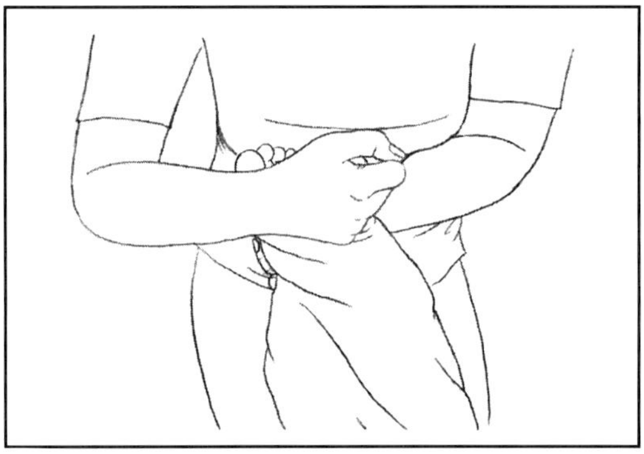

4) 한손으로 발밑을 받치고 다른 손은 주먹을 쥐어 발바닥을 두드린다.

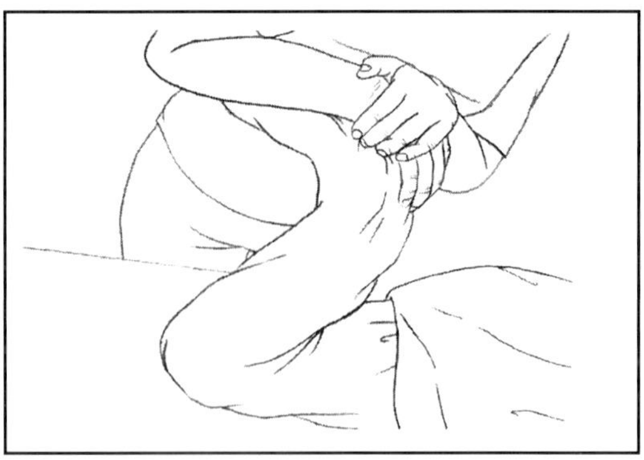

5) 다리를 굽혀 팔꿈치를 발바닥 위에 얹어서 엉덩이 으로 밀어준다.

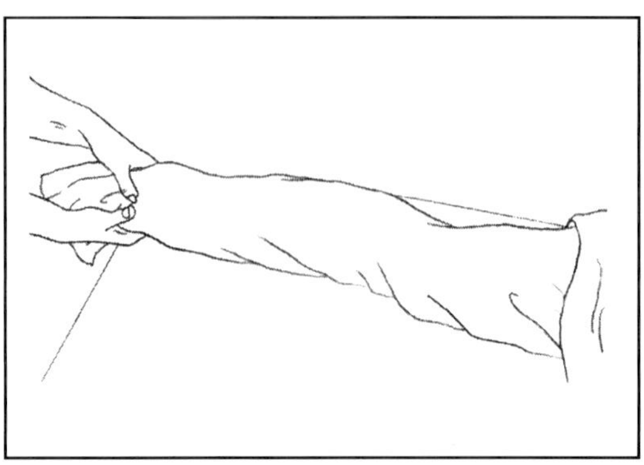

6) 발목을 양손으로 잡아 당겨준다.

3. 다리 전체를 깨끗이 닦는다.

4. 바디전용 로션이나 토너로 마무리한다.

Ⅸ. 가슴 및 배의 근육 (Muscles of the Breast & Abdomen)

1. 가슴 근육(흉부의 근, Muscles of the breast)

가슴근육은 흉벽과 상지를 연결하여 상지의 운동에 관여하는 피하의 얕은 가슴근(천흉근)과 가슴우리에 붙어서 흉강의 용적을 증감시켜 호흡에 관여하는 깊은 가슴근(심흉근)으로 구분한다.

1) 얕은 가슴근육(천흉근, Superficial thoracic muscles)

- 큰가슴근(대흉근, pectoralis major) : 위팔(상완)의 내전과 안쪽 회전을 주도하고 복장뼈(흉골)과 갈비뼈를 위로 당긴다.
- 작은가슴근(소흉근, pectoralis minor) : 어깨뼈(견갑골)의 전·하방으로 당긴다.
- 앞톱니근(전거근, serratus anterior) : 어깨뼈(견갑골)을 앞으로 당겨 체벽에 붙이고 회전시킨다.

2) 깊은 가슴 근육(심흉근, Deep thoracic muscles)

- 바깥늑골사이근(외늑간골, exeternal intercostals) : 갈비뼈를 위로 당겨 흉강을 넓힌다.

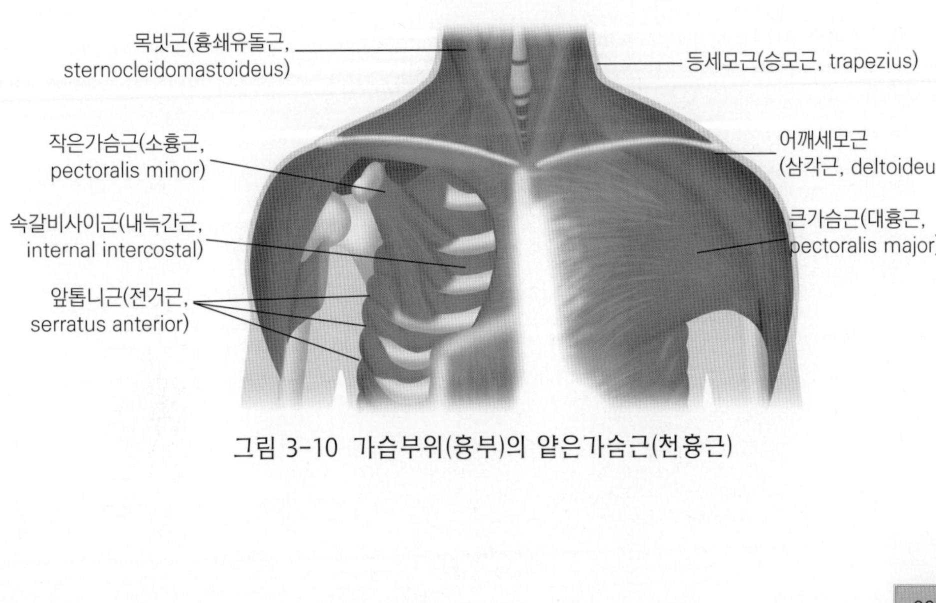

그림 3-10 가슴부위(흉부)의 얕은가슴근(천흉근)

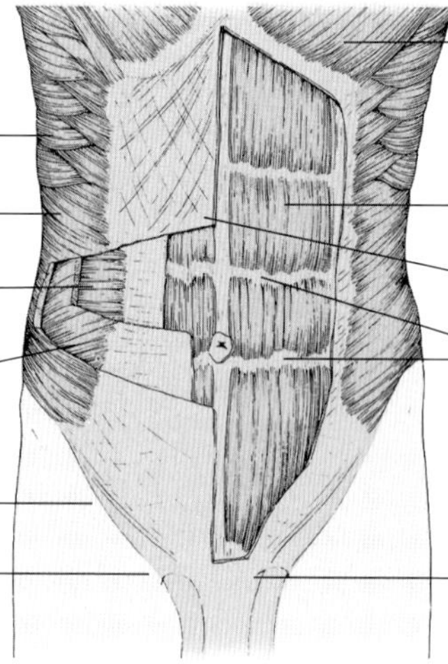

그림 3-11 배의 근육

- 속늑골사이근(내극간근, internal intercostals) : 수축 시 갈비뼈를 밑으로 잡아당겨서 흉강을 좁힌다.

2. 배 근육(복부의 근, Muscles of the abdomen)

- 배바깥경사근(외복사근, obliquus externus) : 척추의 회전과 굴곡, 배의 내장을 압박시킨다.
- 배곧은근(복직근, rectus abdominis) :가슴우리를 아래로, 다리이음뼈를 위로 당긴다.
- 배가로근(복횡근, transverse abdominis muscle) : 내·외 복사근을 돕는다.
- 배속경사근(내복사근, obliquus internus) : 척추의 회전과 굴곡, 배의 내장을 압박시킨다.

Ⅹ. 가슴마사지(Massage of the Breast)

가슴은 여성 특유의 신체적 아름다움을 나타내는 미적인 측면에서 매우 중요한 신체부위에 해당한다. 유방은 피부와 지방(fat) 및 유선(mammary gland)으로 구성되어 있으며, 마사지를 통하여 유방의 탄력 향상을 도와주고 노폐물 배설과 혈액순환을 촉진시킨다.

마사지 동작

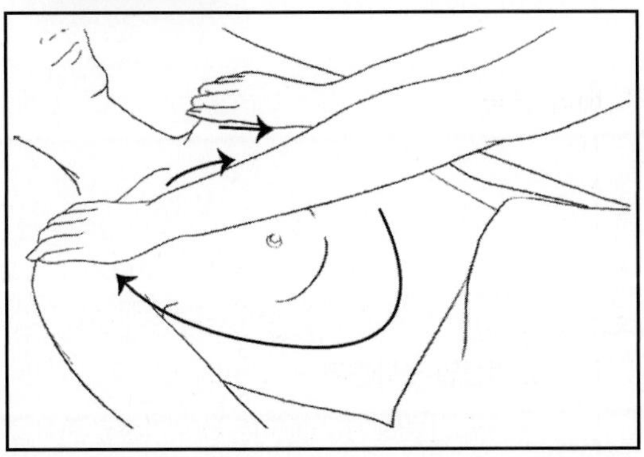

1. 전체 쓰다듬기

양손바닥으로 어깨를 감싸고 내려와 양손이 마주치면 가슴과 가슴 사이로 내려와 손바닥으로 가슴 밑을 바깥쪽으로 쓸어 내린다. 그런 다음 큰가슴근(대흉근) 부위를 엄지두덩부(모지구)를 이용하여 수영방향으로 문지른다.

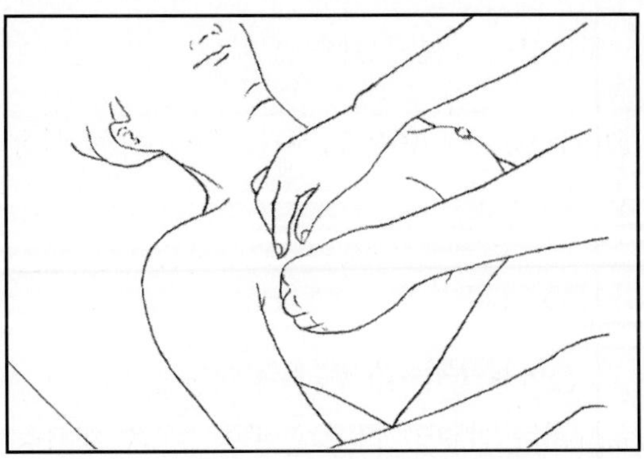

2. 꼬집기

양손 엄지와 네손가락으로 가슴주위를 돌아가며 꼬집는다.

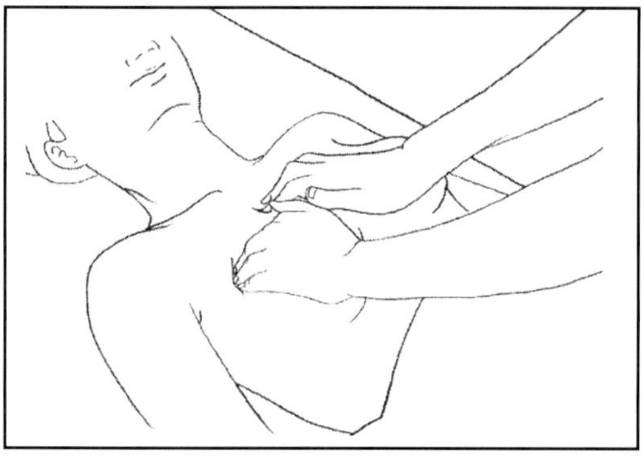

3. 마찰하기

양손 네손가락을 이용하여 안쪽으로 원을 그리면서 가슴 주위를 마찰한다.

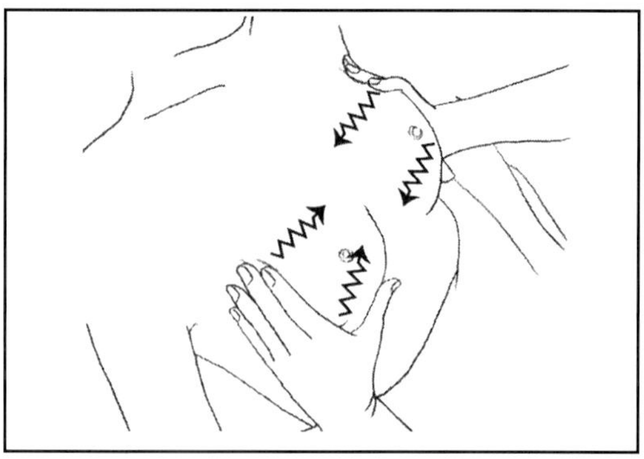

4. 떨어주기

양손으로 가슴을 감싸서 안쪽으로 모으듯이 떨어준다.

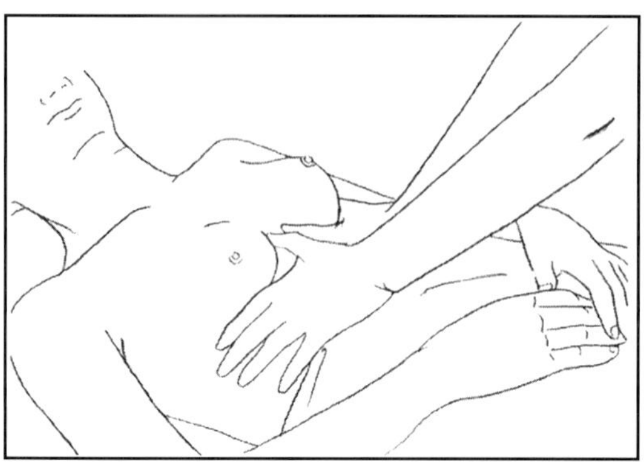

5. 가슴밑 쓰다듬기

엄지두덩부(모지구)를 이용하여 가슴밑 근육을 쓰다듬는다.

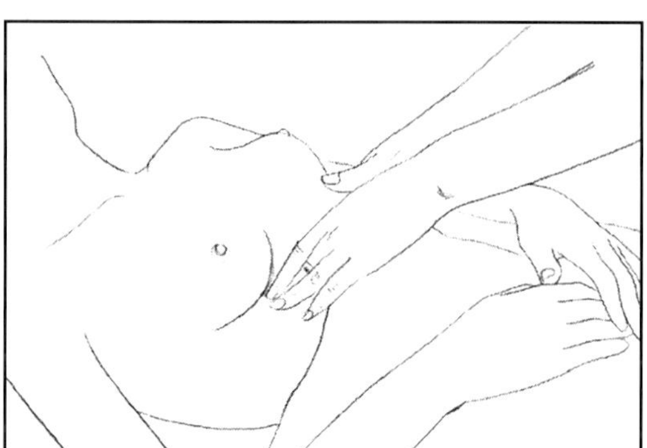

6. 갈비뼈(늑골)사이 마찰하기

갈비뼈사이 사이를 중지를 이용하여 수영반대 방향으로 위에서 아래로 마찰한다.

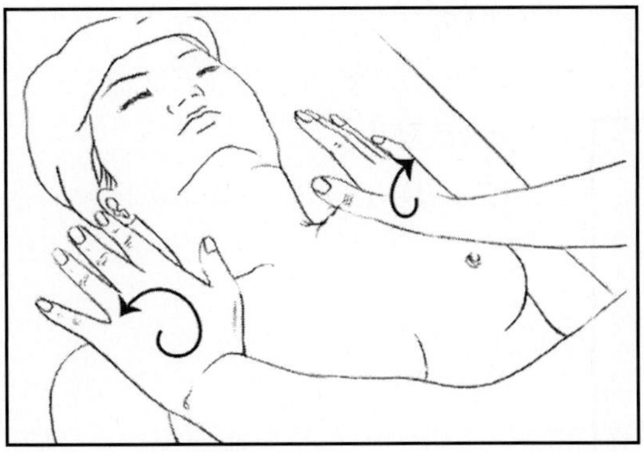

7. 큰가슴근(대흉근) 부위 문지르기

양손바닥으로 큰가슴근 부위를 수영방향으로 문지른다.

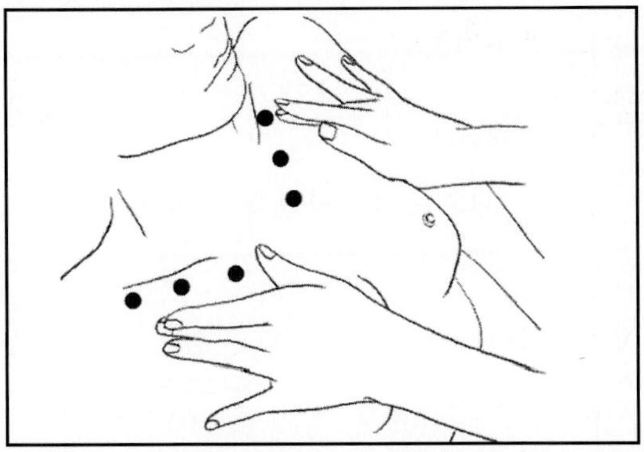

8. 빗장뼈(쇄골) 밑 마찰하기

중지와 검지를 겹쳐 빗장뼈 밑을 수영반대 방향으로 마찰한다.

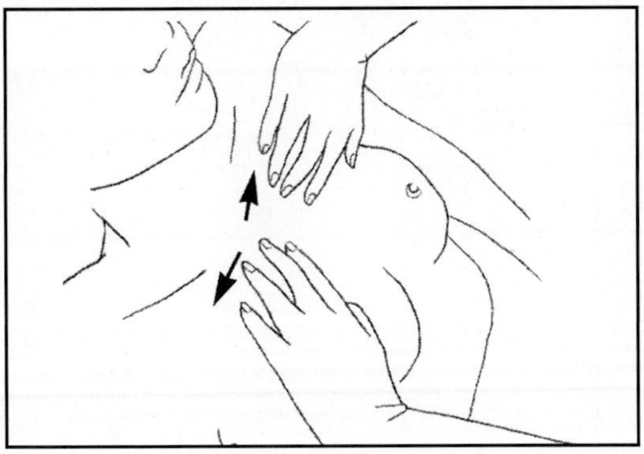

9. 복장뼈(흉골)사이 쓸어주기

양손 네손가락으로 갈고리 모양으로 마주하고 복장뼈 사이사이를 안에서 밖으로 쓸어준다.

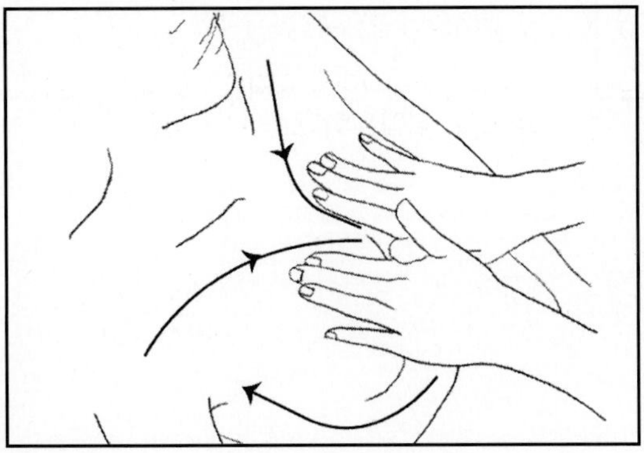

10. 전체 쓰다듬기

양손바닥으로 어깨를 감싸고 내려와 양손이 마주치면 가슴과 가슴 사이로 내려와 손바닥으로 가슴 밑을 바깥 으로 쓸어 내린다. 그런 다음 큰가슴근(대흉근) 부위를 엄지두덩부(모지구)를 이용하여 수영방향으로 문지른다.

마무리 동작

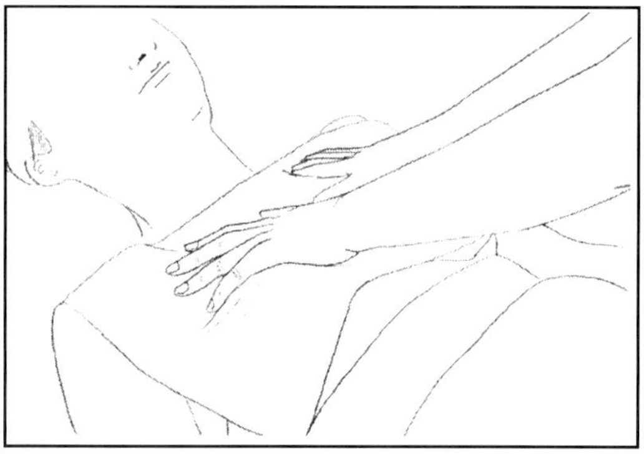

1. 티슈로 닦기

티슈 2장을 이용하여 누르듯이 닦아낸다.

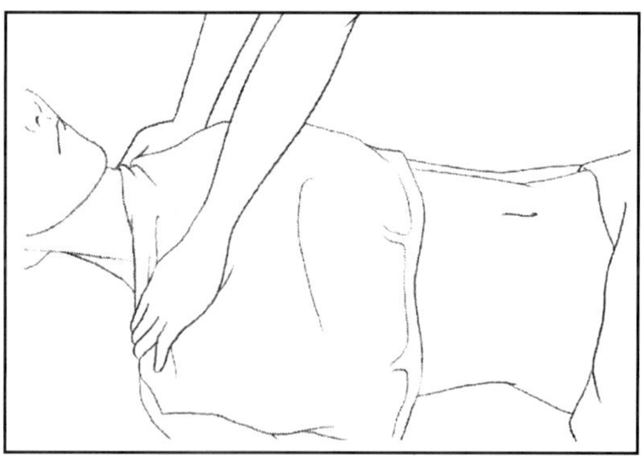

2. 온습포 동작

1) 양손 중지로 견정을 눌러준다.

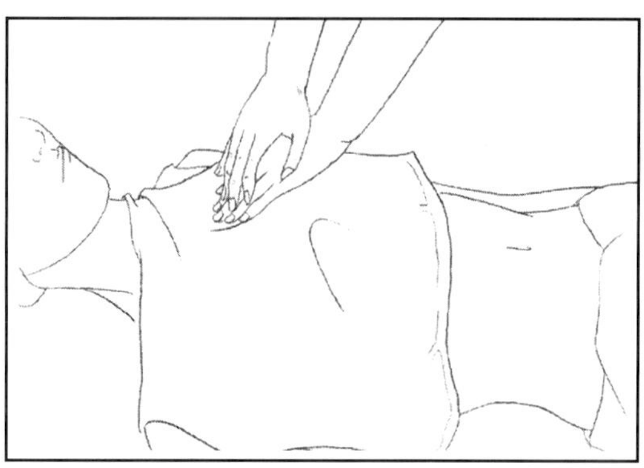

2) 양손을 겹쳐서 복장뼈(흉골) 부위를 가볍게 눌러준다.

3. 가슴 전체를 깨끗이 닦는다.

4. 바디전용 로션이나 토너로 마무리한다.

XⅠ. 배 마사지(Abdomen Massage)

배 마사지 시 관리사는 항상 손님의 오른쪽에서 마사지를 실시하며 대장의 흐름 방향대로 마사지하여 장이 꼬이거나 대장의 내용물이 역류하지 않도록 한다. 또한 매우 섬세하고 부드러운 신체 부위이므로 너무 강한 압력으로 마사지하지 않는다.

배 관리는 두꺼워진 피하지방층과 이른바 '튼살'이라 일컬어지는 스트레치마크(strech mark)를 대상으로 하며, 튼살을 예방하기 위해서는 특수한 화장품을 사용하여 마사지를 하면 더욱 효과적이다.

마사지 동작

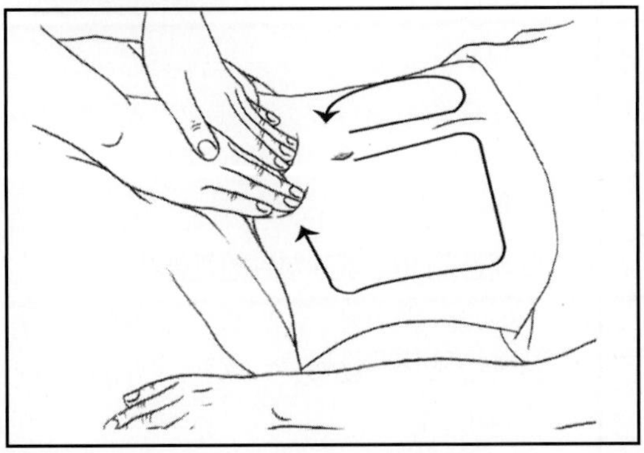

1. 전체 쓰다듬기

배꼽 위에 양손바닥을 대고 칼돌기(검상돌기)까지 쓰다듬어 올라가서 양쪽 갈비뼈를 감싸고 내려와 허리 뒤쪽에서 앞으로 쓸어올린다.

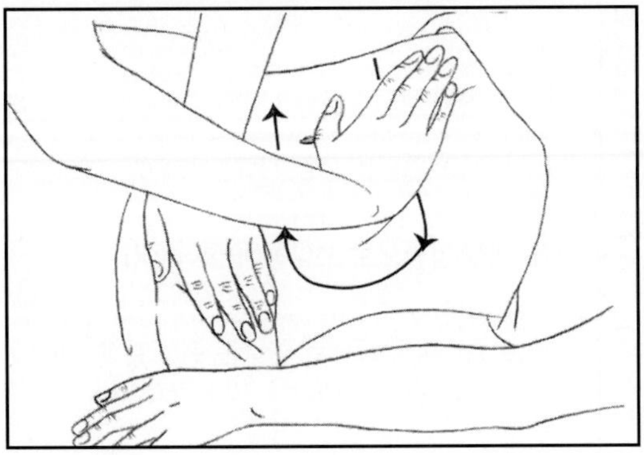

2. 배꼽 주위 원 그리기

배꼽주위를 양손바닥을 교대로 시계방향으로 원을 그리면서 쓰다듬는다.

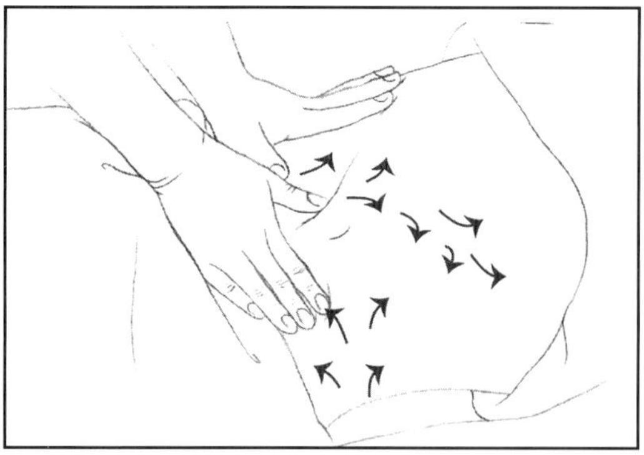

3. 가지치기

배(복부) 우측아래에서 왼쪽 갈비뼈 밑까지 엄지를 교대로 마찰하여 올라간 뒤 좌측 아래로 내려와서 우측 갈비뼈 밑까지 4지로 가지를 치듯이 좌우로 마찰한다.

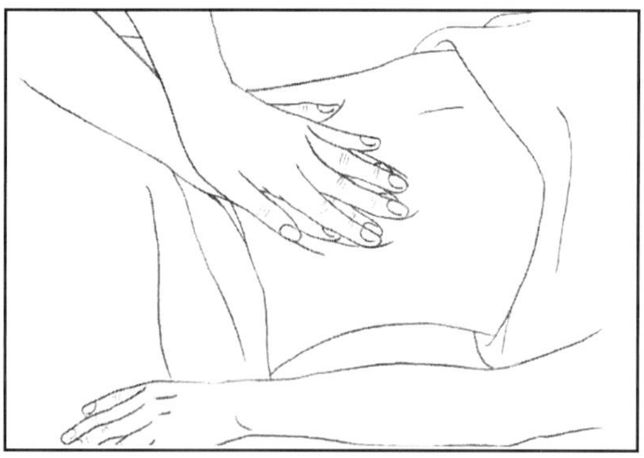

4. 배꼽 주위 마찰하기

오른손 위에 왼손을 겹쳐 손가락의 네손가락을 이용하여 배꼽주위를 수영방향으로 원을 그리면서 마찰한다(friction).

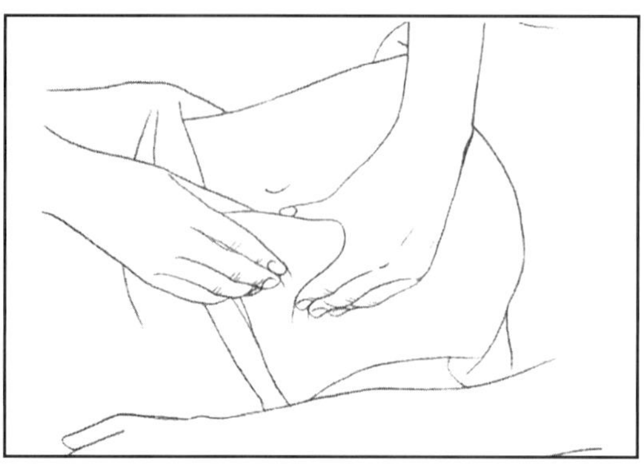

5. 배곧은근(복직근) 부위 반죽하기

엄지와 네손가락으로 배(복부) 전체의 근육을 꼬집듯이 비틀어준다.

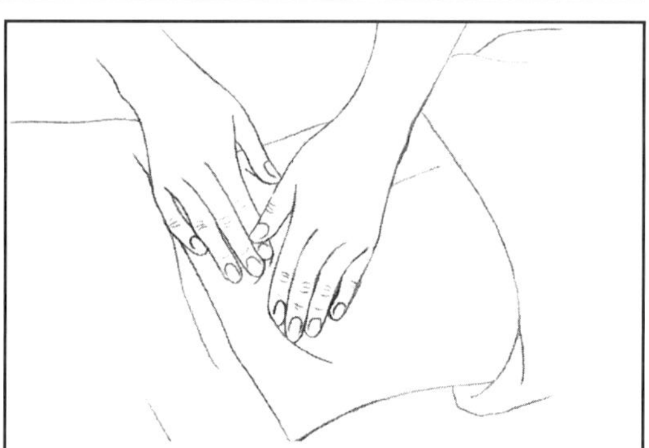

6. 대장 방향으로 쓰다듬어 떨어주기

배(복부) 좌측에서 우측으로 대장의 운동방향으로 양손바닥 교대로 쓸어준 뒤 오른쪽 허리에서 양손을 겹쳐서 배꼽을 지나 좌측허리까지 떨어준다.

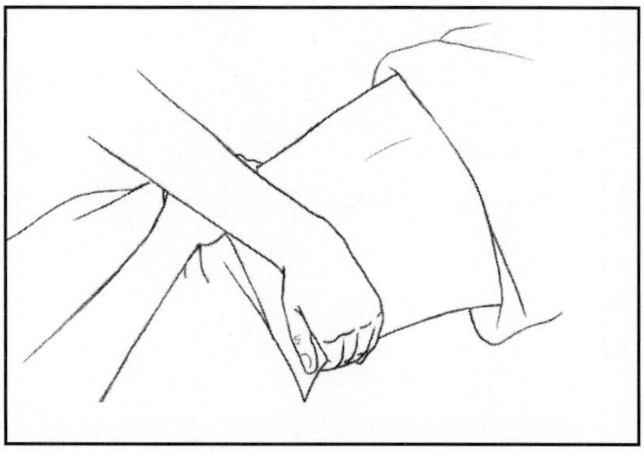

7. 손 엇갈려 떨어주기

양팔을 엇갈려서(왼손은 오른쪽 허리, 오른손은 왼쪽허리) 허리 뒤쪽에서 앞으로 떨어준 뒤 튕겨준다.

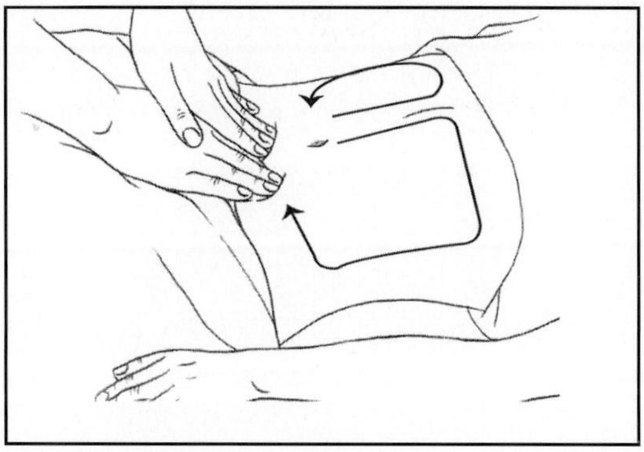

8. 전체 쓰다듬기

배꼽 아래에 양손바닥을 대고 칼돌기까지 쓰다듬어 올라가서 양쪽 갈비뼈를 감싸고 내려와 허리 뒤쪽에서 앞으로 쓸어올린다.

마무리 동작

1. 티슈로 남아있는 오일을 누르듯이 닦아낸다.

2. 온습포로 깨끗이 닦는다.

3. 바디전용 로션이나 토너를 바른 뒤 마무리한다.

제4장
제 모

1. 왁스를 이용한 제모
2. 왁스를 이용한 제모방법
3. 왁스 사용시의 주의사항

제4장 제모 Depilation

왁스 제거법은 얼굴이나 다리의 털을 제거할 때 적합하며, 모근까지 털이 제거되므로 면도나 제모제를 사용하는 것보다 제모 효과가 오래 지속(4~5주간)되고 피부나 모낭 등에 화학적 해를 미치지 않는다.

1. 왁스(Wax)를 이용한 제모

신체의 광범위한 부위를 짧은 시간 내에 효과적으로 제거할 수 있는 방법이다. 왁스 시술 후 피부표면이 일시적으로 따갑기 때문에 다소 불편함이 있지만 넓은 면적의 털을 일시에 제거할 수 있는 장점이 있다. 제모 시술을 여러번 하고 나면 털의 성장이 종종 중지되기도 하고, 털의 굵기가 가늘어지기도 한다. 왁스의 종류에는 냉왁스와 온왁스가 있다.

1) 왁스 시술을 위한 피부손질법

왁스 할 부위에 면 패드로 수렴 화장수를 충분히 묻혀 닦아내거나 파우더를 발라 피부에 남아 있는 수분이나 오일을 제거하여 털이 왁스에 잘 붙도록 한다.

2) 콜드왁스(Cold wax) 시술방법

① 콜드왁스는 데우지 않고 상온에서 바로 쓸 수 있다.

② 스파튤라(spatula)를 이용하여 털이 자라는 방향으로 피부에 왁스를 바른 후 도포된 왁스 위에 면이나 테이프를 사용해 완전히 밀착시킨다.

③ 털이 자라는 반대방향으로 한번에 힘을 주어 천이나 테이프로 떼어낸다.
④ 냉습포로 잔여물을 닦은 다음 진정용 토너나 약용의 진정 로션, 크림을 바른다.
⑤ 제모 후 파우더를 도포하여 마찰이나 자극을 덜하게 한다.

3) 웜왁스(Warm wax) 시술방법

① 웜왁스는 주로 뺨, 턱, 윗입술, 목덜미, 팔, 다리 등에 사용한다.
② 아스트린젠트를 적신 면 패드로 왁스 바를 부위를 클렌징 한다.
③ 피부 표면에 파우더를 가볍게 바른다.
④ 왁스를 워머기에 넣어 녹여 걸쭉해진 상태가 되면 스파튤라에서 흘러 내릴 정도의 농도로 조절한다.
⑤ 손목 안쪽에 왁스를 약간 떨어뜨려 데워진 왁스의 온도와 농도를 시험한다.
⑥ 털이 자라는 방향으로 스파튤라를 이용하여 따뜻한 왁스를 피부 표면에 골고루 바른다.
⑦ 왁스가 반쯤 굳을 때까지 둔다.
⑧ 털이 자라나는 반대방향으로 재빨리 잡아당긴다.
⑨ 냉습포로 닦고 시술한 부위에 피부를 진정시키는 토너나 약용의 진정로션, 크림을 바른다.

2. 왁스를 이용한 제모방법

1) 윗입술 부위의 제모

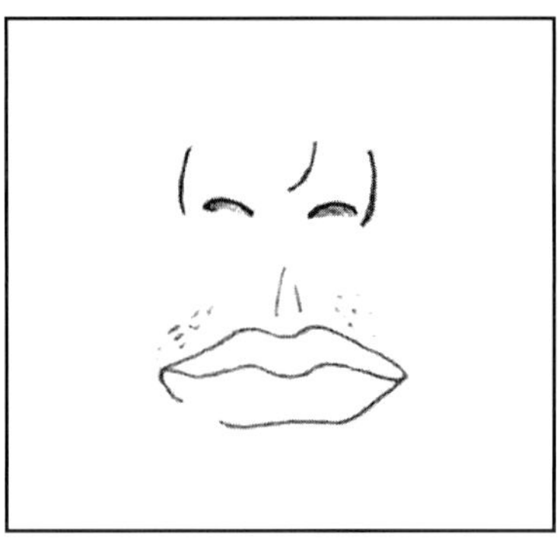

1. 윗입술에 있는 털은 두 방향, 때로는 더 많은 방향으로 자란다.

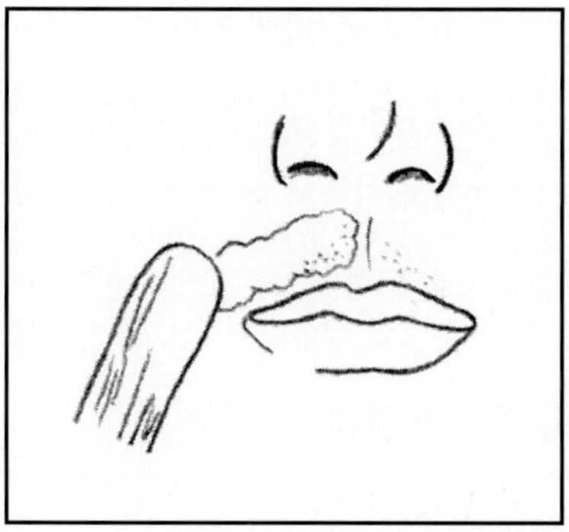

2. 한번에 한 부분에 털이 자라나는 방향으로 스파튤라를 사용하여 왁스를 바른다.

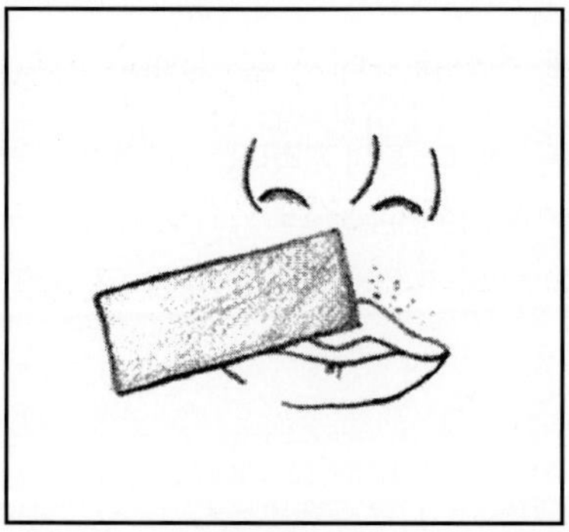

3. 면 천을 왁스 위에 누르고 왁스를 바른 방향과 같은 방향으로 문지른다.

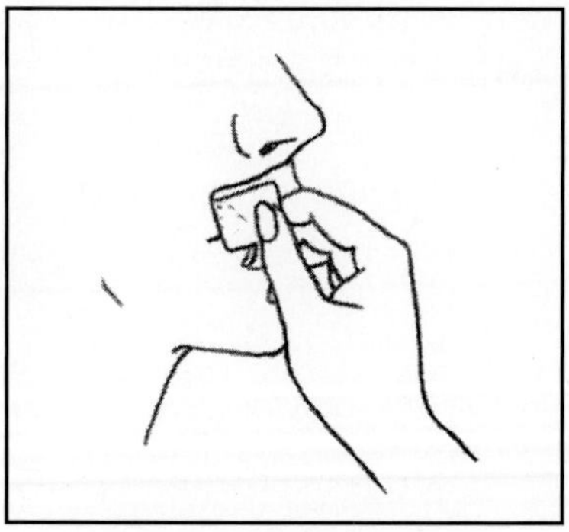

4. 면 천을 털이 자라나는 반대방향으로 재빨리 당긴다.

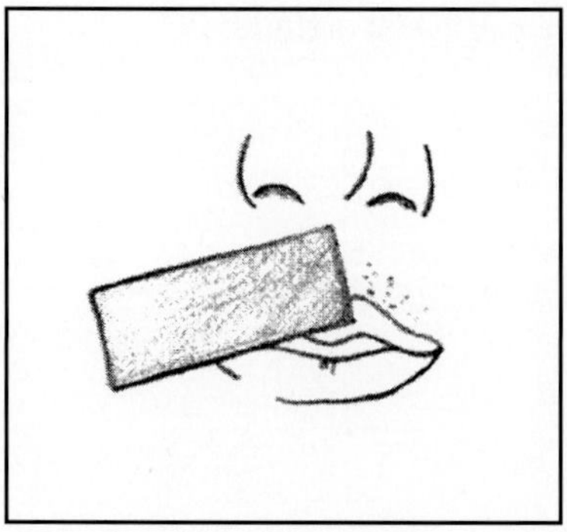

5. 시술을 한 부분은 깨끗하게 털이 제거되며, 전체 부위가 다 될 때까지 왁스 시술을 한다.

2) 눈썹주위의 제모

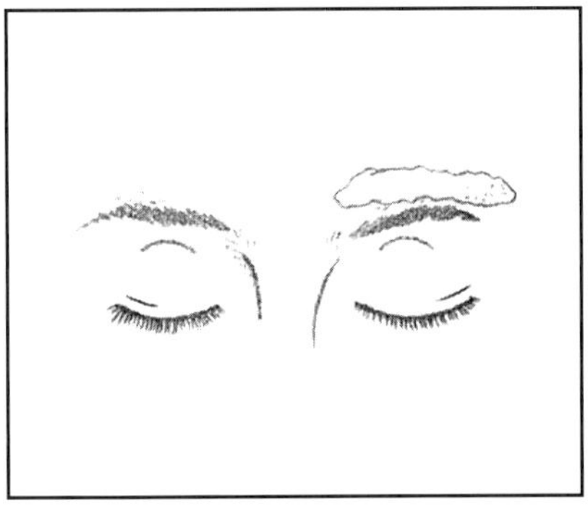

1. 털이 자라나는 방향으로 눈썹을 둘러싸고 있는 부위에 좁게 왁스를 바른다. 왁스를 제거하기 위해 엄지손가락과 검지손가락으로 잡을 수 있도록 끝부분을 좀 더 두텁게 바르도록 한다. 왁스는 눈썹 위에 똑바로 발라야 한다. 왁스는 만져 보았을 때 손가락에 달라붙지 않으면 제거할 수 있다.

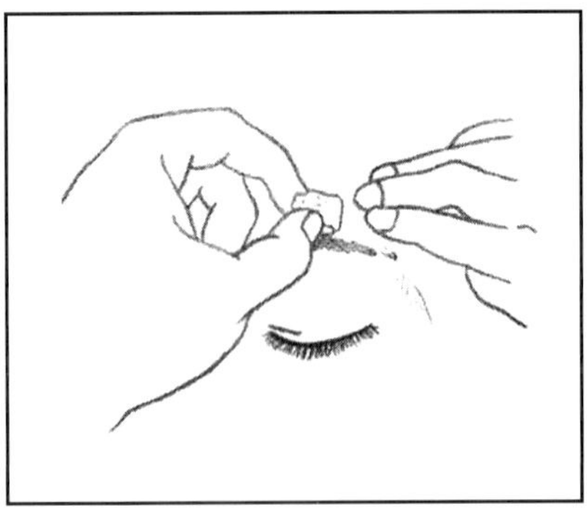

2. 한손으로는 피부를 팽팽하게 잡고 다른 한손으로는 왁스의 두꺼운 끝부분을 잡는다. 털이 자라나는 반대방향으로 재빨리 왁스를 잡아당긴다.

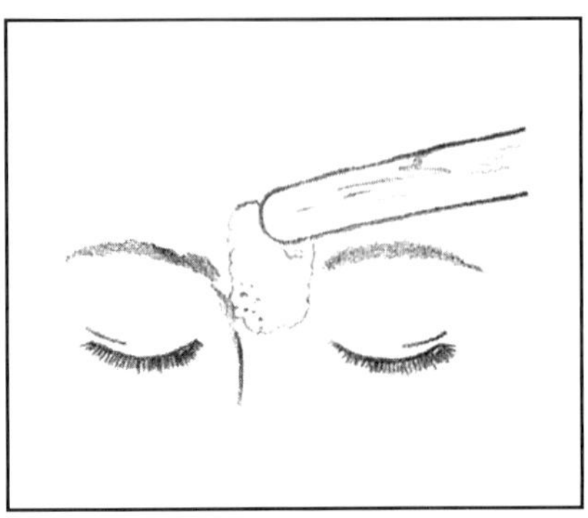

3. 미간을 깨끗이 하기 위해 같은 과정을 반복한다.

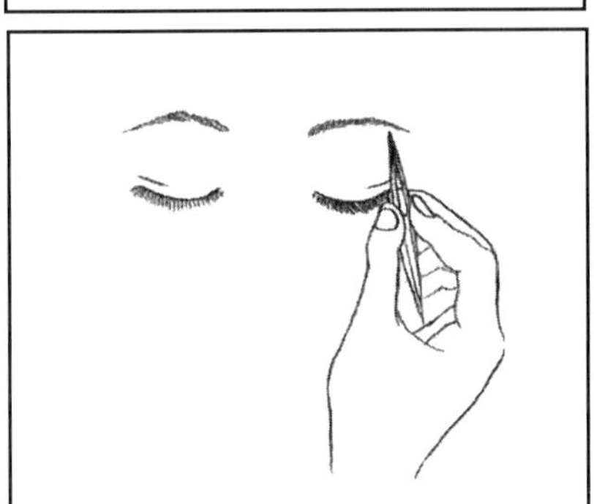

4. 족집게를 사용하여 눈썹 수정을 마무리한다.

3) 겨드랑이 주위의 제모

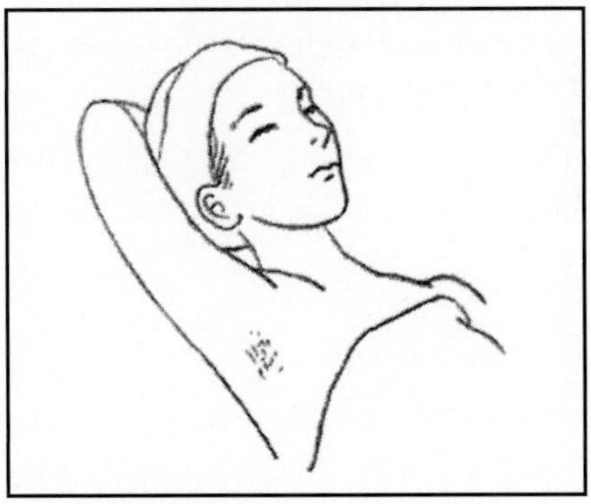

1. 겨드랑이(액와, axilla)를 면도하지 않는 경우에는 왁스를 바르기에 충분할 정도의 길이로 자른다. 겨드랑이는 민감하므로 털이 여러 방향으로 나 있는 경우에는 3군대 이상으로 나누어 제거한다. 각 부분의 털이 자라나는 방향으로 왁스를 바른다. 털이 대체로 일정한 방향으로 나 있는 경우에는 한꺼번에 바른다.

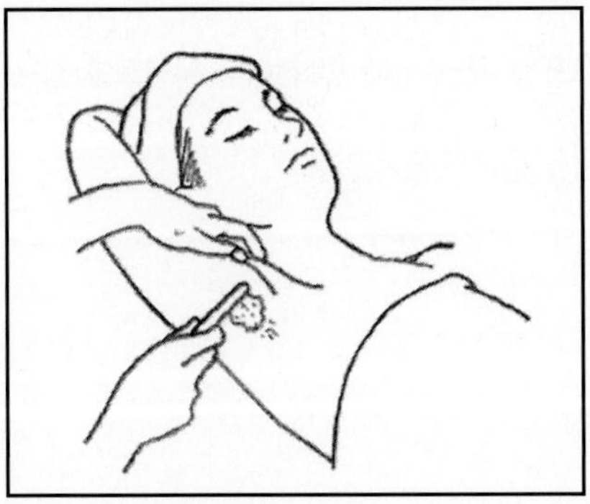

2. 겨드랑이의 작은 부분에 바른다.

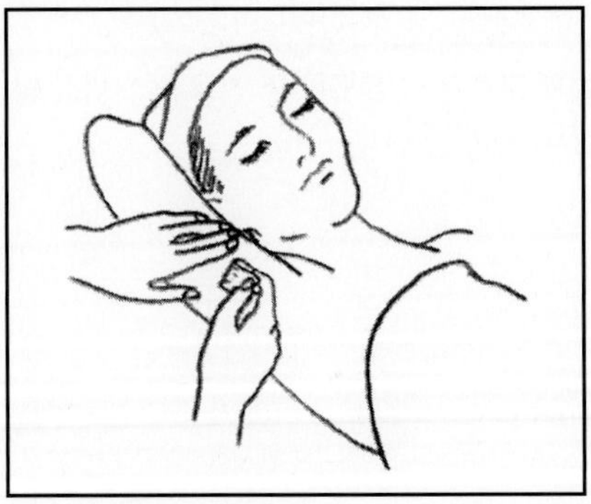

3. 왁스를 바른 부분에 면 천을 눌러서 대고 털이 자라나는 반대방향으로 잡아당겨 재빨리 제거한다.

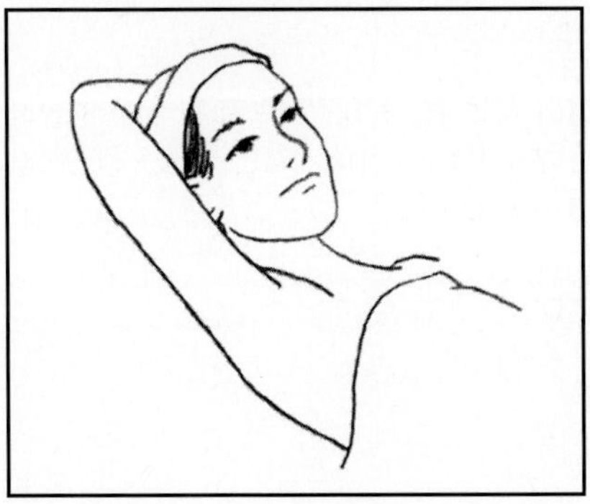

4. 왁스를 녹여주는 로션을 솜에 묻혀서 피부에 묻은 왁스 잔여물을 잘 닦아준다.

4) 다리 주위의 제모

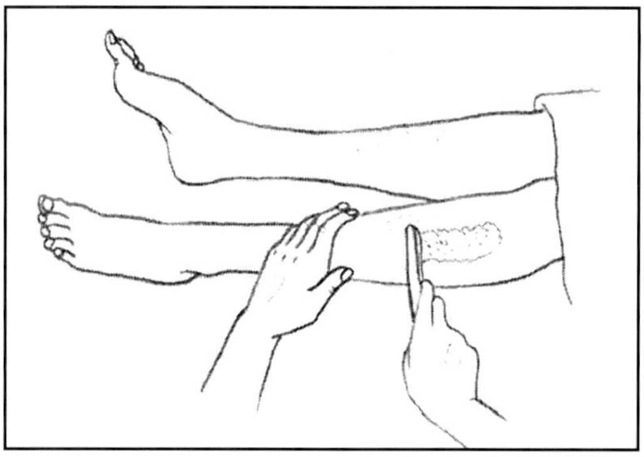

1. 스파튤라로 털이 자라나는 방향으로 제모부위에 왁스를 얇게 바른다.

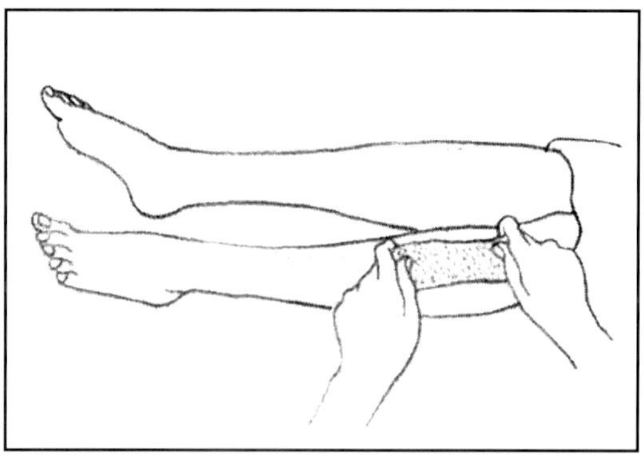

2. 도포된 왁스 위에 면 천이나 부직포를 같은 방향으로 떼어낼 때 잡을 수 있도록 면 천의 끝을 충분히 남겨둔다.

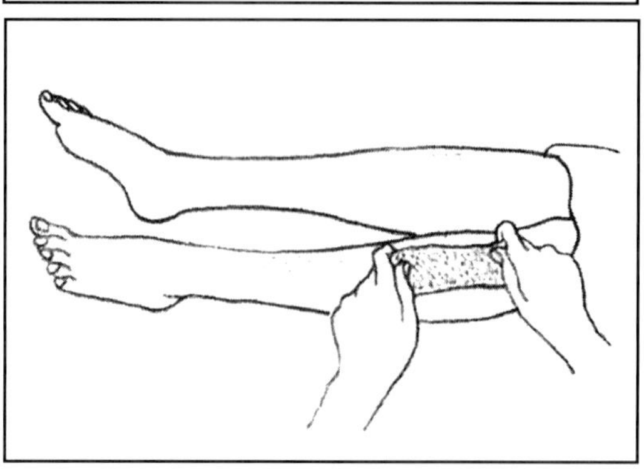

3. 털과 왁스가 잘 붙도록 면 천을 왁스 바른 방향으로 눌러준다.

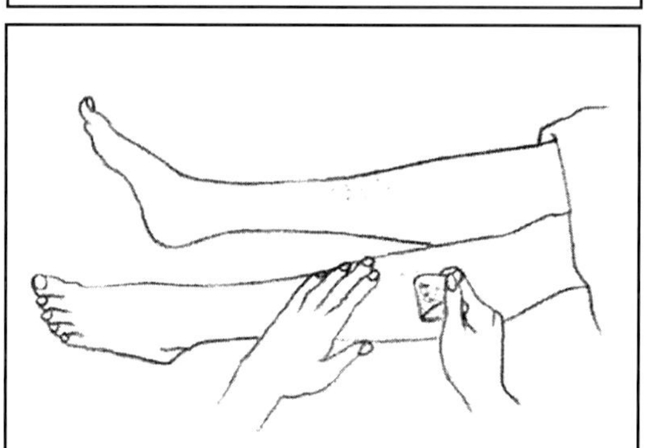

4. 털이 자라나는 반대방향으로 면 천을 재빨리 잡아당긴다. 면 천을 사용한 부위는 깨끗하고 털이 없어야 한다.

3. 왁스 사용시의 주의사항

- 온왁스는 지나치게 뜨거워서는 안되므로 반드시 고객의 피부에 왁스를 바르기 전에 온도를 시험한다.
- 왁스가 눈이나 시술을 받지 않은 부위에 묻지 않도록 조심한다.
- 왁스제거법은 우선 시간이 많이 걸리고 털이 약간 자란 상태에서 실시하여야 하고 스스로 하기에는 어느 정도의 기술이 필요하기 때문에 전문적인 피부미용사가 행하는 것이 바람직하다.

찾아보기

[ㅅ]

INDEX

참고문헌

·강수경, 기초피부관리실습, 현문사, 2000.
·강수경, 에스테틱 개론, 청구 문화사, 2000
·강수경, 에스테틱개론, 청구문화사, 2000.
·고재숙 외, 피부과학, 수문사, 2000
·곽형심 외, 미용학 개론, 정문각, 1999
·김귀정 외, 경락과 한방피부미용학, 수문사, 1999
·김귀정 외, 피부 관리용 화장품 성분사전, 정담, 1998
·김기연 외, 피부 관리학, 수문사, 1997
·김명희 외, 영양과 건강, 청구문화사, 1997.
·김봉인, 에스테틱 실기, 화장품신문사, 1996.
·김주덕 외, 신화장품학, 동화기술, 1992
·김해남, 기초피부 관리학, 정담, 1999
·김해남, 기초피부관리학, 정담, 1999.
·김현주 외, 에스테틱 살롱 트리트먼트, 정담, 2000
·노민희 외, 인체해부학, 정담, 1998.
·문정석 외, 알기쉬운 사람 해부학, 현문사, 1998.
·뷰티프라자, 피부 관리학, 뷰티프라자, 1990
·뷰티프라자, 피부관리학, 뷰티프라자, 1990.
·안희경, 인체해부학, 고문사, 1997.
·에스테틱월드, 2000년 가을호 제 21호
·윤여성, 신피부 관리학, 도서출판 가림, 1996
·조병각 외, 경락미용학, 뷰티프라자, 2000
·조안존슨, 쉽게 배우는 스포츠마사지, 2000
·조안존슨, 정현모 옮김, 쉽게 배우는 스포츠 마사지, 푸른솔, 2000.
·최영순 외, 발관리학, 청구문화사, 1999
·하병조, 아로마테라피, 수문사, 2000
·한국 해부생리학교수협의회, 인체해부학, 현문사, 1999.
·황정원, 화장품학, 현문사, 1995

·Andrey Githa Goldberg, Body Massage for the beauty therapist, 1997, Butterworth Heinemann

·Clare Maxwell-Hudson, Massage the ultimate illustrated guide, Dorling Kindersley Ltd, 1999

·Dawn Merna호 & Jennifer Cartwright, Health and Beauty Therapy, 1995.

·Dawn Mernagh & Jennifer Cartwright, Health and Beauty Therapy, 1995

·Dermascope, October 2000.

·Dermascope, September 2000.

·G. Peyrefutte. Cosm tologie. Simep/Masson. 1995

·Gita Ramesh. Massage Ayurvedique avec les lantes. Guy Tredaniei Editeur. 2000

·Humbert Pierantoni, Basic knowledge of esthetics, Les Nouvelles esthetiques, 1984.

·Joel Gerson, Milady Milady's Standard Textbook for Professional Estheticians, Publishing Company, 1992

·Karen Smith, Massage The Healing Power of Touch, Duncan Baird Publishers, 1999

·KATA교수 연구회, The Handbook of CHINESS MASSAGE

·Les nouvelles esth tiques, November 2000.

·Les nouvelles esth tiques, September 2000.

·Lia schor. Salonovations' advanced skin care handbook. Milady. 1994

·Marcus & Maria webb, Healing touch, godsfield Press, 1999

·Mario Paul cassar. Handbook of massage therapy. Butterworth Heinemann. 1999

·Mark Evans B Phil, The Guide to Natural Therapies, Lorenz Books, 1996

·Mark F. Beck. Milady's Theory and Practice of therapeutic massage workbook. Milady. 1999

·Sandy fritz. Mosby's fundamentals of therapeutic massage . Mosby. 2000

·Skin and Body Care, Sidra Shaukat, element, 1992.

저자소개

김광옥(동주대학교) 김희진(동주대학교)
양현옥(원광보건대학교) 정은영(제주한라대학교)
차영애(춘해보건대학교) 최은영(한서대학교)
김경미(경남정보대학교) 김선희(수원과학대학교)
김정숙(수성대학교) 이혜숙(경남정보대학교)

피부미용학

2008년 8월 20일 초판발행
2010년 3월 10일 초판2쇄발행
2018년 3월 10일 초판3쇄발행

지은이 : 김광옥 · 김희진 · 양현옥 · 정은영 · 차영애
최은영 · 김경미 · 김선희 · 김정숙 · 이혜숙
펴낸이 : 이상태
펴낸곳 : 청구문화사
주 소 : 서울특별시 서대문구 성산로11길 15
전 화 : 02-332-0541(代) FAX : 02-337-9577
등 록 : 1990년 11월 2일 제9-247호

가격 30,000원

ISBN 978-89-5616-266-9 93590